劳动和社会保障部全国计算机信息高新技术考试指定教材

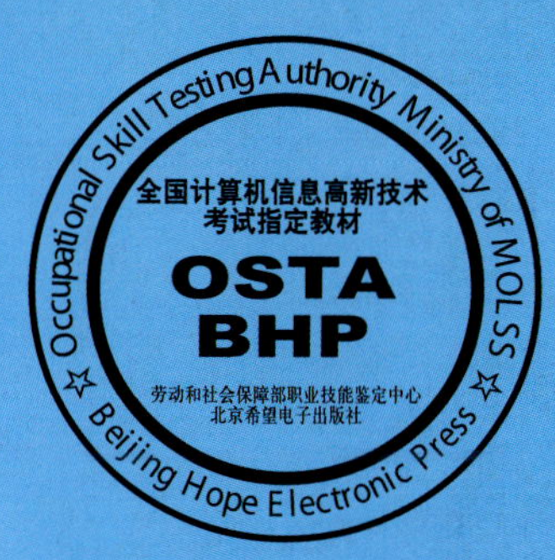


办公软件应用 （Windows平台）

# 职业技能培训教程

Windows XP,Word 2002,Excel 2002三合一

（操作员级）

修订版

全国计算机信息高新技术考试
教材编写委员会 编写

## 内 容 简 介

本教程是劳动和社会保障部全国计算机信息高新技术考试中的办公软件应用（Windows 平台）模块指定教材，由全国计算机信息高新技术考试教材编委会组织编写，国家职业技能鉴定专家委员会计算机专业委员会技术部的有关专家、命题组工作人员和一些考评员参加了本书的编写工作。

本教程根据考试标准和规范编写。书中的内容和习题大量采用计算机信息高新技术考试试题，是参加办公软件应用（Windows 平台）考试的考生必备的教材。力求通过学习本模块的教材，即能通过办公软件应用（Windows 平台）的考试。

全教程由 3 个部分 17 章组成，3 个部分分别为：中文 Windows XP、中文 Word 2002 和中文 Excel 2002 的使用。本教程主要介绍了 Windows XP 预备知识，管理文件和文件夹，系统管理与维护；Word 2002 功能概览及其基本操作，基本格式编排，文档页面设置，图文混排，创建和编辑表格，邮件合并及文档打印；Excel 2002 工作簿操作，编辑工作表，美化工作表，工作表操作及不同工作表间数据引用，数据排序、筛选与汇总，打印工作表等，在每章的后面附有习题。本教程编排合理，文字流畅，注重实际应用，学习者可以从中尽快掌握基本概念和操作技能。

本教程不但是劳动和社会保障部全国计算机信息高新技术考试指定教材，同时也可作为大专院校、技校、高职、职高和社会相关领域培训班的首选教材。

本书部分习题所需素材请从 www.bhp.com.cn 下载。

需要本教程或需要得到技术支持的读者，请与北京清河 6 号信箱北京希望电子出版社（邮编 100085）发行部联系，电话：010-62978181（总机）、010-82702660，传真：010-82702698，E-mail:tbd@bhp.com.cn。

**图书在版编目（CIP）数据**

办公软件应用（Windows 平台）职业技能培训教程：Windows XP，Word 2002，Excel 2002 三合一：操作员级/全国计算机信息高新技术考试教材编写委员会编写. —修订本. —北京：科学出版社，2008.10

劳动和社会保障部全国计算机信息高新技术考试指定教材

ISBN 978-7-03-023780-4

Ⅰ.办… Ⅱ.全… Ⅲ.办公室—自动化—应用软件—技术培训—教材 Ⅳ. TP317.1

中国版本图书馆 CIP 数据核字（2008）第 201771 号

责任编辑：范二朋　/ 责任校对：杨　波

责任印刷：金明盛　/ 封面设计：刘荣慧

科 学 出 版 社 出版

北京东黄城根北街 16 号

邮政编码：100717

http://www.sciencep.com

北京金明盛印刷有限公司印刷

科学出版社发行　各地新华书店经销

*

2008 年 10 月第 一 版　开本：787×1092 1/16

2008 年 10 月第一次印刷　印张：22.25

印数：1-5000　字数：516 千字

**定价：25.00 元**

# 国家职业技能鉴定专家委员会
## 计算机专业委员会名单

主任委员：路甬祥

副主任委员：陈　冲　陈　宇　周明陶

委　　员：（按姓氏笔画排序）

王　林　冯登国　关东明　朱崇君　李　华　李明树
李京申　求伯君　何新华　宋　建　陆卫民　陈　禹
陈　钟　陈　敏　明　宏　罗　军　金志农　金茂忠
赵洪利　钟玉琢　徐广卿　徐建华　鲍岳桥　雷　毅

秘书长：赵伯雄

# 全国计算机信息高新技术考试

# 教材编委会名单

# 全国计算机信息高新技术考试简介

全国计算机信息高新技术考试是劳动和社会保障部为适应社会发展和科技进步的需要，提高劳动力素质和促进就业，加强计算机信息高新技术领域新职业、新工种职业技能鉴定工作，授权劳动和社会保障部职业技能鉴定中心在全国范围内统一组织实施的社会化职业技能考试。根据劳动和社会保障部职业技能开发司、劳动和社会保障部职业技能鉴定中心劳培司字[1997]63 号文件，“考试合格者由劳动和社会保障部职业技能鉴定中心统一核发计算机信息高新技术考试合格证书。该证书作为反映计算机操作技能水平的基础性职业资格证书，在要求计算机操作能力并实行岗位准入控制的相应职业作为上岗证；在其他就业和职业评聘领域作为计算机相应操作能力的证明。通过计算机信息高新技术考试，获得操作员、高级操作员资格者，分别视同于中华人民共和国中级、高级技术等级，其使用及待遇参照相应规定执行；获得操作师、高级操作师资格者参加技师、高级技师技术职务评聘时分别作为其专业技能的依据”。

开展这项工作的主要目的，就是为了推动高新技术在我国的迅速普及，促使其得到推广应用，提高应用人员的使用水平和高新技术装备的使用效率，促进生产效率的提高；同时，对高新技术应用人员的择业、流动提供一个应用水平与能力的标准证明，以适应劳动力的市场化管理。

根据职业技能鉴定要求和劳动力市场化管理需要，职业技能鉴定必须做到操作直观、项目明确、能力确定、水平相当且可操作性强的要求。因此，全国计算机信息高新技术考试采用了一种新型的、国际通用的专项职业技能鉴定方式。根据计算机不同应用领域的特征，划分模块和系列，各系列按等级分别独立进行考试。

目前划分了五个级别：

| 序号 | 级别 | 与国家职业资格对应关系 |
|---|---|---|
| 1 | 高级操作师级 | 中华人民共和国职业资格证书国家职业资格一级 |
| 2 | 操作师级 | 中华人民共和国职业资格证书国家职业资格二级 |
| 3 | 高级操作员级 | 中华人民共和国职业资格证书国家职业资格三级 |
| 4 | 操作员级 | 中华人民共和国职业资格证书国家职业资格四级 |
| 5 | 初级操作员级 | 中华人民共和国职业资格证书国家职业资格五级 |

目前划分了 15 个模块，38 个系列：

| 序号 | 模块 | 模 块 名 称 | 编号 | 平 台 |
|---|---|---|---|---|
| 1 | | 初级操作员 | 001 | Windows/Office |
| 2 | 00 | 办公软件应用 | 002 | Windows 平台（MS Office） |
| | | | 003 | Windows 平台（WPS） |
| 3 | 01 | 数据库应用 | 011 | FoxBASE+平台 |
| | | | 012 | Visual FoxPro 平台 |
| | | | 013 | SQL Server 平台 |
| | | | 014 | Access 平台 |
| 4 | 02 | 计算机辅助设计 | 021 | AutoCAD 平台 |
| | | | 022 | Protel 平台 |
| 5 | 03 | 图形图像处理 | 031 | 3D Studio 平台 |
| | | | 032 | Photoshop 平台 |

续表

| 序号 | 模块 | 模块名称 | 编号 | 平台 |
|---|---|---|---|---|
| 5 | 03 | 图形图像处理 | 034 | 3D Studio MAX 平台 |
| | | | 035 | CorelDRAW 平台 |
| | | | 036 | Illustrator 平台 |
| 6 | 04 | 专业排版 | 041 | 方正书版、报版平台 |
| | | | 042 | PageMaker 平台 |
| | | | 043 | Word 平台 |
| 7 | 05 | 因特网应用 | 051 | Netscape 平台 |
| | | | 052 | Internet Explorer 平台 |
| | | | 053 | ASP 平台 |
| 8 | 06 | 计算机中文速记 | 061 | 双文速记平台（初、中、高级） |
| 9 | 07 | 微型计算机安装调试维修 | 071 | IBM-PC 兼容机 |
| 10 | 08 | 局域网管理 | 081 | Windows NT 平台 |
| | | | 082 | Novell NetWare 平台 |
| 11 | 09 | 多媒体软件制作 | 091 | Director 平台 |
| | | | 092 | Authorware 平台 |
| 12 | 10 | 应用程序设计编制 | 101 | Visual Basic 平台 |
| | | | 102 | Visual C++平台 |
| | | | 103 | Delphi 平台 |
| | | | 104 | Visual C#平台 |
| 13 | 11 | 会计软件应用 | 111 | 用友软件系列 |
| | | | 112 | 金蝶软件系列 |
| 14 | 12 | 网页制作 | 121 | Dreamweaver 平台 |
| | | | 122 | Fireworks 平台 |
| | | | 123 | Flash 平台 |
| | | | 124 | FrontPage 平台 |
| 15 | 13 | 视频编辑 | 131 | Premiere 平台 |
| | | | 132 | After Effects 平台 |

根据计算机应用技术的发展和实际需要，考核模块将逐步扩充。

全国计算机信息高新技术考试密切结合计算机技术迅速发展的实际情况，根据软硬件发展的特点来设计考试内容和考核标准及方法，尽量采用优秀国产软件，采用标准化考试方法，重在考核计算机软件的操作能力，侧重专门软件的应用，培养具有熟练的计算机相关软件操作能力的劳动者。在考试管理上，采用随培随考的方法，不搞全国统一时间的考试，以适应考生需要。向社会公开考题和答案，不搞猜题战术，以求公平并提高学习效率。

全国计算机信息高新技术考试特别强调规范性，劳动和社会保障部职业技能鉴定中心根据“统一命题、统一考务管理、统一考评员资格、统一培训考核机构条件标准、统一颁发证书”的原则进行质量管理，每一个考核模块都制定了相应的鉴定标准和考试大纲，各地区进行培训和考试都执行统一的标准和大纲，并使用统一教材，以避免“因人而异”的随意性，使证书获得者的水平具有等价性。为适应计算机技术快速发展的现实情况，不断跟踪最新应用技术，还建立了动态的职业鉴定标准体系，并由专家委员会根据技术发展进行拟定、调整和公布。

考试咨询网站：www.citt.org.cn　培训教材咨询电话：010-82702660，010-62978181

# 出版说明

全国计算机信息高新技术考试是劳动和社会保障部为适应社会发展和科技进步的需要，提高劳动力素质和促进就业，加强计算机信息高新技术领域新职业、新工种职业技能鉴定工作，授权劳动和社会保障部职业技能鉴定中心在全国范围内统一组织实施的社会化职业技能鉴定考试。

根据职业技能鉴定要求和劳动力市场化管理需要，职业技能鉴定必须做到操作直观、项目明确、能力确定、水平相当且可操作性强的要求，因此，全国计算机信息高新技术考试采用了一种新型的、国际通用的专项职业技能鉴定方式。根据计算机不同应用领域的特征，划分了模块和平台，各平台按等级分别独立进行考试，应试者可根据自己工作岗位的需要，选择考核模块和参加培训。

全国计算机及信息高新技术考试特别强调规范性，劳动和社会保障部职业技能鉴定中心根据“统一命题、统一考务管理、统一考评员资格、统一培训考核机构条件标准、统一颁发证书”的原则进行质量管理。每一个考试模块都制定了相应的鉴定标准和考试大纲，各地区进行培训和考试都执行统一的标准和大纲，并使用统一教材，以避免“因人而异”的随意性，使证书获得者的水平具有等价性。

为保证考试与培训的需要，每个模块的教材由两种指定教材组成。其中一种是汇集了本模块全部试题的《办公软件应用（Windows 平台）试题汇编》，另一种是用于系统教学使用的《办公软件应用（Windows 平台）职业技能培训教程》。

全教程由 3 个部分 17 章组成，3 个部分分别为：中文 Windows XP、中文 Word 2002 和中文 Excel 2002 的使用。本教程主要介绍了 Windows XP 预备知识，管理文件和文件夹，系统管理与维护；Word 2002 功能概览及其基本操作，基本格式编排，文档页面设置，图文混排，创建和编辑表格，邮件合并及文档打印；Excel 2002 工作簿操作，编辑工作表，美化工作表，工作表操作及不同工作表间数据引用，数据排序、筛选与汇总，打印工作表等。在每章的后面附有习题。本教程编排合理，文字流畅，注重实际应用，学习者可以从中尽快掌握基本概念和操作技能。

本教程执笔人为甘登岱等。

关于本书的不足之处，敬请批评指正。

# 目 录

## 第三部分 使用 Excel 2002

# 第一部分　使用 Windows XP

## 第 1 章　预备知识

**本章重点：**

- Windows XP 的特点、安装与启动方法
- “开始”按钮、桌面、任务栏与语言栏的特点和用法
- 窗口及对话框的特点与操作方法
- 退出 Windows XP

Windows XP 是 Microsoft 公司在 Windows 2000 和 Windows Me 的基础上于 2001 年底推出的新一代视窗操作系统。它一改微软公司采用以年代命名的方式（如 Windows 95、Windows 98、Windows 2000），而采用了一个全新的名字 Windows XP（eXPerience 的缩写，意思是体验）。

Windows XP 相当于 Windows 2000 的升级版，在很多方面都与 Windows 2000 类似，两者都有很好的稳定性，都是 32 位操作系统，系统的使用方法也基本类似。

根据不同的用户对象，Windows XP 包括了多种版本，例如，针对个人用户的 Windows XP Home Edition（简称家庭版），针对商业用户的 Windows XP Professional（简称专业版）等。在本书中，我们将针对使用较多的 Windows XP 专业版来介绍。不过，由于 Windows XP 家庭版与 Windows XP 专业版区别很小，因此本书也可供 Windows XP 家庭版用户阅读。

### 1.1　Windows XP 的特点

作为一个最新版本的 Windows 视窗操作系统，Windows XP 除了具有与以前版本不同的华丽外表外，还在许多方面进行了改进与增强。例如，新增了媒体播放器与电影制作程序，提供了系统还原功能，支持更多的设备等。

#### 1.1.1　快捷的安装方式

如果读者曾经使用过 Windows 98/2000 等版本的操作系统，大概都会对其安装过程感到厌烦，而且安装完操作系统后，由于系统无法识别众多的显卡、网卡、Modem、打印机、扫描仪等设备，用户通常还需要再专门安装这些设备的驱动程序，这对于普通电脑用户来说，真是有些勉为其难。

Windows XP 基本上克服了这些问题，由于该系统能够识别目前流行的大部分设备（尤其是各类显卡与网卡），因此，当用户按照提示安装好系统后，很多设备的安装工作也就同时完成了。

### 1.1.2 全新的界面

与 Windows 98/2000 相比，Windows XP 再也不像以往那样方方正正、死气沉沉了。安装好 Windows XP 后，呈现在读者眼前的是开阔的蓝天白云，碧绿的草地，以及一个好看的“开始”按钮，整体给人一种非常舒服的感觉，如图 1-1 所示。

图 1-1 Windows XP 桌面

与 Windows 98/2000 相比，Windows XP 的菜单更加美观，组织也更加合理，按钮也更加漂亮，如图 1-2 所示。

图 1-2 Windows XP 的菜单

◇ 如果用户习惯以前使用的 Windows 98/2000 等操作系统，也可将 Windows XP 的“开始”菜单修改为“经典”形式，以便符合自己的使用习惯。

### 1.1.3 简洁的数码影像

在 Windows XP 中，用户可方便地创建、管理、共享数码影像，打印图片，制作自己的电子相册等（如图 1-3 所示）。例如，用户可方便地利用扫描仪将纸或照片上的图像扫描成数字图像，或者直接利用数码相机拍摄数字图像，然后借助 Windows XP 将其管理起来。

图 1-3　浏览或打印图片

### 1.1.4　令人心动的音乐和娱乐功能

Windows XP 提供了一个漂亮的媒体播放器 Windows Media Player，利用它可方便地播放音乐 CD、MP3、电影，以及各种声音和视频文件（如图 1-4 所示）。同时，用户还可方便地更改其外观显示（又称“换肤”）。

图 1-4　媒体播放器

利用 Windows XP 的 Windows Movie Maker，用户还可方便地制作简单的个人电影，从而能够和亲朋好友共享你的欢乐。

### 1.1.5　无所不在的网络

只要已经拥有了诸如 Modem 之类的上网设备，安装好 Windows XP 后，用户几乎可以不做任何设置，即可登录 Internet。由于 Windows XP 已经将网络完全融合到系统中，用户几乎可以在任何状态和任何程序中随时登录网络。

同时，Windows XP 是在 Windows 2000 基础上开发的，它本身还具有很强的局域网管理功能。利用简单方便的局域网安装向导，用户可以方便地进行网络参数设置和文件共享设置等操作。此外，Windows XP 支持组建与以前版本兼容的对等网络。

### 1.1.6 超强的系统稳定性

众所周知，在 Windows 95/98/Me/NT/2000 中，由于系统不稳定，经常会导致电脑死机，因而经常需要重启动系统。Windows XP 的稳定性超过了以往任何一款操作系统，系统基本上不会死机。即使某些程序运行出错，用户也可通过终止该任务来恢复系统的正常运行。

### 1.1.7 方便的系统还原功能

利用 Windows XP 提供的系统还原向导，用户可以方便地进行状态恢复（如图 1-5 所示）。例如，如果安装某个软件或设备驱动程序后导致系统工作不太正常，即可借助系统还原功能将系统恢复到安装软件或驱动程序之前的状态。

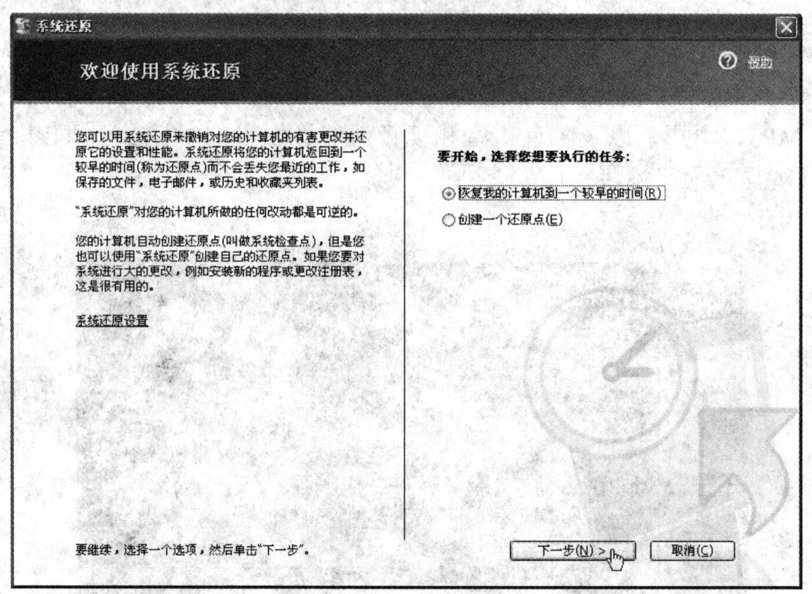


图 1-5 系统还原向导

Windows XP 还改进或增强了文件关联处理功能，支持在一块显卡上连接两个显示器（当然显卡必须首先支持双显示器连接），增强了病毒防护功能，具有很好的软件兼容性，具有方便的系统、数据和应用程序移植功能。

## 1.2 安装 Windows XP 的方法

Windows XP 中内置了高度智能化的安装向导，使得整个安装过程几乎是全自动的，除了需用户选择时区，输入用户名、序列号、管理员登录密码等一些基本事项外，其他都无需用户干预。

### 1.2.1　安装 Windows XP 的方式

Windows XP 的安装方式可以分为 3 种：升级安装、多系统共存安装和全新安装。下面简要介绍一下这 3 种安装方式的特点。

1. 升级安装

当用户需要以覆盖原有系统的方式进行升级安装时，可在以前的 Windows 98/Me 或者 Windows NT/2000 Professional 这些操作系统的基础上顺利升级到 Windows XP。但是，用户不能从 Windows 95 平台上进行升级。

在从 Windows 98/Me 系统升级到 Windows XP 时，由于在安装过程中系统会首先扫描原有的配置，并在备份原有的重要系统文件后，再进行全新的系统和注册表升级工作。因此用户完全可以从已升级了的 Windows 95/98 上卸载 Windows XP，而这种方式在以前的 Windows 2000 中是不能实现的。

2. 多系统共存安装

当用户需要以双系统方式（即保留原有的操作系统）进行安装时，可以将 Windows XP 安装在一个独立的分区中，此时该系统与电脑中原有的系统相互独立，互不干扰。双系统共存安装完成后，会自动生成开机启动时的系统选择菜单。

3. 全新安装

如果硬盘里没有安装任何操作系统，那么可以在 DOS 状态下运行 Windows XP 安装光盘中，\I386 文件夹下的 Winnt.exe 程序进行全新安装。

### 1.2.2　安装 Windows XP 的硬件环境

Windows XP 与 Windows 2000 相比，具有更强大的功能，支持更广泛的软硬件以及各种更新的技术，这就需要运行在较高配置的硬件环境中才能发挥出它的优越性能。Windows XP 系统要求的硬件环境如表 1-1 所示。

**表 1-1　安装 Windows XP 的硬件环境**

| 硬　件 | 基本配置 | 建议使用 |
|---|---|---|
| CPU | 至少 Pentium Ⅱ 233MHz | Pentium Ⅲ、Pentium 4 或相同档次的 CPU |
| 内存 | 至少 64MB | 128MB 或更多 |
| 安装硬盘空间 | 至少 1GB | 1.5GB |
| 运行硬盘空间 | 至少 200MB | 500MB |
| 显示卡 | 标准 VGA 卡或更高分辨率图形卡 | 支持硬件 D3D 的 32 位真彩显示卡 |
| 显示器 | 14 英寸彩色显示器 | 15 英寸或更大分辨率彩色显示器 |
| 输入设备 | 键盘和 Microsoft 兼容鼠标 | 无 |

如果要通过网络安装 Windows XP，还需要具备以下条件：

- 与 Windows 2000 兼容的网络适配卡、连接电缆。
- 通过网络配置使自己的电脑能够连接到网上。
- 有对安装程序文件的访问权。

### 1.2.3 安装 Windows XP 的基本过程

根据个人电脑的性能及所选安装方式的差异，Windows XP 的安装耗时大约为 1 小时左右。整个安装过程大致可分为：采集信息、动态升级、准备安装、安装 Windows、结束安装这 5 个步骤。其中，通过动态升级可以从网上下载最新的驱动程序及安全补丁，从而使用户所安装的 Windows XP 处于最新状态。动态升级这一步是可选的，可以将其跳过。下面以全新安装方式为例，介绍安装 Windows XP 的方法。其操作步骤如下：

（1）将中文版 Windows XP 安装光盘放入光盘驱动器中，此时系统打开“欢迎安装 Windows XP Professional”的对话框，如图 1-6 所示。

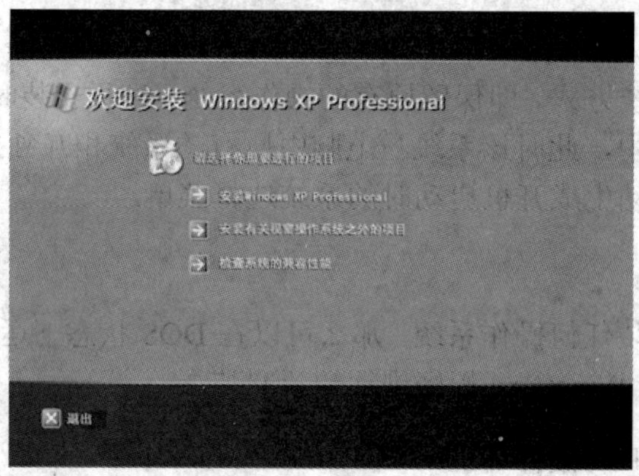


图 1-6 “欢迎安装 Windows XP Professional”对话框

（2）单击“欢迎安装 Windows XP Professional”对话框中的“安装 Windows XP Professional”按钮，打开“Windows 安装程序”对话框，并在该对话框中的“安装类型”下拉列表框中选择“全新安装（高级）”选项，如图 1-7 所示。

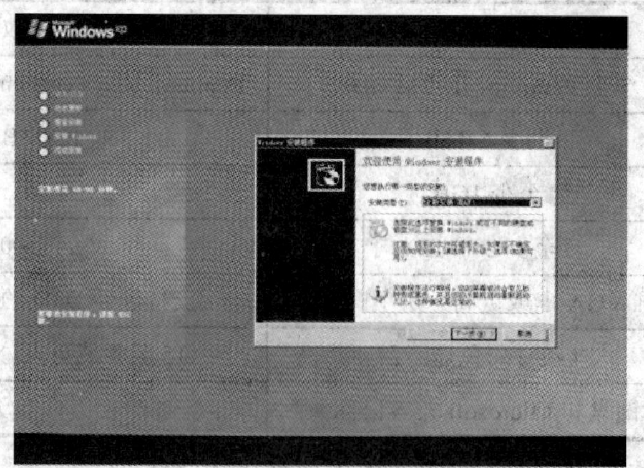


图 1-7 选择安装类型

（3）单击“下一步”按钮，在打开的对话框中选中“我接受这个协议”单选钮，如图 1-8 所示。

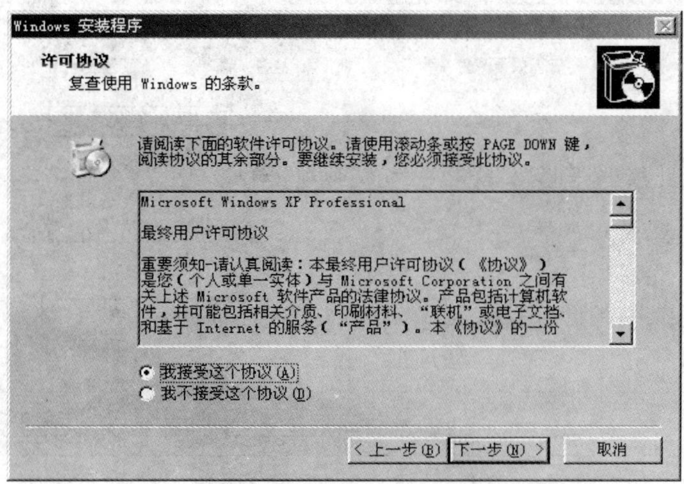


图 1-8　设置许可协议

（4）单击“下一步”按钮，在打开的对话框中输入 Microsoft 提供的序列号，如图 1-9 所示。

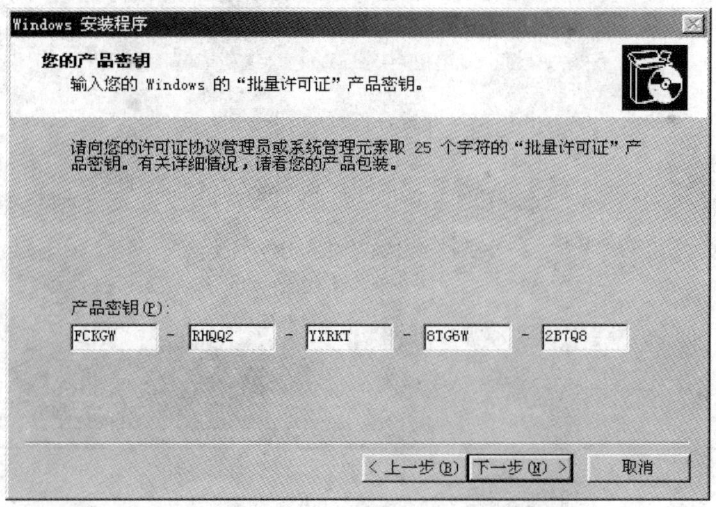


图 1-9　输入产品序列号

（5）单击“下一步”按钮，在打开的对话框中的“请选择您要使用的主要语言和区域”下拉列表框中选择“中文（中国）”选项，如图 1-10 所示。

（6）单击“下一步”按钮，在打开的对话框中选中“否，跳过这一步继续安装 Windows”单选钮。如果用户当前可以连接到 Internet，则选中“是，下载更新的安装程序文件（推荐）”单选钮，如图 1-11 所示。

（7）单击“下一步”按钮，系统开始安装程序，如图 1-12 所示。

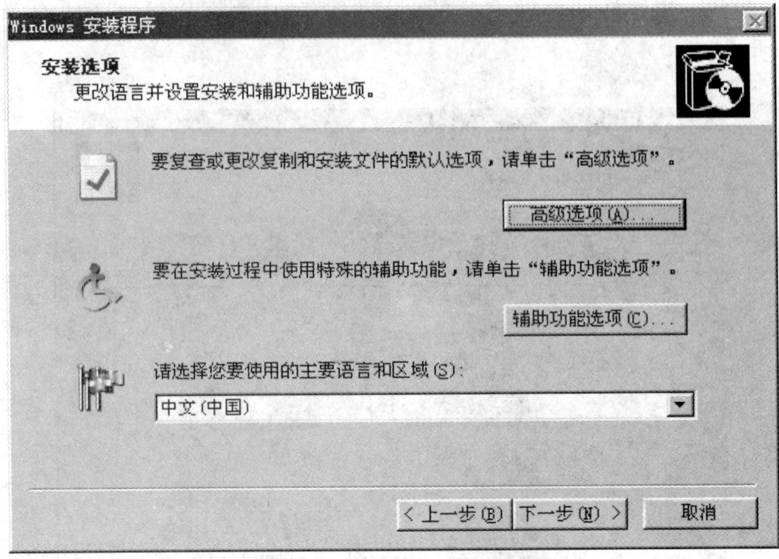


图 1-10　选择使用的主要语言和区域

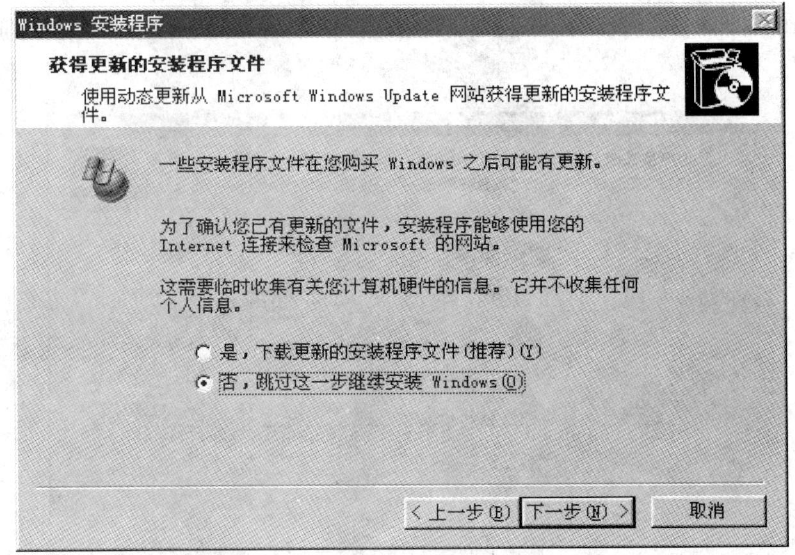


图 1-11　选择是否获得更新的安装程序

系统在搜集了足够的用户信息之后，将开始向系统中复制所需的程序文件。在文件复制与配置过程中，系统可能需要重新启动 2 至 3 次，以确保所加载的驱动程序可用。

等待所有文件全部复制完成，并经过系统自动配置之后，Windows XP 即安装完成。整个安装过程基本上不用干预，用户只需在系统安装过程中输入一些自己的个人信息及系统管理员密码即可。

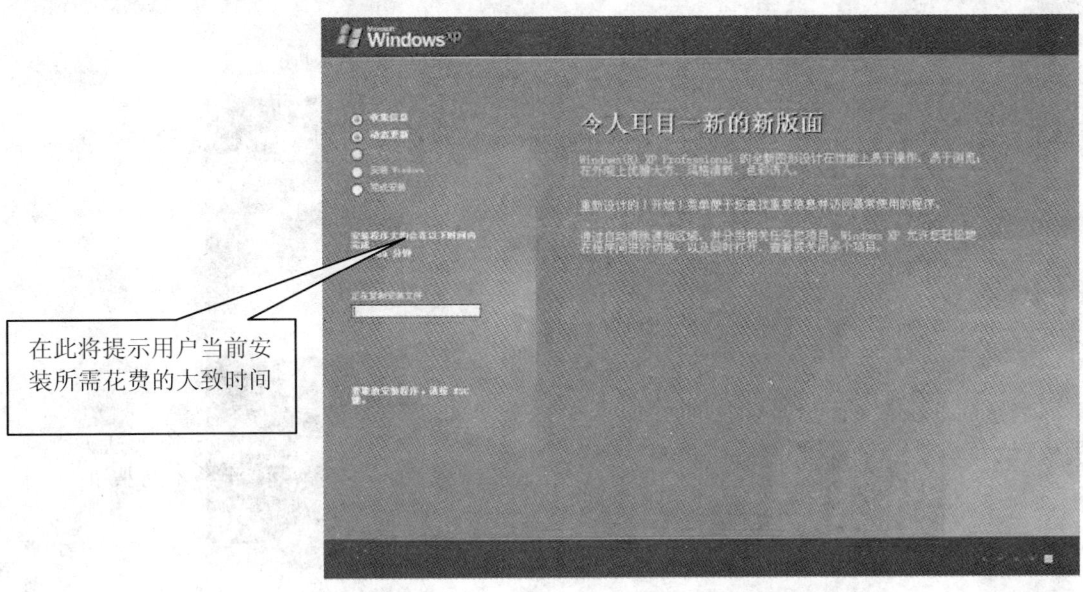


图 1-12　系统开始安装程序

## 1.3　启动 Windows XP

Windows XP 安装完成之后，系统重新启动计算机，并要求输入用户或管理员密码，如图 1-13 所示。图 1-14 显示了启动 Windows XP 系统后的桌面。

图 1-13　输入密码

图 1-14　Windows XP 桌面

✧　与 Windows 98/Me 相比，Windows XP 加强了多用户管理的功能，在启动 Windows XP 时，用户可以选择电脑系统管理员账户（以此登录的用户享有操作、管理 Windows XP 的所有权限）和非电脑系统管理员账户（以此登录的用户不能使用 Windows XP 的某些设置）进行登录。例如，在图 1-13 中如果单击 Guest 账户按钮进行登录，则将以非电脑系统管理员的身份登录系统。

✧　以不同的身份登录系统，用户将会拥有不同的桌面、“开始”菜单及相应的文件夹。

## 1.4　使用“开始”按钮

在 Windows XP 中，如果希望执行某项工作，通常都必须首先单击“开始”按钮。单击“开始”按钮后，系统将打开如图 1-15 所示的“开始”菜单。该菜单是用户打开应用程序的“桥梁”，它存储了系统中几乎所有的应用程序的快捷图标，通过单击这些快捷图标，用户即可运行相应的应用程序。

“开始”菜单可以分为以下 5 部分：

- 顶端区域显示了当前登录系统的用户名，表示了谁在使用电脑。
- 左侧中部为电脑中常用的应用程序快速启动区，用户可以通过该部分快速启动经常运行的应用程序。

- 右侧中部为系统控制区，通过该区域可以完成对电脑的大多数操作，如电脑管理、浏览图片或打开文档等。
- 左下方为“所有程序”按钮，单击该按钮可运行选定的程序。
- 右下角是控制按钮，通过这两个按钮可切换用户、关闭或重新启动电脑等。

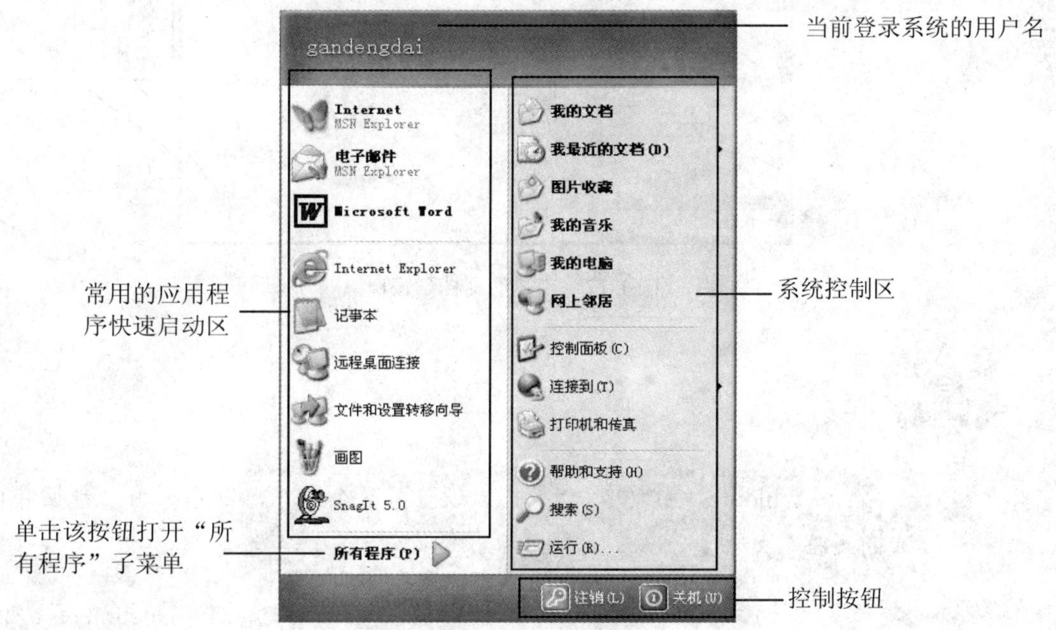


图 1-15　单击“开始”按钮打开的“开始”菜单

### 1.4.1　启动应用程序或打开文档

利用“开始”按钮，用户可快速启动应用程序或者打开文档。下面我们以打开 Windows XP 自带的“画图”程序为例，说明使用“开始”菜单启动应用程序的方法。

选择“开始”|“所有程序”|“附件”|“画图”菜单，即可打开画图程序窗口，如图 1-16 所示。

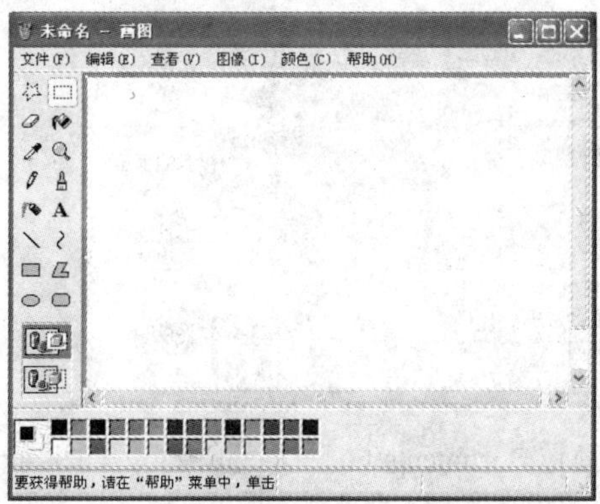


图 1-16　打开的“画图”程序窗口

缺省情况下，用户所编辑的文档都被放在自己文件夹中，其名称为“我的文档”。因此，用户可直接在“开始”菜单中单击“我的文档”，打开“我的文档”窗口，如图 1-17 所示。

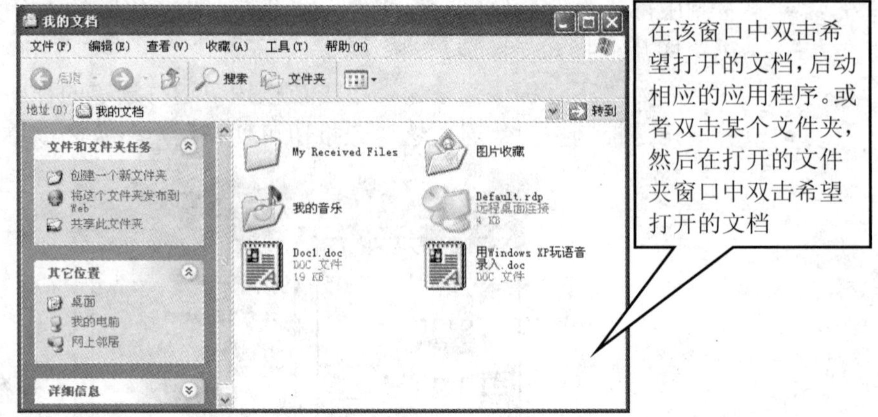


图 1-17 “我的文档”窗口

✧ 在 Windows XP 中，如果已经设置了多个用户，则每个用户都拥有自己的“我的文档”文件夹。

✧ “我的文档”文件夹在硬盘中的真实名称为 My Documents，位于 Documents and Settings 文件夹下的用户名称文件夹中，如图 1-18 所示。

图 1-18 My Documents 位于 Documents and Settings 文件夹中

### 1.4.2 将程序放在“开始”菜单上方

如果用户有一些经常使用的程序，可通过将其放在“开始”菜单的上方，使启动过程

更加简便。为此，可选择“开始”|“所有程序”菜单，在显示的程序菜单项上单击鼠标右键，从弹出的快捷菜单中选择“附到「开始」菜单”菜单（如图 1-19 所示），即可将选中的程序放置到“开始”菜单的上方，如图 1-20 所示。

图 1-19　选择“附到「开始」菜单”菜单

图 1-20　将经常使用的程序放置到“开始”菜单的上方

### 1.4.3　将“开始”菜单切换为经典样式

对于那些曾经使用过 Windows 98 的人来说，有时可能更喜欢原来的“开始”菜单样式。此外，当用户首次进入 Windows XP 桌面的时候，将会发现此时桌面上只有一个回收站，而系统图标却没有放在桌面上。如何将“开始”菜单切换为经典样式，并且让这些图标出现在桌面上呢。

（1）在任务栏空白处右击，从弹出的快捷菜单中选择“属性”菜单，如图 1-21 所示。

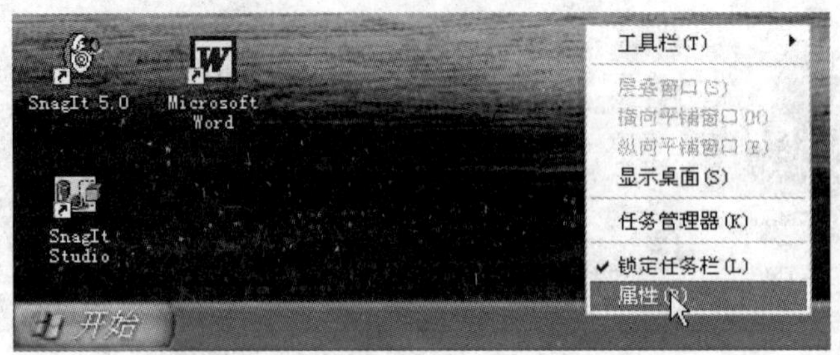


图 1-21　选择“属性”菜单

（2）在“任务栏和「开始」菜单属性”对话框中选择“「开始」菜单”选项卡，并在该选项卡中选择“经典「开始」菜单”单选钮（如图 1-22 所示），即可将“开始”菜单切换为经典样式，如图 1-23 所示。

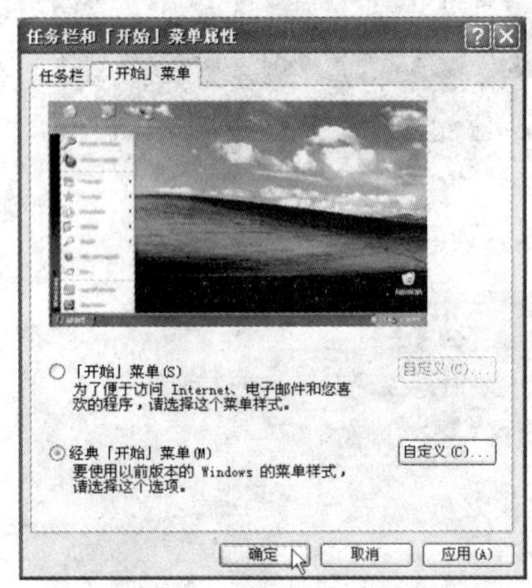

图 1-22　选中“经典「开始」菜单”单选钮　　图 1-23　将“开始”菜单切换为经典样式后的显示效果

# 1.5　使用和设置桌面

Windows XP 提供了比较灵活的人机交互界面，用户可以方便地设置它的外观，包括改变主题与桌面背景、设置屏幕保护程序、调整显示颜色和分辨率、改变桌面图标的排列方式以及创建桌面快捷方式等。

## 1.5.1　通过改变主题快速改变桌面外观

通过改变主题，用户可快速改变桌面外观，其操作步骤如下：

（1）用鼠标右键单击桌面空白处，从弹出的快捷菜单中选择“属性”菜单，如图 1-24 所示。

（2）在打开“显示 属性”对话框的“显示 属性”对话框中选择“主题”选项卡，并在该选项卡中的“主题”下拉列表框中选择希望选用的主题，例如“Windows 经典”，如图 1-25 所示。

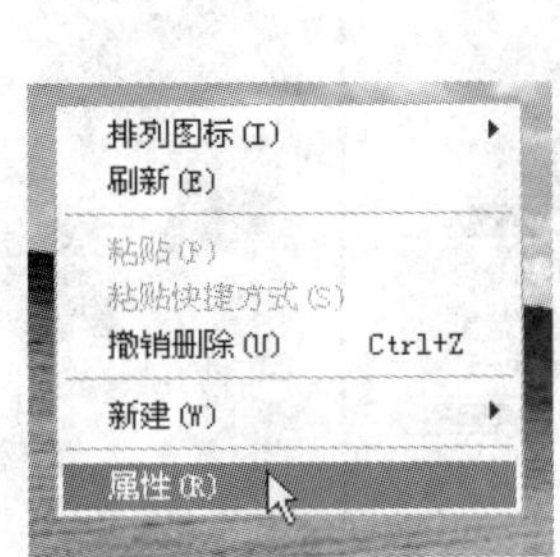


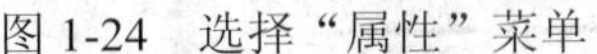
图 1-24 选择“属性”菜单

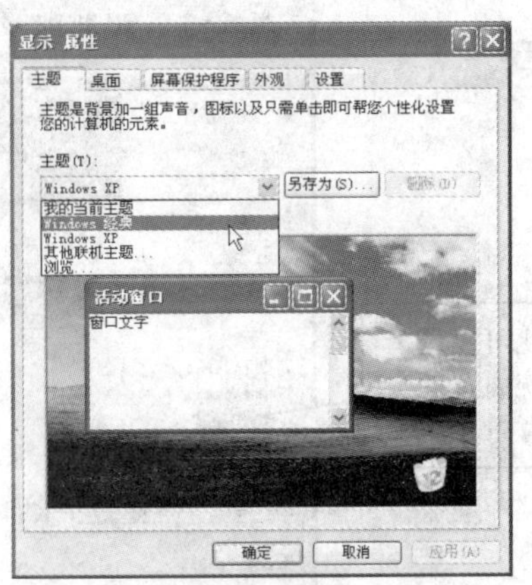


图 1-25 选择希望选用的主题

（3）单击“确定”按钮，即可改变桌面的外观，如图 1-26 所示。

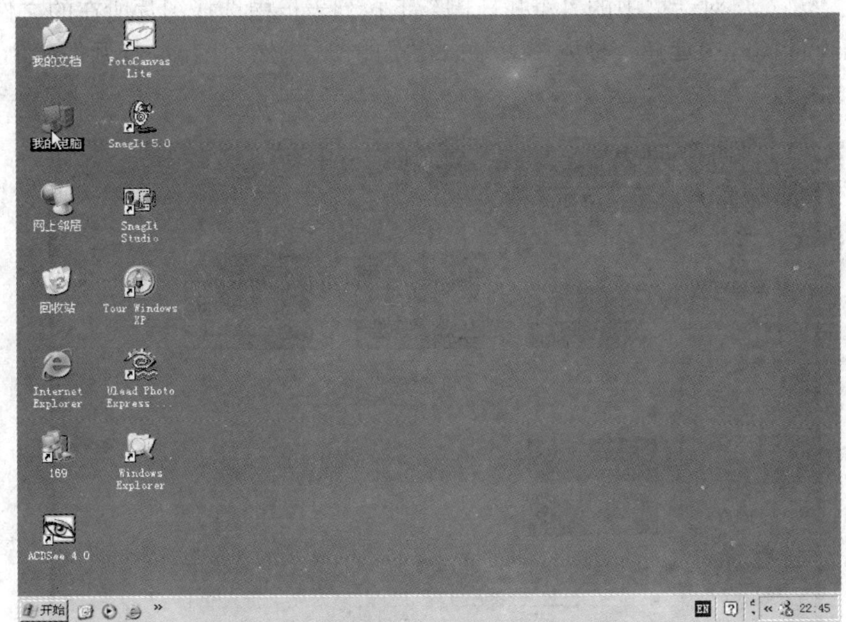


图 1-26 改变“主题”后的桌面

### 1.5.2 改变桌面背景

启动 Windows XP 后，出现在用户面前的是 Windows XP 的标准桌面。用户可根据自己的爱好改变桌面背景，其操作步骤如下：

（1）用鼠标右键单击桌面空白处，从弹出的快捷菜单中选择“属性”，打开“显示 属性”对话框。

（2）在“显示 属性”对话框中选择“桌面”选项卡，并在该选项卡中单击“浏览按钮”，如图 1-27 所示。

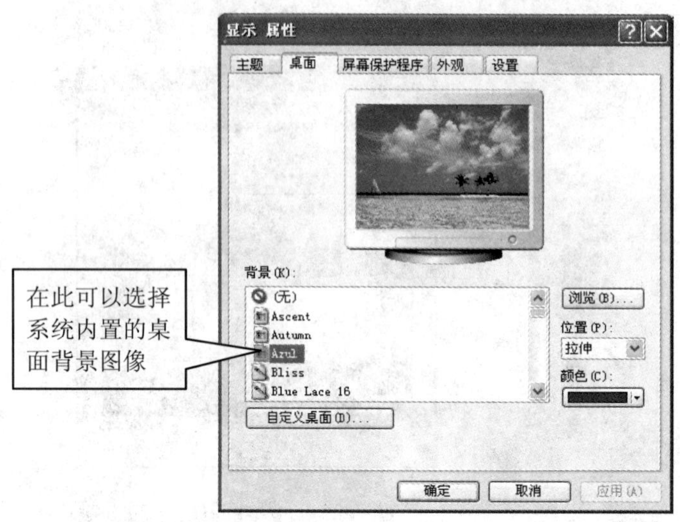


图 1-27 选择“浏览”按钮

（3）在“浏览”对话框中的“查找范围”下拉列表框中选择图片所在的文件夹，并在打开的图片中选择一种应用于桌面背景的图片，然后单击“打开”按钮，如图 1-28 所示。

图 1-28 选择需要应用于桌面背景的图片

（4）返回到“桌面”选项卡，并在该选项卡中的“位置”下拉列表框中选择一种图片放置在桌面上的位置，例如选择“拉伸”（如图 1-29 所示），最后单击“应用”按钮，即可将所选的图片应用于桌面上。

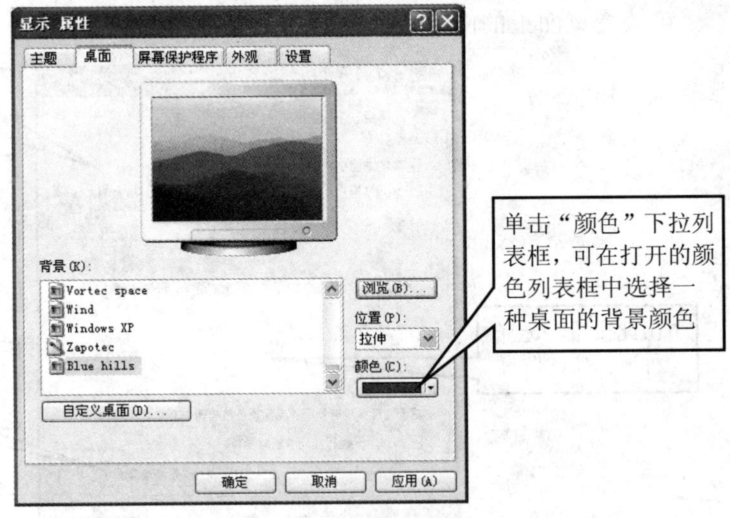


图 1-29　设置图片放置在桌面上的位置

### 1.5.3　自定义桌面

在“桌面”选项卡中，用户还可以对桌面上的图标进行各种设置。例如，添加、删除桌面上的图标，改变桌面上图标的外观等，其操作步骤如下：

（1）用鼠标右键单击桌面空白处，从弹出的快捷菜单中选择“属性”，打开“显示 属性”对话框。

（2）在“显示 属性”对话框中选择“桌面”选项卡，并在该选项卡中单击“自定义桌面”按钮，如图 1-30 所示。

图 1-30　在“桌面”选项卡中单击“自定义桌面”按钮

（3）在“桌面项目”对话框中进行设置（参见图 1-31），然后单击“确定”按钮，即可改变桌面上的图标。

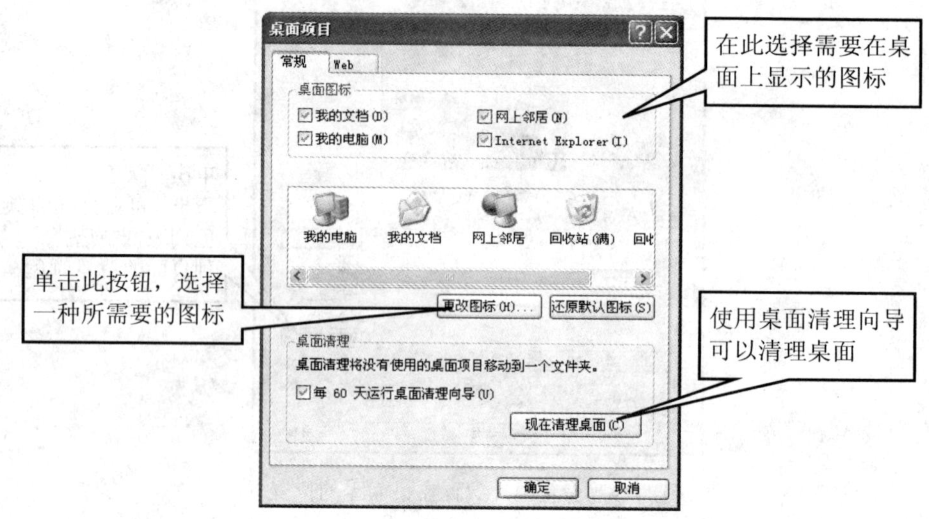


图 1-31　选择所需要的图标

### 1.5.4　设置屏幕保护程序

如果因其他事情在一段时间内不使用电脑，为了防止他人看到自己的电脑屏幕，可以通过设置，让系统自动运行屏幕保护程序来保护自己的隐私。设置屏幕保护程序的具体操作步骤如下：

（1）用鼠标右键单击桌面空白处，从弹出的快捷菜单中选择“属性”，打开“显示 属性”对话框。

（2）在“显示属性”对话框中单击“屏幕保护程序”选项卡，并在该选项卡的“屏幕保护程序”下拉列表框中选择一种屏幕保护程序，例如选择“变幻线”选项，如图 1-32 所示。

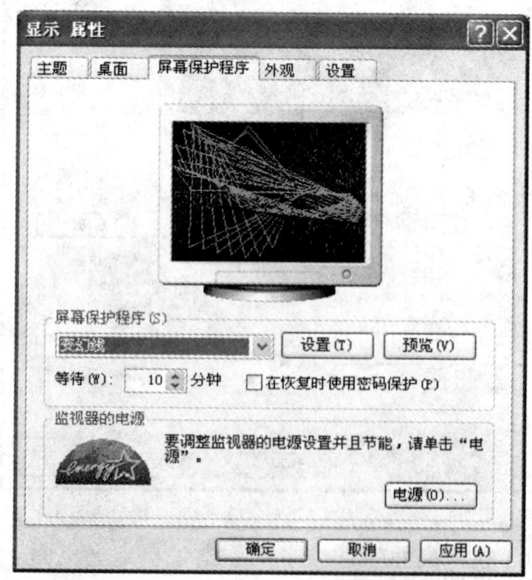


图 1-32　在“屏幕保护程序”下拉列表框中选择一种屏幕保护程序

（3）单击“设置”按钮，打开“变幻线设置”对话框，并在该对话框中进行设置（如图 1-33 所示），然后单击“确定”按钮，返回“屏幕保护程序”选项卡。

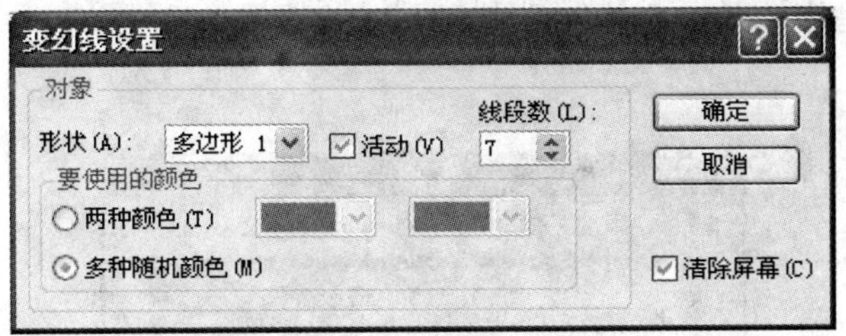


图 1-33　设置变幻线

✧　选择不同的屏幕保护程序，单击“屏幕保护程序”选项卡中的“设置”按钮，所弹出的对话框是不一样的。

（4）在“屏幕保护程序”选项卡中的“等待”编辑框中设置屏幕保护程序的等待时间（如图 1-34 所示），然后单击“应用”按钮，即可将所设置的屏幕保护程序应用到电脑屏幕上。

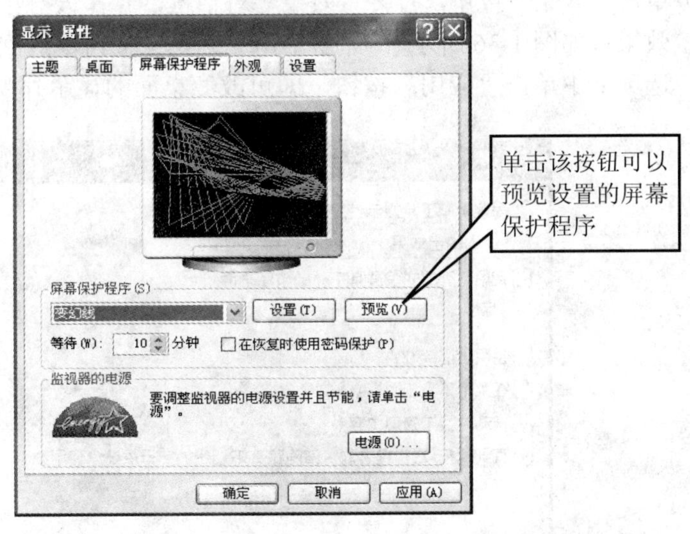


图 1-34　设置屏幕保护程序的等待时间

### 1.5.5　设置桌面显示外观

通过设置桌面显示外观，可以改变 Windows XP 在显示窗口、对话框时所使用的色彩方案和字体大小，其设置步骤如下：

（1）用鼠标右键单击桌面空白处，从弹出的快捷菜单中选择“属性”，打开“显示属性”对话框。

（2）在“显示 属性”对话框中选择“外观”选项卡，并在该选项卡的“窗口和按钮”下拉列表框中选择一种预定外观样式，例如选择“Windows XP 样式”，如图 1-35 所示。

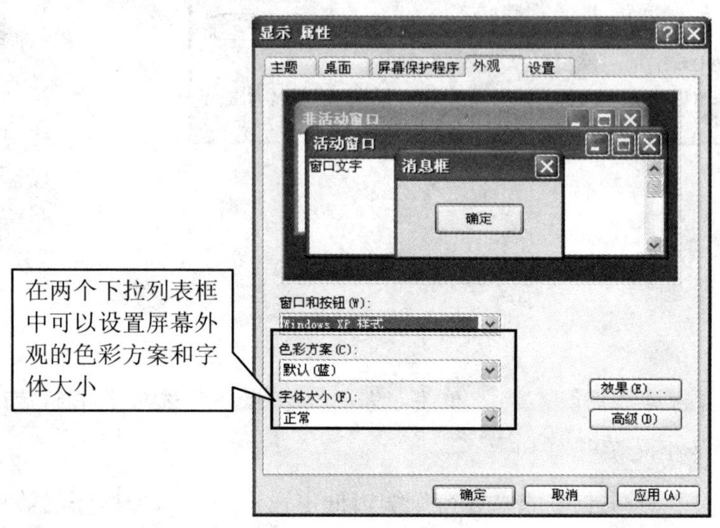


图 1-35　选择一种预定外观样式

（3）单击“效果”按钮，打开“效果”对话框，并在该对话框中设置屏幕外观的显示效果（如图 1-36 所示），然后单击“确定”按钮，返回“外观”选项卡，再在该选项卡中单击“应用”按钮，即可改变桌面的显示外观。

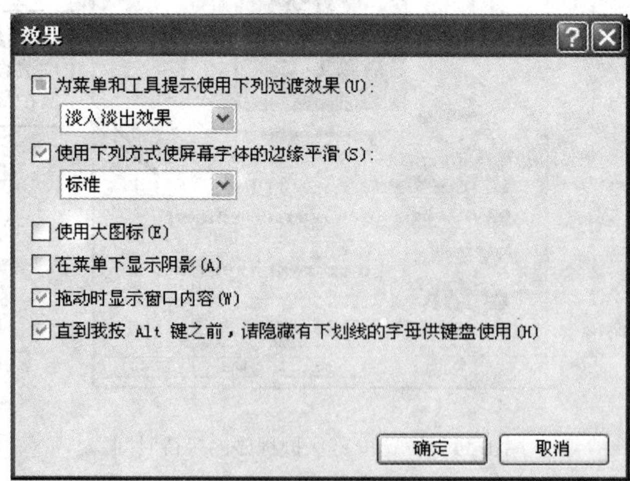


图 1-36　设置屏幕外观的显示效果

### 1.5.6　设置屏幕分辨率和颜色质量

用户在安装好 Windows XP 之后，可根据自己使用的电脑部件（如显卡的型号、显示器的尺寸等）设置屏幕分辨率和颜色质量。例如，如果用户使用的是 15 英寸或 17 英寸显示器，通常可将显示分辨率设置为 800×600 像素。

要设置屏幕显示分辨率和颜色质量，可按如下步骤进行：

（1）用鼠标右键单击桌面空白处，从弹出的快捷菜单中选择“属性”，打开“显示属性”对话框。

（2）在“显示 属性”对话框中选择“设置”选项卡，并在该对话框中拖动“屏幕分辨”设置区中的滑块，调整屏幕分辨率的大小，然后在“颜色质量”下拉列表框中选择所需的颜色质量，如图 1-37 所示。

（3）单击“确定”按钮，将出现“兼容性警告”对话框，用户只需选中“应用新的显示设置而不重新启动电脑吗？”单选钮即可，如图 1-38 所示。

图 1-37　设置屏幕分辨率和颜色质量

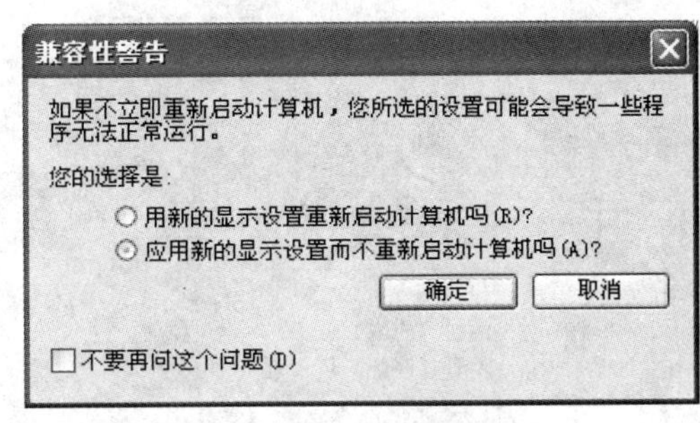


图 1-38　“兼容性警告”对话框

（4）单击“确定”按钮，将出现“监视器设置”对话框（如图 1-39 所示），并在该对话框中单击“是”按钮，即可改变屏幕分辨率和颜色质量。

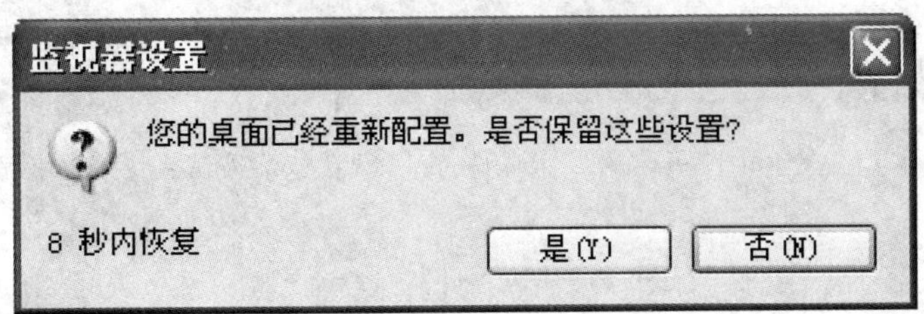


图 1-39　“监视器设置”对话框

### 1.5.7　创建桌面快捷方式

如果用户在一段时间内需要经常使用“画图”程序，每次都像前面介绍的那样操作，就显得太麻烦了。为此，可在桌面上放置一个“画图”程序的快捷方式图标，以后要打开

“画图”程序时，只要简单地双击该图标就可以了。创建桌面快捷方式的步骤如下：

（1）选择“开始”|“所有程序”|“附件”菜单，并在显示的“画图”程序菜单项上单击鼠标右键，此时将弹出一个快捷菜单，如图 1-40 所示。

（2）在弹出的快捷菜单中选择“发送到”|“桌面快捷方式”菜单（如图 1-41 左图所示），即可在桌面上创建一个“画图”程序的快捷方式，如图 1-41 右图所示。

图 1-40　右击“画图”程序菜单项弹出的快捷菜单

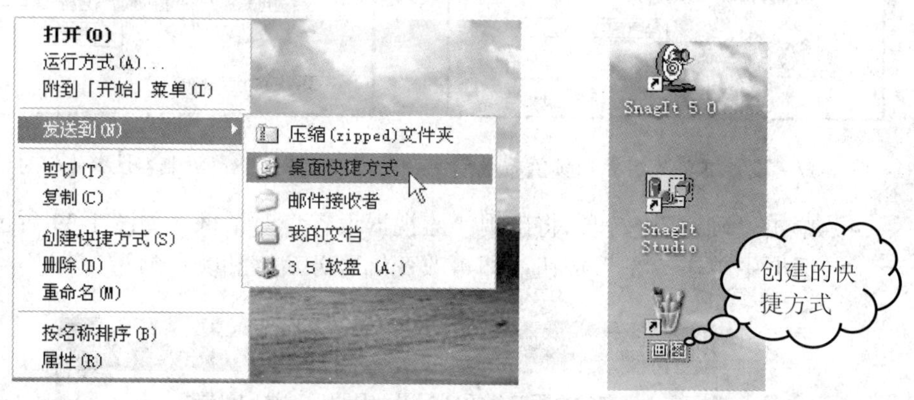


图 1-41　为“画图”程序创建快捷方式

## 1.6　使用任务栏

在 Windows XP 中，任务栏是一个非常重要的工具。当用户同时打开了多个应用程序时，可以通过任务栏在不同的应用程序窗口之间快速切换。通过任务栏还可查看和设置系统日期/时间，调节音量大小，选择输入法等。

### 1.6.1　切换应用程序窗口

Windows XP 是一个多任务的操作系统，用户可以同时打开多个应用程序窗口。只要打开窗口，任务栏上就会出现一个对应于该窗口的任务按钮。通过单击这些任务按钮，用户可以非常方便地在运行的各应用程序中进行切换。例如，如果当前运行的应用程序有：Word 2002、SnagIt、“我的电脑”和“网上邻居”等，而当前激活的程序为 Word 2002，现在要切换到“我的电脑”窗口中，此时用户只需在任务栏上单击“我的电脑”任务按钮（如图 1-42 所示），即可切换到“我的电脑”窗口中，如图 1-43 所示。

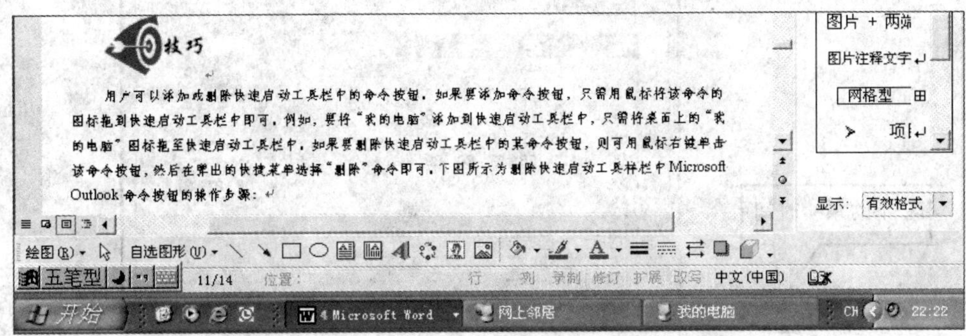

图 1-42　在任务栏上单击“我的电脑”任务按钮

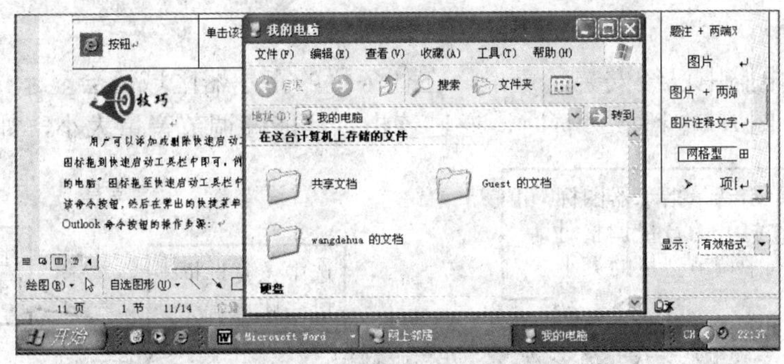

图 1-43　打开的“我的电脑”窗口

如果同时打开的窗口太多，任务栏会自动将相同的任务按钮归为一类，形成菜单按钮的形式（如图 1-44 所示）。在图 1-44 中，任务栏将所有的 Word 2002 应用程序任务按钮归为一类。如果希望切换到没有显示出来的应用程序窗口，只需用鼠标单击此类任务按钮，并在弹出的列表中选择即可。

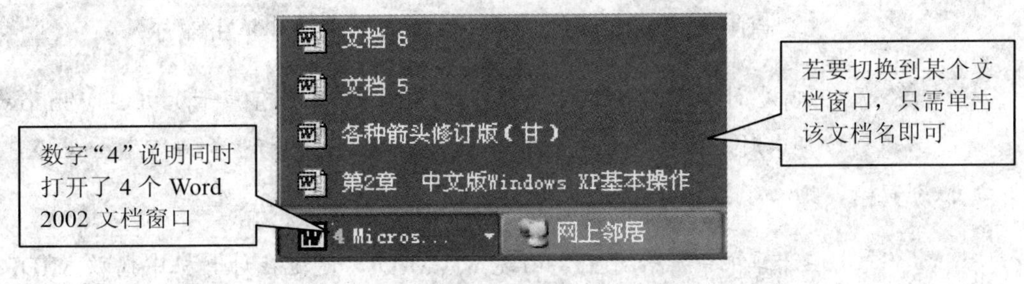


图 1-44　归类显示打开的应用程序

### 1.6.2 查看和设置系统日期和时间

在任务栏的最右侧为指示器区域，其中显示了系统时间，如图 1-45 左图所示。双击该时间指示，系统将打开“日期和时间 属性”对话框（如图 1-45 右图所示），用户可利用该对话框查看日期与时间，或者对当前日期和时间进行调整。

图 1-45 “日期和时间 属性”对话框

### 1.6.3 调节音量大小

如果用户的电脑中已经安装了声卡，在任务栏的指示器区域还会显示一个音量指示器（参见图 1-46 左图），在播放声音时，通过该指示器能够调节音量大小，如图 1-46 所示。

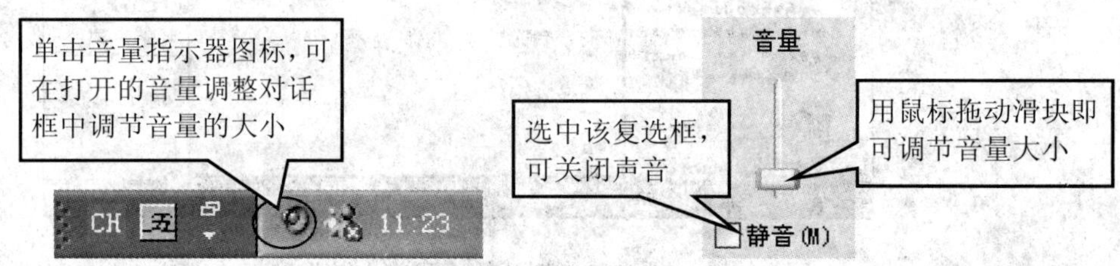


图 1-46 调节音量大小

◇ 若要关闭音量调整对话框，只需在桌面空白处单击即可。

◇ 只有当计算机中安装了声卡(或者主板本身带有声卡)，并且 Windows XP 能够识别该声卡时，才会在任务栏中出现音量指示器图标。如果 Windows XP 无法识别声卡，则必须按照声卡说明单独安装声卡驱动程序。

◇ 在计算机中，音源主要由迷笛（MIDI，通过在计算机中播放 MIDI 文件产生）、CD 音频（通过在光驱中播放音乐 CD，VCD 或 DVD 电影产生）、线路输入（Line In，通过将录音机、音响、电视的音频输出连接至声卡的 Line In 接口产生）和 Wave（波形音频，通过在计算机中播放 WAV 文件产生）组成。也就是说，用户听到的声音应该是这四种音源共同作用的结果，如图 1-47 所示。要打开该对话框，可双击任务栏中的音量指示器图标。

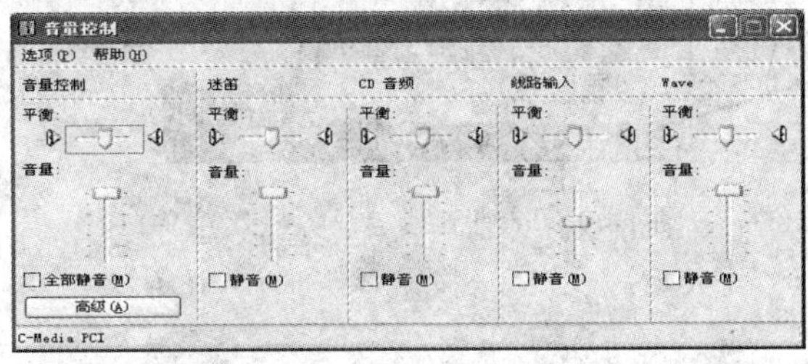


图 1-47　“音量控制”对话框

### 1.6.4　调整任务栏

用户还可以根据需要自定义任务栏，例如，改变它在桌面上的位置、大小，或将其设置为自动隐藏等。

1. 移动任务栏

用户可以将任务栏移动到桌面的上、下、左、右四边的任何位置。将鼠标指针移到任务栏的空白处，按住鼠标左键将其拖放到所要放置的位置，如图 1-48 所示。

图 1-48　将任务栏拖动到桌面的右边

✧　在 Windows XP 中，有一个锁定任务栏的功能，其作用是将任务栏固定在它所在的位置上。在改变任务栏的位置、大小之前，需要先将该项功能取消，如图 1-49 所示。

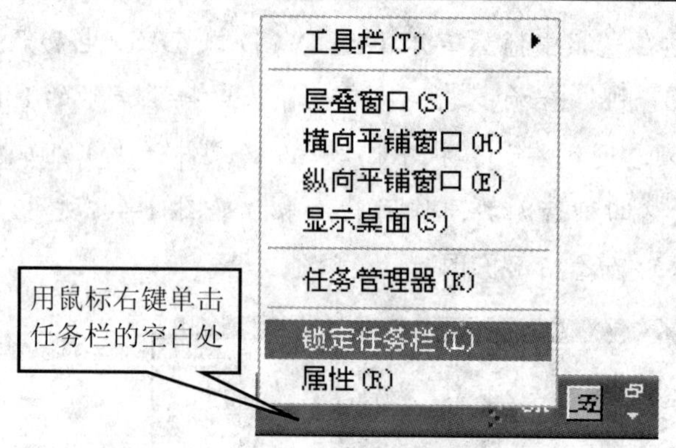


图 1-49　取消“锁定任务栏”菜单

2. 改变任务栏的大小

当打开的应用程序比较多时，任务栏中的应用程序快捷按钮就会缩小，导致无法看清按钮中的内容。此时可以通过调整任务栏的大小，以便使按钮中的所有内容都能在任务栏中显示出来。

（1）将鼠标指针指向任务栏的边界，此时鼠标指针变为如图 1-50 中的所示形状。

图 1-50　将鼠标指针指向任务栏的边界

（2）按住鼠标左键不放，并向上拖动到合适位置后释放鼠标，即可改变任务栏的大小，如图 1-51 所示。

图 1-51　改变任务栏的大小

3. 自动隐藏任务栏

为了在桌面上显示更多的内容，用户还可以将任务栏隐藏起来。

首先用鼠标右键单击任务栏空白处，从弹出的快捷菜单中选择“属性”菜单，打开“任务栏和「开始」菜单属性”对话框，并在该对话框中选中“自动隐藏任务栏”复选框（如图 1-52 所示），然后单击“确定”按钮，即可将任务栏隐藏起来。

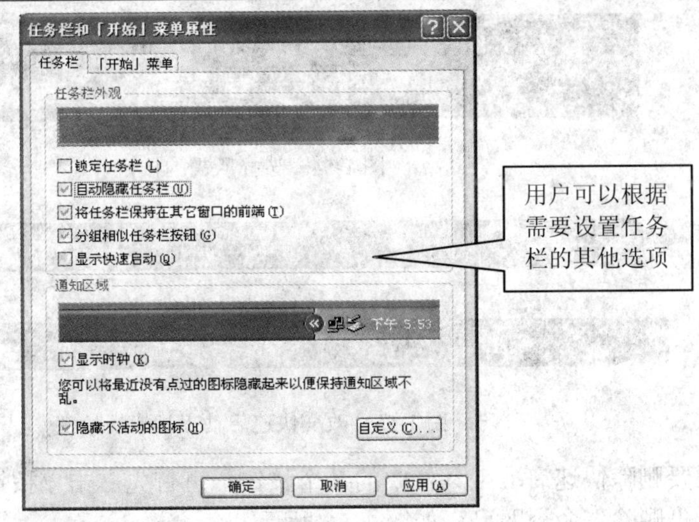


图 1-52　设置隐藏任务栏

### 1.6.5　使用快速启动工具栏

在任务栏的“开始”按钮右侧有一个快速启动工具栏，单击其中的按钮可分别显示桌面、启动 Windows Media Player 和启动 IE 浏览器。

用户也可根据需要向快速启动工具栏中添加按钮，或者删除其中的按钮。如果要向快速启动工具栏中添加按钮，将图标拖到快速启动工具栏中即可。用户还可直接将前面创建的“画图”桌面快捷方式拖至快速启动工具栏中，如图 1-53 所示。

图 1-53　将“画图”桌面快捷方式拖至快速启动工具栏中

✧　默认情况下，由于快速工具栏的长度太短，因而使得其中的某些按钮无法直接显示在快速启动工具栏中（如上面的“画图”按钮）。要想使用这些按钮，可单击快速启动工具栏右侧的»按钮，然后从弹出的按钮列表中进行选择，如图 1-54 所示。

✧　如果希望使快速启动工具栏能够显示更多的按钮，可调整快速启动工具栏的长度。为此，可首先将光标移至快速启动工具栏与任务指示区之间的分界线，待光标变为↔形状（如图 1-55 上图所示）后单击并向右拖动即可，如图 1-55 下图所示。

图 1-54　选择所需的按钮

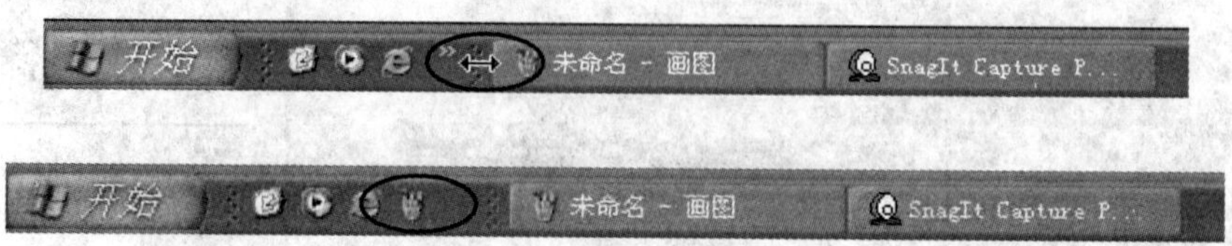


图 1-55　改变快速启动工具栏的长度

如果要删除快速启动工具栏中的某个按钮，可首先右击该按钮，然后从弹出的快捷菜单中选择“删除”命令即可，如图 1-56 所示。

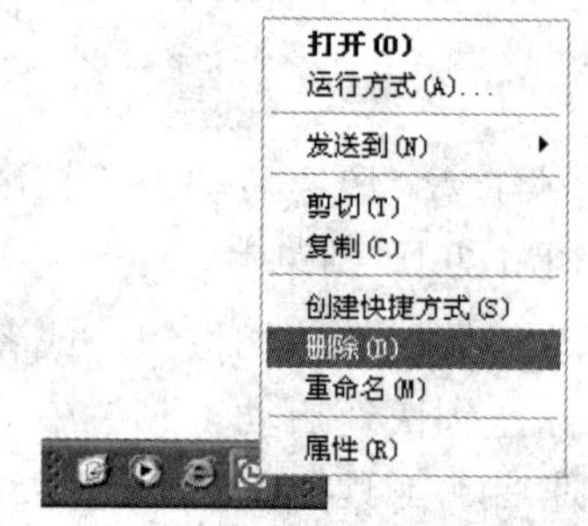


图 1-56　删除不需要的按钮

# 1.7　使用语言栏

在使用 Windows XP 时，用户经常需要向电脑中输入汉字。例如以中文名称命名文件或文件夹，在文档或图像中输入中文等。Windows XP 提供了多种常用的中文输入法，全拼输入法、双拼输入法、智能 ABC 输入法等。要选择输入法，可使用语言栏。因此，下面就来介绍一下语言栏的使用方法。

## 1.7.1　改变语言栏的位置与输入法

安装好 Windows XP 后，语言栏将以独立形式存在，如图 1-57 所示。

用户可以移动语言栏的位置，在语言栏中选择输入法，或者最小化语言栏。

若要移动语言栏的位置，可在语言栏中单击“还原”按钮，然后将光标移至任务栏的左侧位置，待光标呈✣形状时拖动，即可移动语言栏的位置。

若要在语言栏中选择输入法，可首先单击输入法图标，然后从弹出的菜单中选择所需的输入法，如图 1-58 所示。

若要最小化语言栏，直接单击语言栏中的“最小化”按钮即可。

✧　Windows XP 只带了全拼、双拼、智能 ABC 等几种输入法。要使用五笔字型等输入法，必须单独安装。此外，由于五笔输入法已被内置到 Office 2000 中，因此，用户也可通过安装 Office 2000 来安装五笔输入法。

图 1-57　语言栏

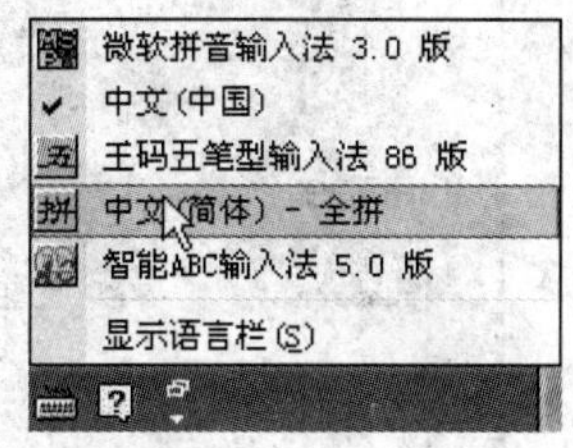


图 1-58　选择所需的输入法

### 1.7.2　手工造词

用户可以用手工创建的方法，把常用词组添加到对应的输入法中，以便操作更加简便。例如，如果用户经常使用“光驱”、“材质”、“剪贴板”等词汇或者某些人名，便可将其创建为词组。

1. 创建词组

（1）在输入法提示条中右击，然后从弹出的菜单中选择“手工造词”菜单，如图 1-59 所示。

（2）在“手工造词”对话框中选中“造词”单选钮，并在“词语”编辑框中输入需要创建的词组，然后单击“添加”按钮（如图 1-60 所示），即可创建所需的词组。

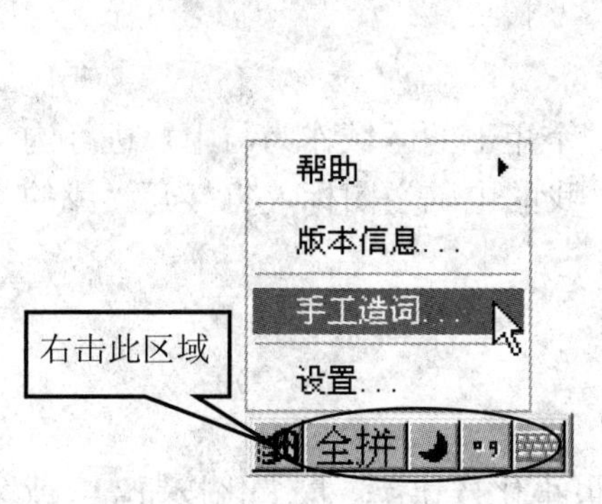


图 1-59　选择“手工造词”菜单

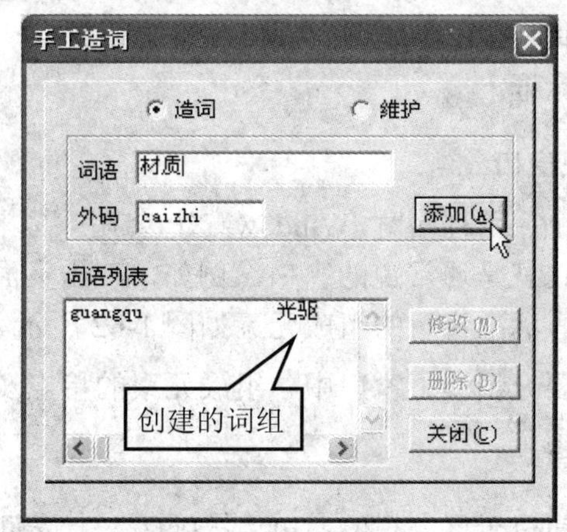


图 1-60　在“手工造词”对话框中创建所需的词组

2. 维护词组

手工创建词组后，如果希望对词组进行维护，可在“手工造词”对话框中单击选中“维护”单选钮，并在选中需要修改的词组后单击“修改”或“删除”按钮，如图 1-61 所示。

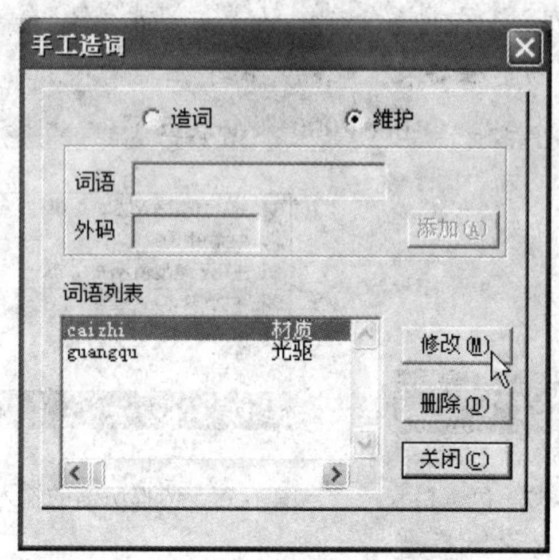


图 1-61 维护创建的词组

## 1.8 窗口及对话框操作方法

窗口是操作 Windows XP 的基本对象，Windows XP 中的所有应用程序都是以窗口形式出现的。对话框主要供用户完成一些设置，用户在使用 Windows XP 及其他应用软件时，经常会遇到各式各样的对话框。菜单、按钮和对话框是构成一个程序的 3 个基本要素，也是用户使用各种软件的基本手段。

从使用方式上看，窗口和对话框的主要区别在于，用户可以打开、关闭、最大化（使窗口充满整个桌面）、最小化（使窗口缩小为任务栏上的一个指示按钮）窗口，以及移动窗口的位置（此时窗口不能是最大化和最小化状态，该状态被称为还原），但是只能打开、关闭和移动对话框。

### 1.8.1 认识窗口

启动一个应用程序时，Windows XP 会在屏幕上划定一个矩形的区域作为与用户进行沟通的桥梁，这就是通常说的窗口。例如，双击桌面上的“我的电脑”图标，将打开“我的电脑”窗口。标准窗口的组成元素如图 1-62 所示。

下面简要介绍一下窗口中各组成元素的特点及作用。

1. 控制按钮

控制按钮位于标题栏的右侧，共包括 3 个按钮，即：最小化按钮、最大化按钮（或还原按钮）与关闭按钮。其中，当窗口处于最大化状态时，中间按钮的形状为，单击之可使窗口回到还原状态；当窗口处于还原状态时，中间按钮的形状为，单击之可使窗口最大化。

此外，单击最小化按钮可使窗口收缩到任务栏中，单击关闭按钮可关闭窗口，即终止当前运行的程序。

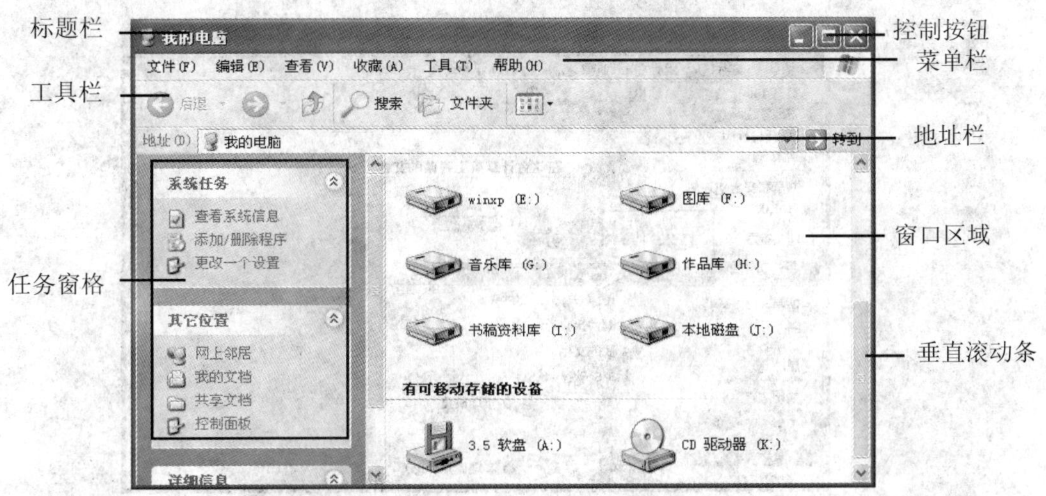


图 1-62　标准窗口的组成元素

2. 标题栏

标题栏用于显示当前正在运行的程序名称。对于某些程序而言（如画图、Word 等），其上还会显示当前正在编辑的文档名称。

如果用户已经打开了多个窗口，则当前只有一个窗口处于活动状态，此时该窗口的标题栏将处于高亮状态。此外，当窗口处于还原状态时，在标题行单击并拖动，可在屏幕上移动窗口，如图 1-63 所示。

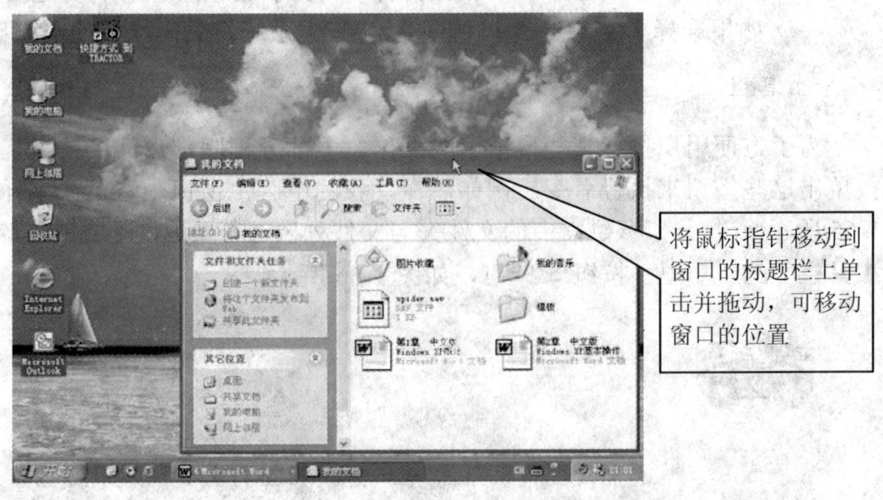


图 1-63　移动窗口的位置

3. 菜单栏

菜单栏位于标题栏的下方，其中分类存储了可在程序中执行的各项操作。通常情况下，单击主菜单名称可打开一个下拉列表，该下拉列表被称为子菜单，如图 1-64 所示。

图 1-64　主菜单中的子菜单

子菜单通常可分为如下三类：

- 如果子菜单名称后带有省略号“...”，表示选择该菜单项时，系统将打开一个对话框。例如，如果在上图中选择“共享和安全”子菜单项，系统将打开“共享文档”对话框。
- 如果子菜单名称后带有三角号“▸”，表示该子菜单项还有子菜单，如上图中的“发送到”子菜单项。
- 如果子菜单名称后面未跟任何符号，表示选择该子菜单项将执行一个命令。例如，如果选择“文件”菜单中的“关闭”，系统将关闭“我的电脑”窗口。

4. 工具栏

为了方便用户执行某些最常用的操作，大部分程序都设计了一组工具按钮，用户可直接单击这些按钮来执行命令。例如，在“我的电脑”窗口中双击“本地磁盘（C:）”（如图 1-65 所示），打开了该磁盘中的文件夹与文件列表，若要返回“我的电脑”窗口，只需单击工具栏中的“后退”按钮即可，如图 1-66 所示。

◇　通常情况下，菜单与工具按钮互为补充。也就是说，某些操作可通过选择菜单来执行，某些操作可通过单击工具按钮来执行，而其他一些操作既可通过选择菜单来执行，又可通过单击工具按钮来执行。

✧　如果工具栏中某个工具按钮的右侧有一个小三角▾，表明单击该工具按钮将打开一个列表框。例如，在图 1-67 中，通过单击“查看”按钮，可在弹出的下拉列表中选择某个选项来改变文件的列表方式。

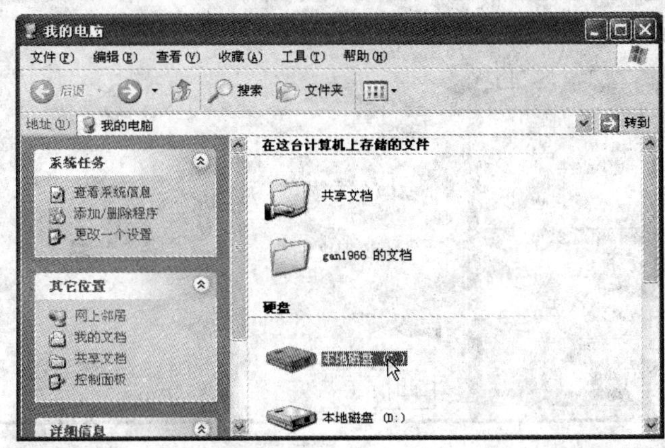


图 1-65　在“我的电脑”窗口中双击“本地磁盘（C:)”

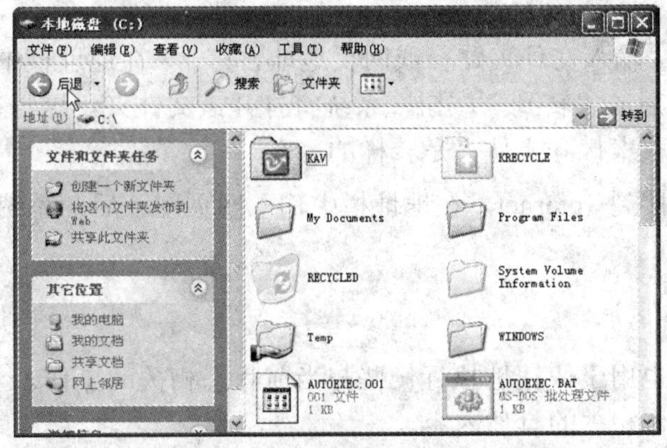


图 1-66　单击“后退”按钮返回“我的电脑”窗口

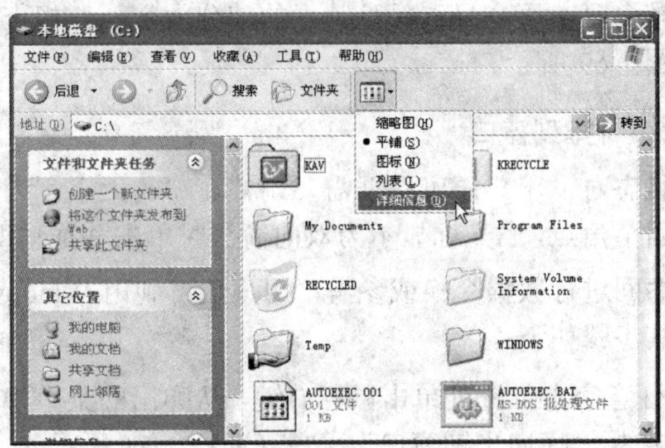


图 1-67　打开的列表框

为了方便用户使用，每个工具按钮都有一个用于简要说明其作用的提示。当用户将光标移至工具按钮上方时，系统将自动显示该提示信息，如图 1-68 所示。

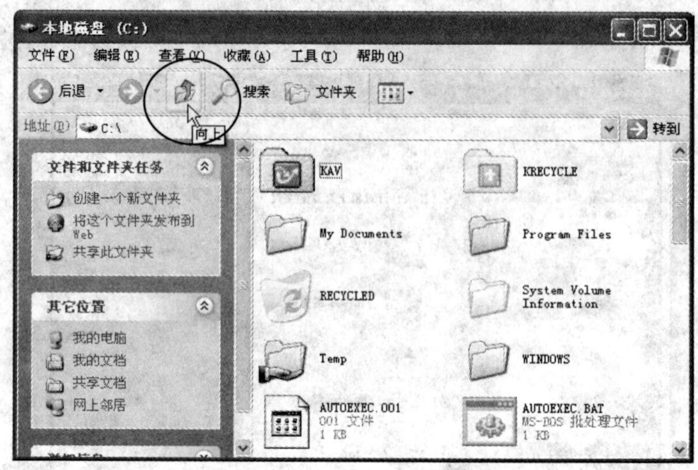


图 1-68　显示工具按钮的信息

5. 地址栏

地址栏用于显示、输入文件夹路径或网页地址。其中，在地址栏中输入文件夹路径后，按 Enter 键或单击其后的“转到”按钮，系统将打开该文件夹，这与在下面的窗口区直接双击盘符或文件夹名称来打开文件夹是一样的。

如果电脑已经连接到 Internet，在地址栏中输入网页网址后，系统将自动启动 Internet Explorer 6.0 打开网页。

6. 任务窗格与窗口区域

同样，任务窗格也用于快速地执行一些与当前状态相关的操作。至于窗口区域，则主要用于显示与当前操作相关的具体内容。

7. 滚动条

当窗口区域内容较多时，用户只能看见其中的部分内容。要想查看其他部分的内容，可以拖动滚动条，如图 1-69 所示。

### 1.8.2　改变窗口的大小与排列窗口

当窗口处于还原状态时，用户还可根据需要调整窗口的大小。为此，应首先将光标移至窗口的四个边缘或四个角点，当光标显示为双向箭头时单击并拖动即可，如图 1-70 所示。

为了便于在各程序间进行数据交换或参考，用户还可利用 Windows XP 提供的命令对现有窗口进行排列，其步骤如下：

（1）在任务栏的任意空白位置处单击鼠标右键，从弹出的菜单中选择一种排列窗口的方式，例如选择“横向平铺窗口”菜单（如图 1-71 所示），打开的窗口即以横向平铺的方式显示出来，如图 1-72 所示。

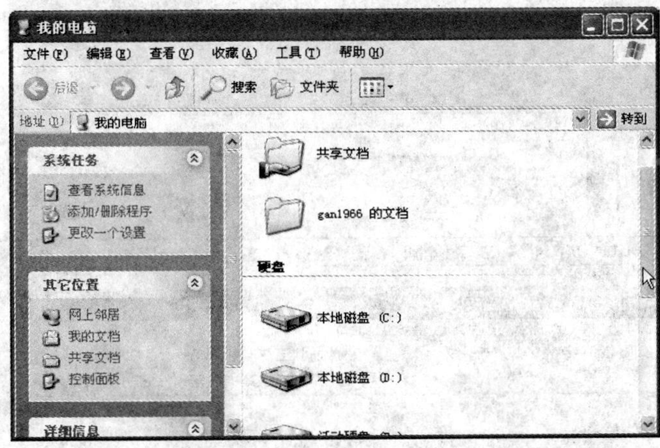

图 1-69　通过单击拖动滚动条上的滑块，可查看该窗口中的其他内容

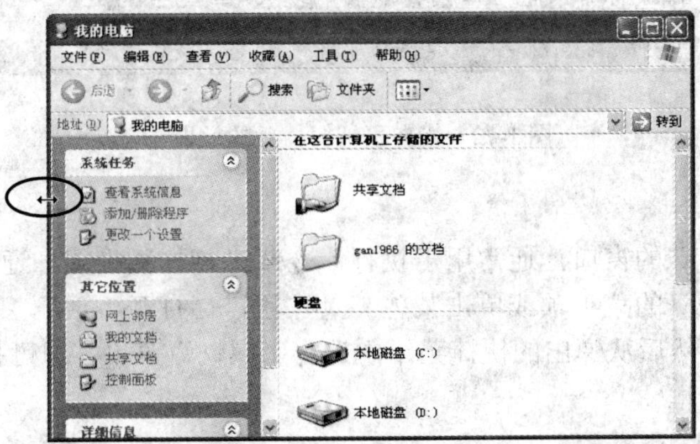

图 1-70　改变窗口的大小

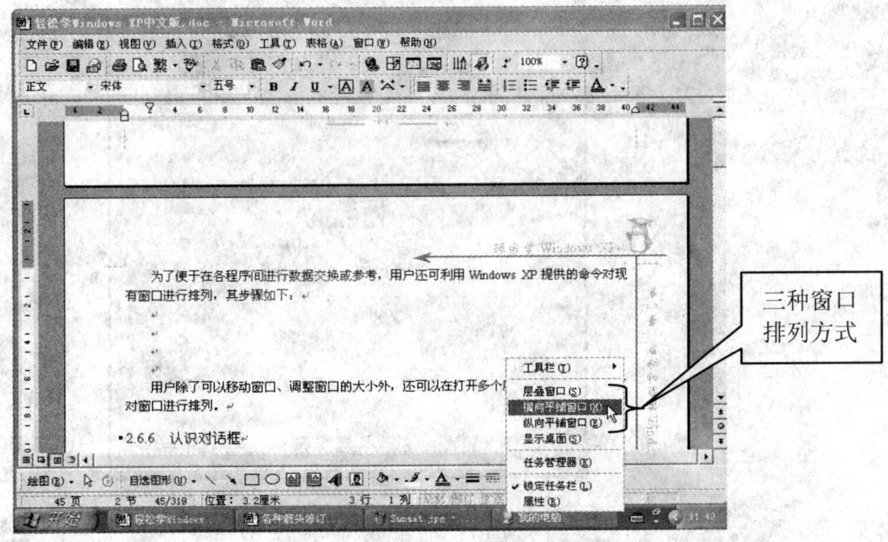


图 1-71　选择排列窗口的方式

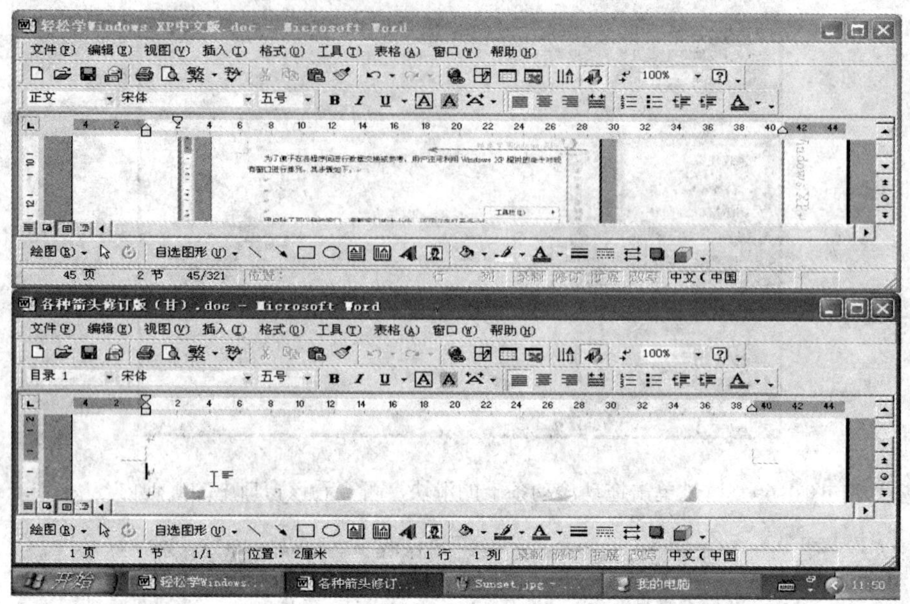


图 1-72　横向平铺窗口后的效果

### 1.8.3　对话框

对话框是一种特殊的窗口，通常用于执行命令或进行参数设置。通过选择菜单中某些后面带有省略号“…”的菜单项或单击某些工具按钮，可打开对话框。例如，右击桌面上“我的电脑”图标，然后从弹出的快捷菜单中选择“属性”菜单，即可打开如图 1-73 所示的“系统属性”对话框。

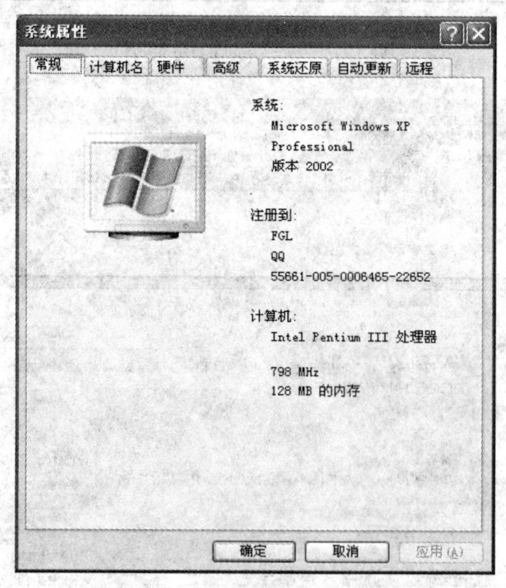


图 1-73　“系统属性”对话框

不过，尽管对话框的形态各异，作用也各不相同，但它们都包含了一些共同的元素，如文本框、单选钮、复选框、选项卡等。对于所有对话框而言，无论各对话框元素的作用如何，其用法都是一样的。

1. 文本框

文本框是对话框中的一个空白的区域，单击后会在框中出现插入光标，然后就可以在其中输入文字了，如图 1-74 所示。

图 1-74　对话框中的文本框

2. 列表框

列表框是对话框中以列表格式显示有效选项的框，用户可以在其中直接单击选择需要的选项。如果列表超出框的大小，还可以滚动列表，查看其他选项，如图 1-75 所示。

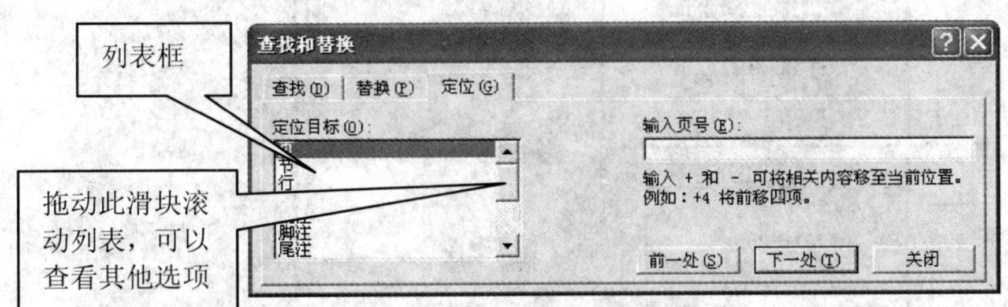


图 1-75　对话框中的列表框

3. 下拉列表框

下拉列表框的作用与列表框的作用基本相同，所不同的是前者比后者多一个向下的小三角按钮。单击该按钮，会出现选项列表供用户选择，如图 1-76 所示。

4. 单选钮

单选钮通常由多个按钮组成一组，用户只能选择其中之一。在图 1-77 中“显示比例”设置区中，用户只能选中一种显示比例，而不可能同时选中两种。

5. 复选框

有时一个对话框中会列出多个选项，用户可以从这些项目中选择一项或多项，这类选项称为复选项，复选项前面的方框称为复选框。

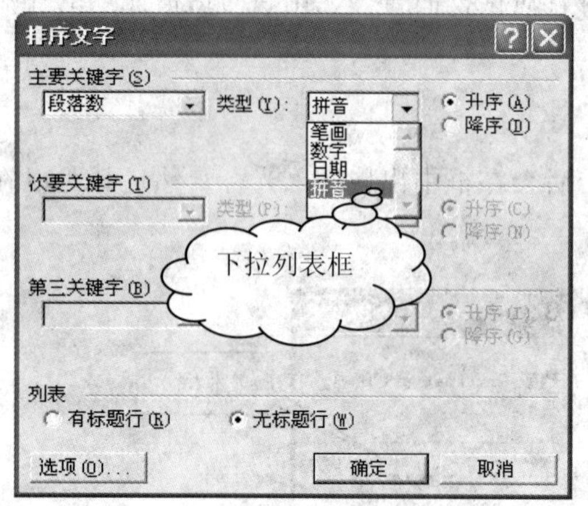


图 1-76　对话框中的下拉列表框

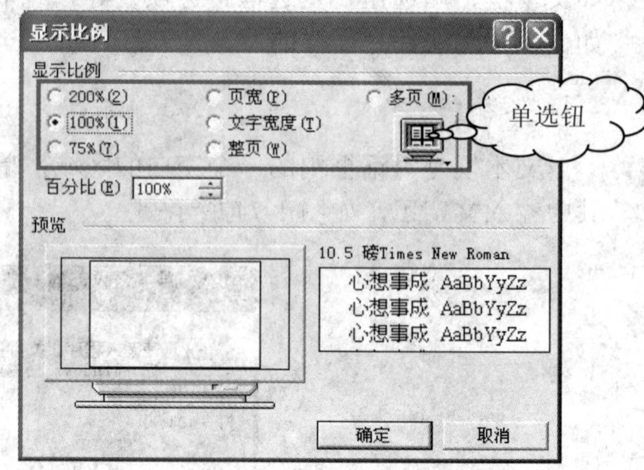


图 1-77　对话框中的单选钮

当选中某一个项目时，复选框中会出现一个“√”符号，表示该选项已被选中。再次单击选中的选项，可取消选择，如图 1-78 所示。

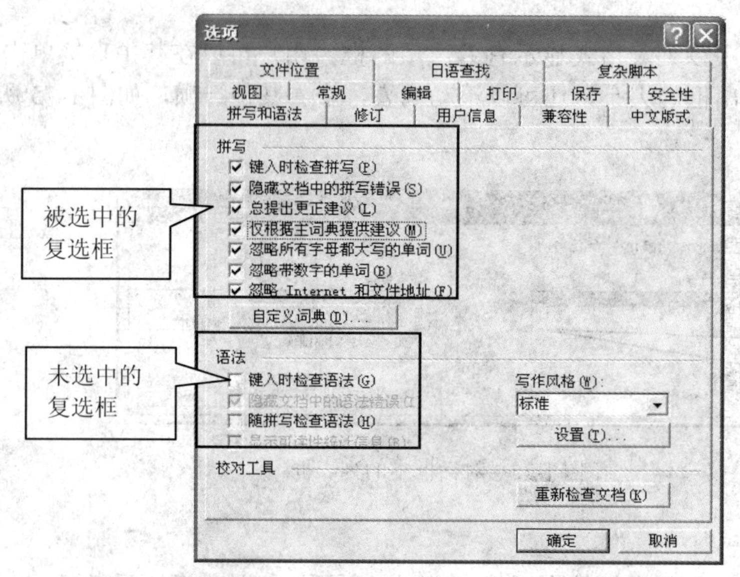


图 1-78　对话框的复选框

6. 命令按钮

在对话框中还有许多命令按钮，单击这些命令按钮后将执行相应的操作，如图 1-79 上图所示。如果命令按钮的名称后带有“…”符号，表示单击该命令按钮将打开一个对话框，如图 1-79 下图所示。

7. 选项卡

选项卡位于对话框标题栏的下方，如图 1-80 所示。当对话框的内容很多时，为避免将对话框做得很大，通常采用选项卡的方式来分页，将内容归类到不同的选项卡中，以方便用户进行操作。

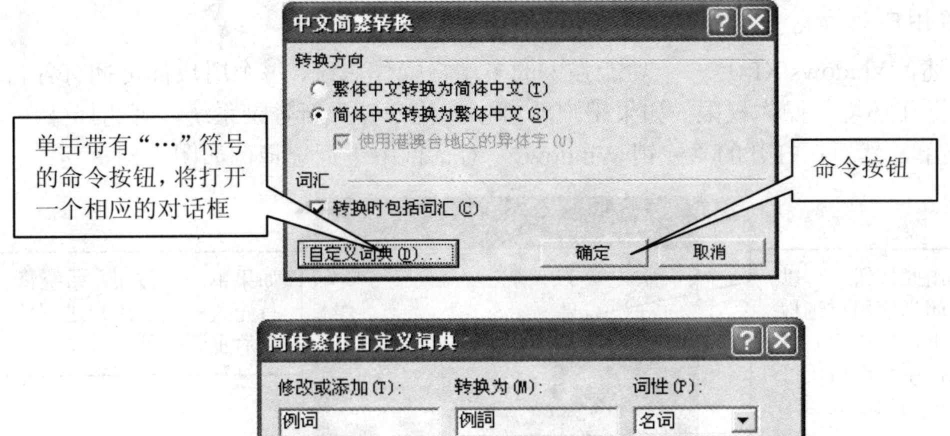


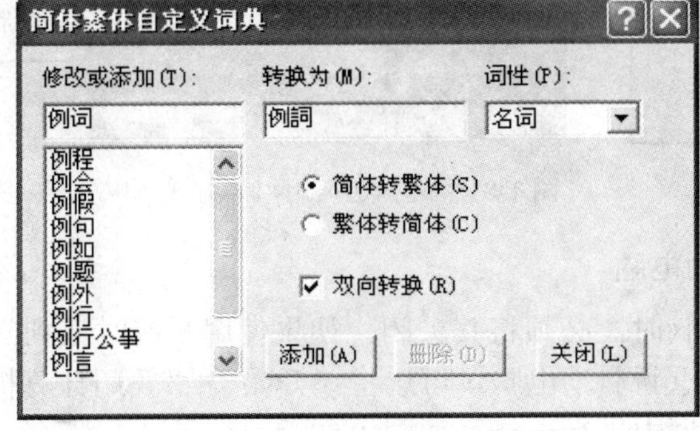


图 1-79　对话框中的命令按钮

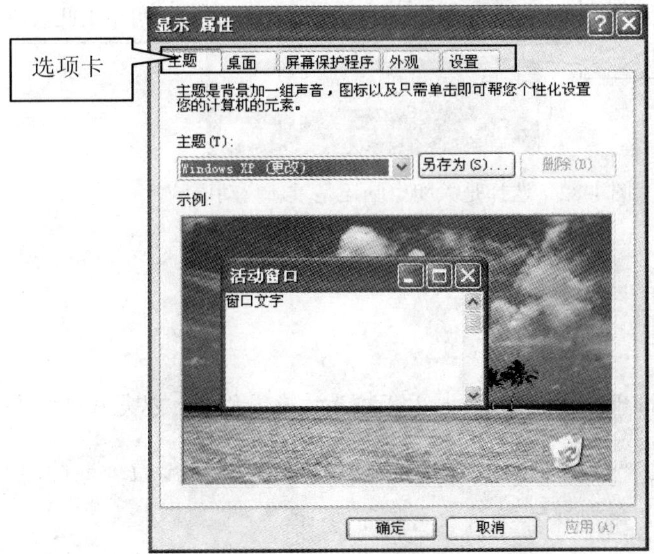


图 1-80　对话框中的选项卡

## 1.9 退出 Windows XP

在 Windows XP 中，用户可以利用系统提供的命令关闭计算机系统，切换用户，将计算机转入待机或休眠状态等。

### 1.9.1 切换用户

如前所述，Windows XP 是一个功能强大的多用户操作系统，每个用户都可拥有各自不同的桌面、操作环境与操作权限。如果用户希望以其他身份重新登录系统，可选择“开始”|“注销”菜单，然后在打开的“注销 Windows”对话框中进行选择，如图 1-81 所示。

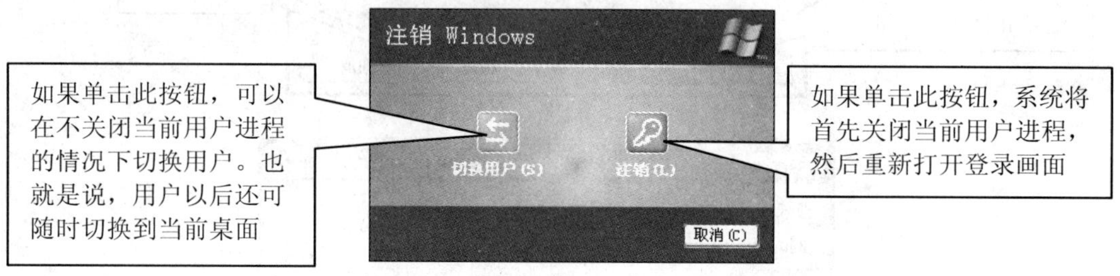


图 1-81 选择切换用户的方式

### 1.9.2 关闭或重新启动电脑

当用户不再使用电脑时，必须将其关闭。如果使用系统时遇到问题，可重新启动电脑试一试。要关闭电脑或重新启动电脑，可选择“开始”|“关闭计算机”菜单，然后在打开的“关闭计算机”对话框中进行选择，如图 1-82 所示。

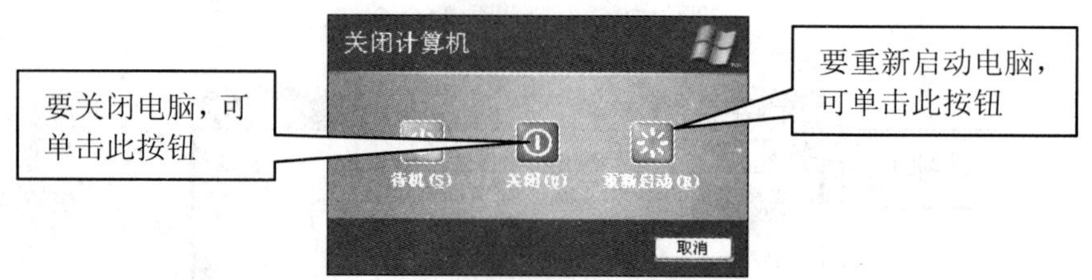


图 1-82 选择是关闭电脑还是重新启动电脑

✧ 关闭电脑时，最好先退出所有打开的应用程序，以免丢失需要保存的数据。

✧ 如果在“关闭电脑”对话框中单击“待机”按钮，电脑将转入低能耗状态，下一小节将具体解释有关待机方面的知识。

✧ 如果在“关闭电脑”对话框中单击“取消”按钮，将取消关闭电脑操作。

### 1.9.3 让电脑进入待机和休眠状态

电脑在待机状态时，将关闭监视器和硬盘，耗电量也会相应减小。想重新使用电脑时，只需按一下电源开关，电脑将快速退出待机状态，桌面也会恢复到待机前的状态。如果工作过程中短时间离开电脑，建议使用待机状态来节省电能。但是，由于待机状态并没有将桌面状态保存到硬盘，因此，如果在待机状态时电源出现故障或者发生停电事故，将导致未保存的信息丢失。

休眠也是一种状态，在此状态下电脑将关机以节省电能。电脑在进入休眠状态前会首先将内存中的所有内容全部存储在硬盘上。重新启动电脑时，桌面将恢复到离开时的状态。如果在工作过程中较长时间离开电脑时，应当使用休眠状态来节省电能。

1. 电脑自动待机设置

如果希望电脑在经过一段时间后自动置于待机状态，可按如下步骤进行：

（1）选择“开始”|“控制面板”菜单，打开“控制面板”窗口，并在该窗口中选择“电源选项”选项，如图 1-83 所示。

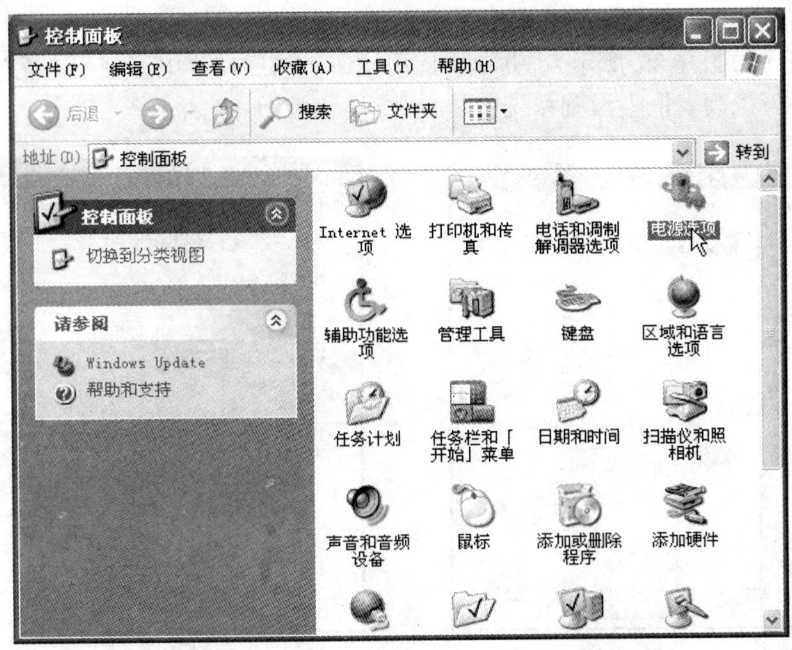


图 1-83　在“控制面板”窗口中选择“电源选项”选项

（2）在“控制面板”窗口中双击“电源选项”图标，打开“电源选项 属性”对话框，并在该对话框的“系统休眠”下拉列表框中设置待机时间（如图 1-84 所示），然后单击“确定”按钮。

如果希望从待机状态恢复时输入密码，则应在“高级”选项卡中选中“在计算机从待机状态恢复时，提示输入密码”，如图 1-85 所示。

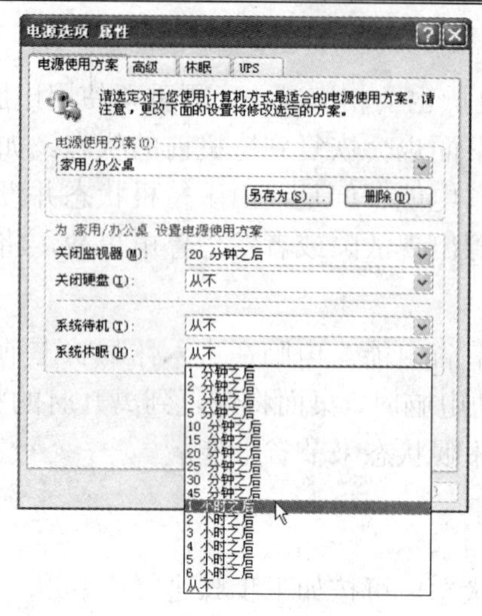
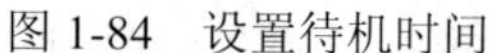

图 1-84 设置待机时间

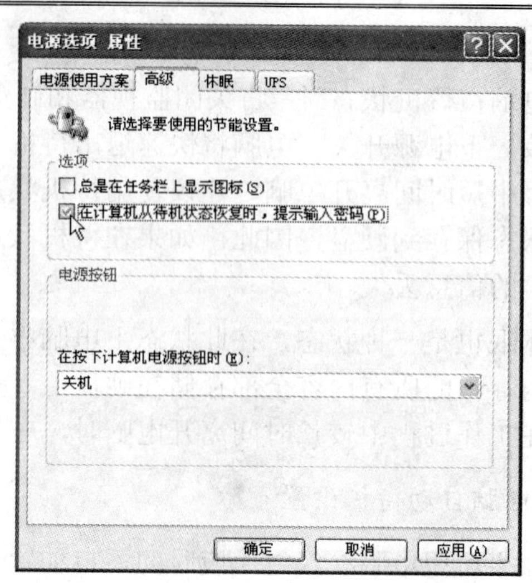

图 1-85 设置是否从待机状态恢复时输入密码

2. 电脑自动休眠设置

如果希望设置电脑的自动休眠特性，应首先在“电源选项 属性”选项卡中选中“启用休眠”复选框（如图 1-86 所示），并单击应用按钮，然后在“电源使用方案”选项卡中的“系统休眠”下拉列表框中设置系统的休眠时间，如图 1-87 所示。

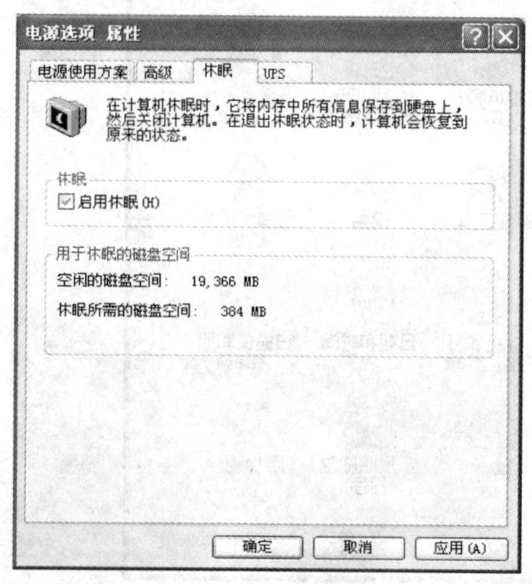

图 1-86 选中“启用休眠”复选框

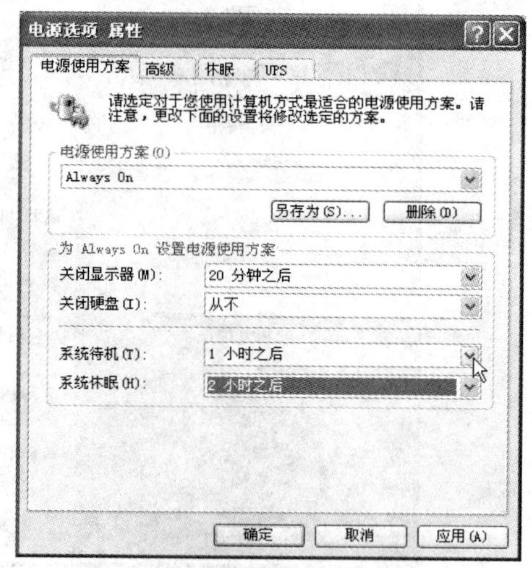

图 1-87 设置系统休眠时间

3. 将电脑手工置于待机和休眠状态

要将电脑手工置于待机状态，可选择“开始”|“关闭计算机”菜单，打开“关闭计算机”对话框，然后在该对话框中单击“待机”按钮即可，如图 1-88 所示。

要将电脑手工置于休眠状态，可在按下 Shift 键的同时单击“关闭计算机”对话框中的“待机”按钮（此时“关闭计算机”对话框中的“待机”按钮即变成“休眠”按钮）即可，如图 1-89 所示。

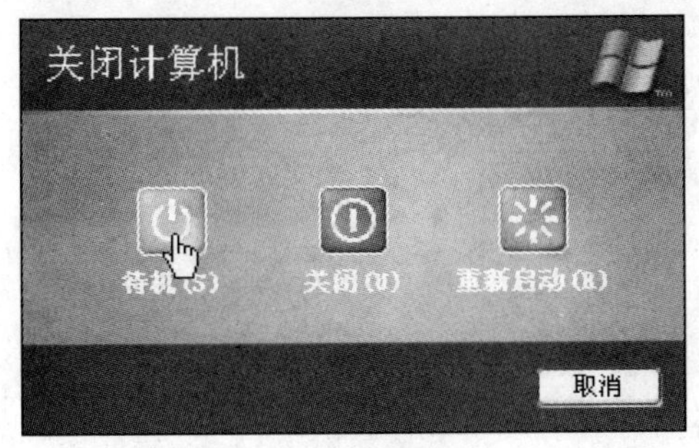


图 1-88　手工设置电脑待机状态

图 1-89　手工设置电脑休眠状态

## 1.10　小　结

本章详细介绍了 Windows XP 的特点，安装、启动和关闭方法，以及桌面、任务栏、语言栏、窗口和对话框的用法。

## 1.11　习　题

1. 利用“开始”按钮将常用程序放置在“开始”菜单的上方。
2. 设置屏幕分辨率和颜色质量，并为常用程序创建桌面快捷方式。
3. 使用任务栏查看和设置系统日期与时间，并将常用的程序放置在任务栏上。
4. 在语言栏中改变输入法，并将一些词库没有的常用词组添加到对应的输入法中。

# 第 2 章　管理文件和文件夹

**本章重点：**

- 文件存储与管理基本知识
- 文件和文件夹浏览
- 文件夹创建、移动、复制、删除与重命名
- 搜索文件或文件夹
- “回收站”的作用与使用

使用 Windows XP 时，了解文件和文件夹管理是使用好电脑的重要一环，因为几乎用户的所有操作都与文件或文件夹有关。例如，我们在使用 Word 编制文档后，为了以后能继续使用和编辑该文档，必须将其保存在磁盘上的指定位置。

## 2.1　文件管理概述

在继续讲解下面的内容之前，本节首先向读者介绍一些在 Windows XP 中管理文件的基本常识，如文件在磁盘上的存储方式、文件管理所涉及的任务等。

### 2.1.1　文件的存储方式

在 Windows XP 中，文件的存储方式呈树状结构。其中，磁盘位于最上层，其下可以包括各种文件与文件夹。对于每个文件夹而言，其下也可包含多个文件与文件夹，依此类推，如图 2-1 所示。

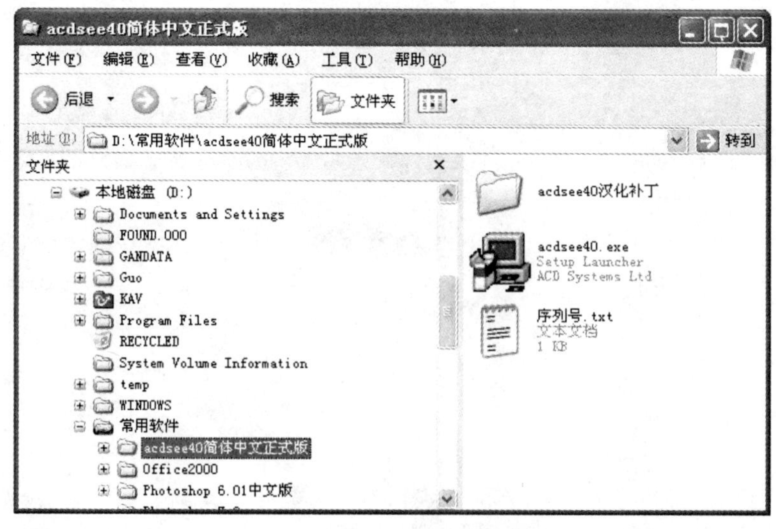


图 2-1　Windows XP 中的文件与文件夹

采用树状结构来管理文件的主要优点是，整个文件结构非常直观，让人一目了然。例

如，假如读者是一位教师，那么，就可以专门创建一个“教学”文件夹，然后将所有与教学相关的文件都存放在该文件夹中。当然，用户还可根据需要在该文件夹下创建多个子文件夹，如图 2-2 所示。

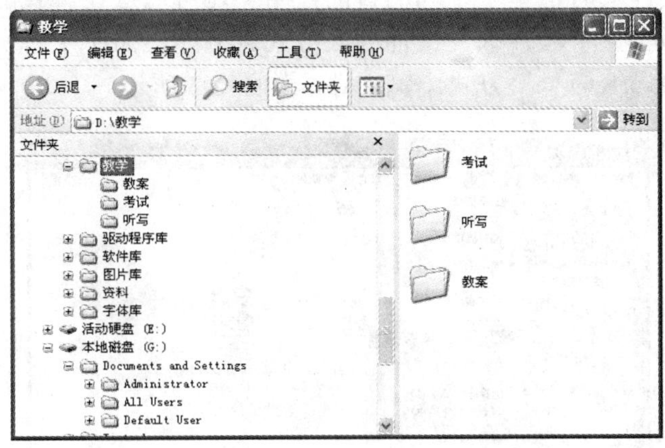


图 2-2　在文件夹中创建多个子文件夹

### 2.1.2　文件管理所涉及的任务

总的来说，文件管理主要涉及以下几个方面的任务：

- 浏览磁盘上的文件与文件夹：通过浏览磁盘上的文件，用户可以了解磁盘上有哪些文件和文件夹。
- 创建文件：要创建文件，通常都需要借助各种程序。例如，利用 Word 软件可创建 Word 文档，利用 Photoshop 可创建图像文件等。
- 创建、删除、重命名、复制文件夹，以及移动文件夹的位置。
- 删除、重命名、复制文件，以及移动文件的位置。

在以上各项任务中，除创建文件外，其他所有任务都可借助“我的电脑”窗口或“Windows 资源管理器”窗口来完成。下面主要以“我的电脑”窗口为例，介绍文件的管理方法。

✧　对于文件而言，有两点特别值得注意：一是了解文件的类型（在创建文件时确定，由文件的扩展名识别）；二是了解文件的存放位置，以便以后能够快速找到它。对于文件夹而言，用户只需了解其位置即可。

## 2.2　浏览文件和文件夹

要浏览磁盘上的文件或文件夹，应首先打开“我的电脑”窗口，然后双击相应的磁盘、文件夹即可。在该过程中，用户还可通过单击“后退”按钮 切换到前一画面，或单击

“向上”按钮切换到当前文件夹的上层文件夹。

### 2.2.1 改变文件列表方式

在浏览文件与文件夹时，基于不同的目的，用户还可通过在“我的电脑”窗口中选择“查看”菜单中的适当菜单项，改变文件列表方式。例如，为了了解文件的尺寸、类型、修改时间，可以以“详细信息”方式浏览文件，如图 2-3 所示。

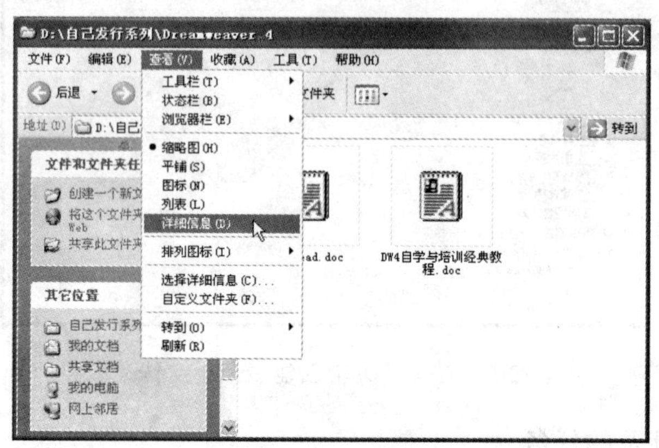


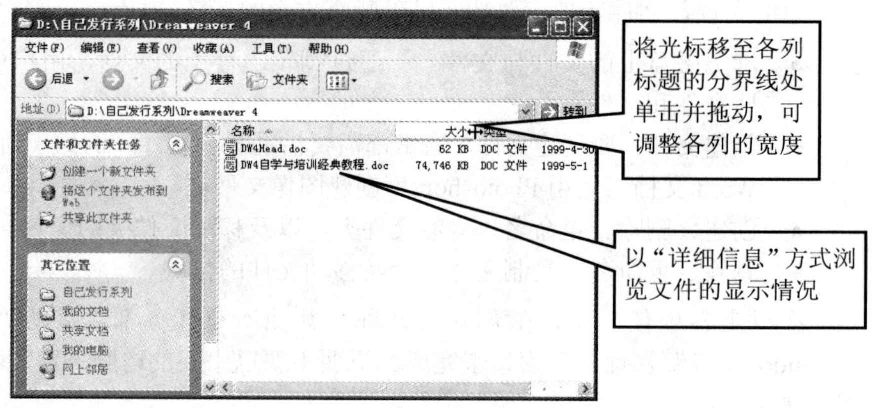


图 2-3　设置浏览文件的方式

如果单击“文件夹”按钮，还可在左窗格中显示文件夹，此时该窗口的显示效果类似资源管理器，如图 2-4 所示。

### 2.2.2 设置文件夹选项

通过设置文件夹选项，用户可进一步调整文件列表方式。例如，缺省情况下，系统在窗口中是不显示操作系统文件的，并且不显示已知文件类型的扩展名。通过适当的设置，可使系统显示操作系统文件，并且显示所有文件的扩展名。

在“我的电脑”窗口中选择“工具”|“文件夹选项”菜单，打开“文件夹选项”对话框，在该对话框中选择“查看”选项卡，在该选项卡中进行设置，如图 2-5 所示。

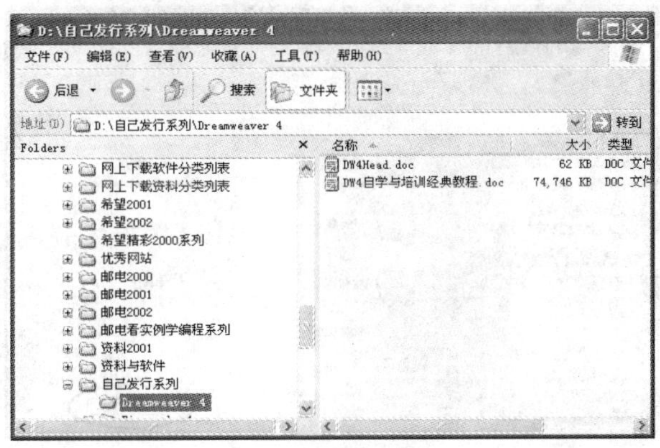


图 2-4　单击“文件夹”按钮时的显示情况

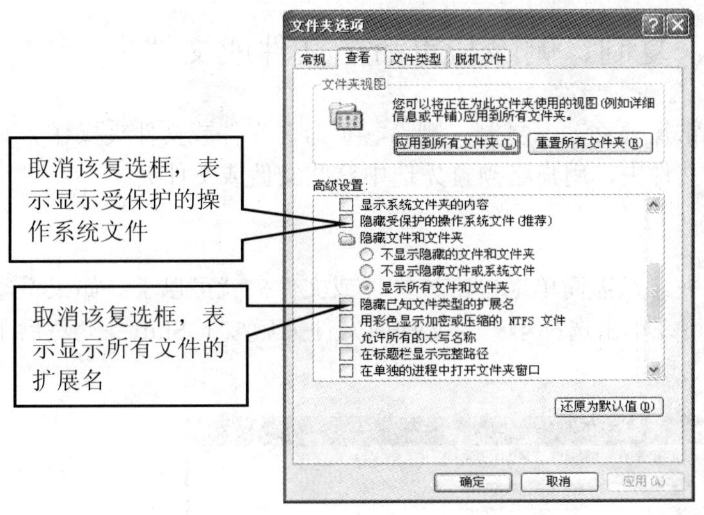


图 2-5　设置文件夹选项

## 2.3　创建文件夹

要创建新文件夹，应首先在“我的电脑”窗口中选择希望在其中新建文件夹的驱动器或文件夹，然后选择“文件”|“新建”|“文件夹”菜单，此时新建的文件夹被自动命名为“新建文件夹”出现在所选择的驱动器或文件夹中，如图 2-6 所示。

✧　在 Windows XP 中，文件和文件夹的名称最多可由 255 个英文字符或 127 个汉字组成，或者混合使用字符、汉字、数字甚至空格。但是，文件或文件夹名称中不能含有“\”、“/”、“:”、“<”、“>”、“?”和“|”字符。

图 2-6 新建的文件夹被自动命名为“新建文件夹”出现在所选择的驱动器或文件夹中

## 2.4 移动、复制、删除与重命名文件或文件夹

在管理文件时，用户经常需要移动、复制、删除、重命名文件或文件夹操作。其中，要移动、复制或删除文件或文件夹，用户必须首先选中这些文件或文件夹。

### 2.4.1 选择文件或文件夹

要选择一个文件或文件夹，只需简单地单击该文件或文件夹就可以了。如果希望选择一组相邻的文件或文件夹，可在单击选择第一个文件或文件夹后按下 Shift 键，然后单击选择最后一个文件夹，如图 2-7 所示。

图 2-7 选择相邻的文件或文件夹

如果当前已经选中了一个或多个文件或文件夹，则通过在单击选择文件或文件夹时按下 Ctrl 键，可取消某个已经选中的文件夹，或者选择某个尚未选中的文件或文件夹。例如，要取消上图中已经选中的 Flash 5 文件夹，可首先按下 Ctrl 键，然后单击该文件夹名称，如图 2-8 所示。

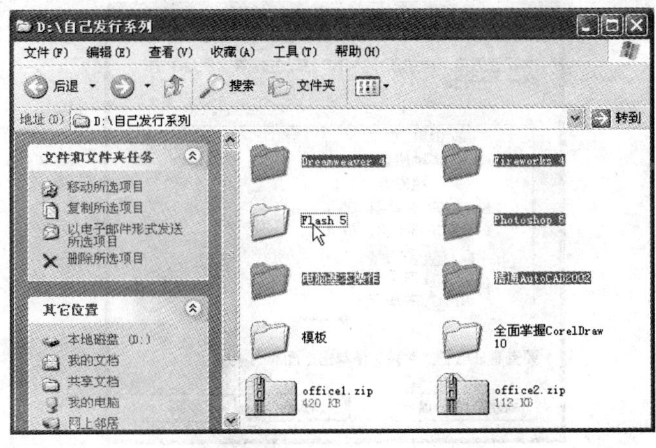


图 2-8　取消选中的文件或选取未选取的文件

## 2.4.2　移动文件或文件夹

移动文件或文件夹是指将所选文件或文件夹移动到其他位置。要移动文件或文件夹，通常有 3 种方法。

### 1. 利用系统提供的任务向导来移动文件或文件夹

首先选中需要移动的文件或文件夹，并单击左边“文件和文件夹任务”窗格中的“移动这个文件夹”选项（如图 2-9 所示），然后在打开的“移动项目”对话框中选择目标文件夹，并单击“移动”按钮（如图 2-10 所示），即可将文件或文件夹移动到新的位置。

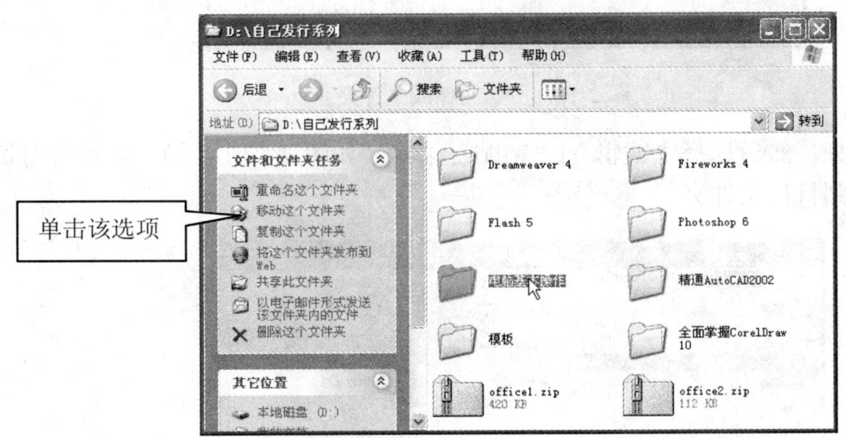


图 2-9　选中要移动的文件并选择相关的选项

### 2. 通过剪贴板来移动文件或文件夹

用户也可通过剪贴板来移动文件或文件夹。首先选中需要移动的文件或文件夹，然后选择“编辑”|“剪切”菜单（如图 2-11 所示），剪切文件或文件夹。

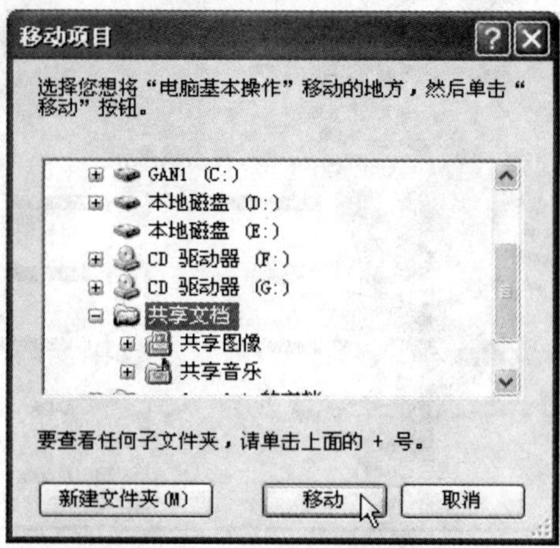


图 2-10　选择目标文件夹并进行移动

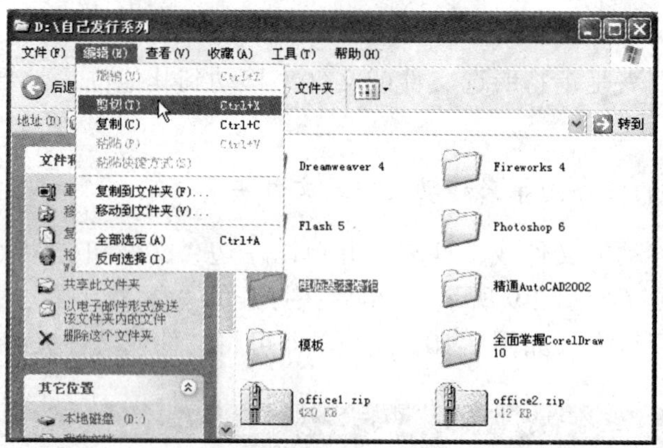


图 2-11　剪切文件或文件夹

打开目标文件夹，然后选择“编辑”|“粘贴”菜单（如图 2-12 所示），即可将剪切的文件或文件夹粘贴到目标文件夹中。

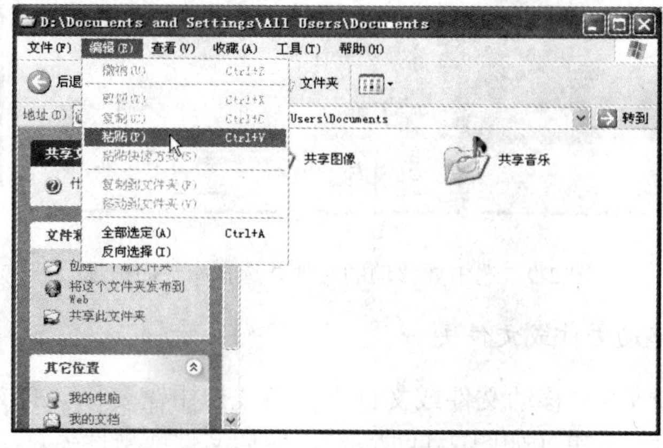


图 2-12　粘贴文件或文件夹

### 3. 利用拖动法来移动文件或文件夹

利用拖动法，用户可直接将要移动的文件或文件夹拖至目标文件夹中。不过，要使用此方法，通常需要在左窗格中显示文件夹列表，如图 2-13 所示。

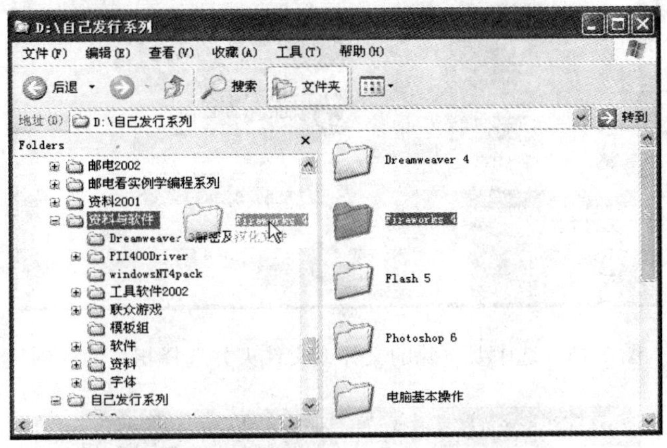

图 2-13　利用拖动法来移动文件或文件夹

## 2.4.3　复制文件或文件夹

复制文件或文件夹的方法与移动文件或文件夹的方法基本相同，只是在细节上稍有区别，在此不再介绍。其中，在利用拖动法来复制文件或文件夹时应按住 Ctrl 键，然后再进行拖动，如图 2-14 所示。

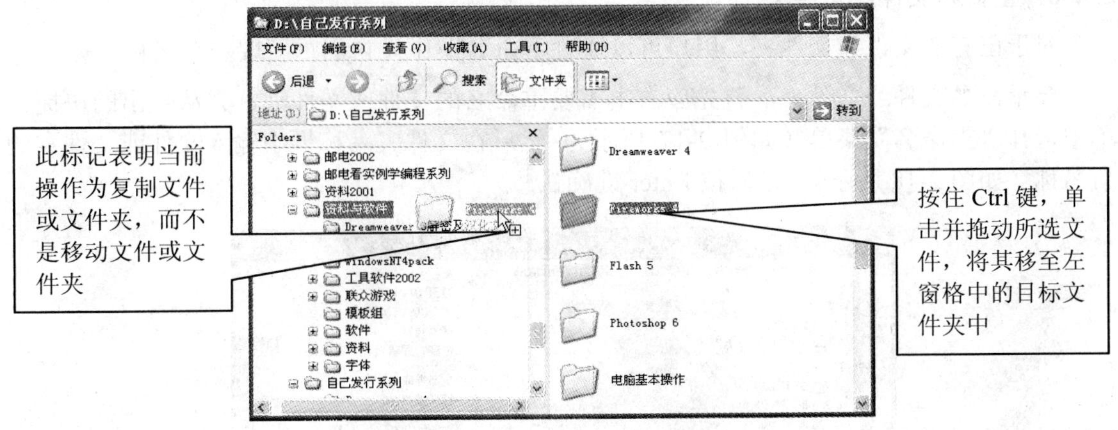


图 2-14　利用拖动法来复制文件或文件夹

## 2.4.4　删除文件或文件夹

为了保持电脑中文件系统的整洁，同时也为了节省磁盘空间，用户经常需要删除一些已经没有用或损坏的文件和文件夹。

要删除文件或文件夹，首先应选中需要删除的文件或文件夹，然后在“文件和文件夹任务”中单击“删除所选项目”选项（如图 2-15 所示），在打开的“确认删除多个文件”对话框中选择“是”按钮（如图 2-16 所示），即可删除选中的文件或文件夹。

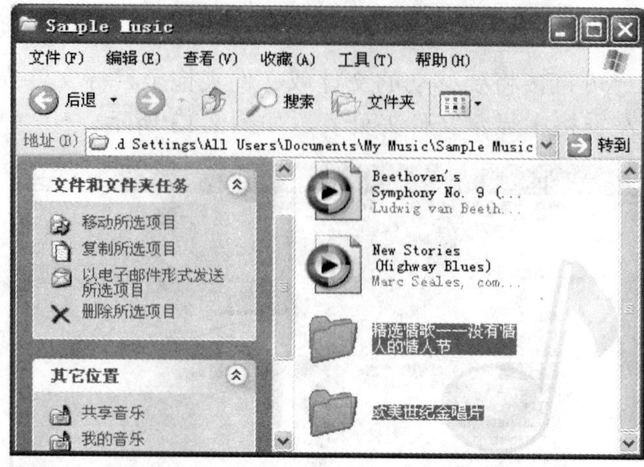


图 2-15　选中要删除的文件或文件夹并选择相关的选项

图 2-16　删除选中的文件或文件夹

### 2.4.5　重命名文件或文件夹

对于已有的文件或文件夹，用户可以通过重命名操作为它们重新取一个名称。

要重命名文件或文件夹，首先应右击需要重命名的文件或文件夹，并从弹出的快捷菜单中选择“重命名”菜单（如图 2-17 所示），然后在文件夹名称框中输入文件或文件夹的新名称（如图 2-18 所示），最后按 Enter 键确认。

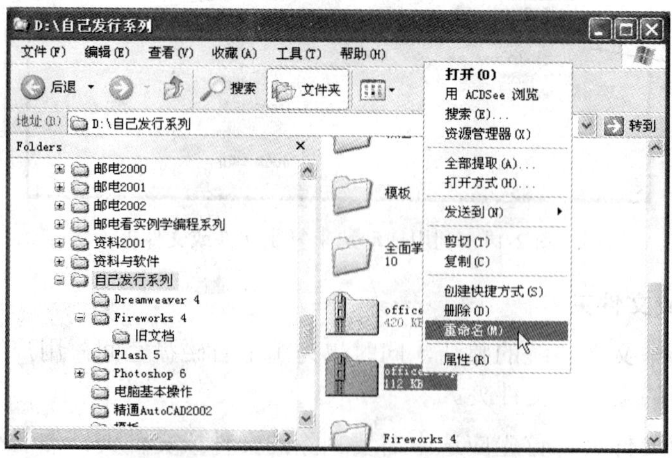


图 2-17　选择需要重命名的文件或文件夹并选择“重命名”菜单

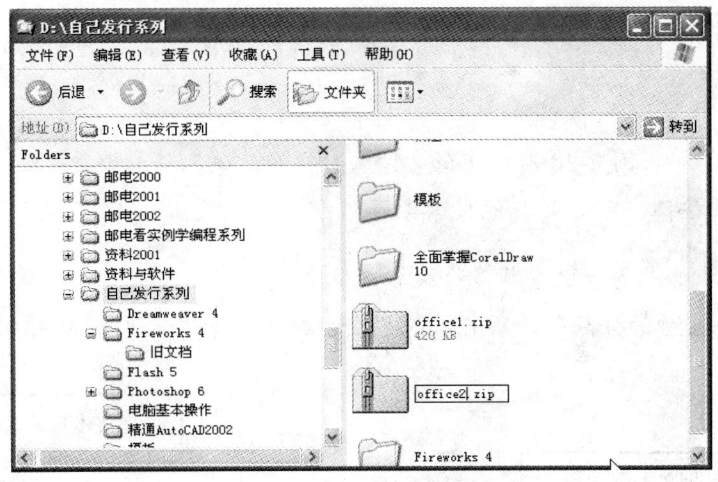


图 2-18　输入文件或文件夹的新名称

## 2.5　搜索文件或文件夹

如果用户希望使用某个文件或文件夹，而又一时记不起该文件或文件夹位于什么位置，或者希望查找某种类型的文件，以及某个日期范围内建立的文件，这时都可利用 Windows XP 提供的搜索功能快速定位文件或文件夹。其操作步骤如下：

（1）选择“开始”|“搜索”菜单，打开“搜索结果”对话框，然后在该对话框左边的窗格中单击“所有文件和文件夹”选项，如图 2-19 所示。

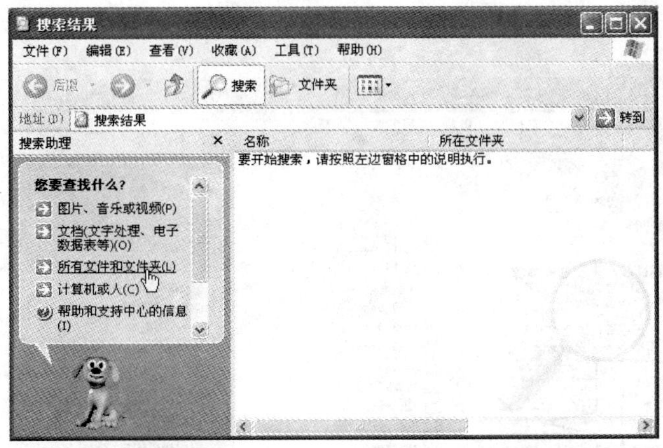


图 2-19　选择“所有文件和文件夹”选项

（2）再在右边打开的窗格中设置搜索时的一些条件（如图 2-20 所示），然后单击“搜索”按钮，系统将自动在设置的条件下搜索出符合条件的文件或文件夹，如图 2-21 所示。

✧ 单击图 2-20 窗格中的“什么时候修改的”、“大小是”及“更多高级选项”后面的按钮，可定义其他搜索条件。

✧ 如果要一次查找多个文件或文件夹，还可以使用“;”、“,”等作为文件或文件夹名称的分隔符，Windows 将会把所有符合条件的对象都列出来。

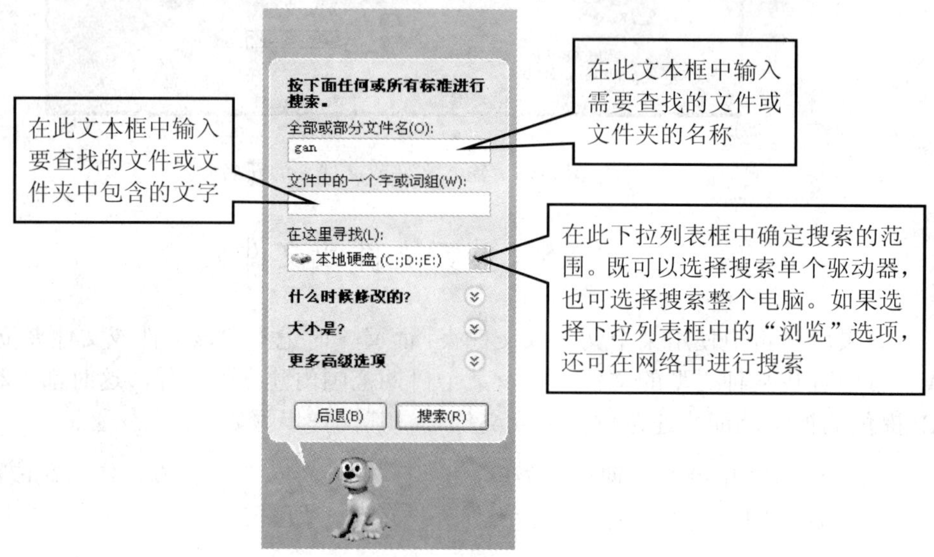


图 2-20 设置搜索时的一些条件

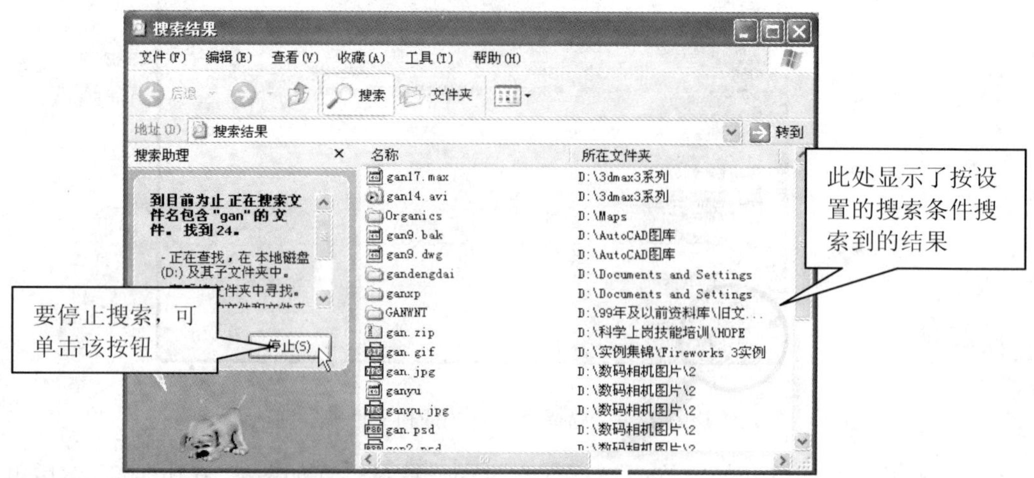


图 2-21 搜索出符合条件的文件或文件夹

## 2.6　误删除的安全卫士——“回收站”

为了避免将一些需要的文件误删除，Windows XP 提供了一个特殊的文件夹——“回收站”，来保存曾经删除的文件或文件夹，以便必要时可以将它们恢复。下面我们就来介绍一下“回收站”的使用方法。

### 2.6.1　清除及还原“回收站”中的文件

当“回收站”中的文件积累过多时，如果确认其中不存在误删除的文件或文件夹，可以在打开的“回收站”对话框中选择清空“回收站”。同时，如果发现某些文件或文件夹是误删除的，则可选择还原这些误删除的文件或文件夹，如图 2-22 所示。

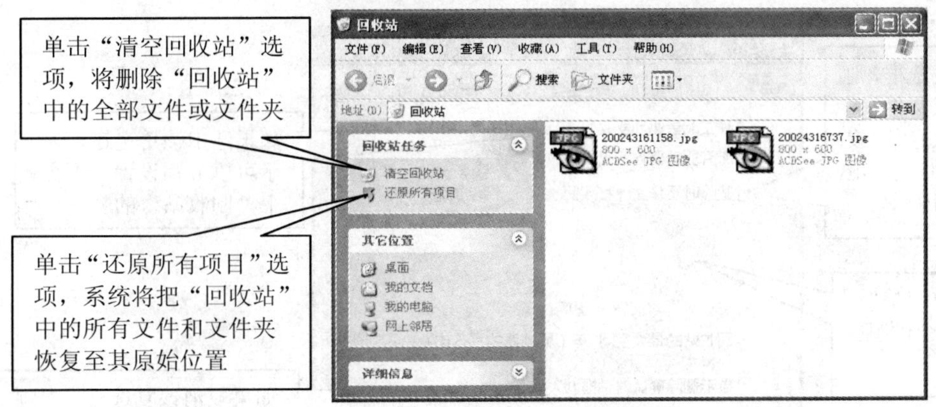


图 2-22　清除及还原“回收站”中的文件或文件夹

✧　如果要清除或恢复“回收站”的部分文件或文件夹，可首先选中这些文件或文件夹，然后单击鼠标右键，并从弹出的快捷菜单中选择“删除”或“还原”菜单，如图 2-23 所示。

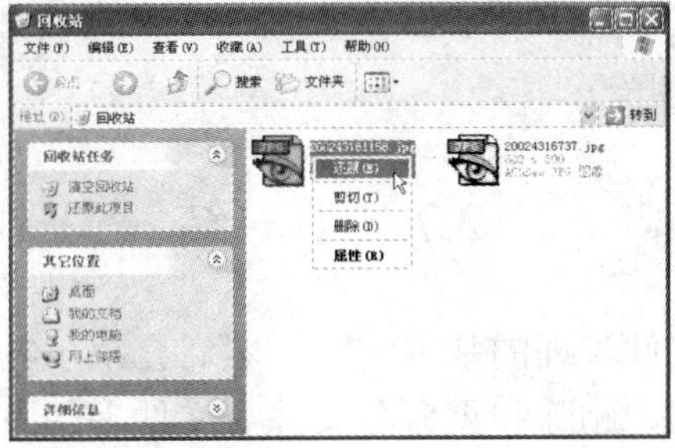

图 2-23　利用快捷菜单清除或还原“回收站”中的部分文件或文件夹

### 2.6.2 设置“回收站”属性

事实上，所谓“回收站”只不过是 Windows XP 操作系统在每个硬盘上保留的一个特殊区域。通常情况下，“回收站”的容量占每个硬盘容量的 10%。但是，用户可根据情况下调整“回收站”的容量。例如，如果硬盘容量比较宽松，可将“回收站”的容量调整得大一点。否则，如果硬盘空间比较紧张，则可将“回收站”的容量调整得小一点。下面就来看一看如何设置“回收站”的属性。

（1）在桌面上右击“回收站”图标，从弹出的快捷菜单中选择“属性”菜单，打开“回收站 属性”对话框。

（2）在“回收站 属性”对话框中拖动滑块，调整“回收站”占整个硬盘空间的容量（如图 2-24 所示），然后单击“确定”按钮，完成设置。

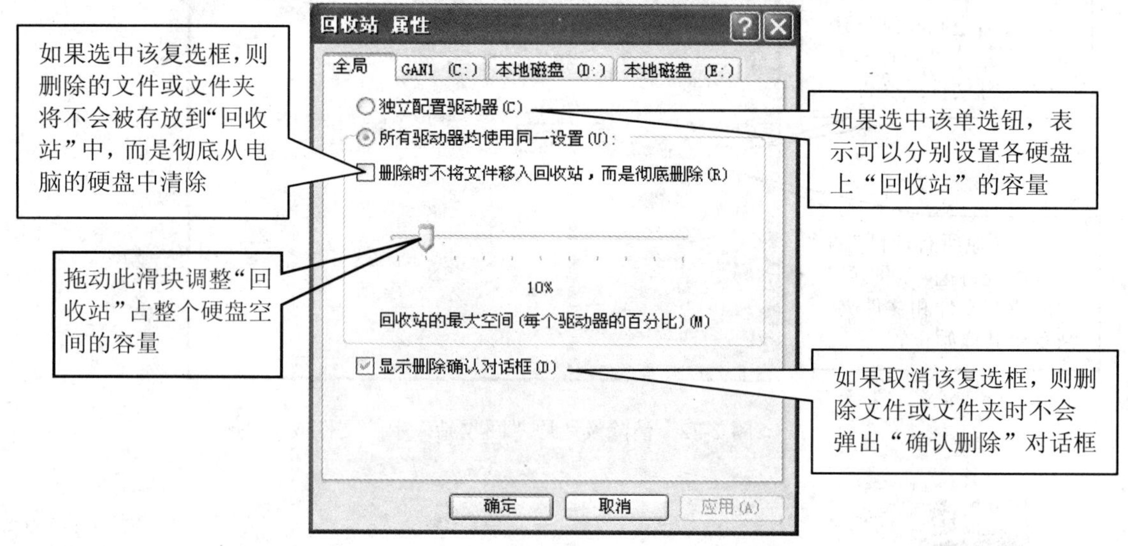


图 2-24 设置“回收站”的属性

✧ 当“回收站”中保存的文件超过“回收站”的容量时，最先放入的文件或文件夹将被自动删除。

## 2.7 小 结

本章首先简要介绍了文件管理的基本常识，然后介绍了在 Windows XP 中浏览文件和文件夹的方法，移动、复制、删除和重命名文件与文件夹的方法，在 Windows XP 中搜索文件和文件夹的方法，以及利用“回收站”恢复误删除文件的方法等。

## 2.8 习　题

1．改变文件列表方式。

【操作要求】

（1）打开“我的电脑”窗口。

（2）单击工具栏中的“查看”按钮，从弹出的菜单中选择所需的文件列表方式。

2．创建文件夹。

【操作要求】

（1）打开“我的电脑”窗口。

（2）选择要放置新建文件夹的驱动器或文件夹。

（3）选择“文件”|“新建”|“文件夹”菜单，此时新建的文件夹被自动命名为“新建文件夹”出现在所选择的驱动器或文件夹中。

3．移动、复制文件或文件夹。

【操作要求】

（1）选中要移动、复制的文件或文件夹。

（2）分别利用系统提供的任务向导、剪贴板或拖动法来移动、复制文件或文件夹（注意：在使用拖动法复制文件时应先按下 Ctrl 键，然后再进行拖动）。

4．重命名文件或文件夹。

【操作要求】

（1）用鼠标右键单击需要重命名的文件或文件夹。

（2）从弹出的快捷菜单中选择“重命名”菜单，在文件夹名称框中输入文件或文件夹的新名称，按 Enter 键确认。

# 第 3 章　系统管理与维护

为了帮助用户更好地使用 Windows XP 操作系统，本章向读者介绍一些有关系统管理和维护方面的知识，例如，用户管理、磁盘管理、设备管理、系统还原方法、电源管理以及系统安全设置等。

**本章重点：**

- 账户管理
- 磁盘与设备管理
- 安装字体的方法
- 系统维护

## 3.1　多人共用一台电脑时的管理

在多用户管理方面，Windows XP 考虑得十分周到。现在，如果多个用户使用同一台电脑，可通过创建多个账户使各用户做到如下几点：

- 分别定制各自的桌面。也就是说，每个用户可拥有不同的桌面；
- 各用户分别拥有自己的收藏夹和最近访问的 Web 站点列表；
- 可以保护某些重要的电脑设置；
- 各用户都拥有自己的“我的文档”文件夹，并可以使用密码保护自己的私有文件。

此外，用户还可在各账户之间自由切换，而不必关闭程序。

### 3.1.1　账户类型

Windows XP 提供了两种账户类型，即电脑管理员账户和受限账户。其中，电脑管理员账户可以改变电脑的全部设置，如：

- 安装程序和硬件；
- 改变系统设置；
- 访问和阅读所有非私有文件；
- 创建和删除账户；
- 改变他人和自己的账户名称与类型；
- 改变自己的代表图片；
- 创建、修改或删除自己的密码。

受限账户只拥有上述权限中的最后两个权限，即改变自己的代表图片，以及创建、修改或删除自己的密码。

安装 Windows XP 后，系统有两个默认的登录账户，即电脑管理员账户和 Guest（来宾）账户（受限账户）。

### 3.1.2 添加账户

要添加账户，可按如下步骤进行：

（1）在“控制面板”窗口中单击“用户账户”图标，如图 3-1 所示。

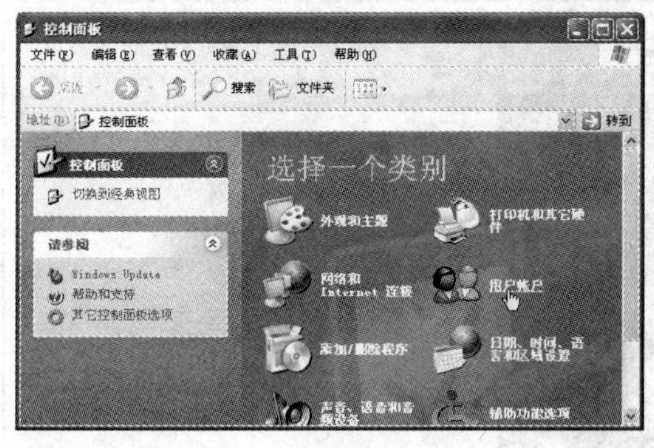


图 3-1 单击“用户账户”图标

（2）在“用户账户”窗口中单击“创建一个新账户”按钮（如图 3-2 所示），并在打开的对话框中输入新账户的名称，例如输入“天都侠客”，如图 3-3 所示。

图 3-2 单击“创建一个新账户”图标

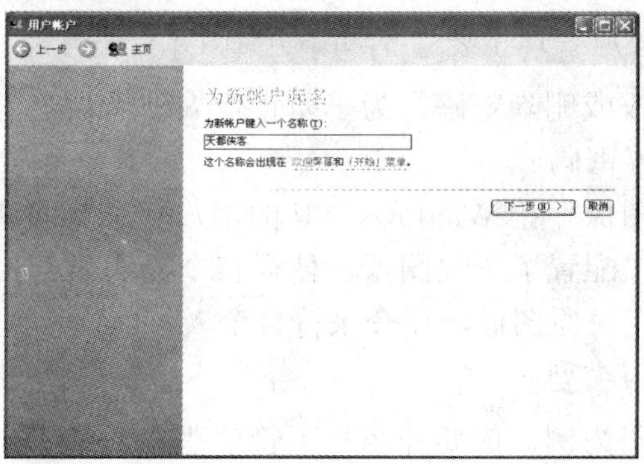


图 3-3 输入新账户的名称

（3）单击“下一步”按钮，在打开的对话框根据需要设置新建账户的类型，例如选择“计算机管理员”单选钮（如图 3-4 所示），然后单击“创建账户”按钮，即可创建一个新账户，如图 3-5 所示。

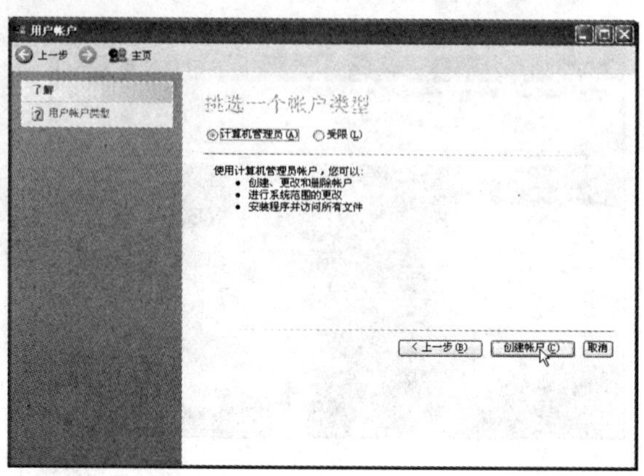


图 3-4　根据需要设置新建账户的类型并创建新账户

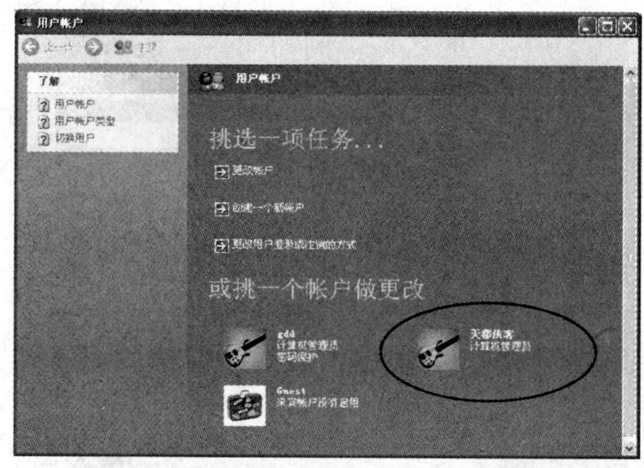


图 3-5　创建的新账户

### 3.1.3　账户管理

在 Windows XP 中，账户管理主要包括如下几项工作：

- 为账户设置、更改或删除密码。为了防止他人使用自己的账户登录系统，用户可为自己的账户设置密码。
- 更改表示账户的图像。在 Windows XP 的用户登录界面和“开始”菜单中，系统为每一个用户账户配置了一幅图像，使得整个界面显得形象生动。用户可以使用自己喜爱的图像代替原图像，使登录符合个人特点。
- 更改账户的名称与类型。

下面以为账户设置密码为例，简要介绍一下管理账户的基本步骤。由于其他账户操作与此类似，故不再赘述。

（1）按照前面介绍的方法，打开“用户账户”窗口，并在该窗口中单击“更改账户”

按钮，如图 3-6 所示。

图 3-6　单击“更改账户”按钮

（2）在打开的对话框中选择希望设置密码的账户，例如在此我们选择“天都侠客”账户，如图 3-7 所示。

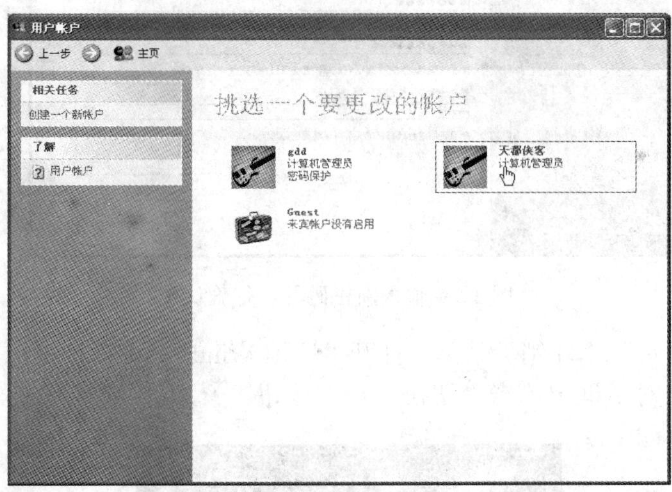


图 3-7　选择希望设置密码的账户

（3）在打开的对话框中单击“创建密码”按钮，如图 3-8 所示。

（4）在打开的对话框中两次输入新密码并确认（如图 3-9 所示），单击“创建密码”按钮，即可为账户设置所需的密码。

### 3.1.4　切换用户

如前所述，利用 Windows XP 的注销功能，用户可以方便地从一个账户切换到另一个账户，并在该账户的使用环境下进行各种操作。

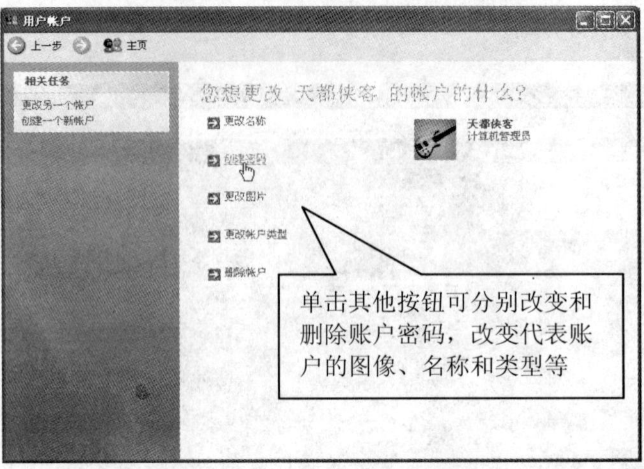


图 3-8　单击“创建密码”按钮

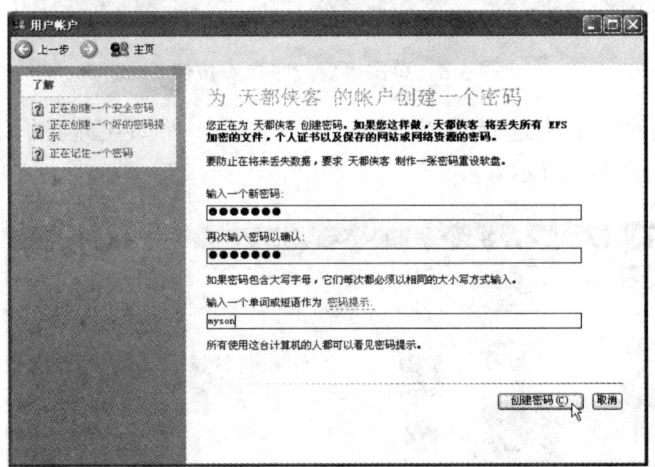


图 3-9　输入新密码并进行确认

（1）选择“开始”|“注销”菜单，打开“注销 Windows”对话框（如图 3-10 所示），然后在该对话框中单击“切换用户”按钮。

图 3-10　“注销 Windows”对话框

（2）选择并单击要切换到的用户名称（如图 3-11 所示），然后输入密码，登录该账户，即可从一个账户切换到另一个账户。

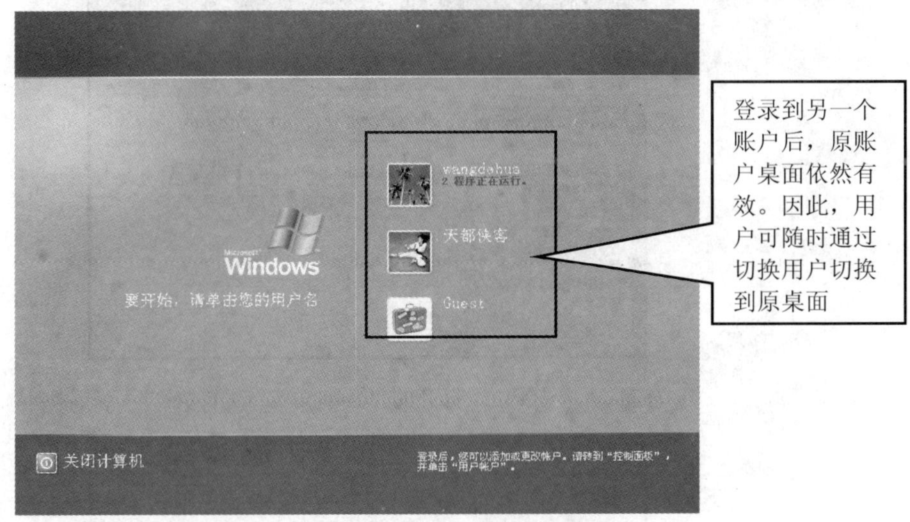


图 3-11　选择要切换到的用户名称

### 3.1.5　资源共享

多个用户在系统中拥有了各自的账户并设置了密码时，每位用户可在不同的时间段用自己的账号登录并使用系统。如果某个用户想把某些好东西与其他用户共享，如资料文档、电影、音乐或图片等，可按下面的步骤进行操作：

（1）在桌面上双击“我的电脑”图标，打开“我的电脑”窗口（如图 3-12 所示），并在该窗口中双击“共享文档”选项，打开“共享文档”窗口，如图 3-13 所示。

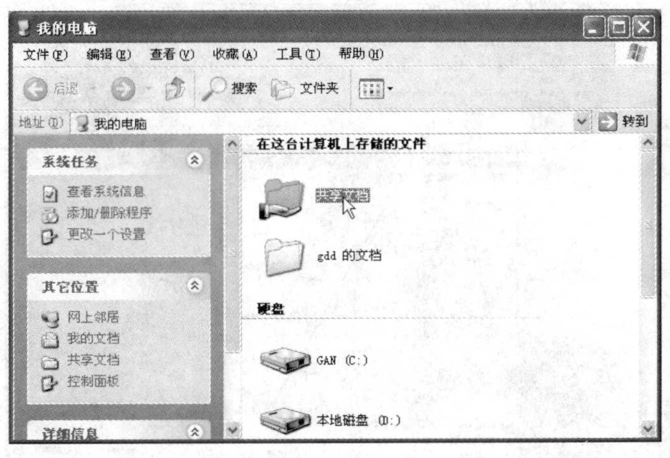


图 3-12　“我的电脑”窗口

（2）打开希望共享的文件或文件夹所在的文件夹，如图 3-14 所示。

（3）将希望共享的文件或文件夹拖至“共享文档”文件夹中（如图 3-15 所示），即可与其他用户共享该文件或文件夹中的内容。

图 3-13　打开的“共享文档”文件夹

图 3-14　打开希望共享的文件或文件夹所在的文件夹

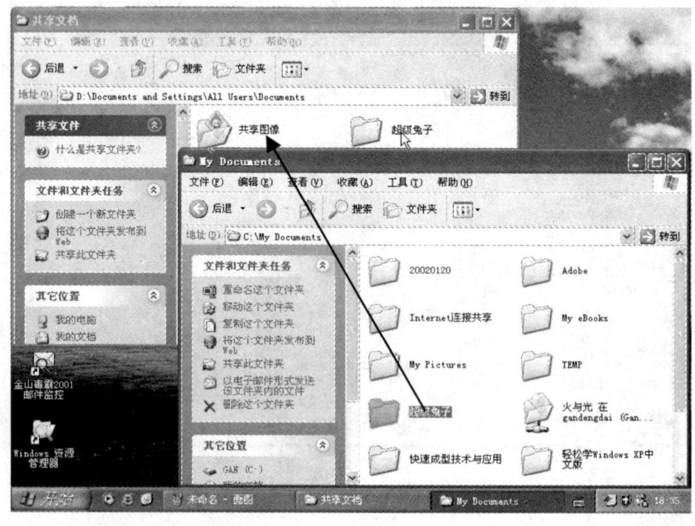

图 3-15　将文件或文件夹共享

### 3.1.6　保护私人资源

在 Windows XP 中，多人共用一台电脑时，用户很容易就可以打开并修改属于别人的私有文件。为此，Windows XP 提供了一个非常有用的功能来防止这种情况，其设置步骤如下：

> ✧　要执行该功能，相关文件或文件夹必须放在 NTFS 格式的硬盘分区上，否则不会享有此功能。

（1）用鼠标右键单击需要保护的文件或文件夹，并从弹出的快捷菜单中选择“属性”菜单，如图 3-16 所示。

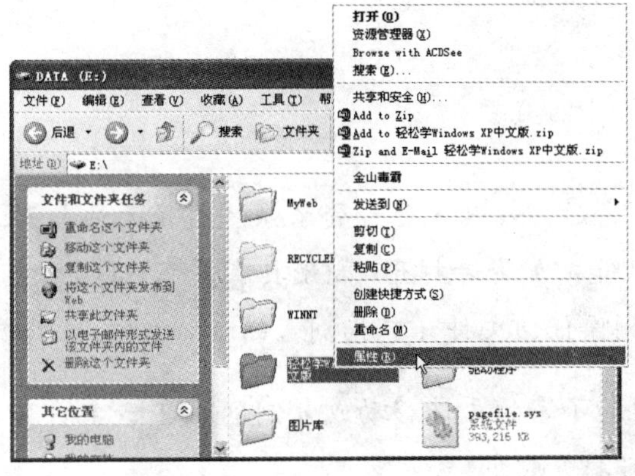


图 3-16　选择“属性”菜单

（2）在打开的对话框中单击“高级”按钮（如图 3-17 所示），打开“高级属性”对话框，并在该对话框中选中“加密内容以便保护数据”复选框（如图 3-18 所示），然后单击“确定”按钮。

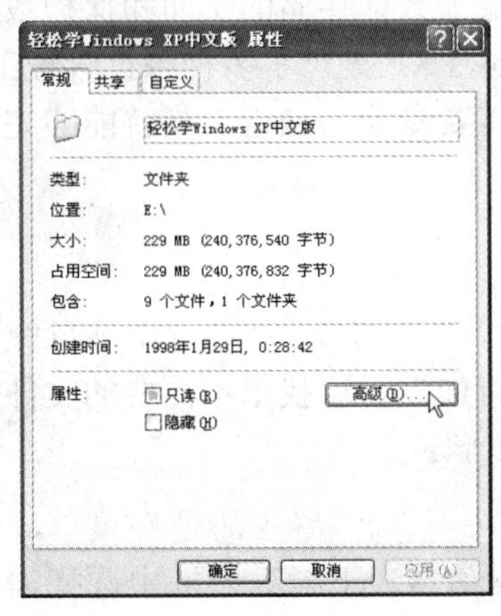


图 3-17　单击“高级”按钮

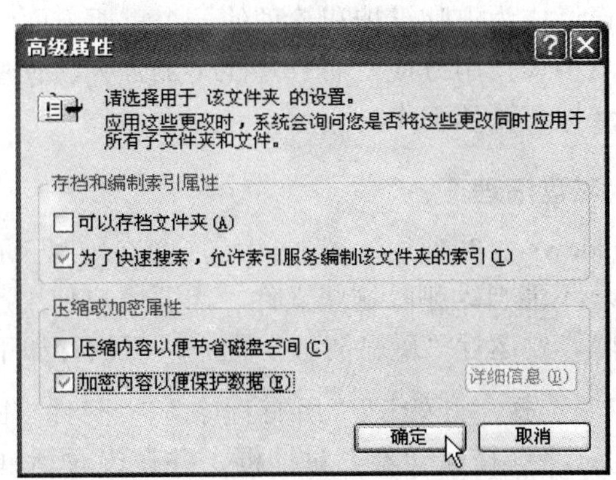


图 3-18　选中“加密内容以便保护数据”复选框

（3）单击两次“确定”按钮。如果是加密文件夹，这时将出现一个对话框，提示选择只加密文件夹还是加密文件夹以及里面所有内容，如图 3-19 所示。单击“确定”按钮后，系统即开始对选定的文件或文件夹进行加密。

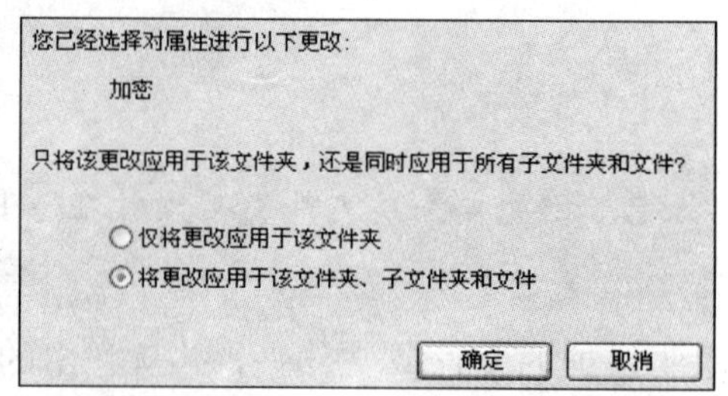


图 3-19　提示选择只加密文件夹还是加密文件夹以及里面所有内容

✧　文件加密后，以其他账号登录系统时是无法打开这些加密文件的。也就是说，加密文件只能被加密者打开，即使具有最高权限的电脑管理员也不行。但是，电脑管理员可以删除任何文件（包括别人的加密文件）。

✧　如果把加了密的文件移动或复制到 FAT 或 FAT32 硬盘分区，加密特性将消失，任何人都可打开它们。

✧　如想解密文件，只需取消图 3-18 中的“加密内容以便保护数据”复选框即可。

# 3.2　磁盘管理

随着电脑技术的日益完善，使用磁盘维护和管理来增大数据存储的空间和保护数据的安全，已经成为电脑维护和管理的一个重要方面。Windows XP 提供了多种磁盘管理工具，这些工具不仅使用方便，而且功能更加强大，使用户不需要专业的磁盘工具就能够完成各种磁盘维护和管理工作。

## 3.2.1　磁盘清理

Windows XP 使用一段时间后，会在硬盘上产生一些“垃圾文件”，占用硬盘空间。Windows 不能自动删除这些文件，需要用户使用“磁盘清理”程序找出不需要的文件，并将其删除。要运行“磁盘清理”程序，可执行如下操作步骤：

（1）选择“开始”|“所有程序”|“附件”|“系统工具”|“磁盘清理”菜单，打开“选择驱动器”对话框，并在该对话框的“驱动器”下拉列表框中选择需要清理的磁盘驱动器，如图 3-20 所示。

（2）单击“确定”按钮，在打开的对话框中选择需要清理的文件，如图 3-21 所示。

（3）单击“确定”按钮，将出现一个询问您确信要执行这些操作的对话框，如图 3-22 所示。

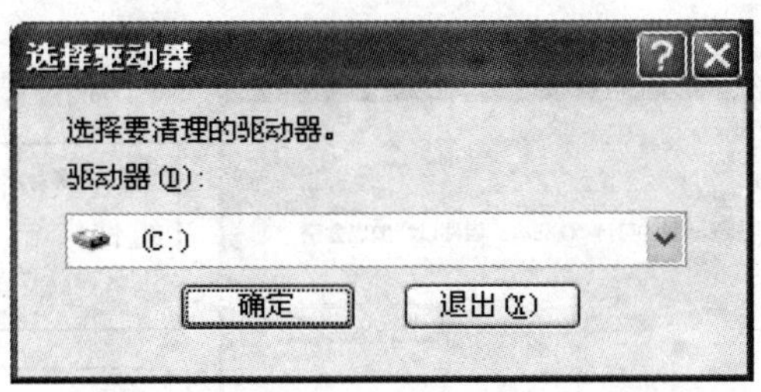


图 3-20　选择要清理的磁盘驱动器

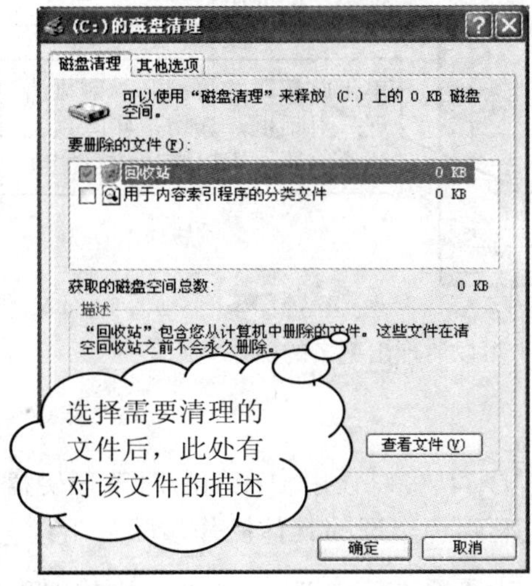


图 3-21　选择需要清理的文件

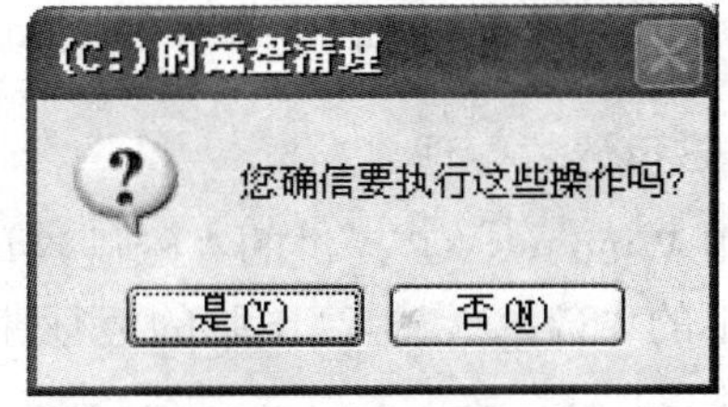


图 3-22　询问用户是否执行这些操作

（4）单击“是”按钮，将出现一个自动清理磁盘的对话框（如图 3-23），清理完毕后，自动关闭对话框。

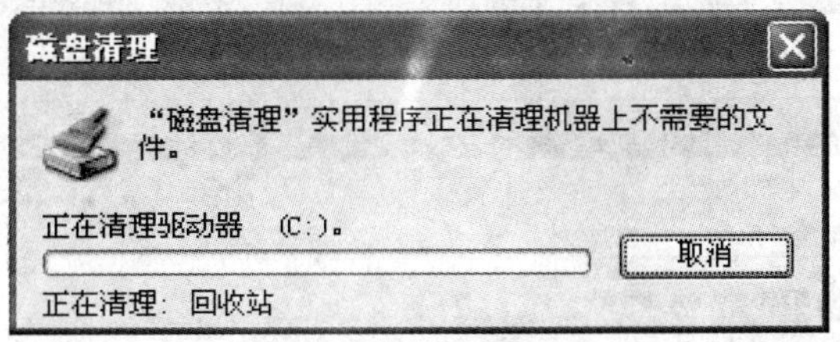


图 3-23　清理磁盘的对话框

✧　在“磁盘清理”选项卡中单击“查看文件”按钮，可以查看在“要删除的文件”列表框中选定的文件夹的具体信息。

✧ 当磁盘空间严重不足时，可在“磁盘清理”对话框中切换到“其他选项”选项卡中清理出更多的磁盘空间，如图 3-24 所示。

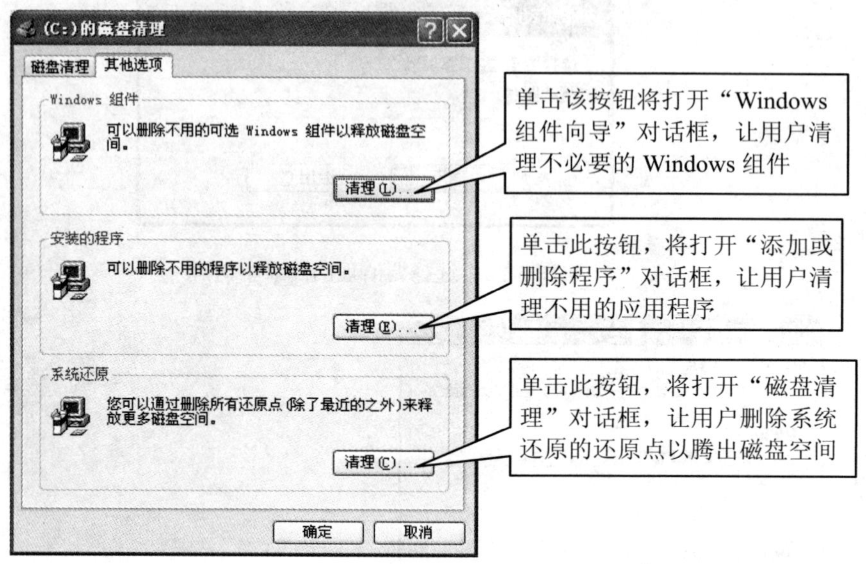


图 3-24 选择“其他选项”选项卡可以清理出更多的磁盘空间

### 3.2.2 磁盘碎片整理

利用 Windows XP 提供的“磁盘碎片整理程序”，可以让用户在闲暇时整理磁盘，清除文件留下的“碎片”，提高电脑的运行速度。磁盘碎片整理的具体操作步骤如下：

（1）选择“开始”|“所有程序”|“附件”|“系统工具”|“磁盘碎片整理程序”菜单，打开“磁盘碎片整理程序”窗口，并在该窗口中选择需要整理的硬盘，如图 3-25 所示。

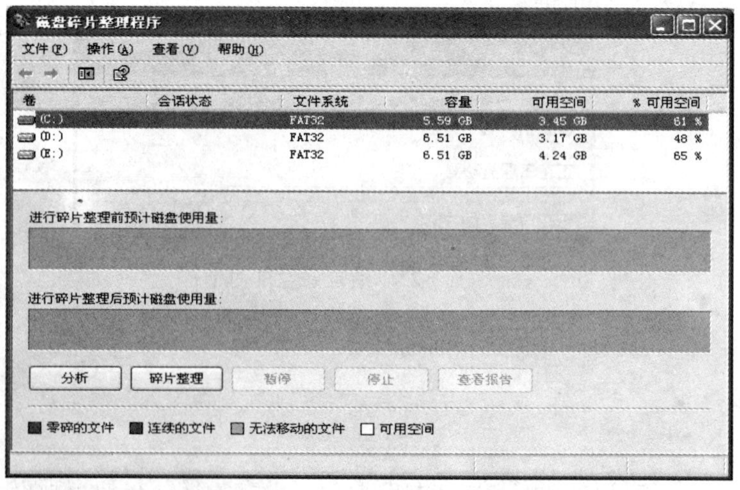


图 3-25 选择需要整理的硬盘

（2）单击“碎片整理”按钮，系统会首先分析磁盘，然后再进行磁盘碎片整理，并用图像形式显示出碎片整理的情况，如图 3-26 所示。

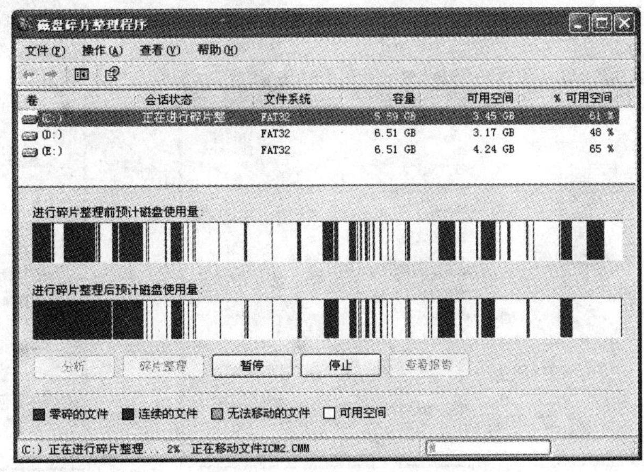


图 3-26　整理磁盘碎片

（3）整理完磁盘碎片后，将出现“磁盘碎片整理程序”对话框（如图 3-27 所示），在该对话框中单击“关闭”按钮，即完成指定磁盘的碎片整理工作。

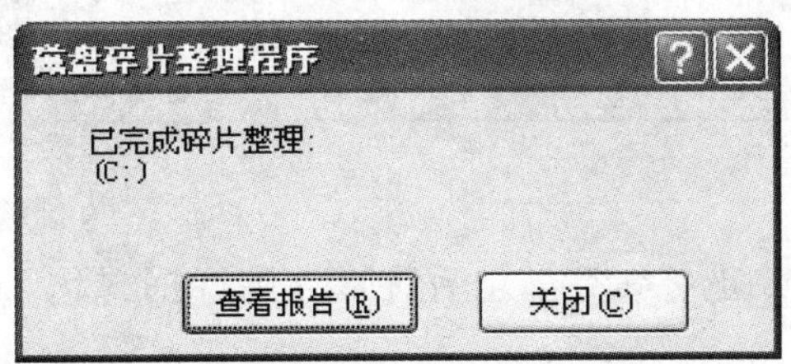


图 3-27　“磁盘碎片整理程序”对话框

✧　在进行磁盘碎片整理前，可以先进行磁盘分析的工作，查看磁盘上的文件情况，确定是否该整理磁盘。进行磁盘分析的方法是：在“磁盘碎片整理”对话框中选择磁盘后，单击“分析”按钮分析磁盘。

### 3.2.3　格式化磁盘

所谓格式化磁盘是指将磁盘上所有的文件彻底删除。在 Windows XP 中，用户可以格式化软盘和硬盘。由于硬盘中通常存有大量的重要数据，因此，格式化硬盘时应特别注意。格式化磁盘的具体操作步骤如下：

（1）在桌面上双击“我的电脑”图标，打开“我的电脑”窗口，并在该窗口中右击需要格式化的磁盘，从弹出的快捷菜单中选择“格式化”菜单，如图 3-28 所示。

（2）在打开的格式化磁盘对话框中选择“开始”按钮（如图 3-29 所示），系统将弹出一个消息对话框，如图 3-30 所示。

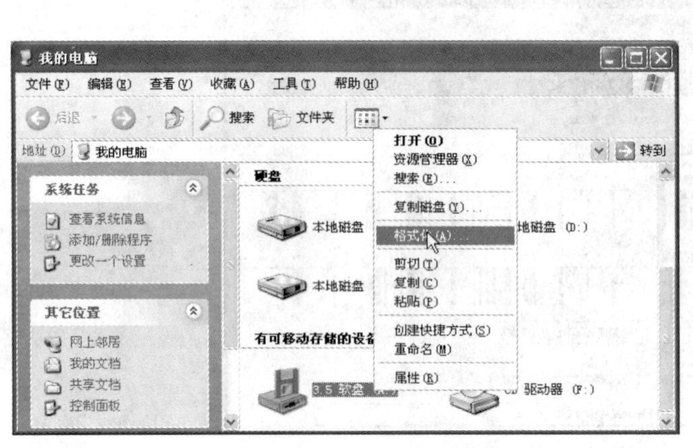


图 3-28　选择“格式化”菜单

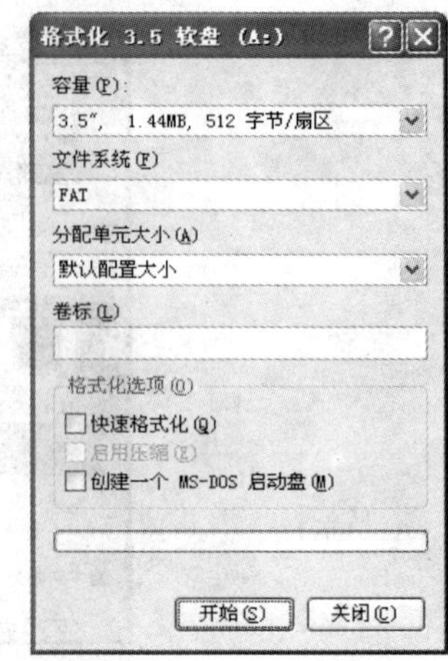


图 3-29　单击“开始”按钮

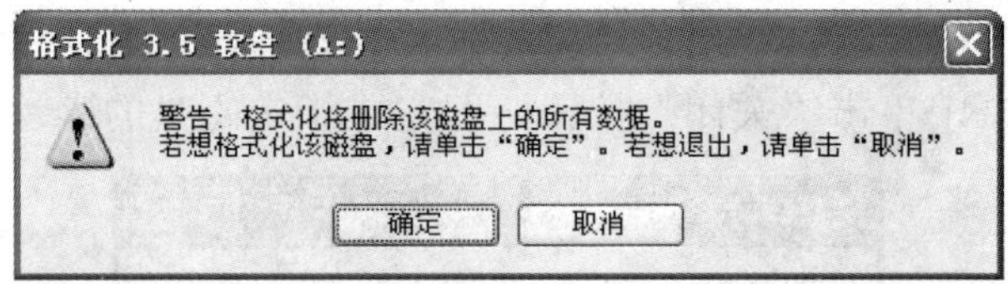


图 3-30　消息对话框

（4）单击“确定”按钮，系统即开始对磁盘进行格式化，如图 3-31 所示。

（5）完成磁盘格式化后，将出现一个格式化磁盘完毕的对话框（如图 3-32 所示），在该对话框中单击“确定”按钮，即完成格式化磁盘的工作。

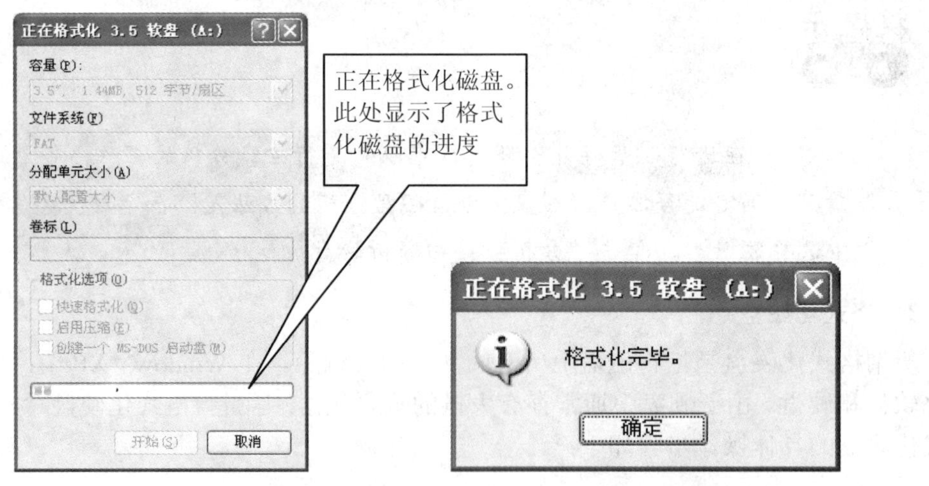


图 3-31　对磁盘进行格式化　　　　图 3-32　格式化磁盘完毕对话框

### 3.2.4　使用磁盘查错程序

一般情况下，为了避免因系统文件和启动磁盘的损坏而导致系统不能启动或不能正常工作，用户需要经常使用“磁盘查错”工具来扫描电脑的启动硬盘驱动器并修复错误。下面是使用磁盘查错程序检查磁盘的操作步骤。

（1）在桌面上双击“我的电脑”图标，打开“我的电脑”窗口，并在该窗口中右击需要查错的磁盘，从弹出的快捷菜单中选择“属性”菜单，如图 3-33 所示。

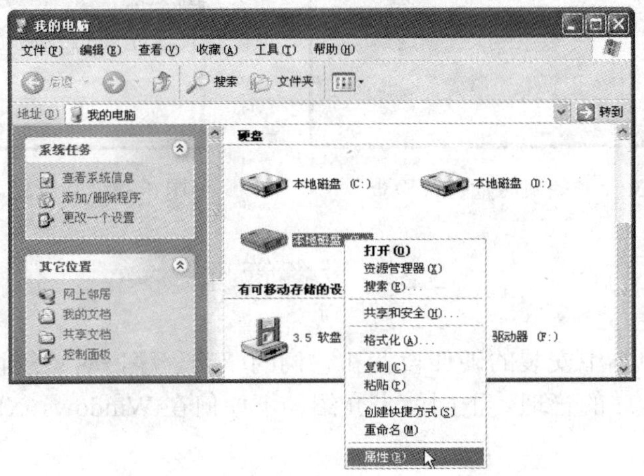


图 3-33　选择“属性”菜单

（2）在打开的对话框中选择“工具”选项卡，并在该选项卡的“查错”区中单击“开始检查”按钮，如图 3-34 所示。

（3）在打开的检查磁盘对话框中选择一种检查磁盘的选项，例如选中“扫描并试图恢复坏扇区”复选框，如图 3-35 所示。

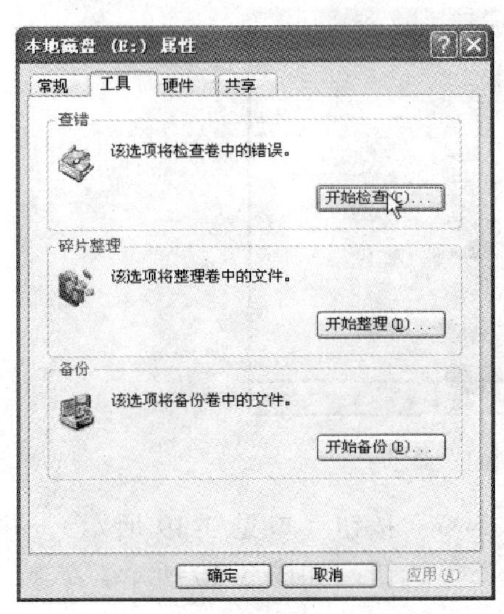


图 3-34　单击“开始检查”按钮

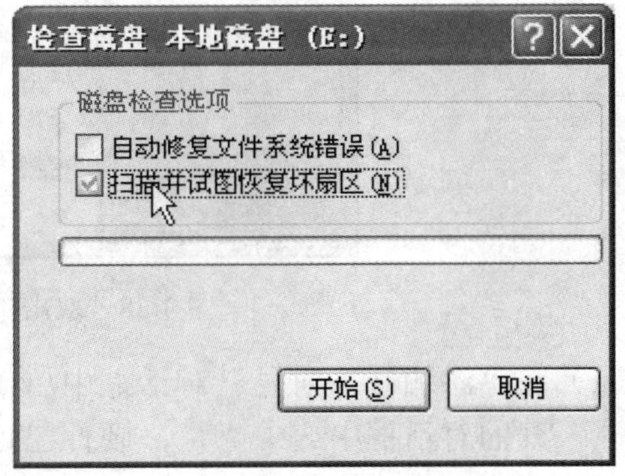


图 3-35　选中“扫描并试图恢复坏扇区”复选框

（4）单击“开始”按钮，即开始对磁盘进行检查，如图 3-36 所示。

（5）检查并修复完磁盘的错误后，系统将出现一个已完成磁盘检查的对话框（如图 3-37 所示），在该对话框中单击“确定”按钮，即可完成磁盘的检查工作。

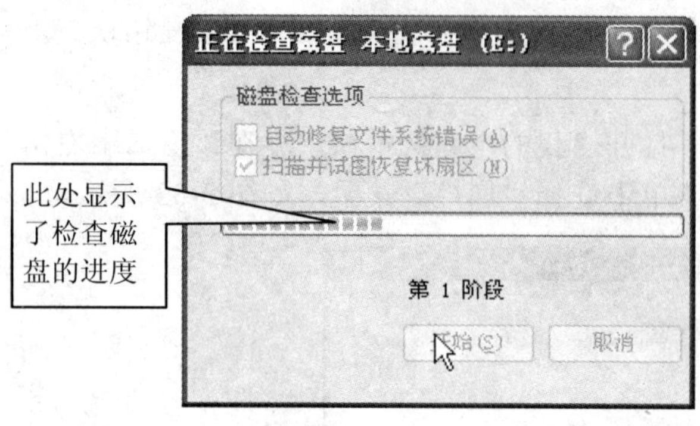


图 3-36 开始对磁盘进行检查

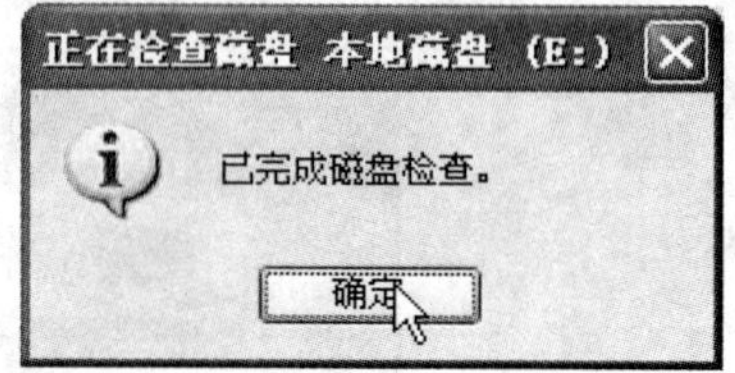


图 3-37 完成磁盘检查对话框

# 3.3 设备管理

系统设备是指电脑中安装的硬件设备和它们的驱动程序，对系统设备的管理就是对这些硬件设备和驱动程序的管理。下面就来介绍一下如何在 Windows XP 中对系统设备进行管理的方法。

## 3.3.1 安装设备驱动程序

正如读者在前面看到的那样，尽管 Windows XP 能够自动识别的设备较 Windows 98/2000 有了很大的改进。但仍有许多设备系统无法识别，如数码相机、扫描仪等。因此，下面以安装声卡驱动程序为例，介绍安装设备驱动程序的一般方法。

（1）在“控制面板”窗口中双击“添加硬件”图标，如图 3-38 所示。

图 3-38 双击“添加硬件”图标

（2）在“添加硬件向导”对话框中单击“下一步”按钮（参见 3-39 所示），并在打开的对话框中选中“是，硬件已连接好”单选钮，如图 3-40 所示。

（3）单击“下一步”按钮，在打开的对话框选择“添加新的硬件设备”选项，如图 3-41 所示。

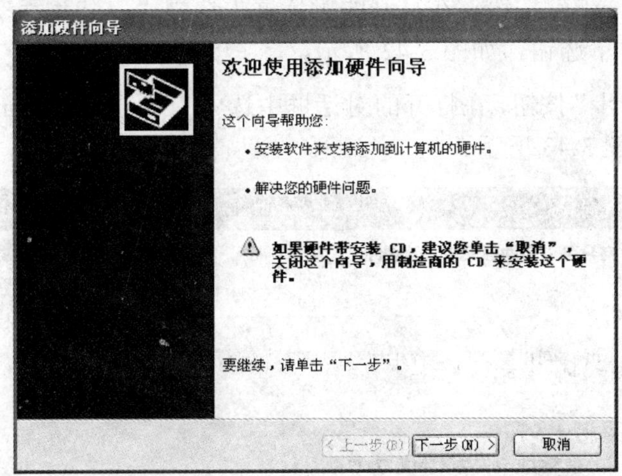


图 3-39　单击“下一步”按钮

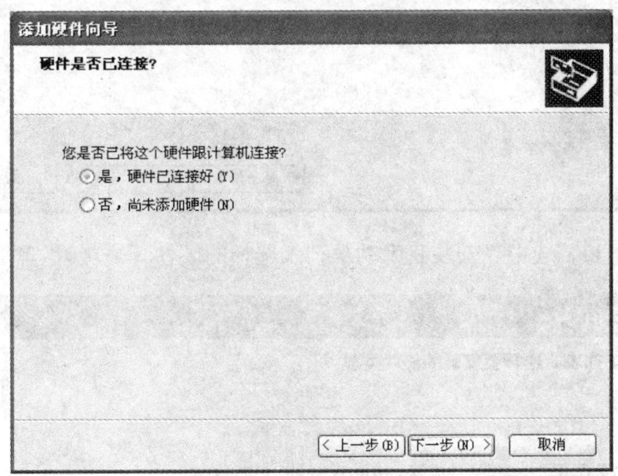


图 3-40　选择硬件是否已跟计算机连接

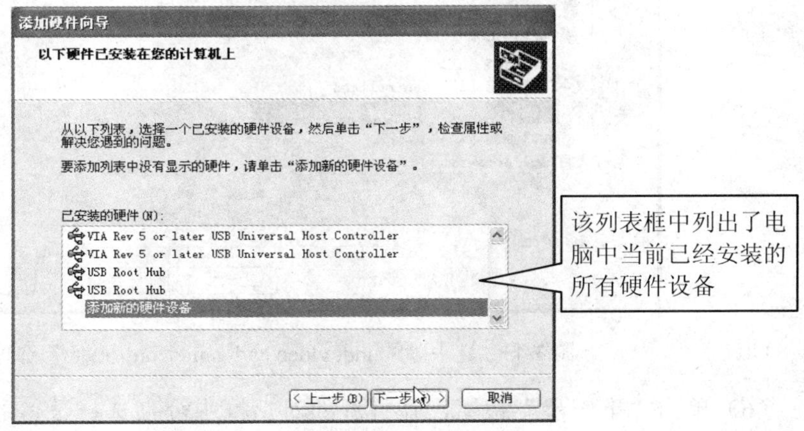


图 3-41　选择“添加新的硬件设置”选项

（4）单击“下一步”按钮，在打开的对话框中选中“安装我手动从列表选择的硬件（高级）”单选钮，如图 3-42 所示。

（5）单击“下一步”按钮，在打开的对话框中选中“Sound, video and game controllers”选项，如图 3-43 所示。

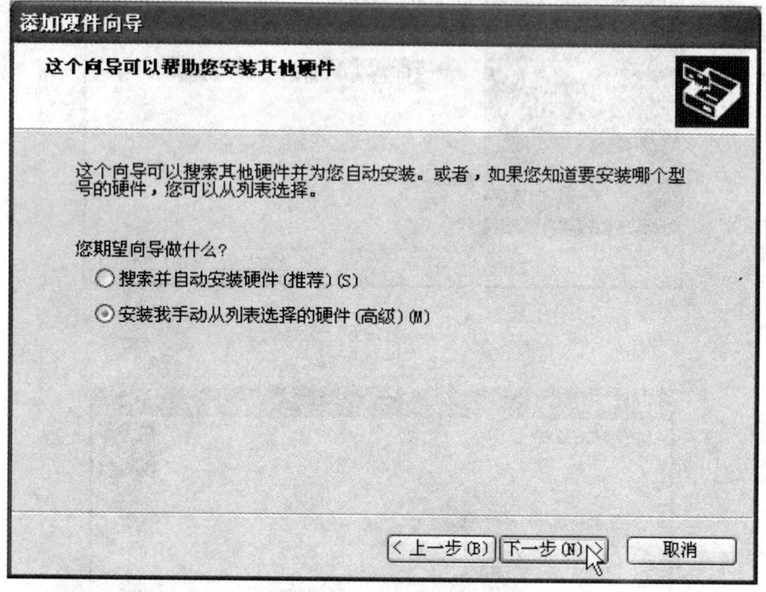


图 3-42　选中“安装我手动从列表选择的硬件（高级）”单选钮

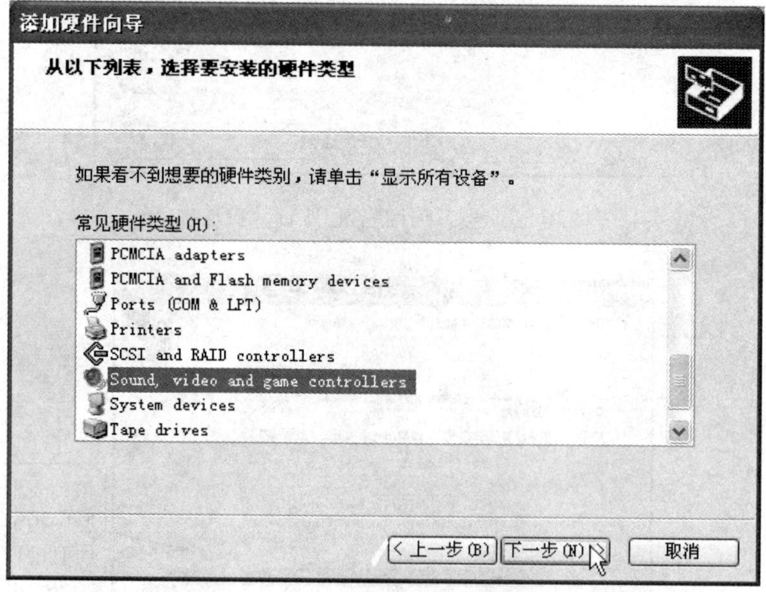


图 3-43　选中“Sound, video and game controllers”选项

（6）单击“下一步”按钮，在打开的对话框中分别选择设备的生产厂商和型号，如图 3-44 所示。

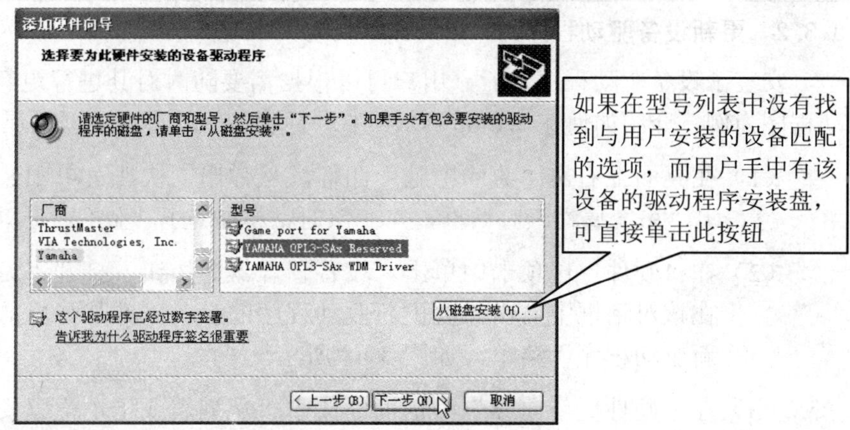


图 3-44　选择设备的生产厂商和型号

（7）单击“下一步”按钮，在打开的对话框中显示了要安装的硬件，如图 3-45 所示。

图 3-45　显示要安装的硬件

（8）单击“下一步”按钮，将出现完成添加硬件的对话框（如图 3-46 所示），在该对话框中单击“完成”按钮，即可完成新设备的添加工作。

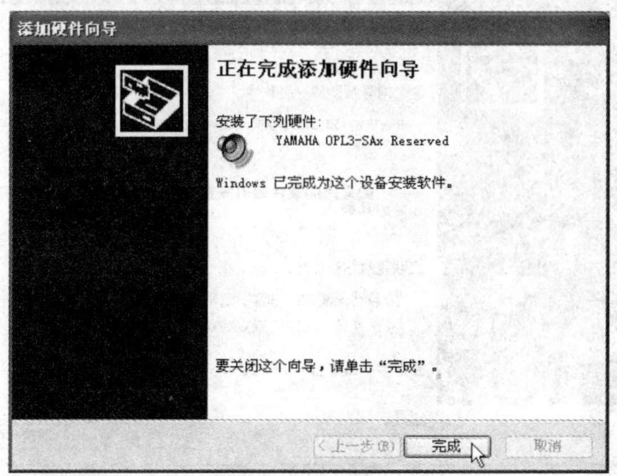


图 3-46　完成添加硬件对话框

### 3.3.2 更新设备驱动程序

安装了设备驱动程序之后，用户可以根据需要随时对其进行更新。下面以更新显卡驱动程序为例，介绍如何在 Windows XP 中进行设备驱动程序更新的具体操作步骤。

（1）在桌面上右击“我的电脑”图标，从弹出的快捷菜单中选择“属性”菜单，打开“系统属性”对话框，并在该对话框中选择“硬件”选项卡，如图 3-47 所示。

（2）在“硬件”选项卡中单击“设备管理器”按钮，打开“设备管理器”对话框，在该对话框中右击需要更新驱动程序的设备，并从弹出的快捷菜单中选择“更新驱动程序”菜单，如图 3-48 所示。

（3）在“硬件更新向导”对话框中选中“从列表或指定位置安装（高级）”单选钮，如图 3-49 所示。

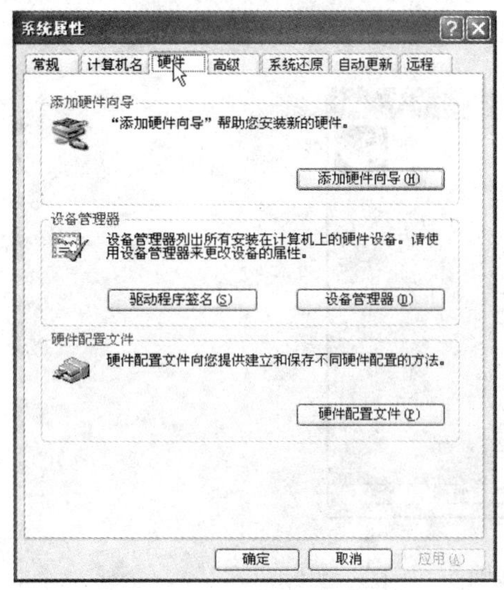


图 3-47 选择“硬件”选项卡

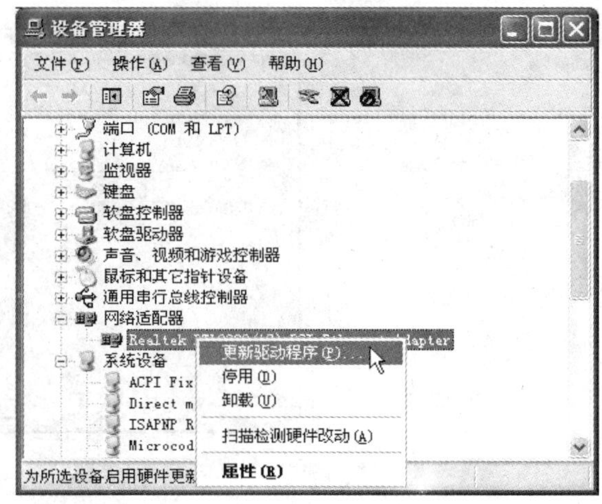


图 3-48 选择“更新驱动程序”菜单

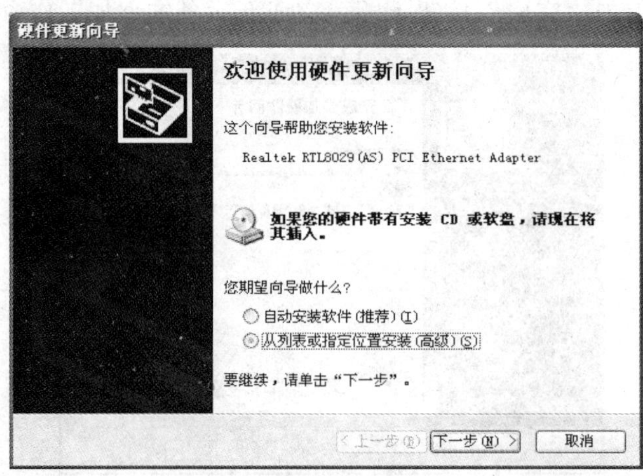


图 3-49 选中“从列表或指定位置安装（高级）”单选钮

（4）单击“下一步”按钮，在打开的对话框中选中“在搜索中包括这个位置”复选框，然后单击“浏览”按钮，在打开的“浏览文件夹”对话框中选定最新驱动程序所在的文件夹，如图 3-50 所示。

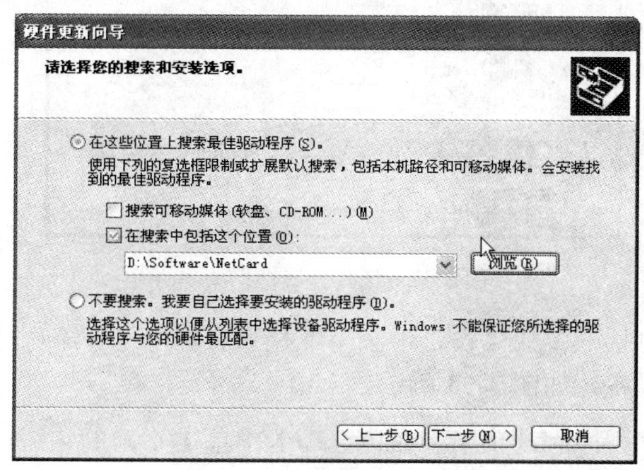


图 3-50　选定最新驱动程序所在的文件夹

（5）单击“下一步”按钮，安装向导开始搜索软件（如图 3-51），搜索完后并自动安装。文件复制完成后，系统将弹出“完成硬件更新向导”对话框，单击“完成”按钮，系统提示用户必须重新启动电脑，单击“是”按钮即可。

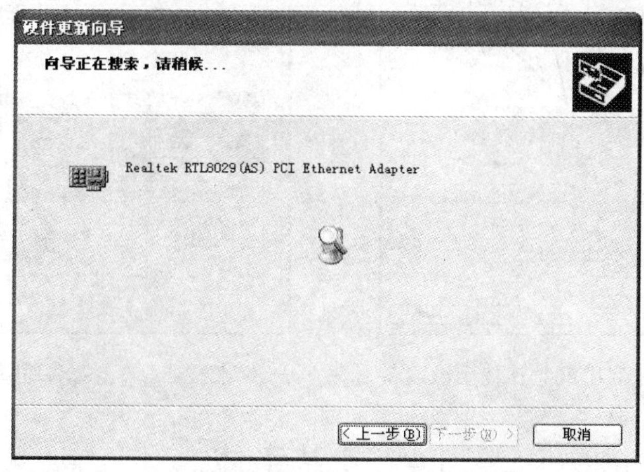


图 3-51　安装向导开始搜索软件并进行安装

### 3.3.3　查看和管理系统设备

在 Windows XP 中，用户可以通过“设备管理器”来了解和掌握系统设备的基本使用情况，随时对那些需要修改配置内容的设备进行处理。要查看和管理系统设备，应首先参考前面介绍的方法打开“设备管理器”对话框，然后参照以下步骤进行。

（1）在“设备管理器”对话框中右击需要查看的设备名称，从弹出的快捷菜单中选择“属性”菜单，如图 3-52 所示。

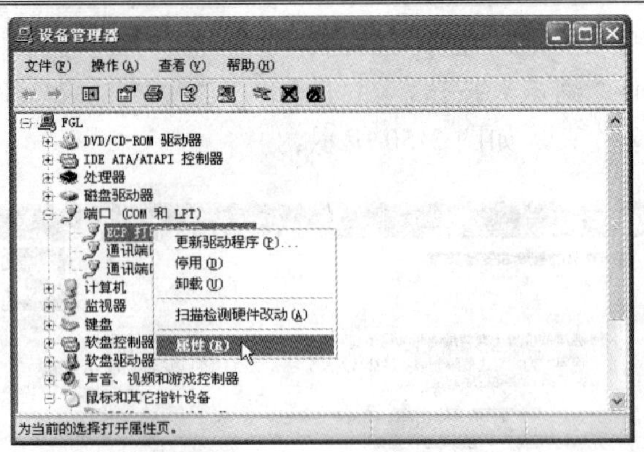


图 3-52　选择“属性”菜单

（2）在打开的对话框中的“设备用法”下拉列表框中选择不同的选项，可启用或禁止使用该设备，如图 3-53 所示。

（3）选择“驱动程序”选项卡，在该选项卡中单击不同的按钮可更新、卸载驱动程序，或查看驱动程序的详细信息（如图 3-54 所示），然后单击“确定”按钮，关闭设备属性对话框。

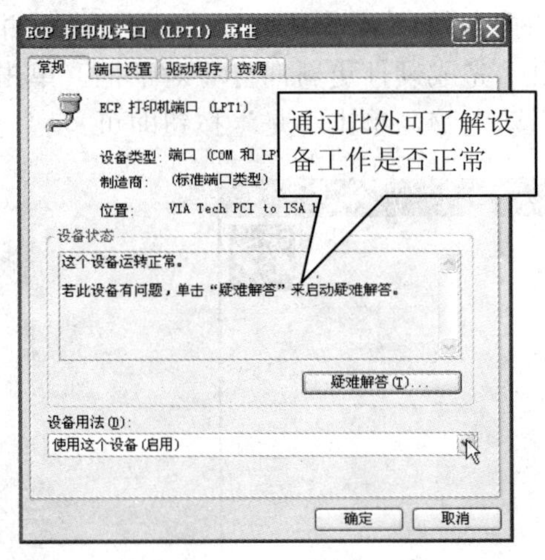


图 3-53　选择是启用或禁止使用该设备

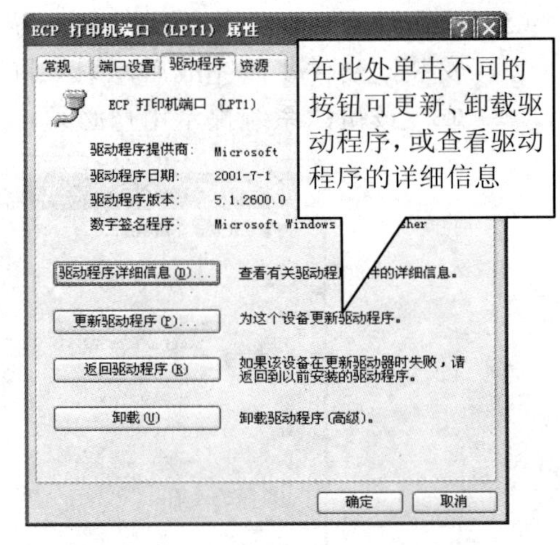


图 3-54　“驱动程序”选项卡

## 3.4　安装字体

字体是显示在屏幕上或打印出来的文字样式，就汉字而言，Windows XP 本身只为用户提供了宋体、黑体和楷体等几种字体。尽管这些字体已经能满足一般用户的需要，但对于某些用户（如美术编辑、电脑办公人员等）来说，可能还需要在 Windows XP 中安装其他一些字体，如行楷、隶书等。

就目前来说，国内已开发了众多字体库。例如，比较有名的有方正字体库、昆仑字体库、微软字体库、新创艺字体库等。下面就以安装“新创艺字库”为例，介绍安装字体的方法。

（1）将装有字体的光盘放入光驱，然后选择“开始”|“控制面板”菜单，打开“控制面板”窗口，如图 3-55 所示。

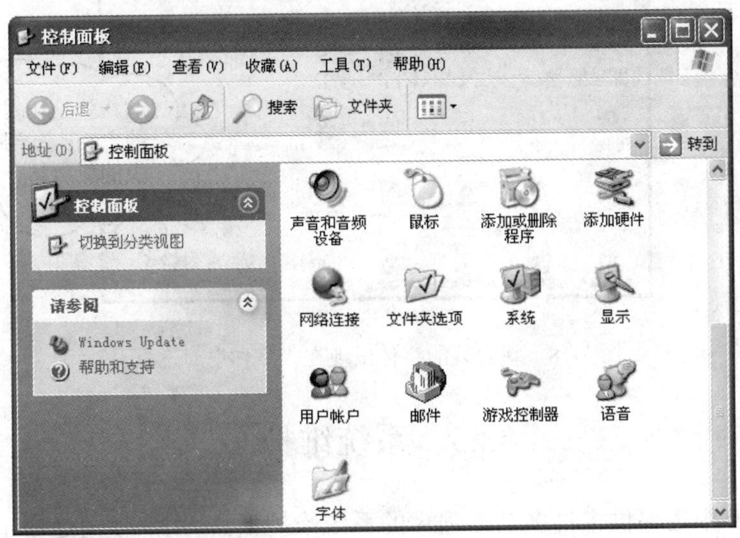


图 3-55　“控制面板”窗口

（2）在“控制面板”窗口中双击“字体”图标，打开“字体”窗口，并在该窗口中选择“文件”|“安装新字体”菜单。

（3）在打开的“添加字体”对话框的“驱动器”下拉列表框中选择光盘驱动器，并在“文件夹”列表框中选择字体所在的文件夹，然后在“字体列表”列表框中选择所需要安装的字体，如图 3-56 所示。

（4）单击“确定”按钮，将出现“安装字体进度”对话框，如图 3-57 所示。

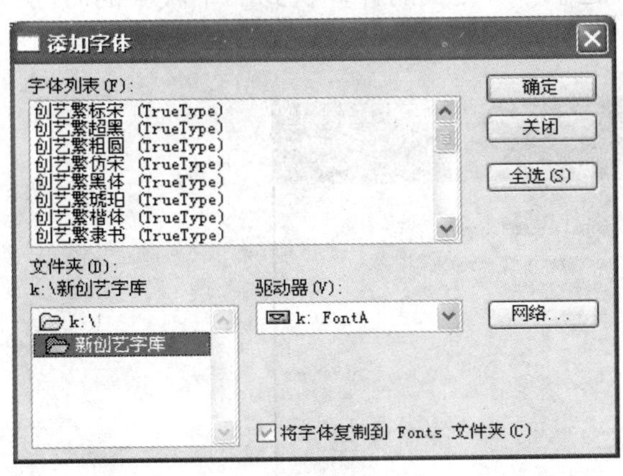


图 3-56　“添加字体”对话框

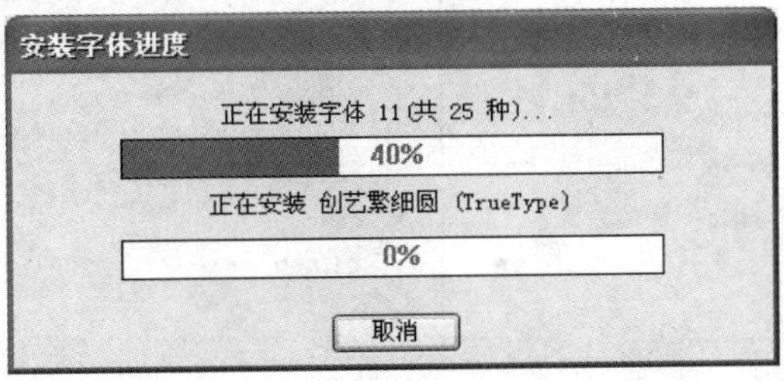

图 3-57　“安装字体进度”对话框

（5）安装完所需的字体后，这些字体即出现在“字体”窗口中（如图 3-58 所示），最后将“字体”窗口关闭，即可完成新字体的安装。

图 3-58　新安装的字体出现在“字体”对话框

# 3.5　系统维护

Windows XP 中还提供了许多功能强大的系统维护工具，用户使用这些工具可以有效地维护自己的电脑，使其保持良好的工作状态。下面重点介绍 Windows XP 中的两个最常用的系统维护工具——系统还原和系统备份，同时介绍了电源管理方面的内容。

## 3.5.1　系统还原

系统还原是 Windows XP 新增的一项用于恢复系统的工具。使用该工具，用户可以将电脑还原到指定的状态。使用“系统还原”工具可以有效地保护系统、防止崩溃。还原系统的具体操作步骤如下：

（1）选择“开始”|“所有程序”|“附件”|“系统工具”|“系统还原”菜单，打开“系统还原”对话框，在该对话框中选中“恢复我的计算机到一个较早的时间”单选钮，如图 3-59 所示。

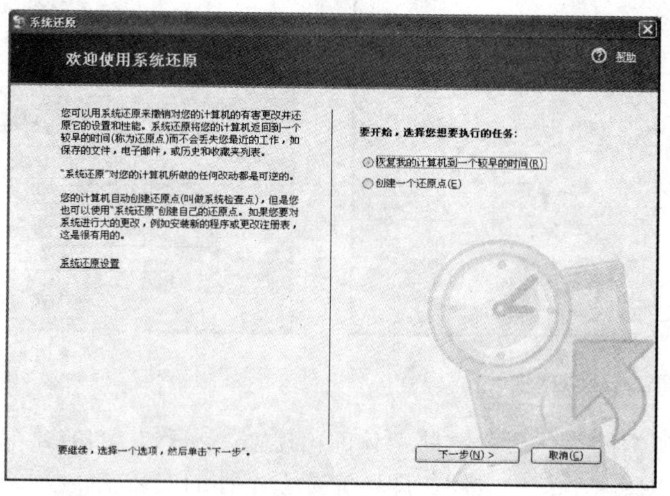


图 3-59　选中“恢复我的计算机到一个较早的时间”单选钮

（2）单击"下一步"按钮，在打开的对话框中选择还原点，即需要将系统还原到的日期，如图 3-60 所示。

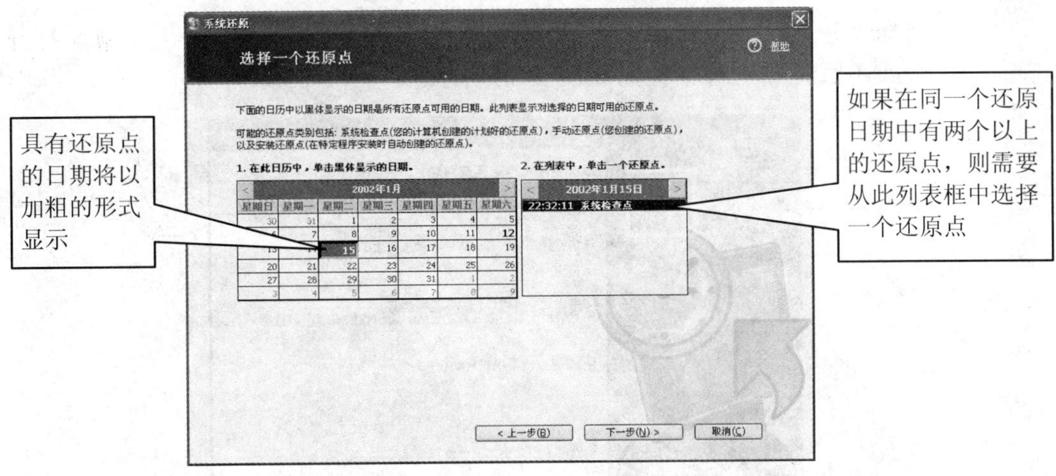


图 3-60　选择还原点

（3）单击"下一步"按钮，在打开的对话框中将显示出系统提醒用户确认选择的还原点，以及关闭所有正在运行的程序等信息（如图 3-61 所示），然后单击"下一步"按钮，即开始还原系统，并重新启动电脑。

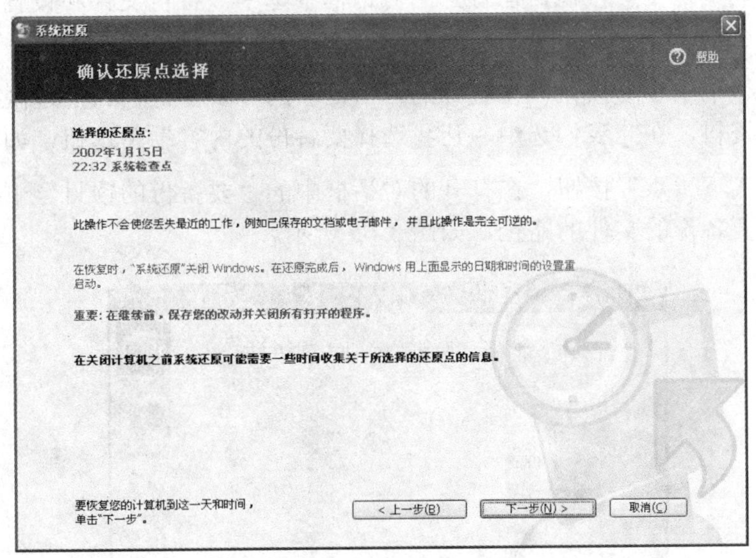


图 3-61　有关还原系统前的一些信息

### 3.5.2　备份及还原文件

使用电脑时，为了避免因磁盘故障、电脑病毒以及偶然的误操作等破坏磁盘中储存的重要数据，可使用 Windows XP 提供的"备份"工具把重要的数据转存到别的磁盘中。万一这些数据遭到破坏，可利用备份数据进行还原。

1. 备份文件

要备份文件，可按以下操作步骤进行：

（1）选择“开始”|“所有程序”|“附件”|“系统工具”|“备份”菜单，打开“备份或还原向导”对话框，如图 3-62 所示。

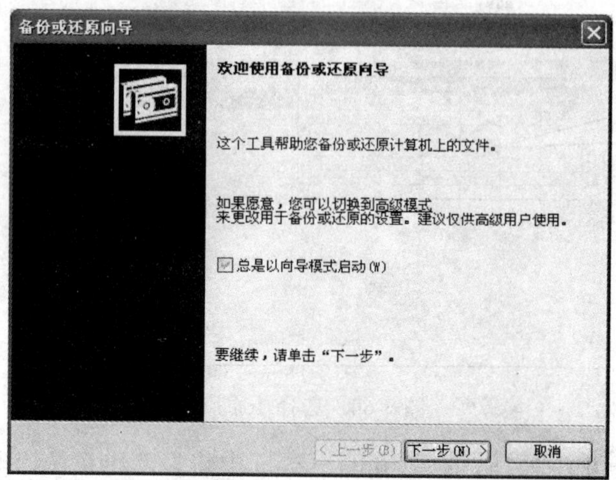


图 3-62 “备份或还原向导”对话框

（2）单击“下一步”按钮，在打开的对话框中选中“备份文件和设置”单选钮，如图 3-63 所示。

（3）单击“下一步”按钮，在打开的对话框中的“要备份什么”选区中选择需要备份的资料，在此我们选中“让我选择要备份的内容”单选钮，如图 3-64 所示。

（4）单击“下一步”按钮，在打开的对话框中的“要备份的项目”下拉列表框中选择需要备份的文件的路径，如图 3-65 所示。

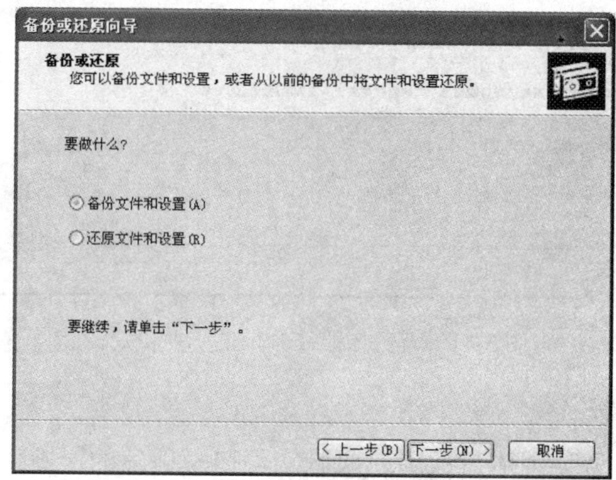


图 3-63 选中“备份文件和设置”单选钮

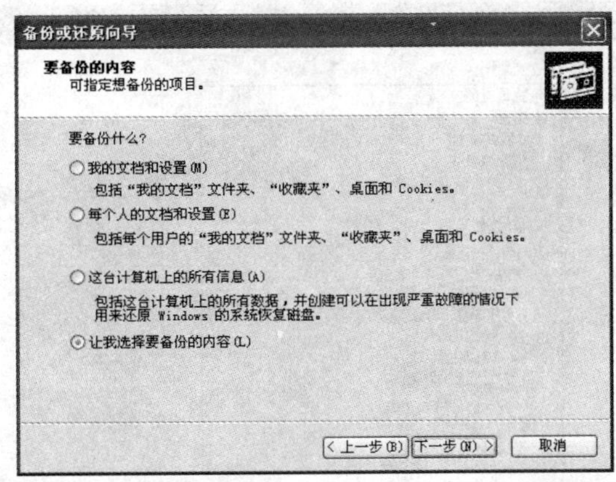


图 3-64　选中“让我选择要备份的内容”单选钮

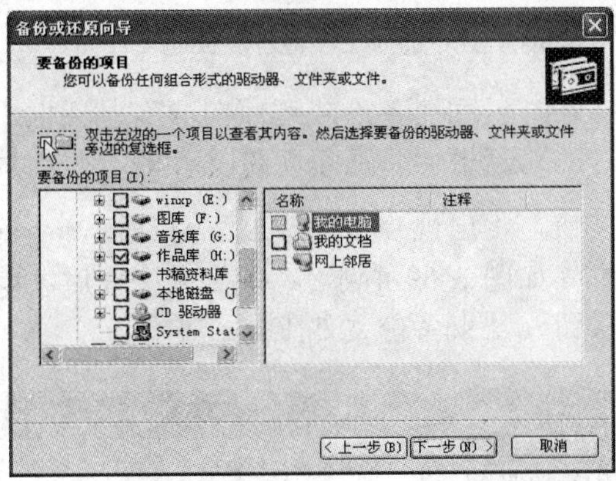


图 3-65　选择需要备份的文件的路径

（5）单击“下一步”按钮，在打开的对话框中的“键入这个备份的名称”文本框中输入备份的名称，然后单击“浏览”按钮（如图 3-66 所示），打开“另存为”对话框，并在该对话框的“保存在”下拉列表框中选择保存备份文件的文件夹，如图 3-67 所示。

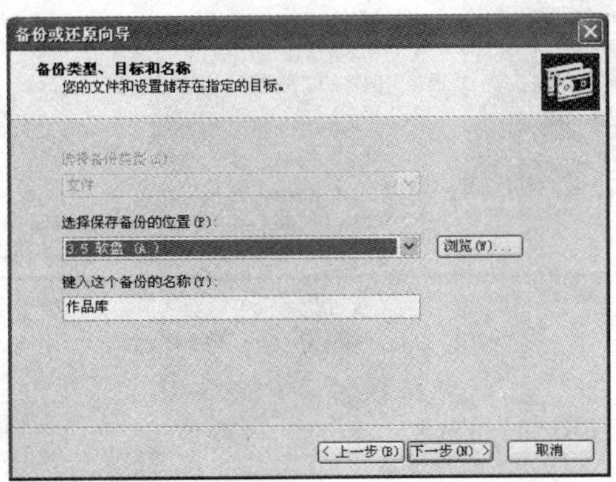


图 3-66　设置备份的位置和名称

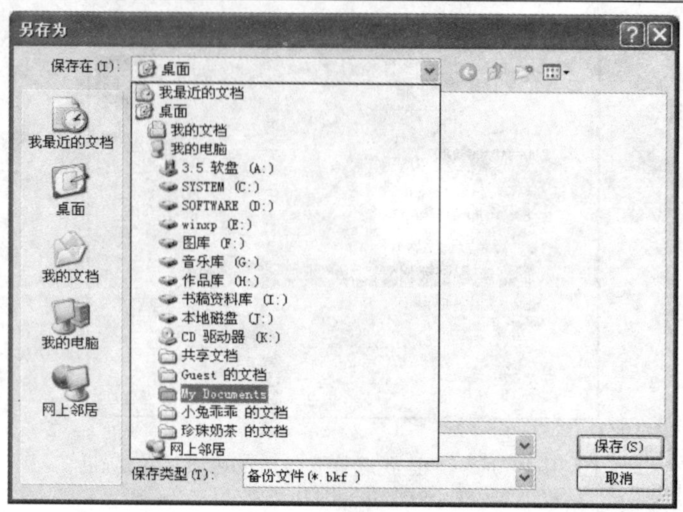


图 3-67　选择保存备份文件的文件夹

（6）单击“保存”按钮，返回“备份或还原向导”对话框，然后单击“下一步”按钮，此时在打开的对话框中将显示备份文件的一些信息，如图 3-68 所示。

（7）单击“完成”按钮，将出现“备份进度”对话框，在该对话框中显示了备份状态、进度等信息（如图 3-69 所示）。备份完文件后，单击“备份进度”对话框中的“关闭”按钮，结束备份文件工作。

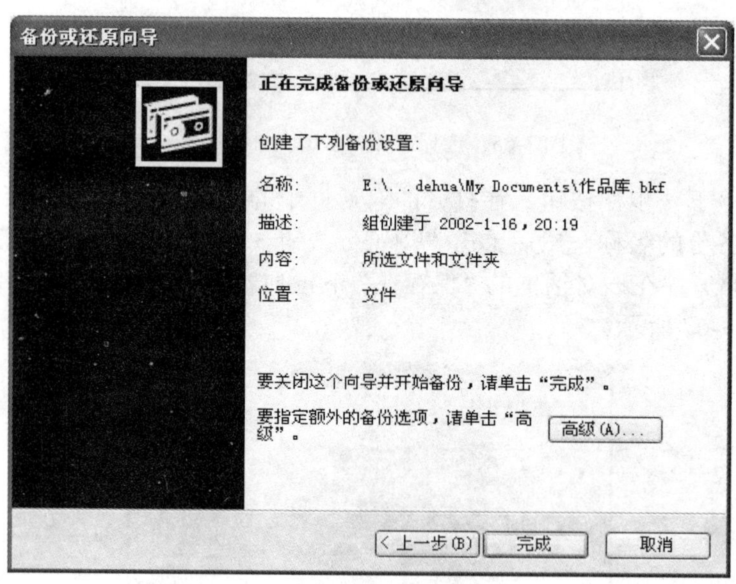


图 3-68　显示备份文件的一些信息

图 3-69　备份状态、进度等信息

## 2. 还原备份文件

当原文件遭到破坏，系统无法正常运行时，可将备份的文件还原，将数据恢复到备份前的状态。要进行备份文件的还原，可以按以下操作步骤进行。

（1）选择“开始”|“所有程序”|“附件”|“系统工具”|“备份”菜单，打开“备份或还原向导”对话框，如图 3-70 所示。

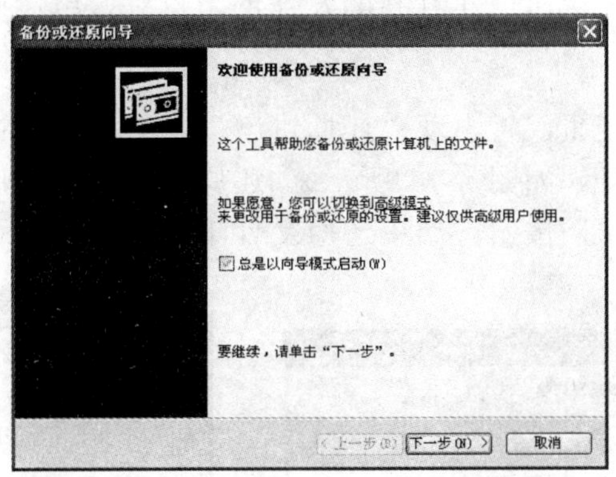


图 3-70　“备份或还原向导”对话框

（2）单击“下一步”按钮，在打开的对话框中选中“还原文件和设置”单选钮，如图 3-71 所示。

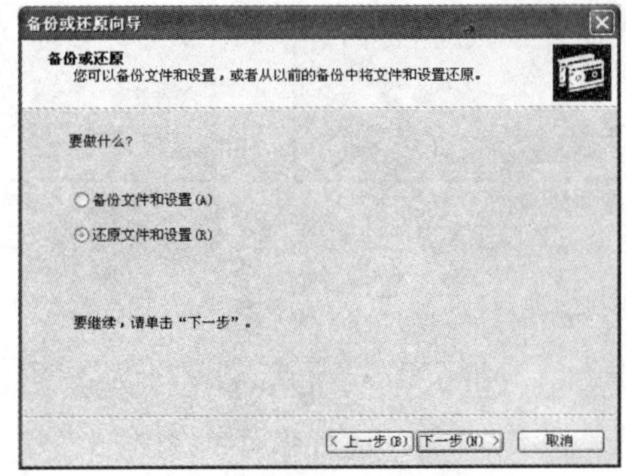


图 3-71　选中“还原文件和设置”单选钮

（3）单击“下一步”按钮，在打开的对话框中选择需要还原的备份文件（有“√”的表示被选中），如图 3-72 所示。

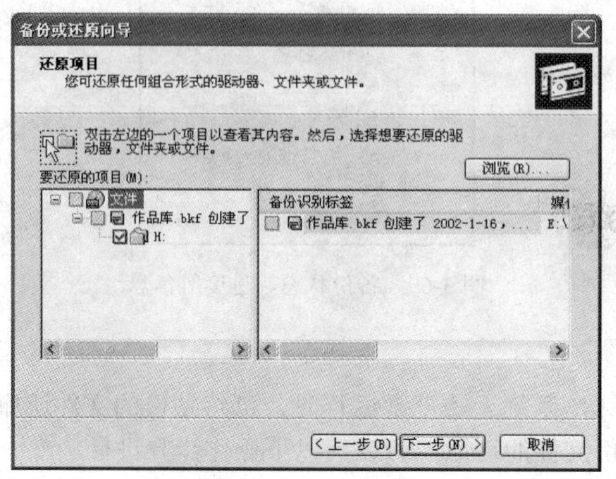


图 3-72 选择需要还原的备份文件

（4）单击“下一步”按钮，在打开的对话框中将显示出还原备份文件的一些信息，如图 3-73 所示。

（5）单击“完成”按钮，将出现“还原进度”对话框，在该对话框中显示了还原状态、进度等信息（如图 3-74 所示）。还原完备份文件后，单击“还原进度”对话框中的“关闭”按钮，结束还原文件工作。

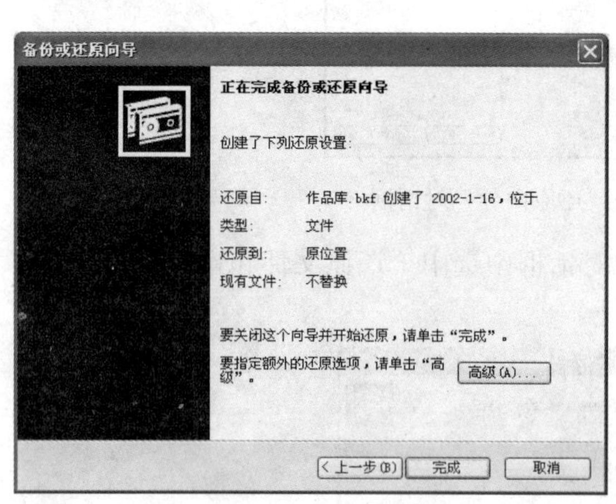


图 3-73 还原备份文件的一些信息

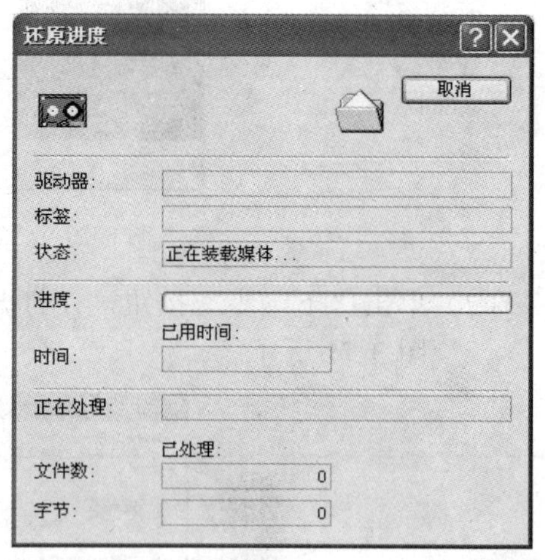


图 3-74 还原状态、进度等信息

### 3.5.3 管理电源

随着节能性主板的产生，用户可以在 Windows 操作系统里设置不同的电源管理方案，以便使电脑的电源处于最佳的工作状态。这样做不但有利于节约电源，维护系统安全，还有利于延长电脑的使用寿命。

（1）选择“开始”|“控制面板”菜单，打开“控制面板”窗口，如图 3-75 所示。

（2）在“控制面板”窗口中双击“电源选项”图标，打开“电源选项 属性”对话框，在该对话框中选择“电源使用方案”选项卡，并在该选项卡中设置电源使用方案、是否设置关闭显示器及硬盘的时间以及是否让系统待机和休眠等，如图 3-76 所示。

图 3-75　“控制面板”窗口

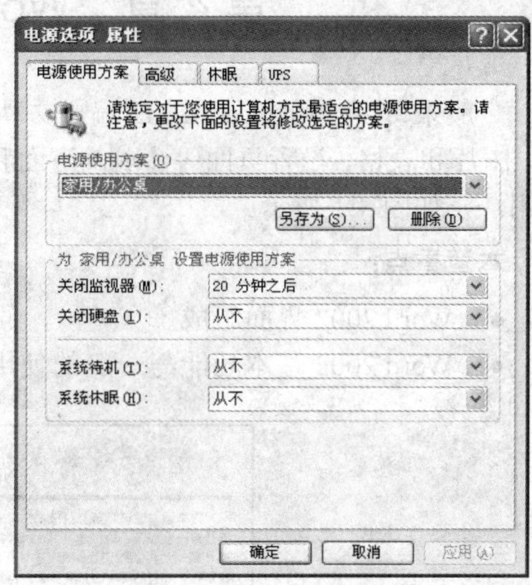


图 3-76　“电源选项 属性”对话框

（3）单击“确定”按钮，完成电源管理设置。

## 3.6 小　结

本章主要介绍了 Windows XP 系统管理和维护方面的知识，如账户管理、磁盘管理、设备管理、字体库管理等。

## 3.7 习　题

1．添加账户，并对账户进行管理。

2．清理磁盘中的“垃圾文件”，以及对磁盘进行格式化。

3．添加字体，例如添加繁体字体。

4．将电脑中一些重要的数据进行备份并还原。

# 第二部分　使用 Word 2002

## 第 4 章　Word 2002 功能概览

一般来讲，使用 Word 2002 编排文档时大致包括文字输入与编辑，格式编排，插入图形、图片和表格，设置页面等步骤。下面我们首先通过一个例子来简要介绍一下 Word 2002 的用法，如图 4-1 所示。

**本章重点：**

- Word 2002 界面组成
- Word 2002 基本功能与一般的使用步骤

神秘的雅鲁藏布大峡谷

在交通、通讯乃至卫星技术空前发达的今天，我们小小的地球上似乎不再有隐秘可言。但是奇迹出现了。1994 年 4 月 18 日，我国向世界宣布：雅鲁藏布大峡谷是世界第一大峡谷！世界第一大峡谷的发现和确认是中国人在本世纪末最大的地理发现，是中国科学界对于人类探索和认识自然奥秘的重要贡献；世界第一大峡谷位于中国，是大自然馈赠给中国的宝贵礼物，是属于中国人的幸运与骄傲，当然它也是全人类所共同拥有的自然遗产，弥足珍贵。雅鲁藏布大峡谷是“地球上最后的秘境”，人们知道了在雄伟的喜马拉雅山脉，至少在视觉空间上有两个世界之最：世界第一高峰珠穆朗玛；世界第一深谷雅鲁藏布大峡谷。

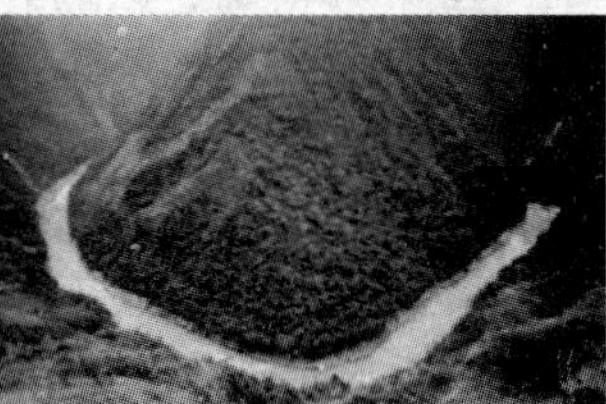

雅鲁藏布大峡谷位于青藏高原，西藏东南部，环绕南迦巴瓦峰，雅鲁藏布江潇洒一甩所作的一个马蹄形大拐弯。大峡谷地区是一个著名山脉交汇处：北倚唐古拉，东望横断山，向西则是喜马拉雅绵绵 2500 公里的冰峰雪岭。海拔 7787 米的南迦巴瓦峰正处于这一伟大山脉的东部尾闾，位居东喜马拉雅主峰之尊，为世界第十五高峰。

雅鲁藏布大峡谷地区的概念，广义的包括马蹄形大拐弯的内外：腹地和外围，方圆 5 万多平方公里的地方。人们沿川藏公路可以比较容易到达的波密、林芝、米林等地，都属于大峡谷（外围）地区；至于腹心地带，特指隐藏在深山密林中的墨脱。它的隐藏之深，之难以到达，有一个特点足可以说明：墨脱是迄今为止全国唯一不通公路的县份。

雅鲁藏布大峡谷以 504.6 公里的总长度、6009 米的最深度，长于美国的科罗拉多大峡谷，深于秘鲁的科尔卡大峡谷；它是印度板块北伸最远的部分，是全球热带森林的最北边界，它使热带气候北移了五、六百公里，足有 5 个纬度带之多；它是南来水汽进入青藏高原的最大通道，因而也是全球降水最多的地区之一，大峡谷腹地墨脱县年降水量接近 3000 毫米；它被称之为“植被类型的天然博物馆”，在上下 5000 米的垂直高度间，拥揽着从极地到热带的几乎全部自然带，在景观多样性方面，被视为世界之最完整；它被称之为“山地生物资源的基因库”、“孑遗物种的避难所”、“制造植物新种的加速器”之说。是植物、动物、真菌和昆虫欣欣向荣的王国，在生物多样性方面，也被视为世界之最丰富；它山高谷深，是全球地形发生转折变化最急剧的地区之一；尤其是全球抬升速度最快的地区，最新的研究数字表明，大峡谷地区年上升量可达 3 厘米。

图 4-1　文档编排示例

### 4.1　认识 Word 2002 使用界面

单击“开始”按钮，选择“程序”|“Microsoft Word”启动 Word 2002 后，其初始状态通常如图 4-2 所示。由图 4-2 可以看出，和其他所有 Windows 应用程序一样，Word 2002 使用界面中也包括了标题栏、菜单栏、工具栏、工作区、状态栏以及任务窗格等部分。

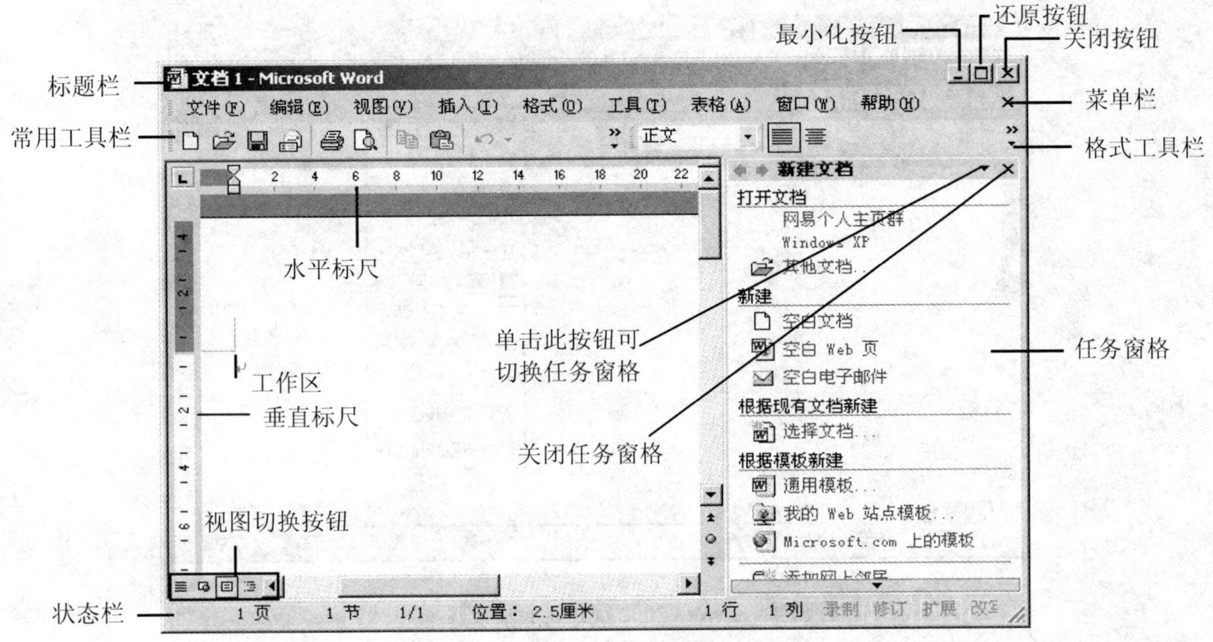


图 4-2 Word 2002 窗口

在 Word 中，菜单和工具栏是程序中最重要的两个组成部分，用户的各种要求都要通过它们来实现。和其他 Windows 应用程序相比，Word 2002 以及其他 Office XP 应用程序新增了自动记录用户操作习惯的功能，在菜单栏和工具栏中只显示最近常用的命令。如果某些命令在一段时间内没有被使用，就会自动隐藏起来。单击下拉菜单内的 ¥ 按钮或在菜单项上停留片刻，将展开此菜单项中的全部命令，如图 4-3 所示；若需要选用其他工具，可单击工具栏右侧的 » 按钮，然后在打开的工具列表中单击所要的工具，如图 4-4 所示。此后，被选择的菜单项和工具按钮将被自动调整到常用菜单项和工具组之中，以方便用户使用。

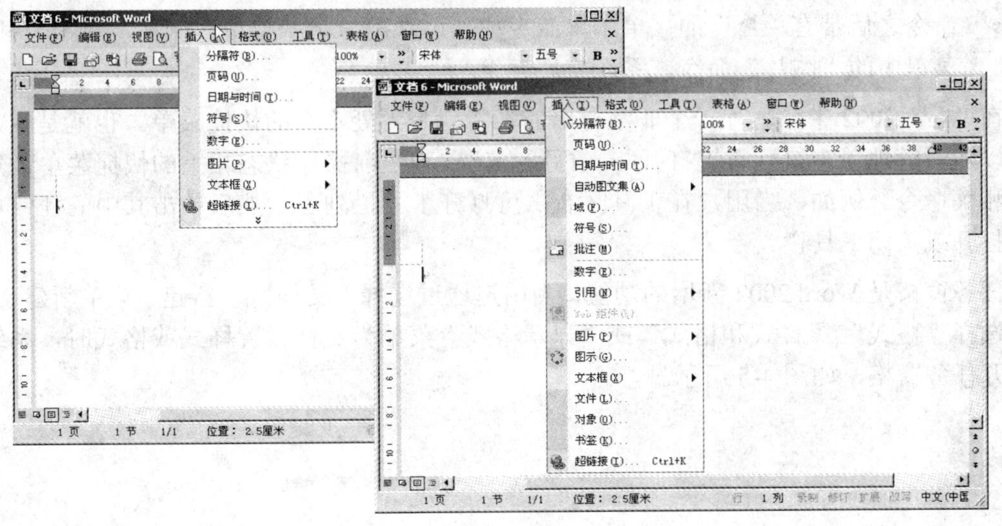

图 4-3 Word 2002 的折叠式菜单

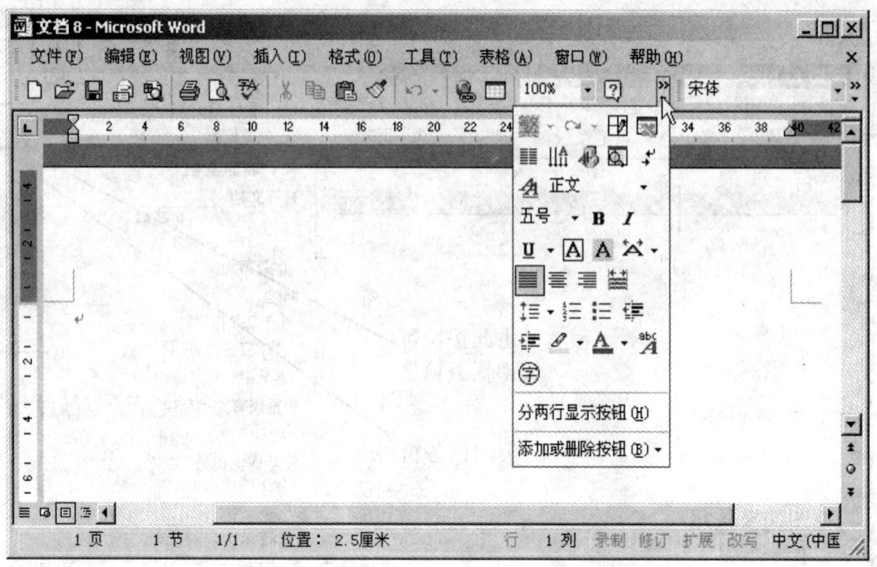


图 4-4　Word 2002 提供的折叠式工具栏

所有菜单命令归纳起来有以下几种类型：

- 命令项前面带有图标按钮，表明可以将这些命令添加到工具栏中。这些命令与工具栏中的按钮等效。
- 命令项后面标有组合键（如与“文件”|“新建”菜单对应的“Ctrl+N”），表明使用组合键可执行该命令，我们将这些组合键称为快捷键。
- 每个命令后面的带下划线的字母，表示输入该字母也能达到相同的目的。如打开“文件”菜单后，用鼠标单击“关闭”命令和直接输入字母“C”结果相同。
- 命令之后带有省略号“…”，单击该命令将打开一个对话框。对话框中包含了为执行该命令所需的信息。
- 命令之后带有“▶”的，单击该命令项，可弹出一个子菜单。例如，单击“插入”菜单中的“图片”命令，系统将展开下一级菜单。

在 Word 2002 中，另外一个非常有用的功能就是无处不在的快捷菜单。也就是说，用户可以随时随地单击鼠标右键打开与光标所在位置和当前操作状态相关的快捷菜单，然后执行相关命令。例如，当用户在工具区右击可打开工具栏列表，然后单击其中的任何项目即可打开或关闭工具栏。

任务窗格是 Word 2002 新增的功能，当用户通过选择“文件”|“新建”菜单新建文档，通过选择“格式”|“样式和格式”或“显示格式”菜单为文档设置样式或格式时，系统都将打开任务窗格，如图 4-5 所示。

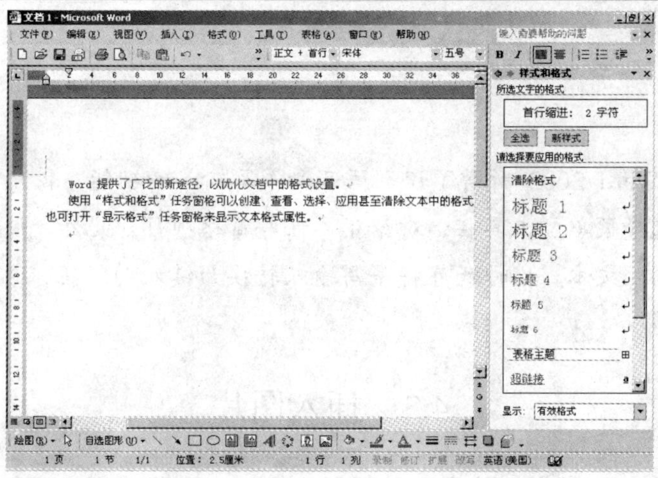


图 4-5　“样式和格式”任务窗格

## 4.2　输入正文内容

我们大致了解了 Word 2002 的使用界面以后，接下来的任务就是编排文档了。要编排文档，当然首要的任务是输入文字。为此，可在启动 Word 2002 后，首先单击 Windows 状态栏上的输入法图标选择一种自己熟悉的输入法（如拼音或五笔字型等），然后在文档中输入文字。

Word 和其他所有排版软件一样，对输入文字并无特别要求，用户只是要注意，只有当一个段落结束时才需按回车键，而不可或不必在每行结束时按回车键。按下回车键后，将在文档中产生换段符“↵”，如图 4-6 所示。

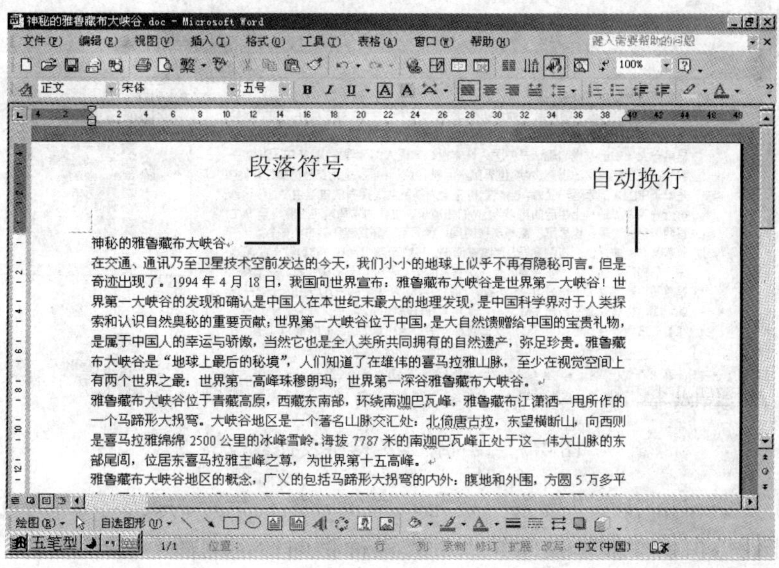


图 4-6　输入文字

✧ Word 2002 新增了识别语音和手写输入的功能，使用语音识别可通过用户的语音选择菜单、工具栏、对话框、任务窗格项目。此外，使用手写输入识别可在文档中输入文本，此时既可将手写输入转换为键入的字符，也可保留文本的手写形式。

## 4.3 插入图片

有了文字之后，当然不能没有图片的衬托。Office XP 提供了一个包含图片、声音和动画剪辑的剪贴画库，这些剪贴画都是经过专业设计的，其内容几乎涵盖了制作文档所需要的各个方面。下面就让我们来看看如何将剪贴画中的图片加入到文件中。

（1）将插入点定位于第二段文字段落的最前面，然后打开“插入”菜单中的“图片”菜单项，并选择其中的“剪贴画”，此时将在窗口的右边弹出“插入剪贴画”任务窗格。

（2）在“搜索文字”编辑框中输入需要选择的类型“水平线”，从“搜索范围”下拉列表中选择“所有收藏集位置”复选框，如图 4-7 所示。

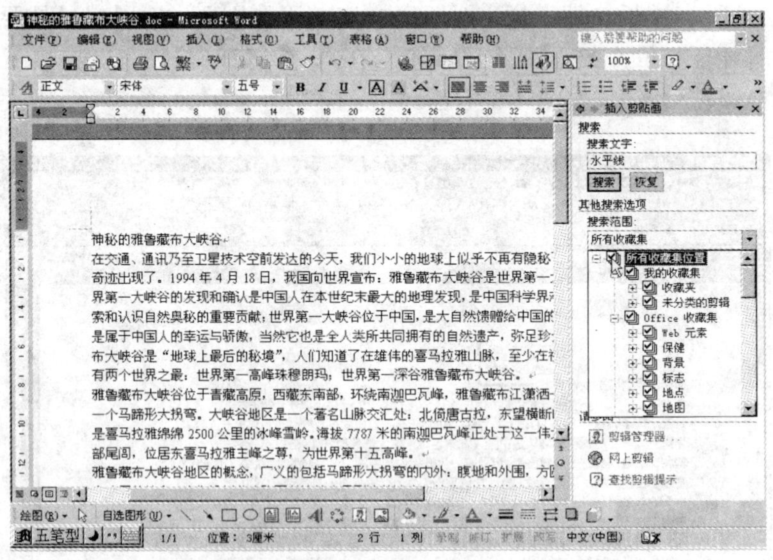


图 4-7 设置搜索关键字及搜索范围

（3）单击任务窗格中的“搜索”按钮，系统开始在指定的搜索范围内进行搜索，并在任务窗格中显示搜索结果。当鼠标指向希望选择的剪贴画时，剪贴画的右边将显示一个灰色指示条。单击该指示条，从弹出的下拉菜单中选择“插入”，则该剪贴画即被插入到文档中，如图 4-8 所示。

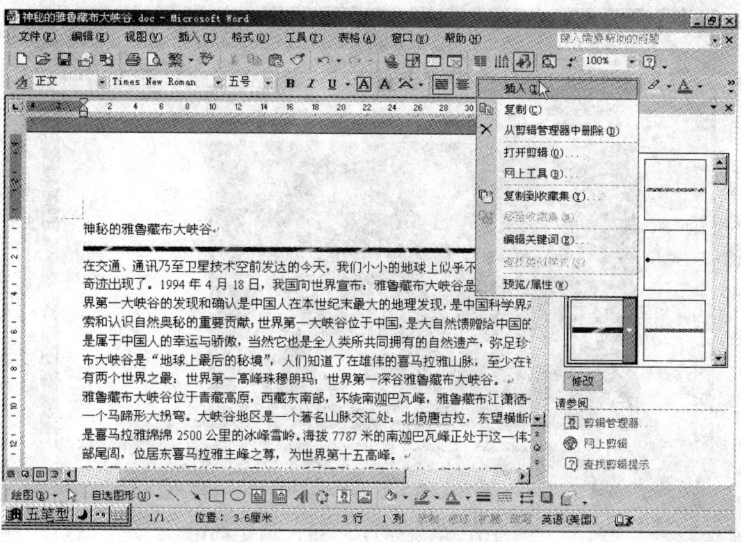


图 4-8　插入剪贴画

- ✧　用户也可直接单击剪贴画，将其插入到文档中。
- ✧　要返回前面的剪贴画搜索任务窗格，可单击“修改”按钮。

（4）单击“插入剪贴画”任务窗格右上角的“关闭”按钮✕，关闭该任务窗格。

（5）将插入点定位到第三个段落之前，选择“插入”|“图片”|“来自文件”菜单，打开“插入图片”对话框，如图 4-9 所示。

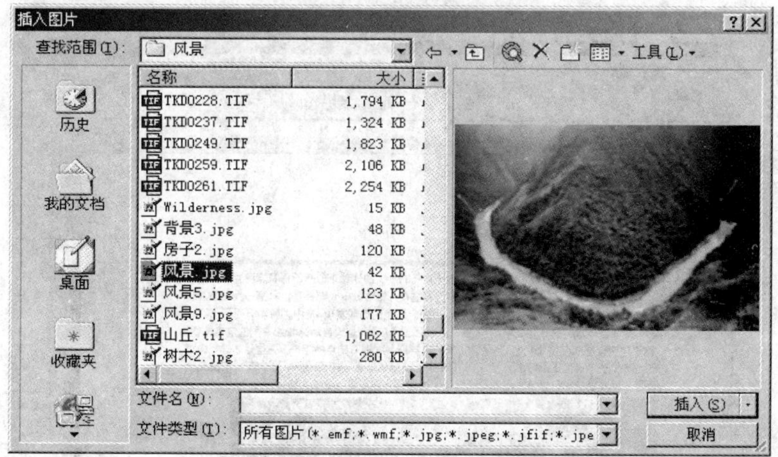


图 4-9　“插入图片”对话框

（6）选中希望插入的图像，然后单击“插入”按钮，结果如图 4-10 所示。

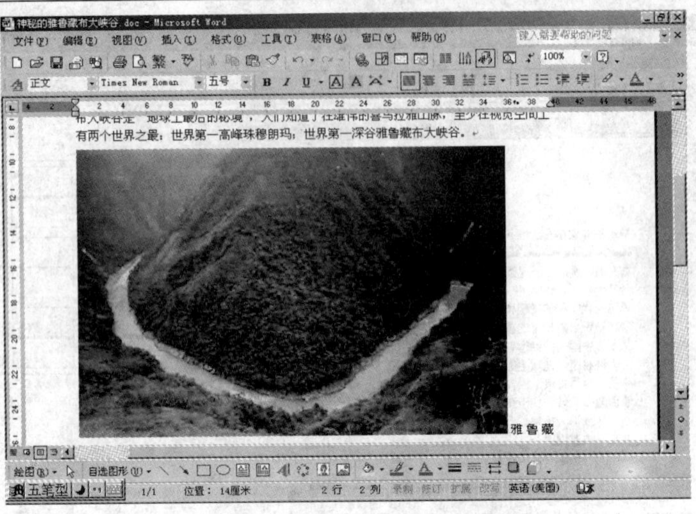


图 4-10　将选定图片插入到文档中

## 4.4　美化文档

美化文档，就是对文字、段落、图片等做一些格式设定。Word 2002 对文字格式的设定包括字体选择、字符大小设置、形状设置、颜色设置，以及特殊的阴影、阴文、阳文、动态等修饰效果。对于段落格式的设定，用户可直接利用“标尺”和“格式”工具栏对段落进行设置，这种操作比较简便直观。但是，通过选择“格式”菜单中的“段落”命令，在打开的“段落”对话框中可对段落进行更多且更精确的设置。下面我们就对文档进行格式设置操作。

（1）在第一行左侧的选择列处单击（此时光标呈↗形状），选取该行文字，如图 4-11 所示。

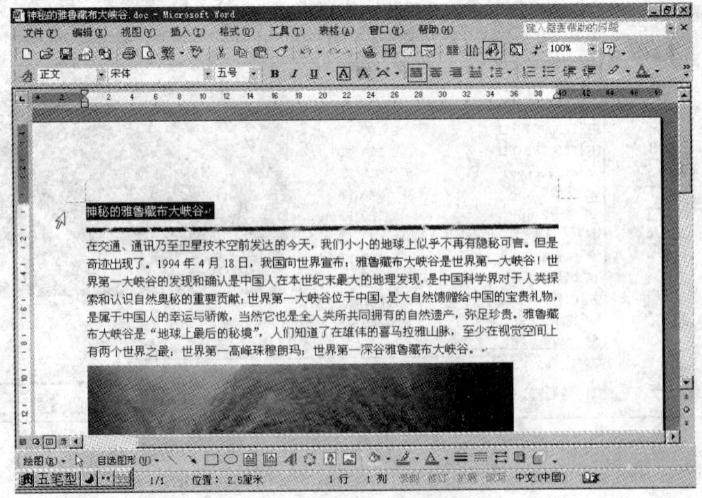


图 4-11　选取文字

（2）选择“格式”|“字体”菜单，打开“字体”对话框，并在该对话框中设置字体的格式（参见图 4-12），然后单击“确定”按钮。

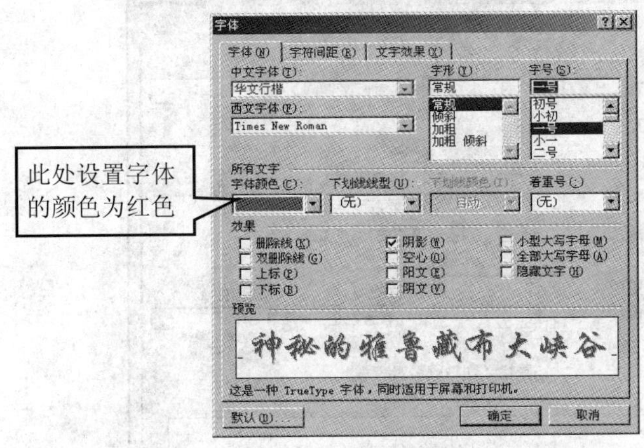


图 4-12　为标题设置字体格式

（3）单击“格式”工具栏中的“居中”按钮，将这一行文字居中对齐。

（4）在第二段第一行左侧的选择列单击，选择该行文字，如图 4-13 上图所示。然后单击编辑区右侧垂直滚动条上的滑块并处向下拖动，直至到达文档的结尾。

（5）按下 Shift 键，在最后一行左侧的选择列处单击选中第二段以后至文档结尾的全部文字，如图 4-13 下图所示。

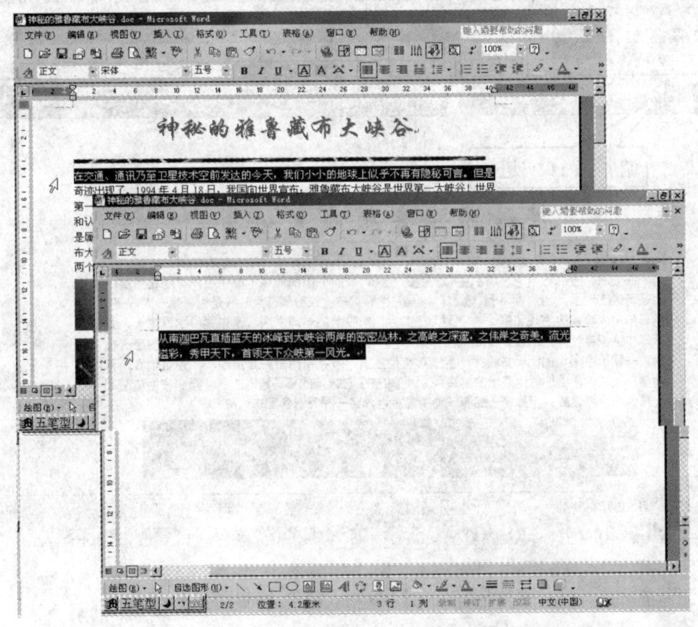


图 4-13　选择多段文字

（6）选择“格式”菜单中的“段落”菜单项，打开“段落”对话框。

（7）在“段落”对话框的“特殊格式”下拉列表中选择“首行缩进”，如图 4-14 所示。

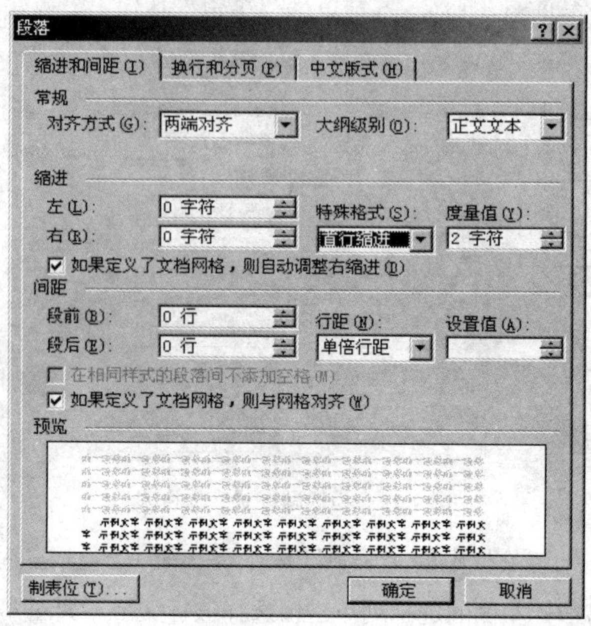


图 4-14　为除标题行以外的文字与图片设置段落格式

（8）单击“确定”按钮，结果如图 4-15 所示。

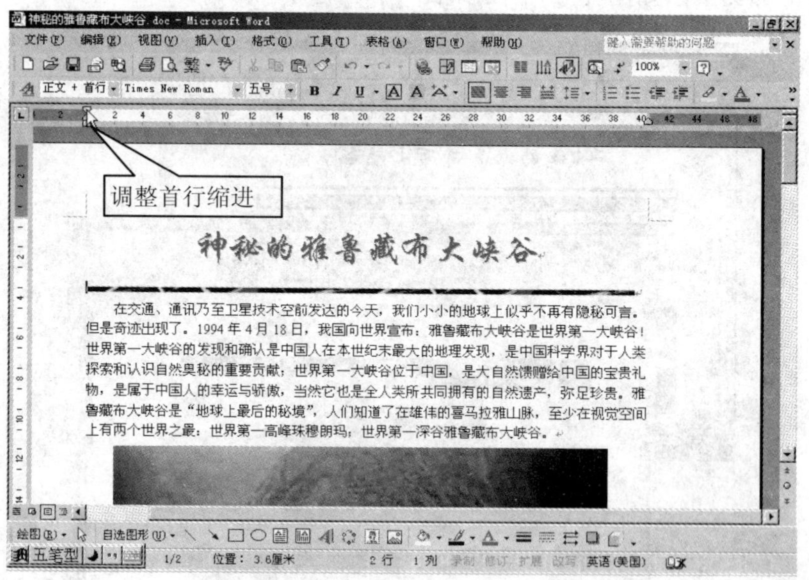


图 4-15　调整段落格式后的文档

（9）由于我们希望水平线位于标题的正下方，为此，可首先将光标移至水平线右侧，然后按回车键，使图片自成一段。

（10）单击水平标尺中的首行缩进标记，并将其移至标尺的 0 点处位置（即取消该段落中的首行缩进），结果如图 4-16 所示。

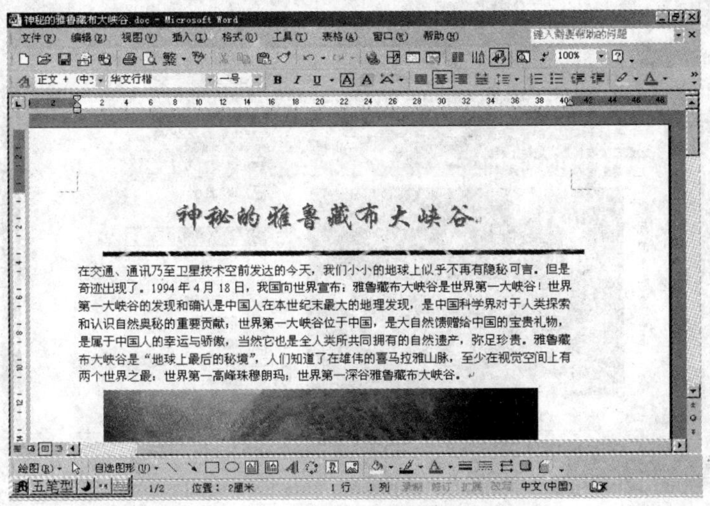


图 4-16　使图片自成一段并取消该段落的首行缩进

（11）单击图片，使其四周出现控制点。将光标移至其右下角控制点单击并向左上方向拖动，缩小图片尺寸，结果如图 4-17 所示。

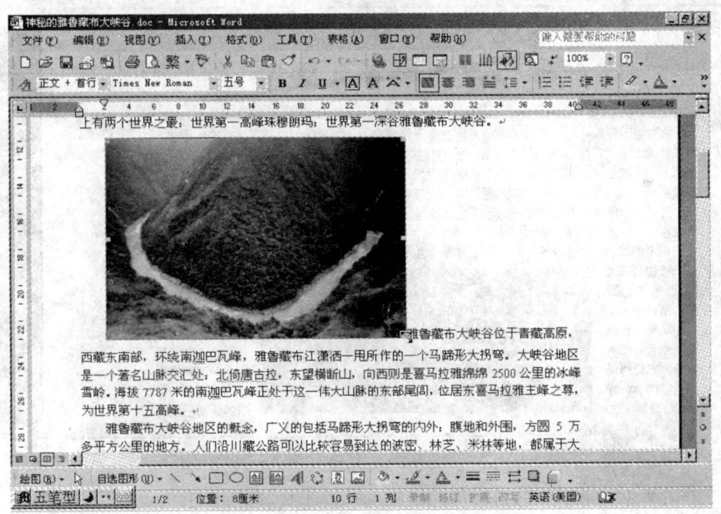


图 4-17　缩小图片尺寸

（12）单击“图片”工具栏中的“文字环绕”按钮，从弹出的文字环绕设置下拉列表中选择“紧密型环绕”，如图 4-18 所示。

（13）单击并向文档中间方向适当移动图片，结果如图 4-19 所示。

至此，这篇文档就制作完成了，其效果如图 4-1 所示。

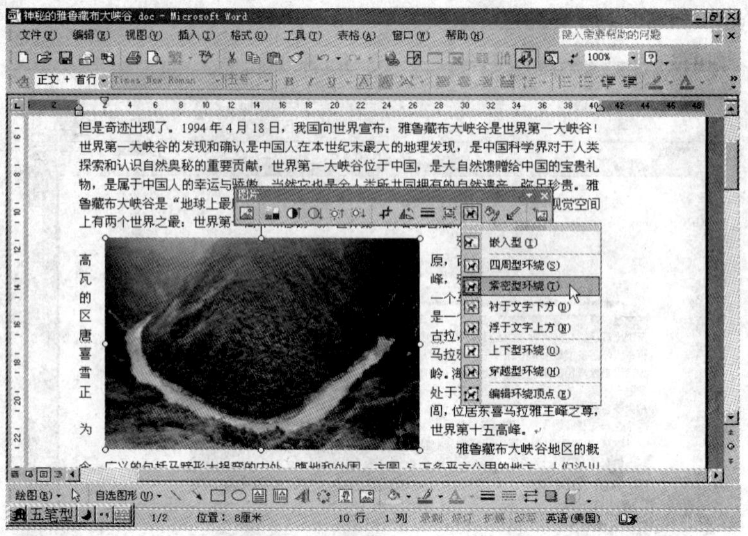

图 4-18　调整图片的文字环绕方式

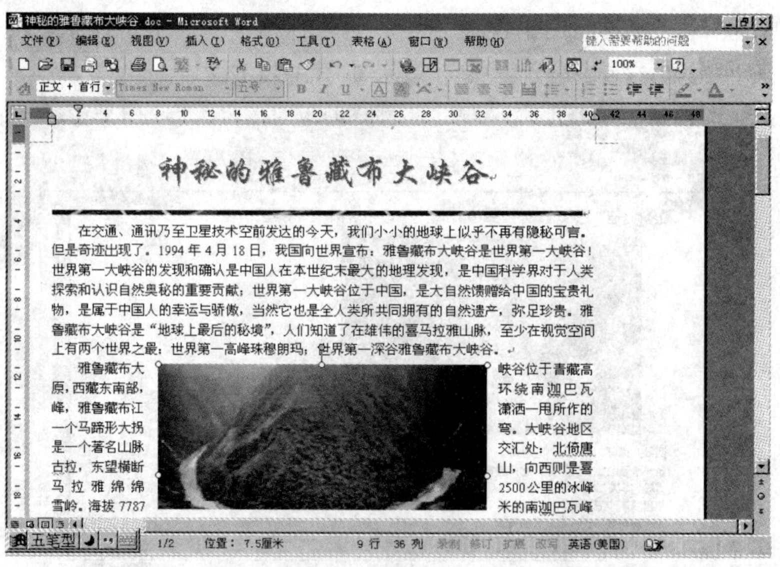

图 4-19　移动图片位置

## 4.5　保存文档

在文档编辑完成后，当然要保存文档。为此，可选择“文件”|“保存”菜单，然后在打开的“另存为”对话框中选定要保存文件的文件夹并输入文件名，最后单击“保存”按钮。默认情况下，用户编辑的 Word 文档以及其他 Office 文档将被自动保存到 My Documents（我的文档）文件夹中。

## 4.6　小　结

本章简要介绍了 Word 2002 的功能，并通过一个实例介绍了使用 Word 2002 进行文档编排的一般步骤。

## 4.7　习　题

1．对文档进行简单的美化，如图 4-20 所示。

图 4-20　美化文档

【操作要求】

操作说明：本书各章习题所需素材请从 www.bhp.com.cn 下载。

（1）打开 DATA1 目录中的文档 TF5-2.doc。

（2）将标题设置为“居中”，字体为“隶书”，字号为“二号”，并在“段落”对话框中设置标题的间距为段前、段后各空 1 行。

（3）在文档中插入一幅图片（图片位置：素材中 DATA2\pic5-2.jpg）。

（4）设置图片的环绕方式为“四周型”，然后将其移到合适的位置。

# 第 5 章　Word 2002 基本操作

要熟练使用 Word 2002，用户必须首先了解诸如文档创建、打开、保存与加密，文字选择、移动与复制，文档显示调整方法等基本常识。为此，本节利用前面制作的文档，向读者简要介绍一下这方面的情况。

**本章重点：**

- 文档创建、打开、保存、关闭与加密
- 在文档中输入文字、特殊符号与日期的方法
- 控制文档显示
- 文档浏览与定位
- 文本选择、移动、复制、查找与替换
- 操作的撤消、恢复和重复
- 拼写检查

## 5.1　文档创建、打开、保存、关闭与加密

在实际工作中，用户可将编制的文档分类放在不同的文件夹中，以方便管理和使用。此外，如果用户不希望其他人查看或修改自己编制的文档，还可为文档设置一个密码。

### 5.1.1　根据模板或向导创建新文档

当用户启动 Word 时，系统都会创建一个默认的新文档，且该文档被命名为“文档 1”。通常情况下，启动程序时创建的文档仅包括了最基本的格式设置。因此，在很多情况下，这类文档并不能满足我们的要求，尚需进行大量的格式和版面设置。

事实上，对于各类 Word 文档，虽然其内容各不相同，但却有一定的规律可循。例如，可将 Word 文档分为备忘录、出版物、信函与传真等，工作簿可分为工业企业财务报表、改扩建项目报表等。为此，系统提供了若干模板和向导以简化和加速用户的工作。

所谓模板，是指其中定义了标题格式、背景图案、表项，甚至某些通用文字的一类文件。所谓向导，是指通过逐步提示用户输入标题文字和设置文档格式来辅助创建文档的一类文件。在 Office XP 中，用户还可根据需要创建自己的模板。

要使用模板或向导创建文档，可选择“文件”|“新建”菜单，此时在文档的右边将出现“新建文档”任务窗格。在该任务窗格中，各任务区的作用如下：

- 单击“打开文档”任务区中的文件名称可以打开最近编辑过的文件。
- 在“新建”任务区单击“空白文档”、“空白 Web 页”或“空白电子邮件”可以新建空白文档、Web 页或电子邮件。
- 在“根据现有文档新建”任务区单击“选择”文档，可以以前创建的文档为基础创建新文档。

- 单击“根据模板新建”任务区中的“通用模板”选项，系统将会打开类似图 5-1 所示的对话框。在该对话框选定所要使用的模板或向导，然后单击“确定”按钮即可创建一个文档雏形。接下来用户只需对该文档稍加修改，即可快速制作出满足自己要求的文档，如图 5-2 所示。

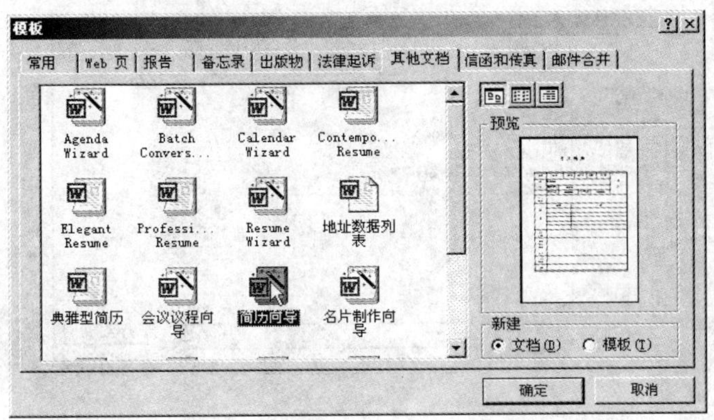


图 5-1　根据模板或向导创建文档

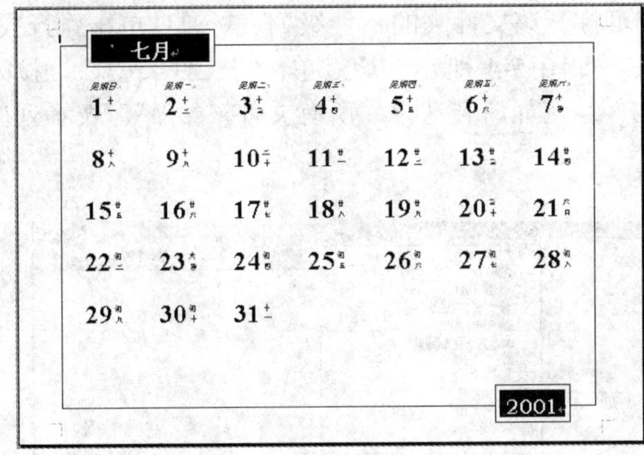


图 5-2　根据日历向导创建的日历

◇　单击“常用”工具栏中的“新建”按钮或按 Ctrl+N 快捷键，系统将按默认模板创建其他新文档。此外，如果用户在“新建”对话框中没有找到想要的模板或向导，可能是用户在安装 Word 2002 时选择的是典型安装，这种安装方式只安装一部分模板和向导。

### 5.1.2　打开文档

在 Word 中，最近操作的文档都会保存在“文件”菜单中（默认为 4 个）。因此，如果

用户希望打开最近操作过的文档，可直接单击“文件”菜单中的文档名称。否则，可单击常用工具栏中的“打开”按钮或选择“文件”|“打开”菜单，然后通过打开的“打开”对话框选择要打开的文档，如图 5-3 所示。因此，利用这种方法打开文档时，用户除了要知道文档的名字外，还应该知道文档所在的驱动器和文件夹。

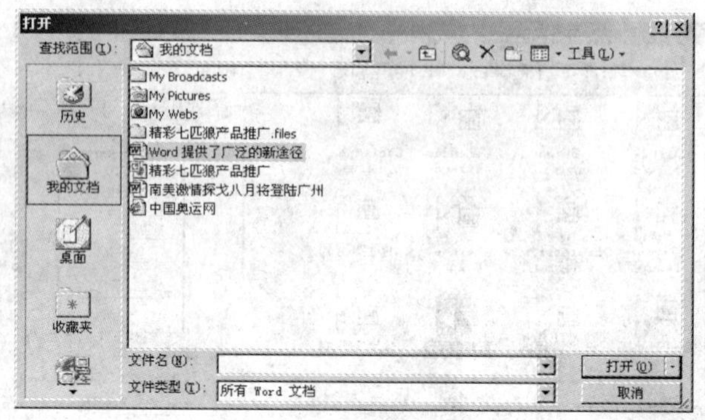


图 5-3 “打开”对话框

在位于“打开”对话框中间区域的文件和文件夹列表中双击某个文档名称可打开该文档，若双击文件夹，则可打开该文件夹的下一级列表。通过单击“查找范围”下拉列表框，用户可选择其他文件夹，如图 5-4 所示。通过单击“文件类型”下拉列表，可设置在“打开”对话框中列出的文件。例如，若选择“所有文件（*.*）”，表示列出当前文件夹中的所有文件。

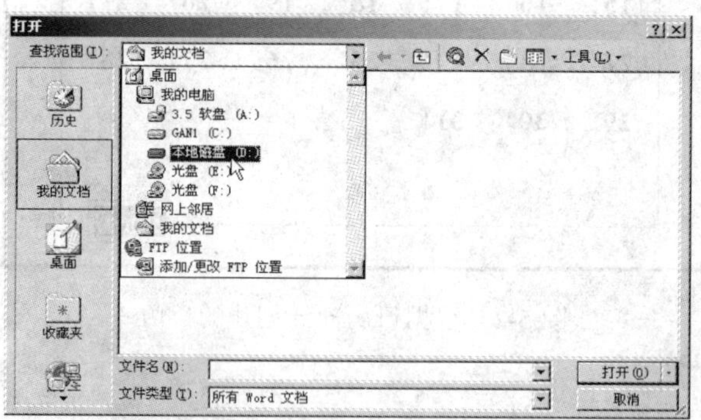


图 5-4 利用“查找范围”下拉列表框选择文件夹

✧ 在 Word、Excel 等 Office 应用程序中可打开的文件类型，取决于当前所安装的转换器。如果所需的转换器没有安装，可以再次运行安装程序有选择地安装这些转换器。

✧ 在“打开”对话框中选中文档，单击鼠标右键，在弹出的快捷菜单中选中相应的命令，还可以对文档进行复制、删除、排序和打印等操作。

此外，在“打开”对话框中还提供了一些其他按钮，利用这些按钮可以快速切换到文档保存的位置、改变文档的列表方式，其按钮名称及其功能如表 5-1 所示。

表 5-1 “打开”对话框中的按钮名称及其功能

| 按 钮 | 名 称 | 功 能 |
|---|---|---|
| ⇦ | 后退 | 返回到上一次打开的文件夹中 |
|  | 向上一级 | 打开活动文件夹的上一级文件夹 |
|  | 搜索 Web | 打开 Internet 浏览器的“搜索页” |
| ✕ | 删除 | 删除当前选中的文件或文件夹，将其放置在“回收站”中 |
|  | 新建文件夹 | 建立一个新的文件夹 |
|  | 视图 | 从列表中选择文件的显示方式及排列方式 |
| 工具 ▾ | 工具 | 从中选择管理文档的方式，如查找、删除 |

默认情况下，“打开”对话框中显示的是“我的文档”文件夹中的内容。此外，系统还在“打开”对话框中提供了“历史”、“桌面”、“收藏夹”和“Web 文件夹”等其他几个常用的文件夹按钮。利用这些按钮，用户可以更方便地打开所需要的文件。各文件夹按钮的意义如下：

- “历史”文件夹。对每一个打开的文档，Word 都会在“历史”文件夹中设置一个快捷方式，以记录对这个文档的工作过程。如果要打开的是不久前使用过的文档，应首先在历史文件夹中查找，从而节省用户查找文档的时间。
- “我的文档”文件夹。该文件夹是大多数 Windows 应用程序默认的文件夹。
- “桌面”文件夹。该文件夹为电脑中处于最高层次的文件夹，所有其他文件夹均位于该文件夹中。
- “收藏夹”文件夹。该文件夹用于保存用户通过 IE 浏览器浏览网页时收藏的网页。
- “Web 文件夹”。该文件夹主要用于保存那些将要发布到 Internet/Intranet 上的文档（网页）。

### 5.1.3 查看和设置文档属性

文档属性包括标题、作者名、主题以及关键词等信息，用户还可以创建自定义的属性，并将自定义属性与文件中特定的内容链接。通过给文档设置属性，用户可以很容易地查找到文档或有关信息。在 Office 中，学会设置和使用文档属性是非常有益的，这甚至应该成为用户的一种习惯。

如果要查看、输入或编辑当前文件的属性，可在“打开”对话框中的工具栏上单击工具按钮，然后从弹出的菜单中选择“属性”，或直接在文档窗口中选择“文件”菜单中的“属性”命令，此时系统将打开如图 5-5 所示的对话框。

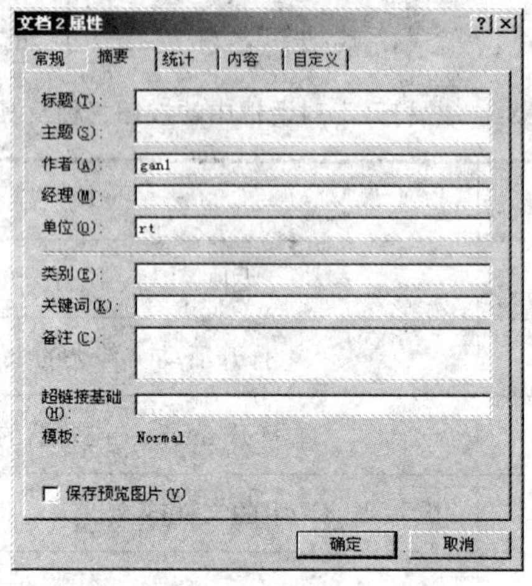


图 5-5 文件“属性”对话框

在“属性”对话框的标题栏上给出了当前文件的名称，各种属性信息分布在不同的选项卡中。其中：

- “常规”选项卡记载了文档的类型、大小、所在的位置、建档与修改时间，以及文档的只读或隐藏等属性。
- 利用“摘要”选项卡可以输入当前文档的标题、主题、作者、单位以及关键词、类型等信息，并显示出该文档使用的模板。
- “统计”选项卡记载了文件的创建时间与修订时间等信息。
- “内容”选项卡列出了文件的组成部分，如 Word 文档的标题、Excel 的宏工作表名等。
- “自定义”选项卡允许用户自定义文件的其他属性。

### 5.1.4 保存文档

在以下情况下，需要对文档进行保存：新建的未命名文档、打开并修改后的文档、需要改变为其他格式的文档。在 Word 中，有四种保存文档的方法：正式保存、快速保存、自动保存和后台保存。此外，系统还提供了在保存文档的同时保留备份和保存不同版本文档等功能。

单击“常用”工具栏上的保存按钮或“文件”菜单中的“保存”命令，Word 将活动文档按原名字存盘。如果文档为新建文档，则系统将打开“另存为”对话框。在该对话框的“文件名”编辑框中输入文件名称，然后单击“保存”按钮即可。

要保存同时已经打开的多个文档，可按住 Shift 键不放，再单击“文件”菜单，这时原来菜单中“保存”命令将变为“全部保存”。单击该菜单项，即可保存全部打开的文档。

在对已打开的文档进行编辑或修改后，要把文档按新名字、新格式或新的位置保存，必须选择“文件”菜单中的“另存为”命令，此时系统也将打开“另存为”对话框。

通常意义下的保存文档是指正式存盘。除正式存盘外，Word 还提供了文档的其他保存方式。单击“工具”菜单中的“选项”命令，在打开的对话框中选择“保存”选项卡，其画面如图 5-6 所示，用户可根据需要选择保存文档的其他格式。不同的保存方式有着不同的工作目的或工作方式。例如，若选择“保留备份”复选框，可在已经保存的文档时将原文档以.bak 扩展名保存；若选择“自动保存时间间隔”复选框，表示按设置的时间间隔自动保存文档；如果选中“快速存盘”和“后台保存”复选框，可以使系统仅保存文档中修改部分和在后台执行保存操作（此时用户可继续编辑文档），从而节省存盘时间，提高工作效率。

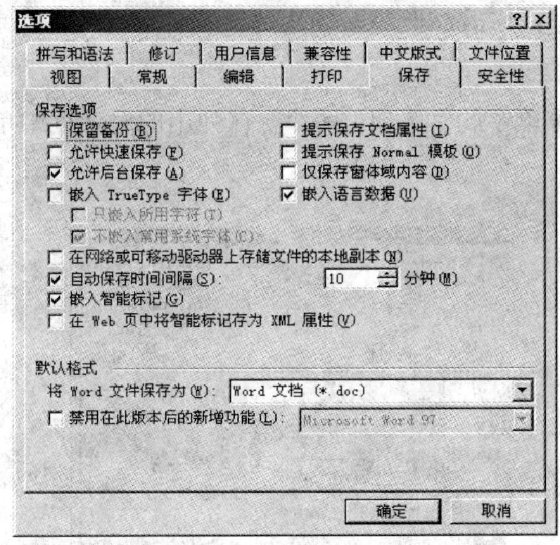


图 5-6 “保存”选项卡

✧ 如果程序遇到错误或停止响应，则在 Word 2002 中正在处理的文档可以恢复。在下一次打开程序时，该文档将显示在“文档恢复”任务窗格中。

### 5.1.5 关闭文档

关闭文档就是将文档从存储器中清除，并关闭该文档所使用的文档窗口。要关闭一个文档，可单击文档窗口右上角的☒、使用快捷键 Ctrl+F4 或选择“文件”菜单中的“关闭”命令。

如果文档已被修改，关闭前系统将提示是否保存对该文档所做的修改。如果要保存对文档所做的修改，可单击“是”按钮，否则请单击“否”按钮。若要放弃当前这一操作，可单击“取消”按钮。

有时，用户可能同时打开了多个文档。如果希望同时关闭这些文档，可首先按住 Shift 键不放，然后单击“文件”菜单，此时菜单中的“关闭”命令将变为“全部关闭”（对于 Word）或“关闭所有文件”（对于 Excel）。单击此命令，系统会逐个提示是否保存对文档所做的修改，然后依次关闭所有文档。

### 5.1.6 设置密码保护文档

通过设置密码，可以控制其他人对文档的访问，或防止未经授权查阅和修改文档。密码分为打开权限密码和修改权限密码。记下所设密码并把它存在安全的地方十分重要，忘记了打开权限密码，就不能再打开这个文档。

如果用户记住了打开权限密码，而忘记了修改权限密码，可以以只读方式打开该文档。此时用户仍可对该文档进行修改，但是必须用另一文件名保存。也就是说，原文档不能被修改。

（1）选择“工具”菜单中的“选项”命令，在弹出的对话框中单击“安全性”选项卡，如图 5-7 所示。

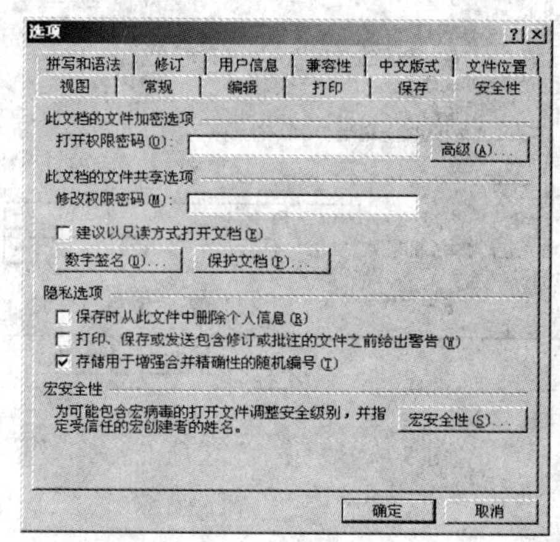


图 5-7 “安全性”选项卡

（2）在“打开权限密码”框中键入并确认一个限制打开文档的密码。密码的形式以“*”号显示。

（3）在“修改权限密码”框中键入并确认一个限制修改文档的密码。

（4）单击“确定”按钮，在随后打开的“确认密码”对话框中重新输入打开权限密码和修改权限密码，以核实所设置的密码。

（5）单击“确定”按钮，并保存和关闭文件，则密码将立即生效。

要删除密码，可在“选项”对话框的“安全性”选项卡中选中“打开权限密码”或“修改权限密码”框中的内容，然后按 Delete 键，最后单击“确定”按钮。“安全性”选项卡是 Word 2002 在“选项”对话框中新增的选项卡。例如，密码保护、文件共享选项、数字签名和宏安全性，在这里均被收集在“安全性”选项卡上。

# 5.2　在文档中输入文字、特殊符号与日期

文本是文字、符号、特殊字符、图形等内容的总称。创建文档以后，要想在文档中书写内容，应首先按照前面介绍的方法选择一种汉字输入法，然后进行输入。此外，为了便于用户输入文字，Office 应用程序还提供了一些其他辅助功能，如特殊符号输入和自动图文集等。

## 5.2.1　文字的插入、改写与编辑

在文档中输入文本的基本操作包括输入文字，在文档中插入被遗漏的文字，删除或修改输入错误的文字等。

使用键盘上的上、下、左、右四个方向键，可在文档中自由移动插入符的位置。在 Word 中，将插入符移动到指定的位置后，按 BackSpace 键可删除插入符前面的字符，按 Delete 键可删除插入符后面的字符。但是，用 BackSpace 键和 Delete 键只能一个一个地删除文字，如果要删除一句话、一行、一段或整个文档，首先要选中要删除的文本，然后按下 Delete 键或 BackSpace 键。

在 Word 中，按 Insert 键或双击状态栏上的“改写”标记，可在插入或改写状态之间进行切换。此外，如果首先选中要改写的文本，则输入新文本后原有内容自动被替换。并且 Word 还提供了基本的双语词典和翻译功能，并可访问互联网上的服务。

## 5.2.2　输入特殊符号

通常情况下，文档中除了包含一些汉字和标点符号外，为了美化版面，还会包含一些特殊符号，如★、✂、❀ 等。

要在 Word 中输入特殊符号，可选择“插入”|“符号”菜单，此时系统将打开如图 5-8 所示的“符号”对话框。在该对话框中单击某个符号，选定符号后单击“插入”按钮可将其插入到文档中。此外，在“符号”对话框中“近期使用过的符号”选区显示了用户最近使用过的符号。在对话框的底部，Word 2002 还新增了显示符号的“字符代码”与“来自”两种功能。

图 5-8　“符号”对话框

✧　“符号”对话框以及后面要介绍的“查找与替换”对话框不同于一般的对话框。当用户打开这类对话框时，可不关闭对话框而继续编辑文档。因此，这类对话框被称为伴随对话框或无模式对话框。

值得注意的是，通过在“字体”下拉列表中选择不同的字体，用户可输入各种特殊符号，如图 5-9 所示。

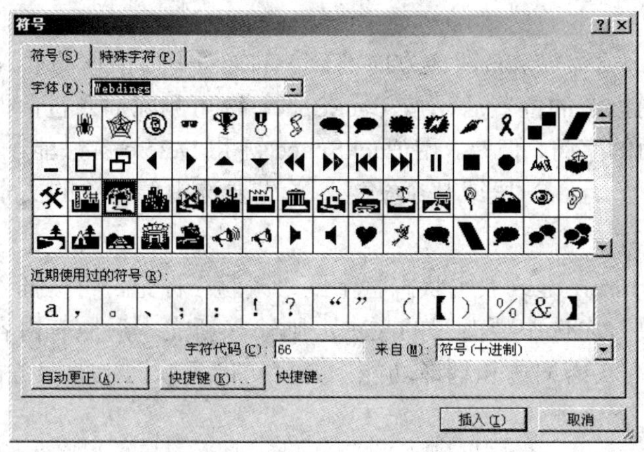


图 5-9　通过选择字体输入更多的特殊符号

另外，系统还为某些特殊符号预定义了一组快捷键，用户可通过直接按下这些快捷键来输入它们。要了解通过预定义快捷键输入的特殊符号，可在“符号”对话框中选择“特殊字符”选项卡，如图 5-10 所示。

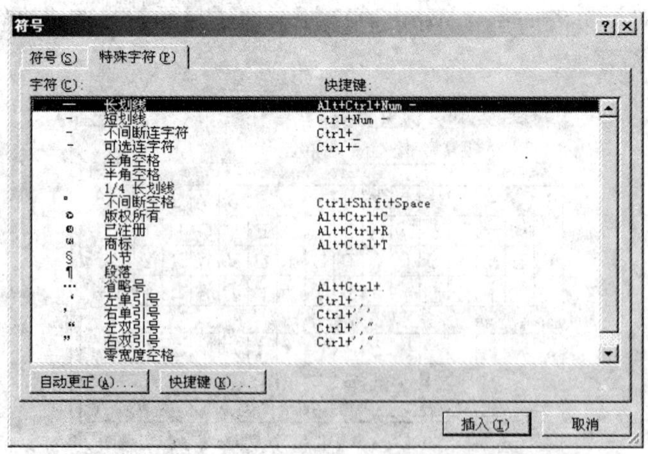


图 5-10　系统为某些特殊符号预定义的快捷键

为了加强 Word 的智能性，系统还提供了所谓的自动更正功能。利用该功能，用户在需要输入某些特殊符号时（如“©”），可直接输入该符号的代用符号（如“(c)”）。要查看和编辑系统提供的自动更正功能，可选择“工具”|“自动更正”菜单，此时系统将打开如图 5-11 所示的“自动更正”对话框。

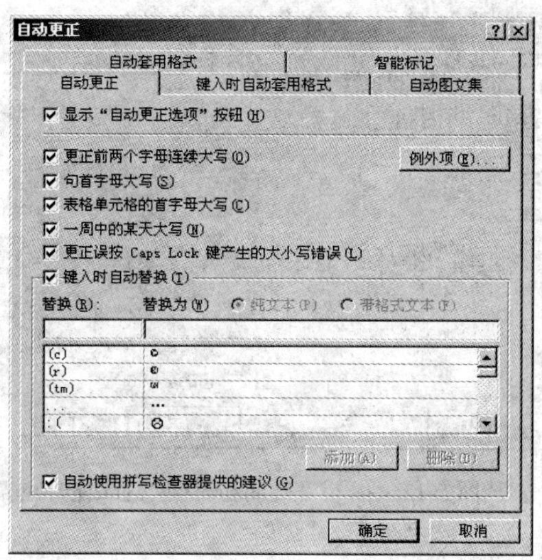


图 5-11　“自动更正”对话框

✧　如果在“符号”对话框中单击“自动更正”按钮，系统也将显示“自动更正”对话框。不过，此时该对话框仅显示了“自动更正”选项卡。另外，如果用户不希望让系统自动执行某些替换，可禁止某些选项。

### 5.2.3　在文档中插入当前日期和时间

在文档中可插入固定的日期或时间，也可用数据域插入当前使用的日期和时间，以便获取诸如总的编辑时间、文档创建日期、最后打开日期或保存日期等信息。

（1）单击要插入日期和时间的位置。

（2）选择“插入”菜单中的“日期与时间”命令，打开如图 5-12 所示的“日期和时间”对话框。

（3）如果要对插入的日期和时间应用其他语言的格式，可在“语言”下拉列表框中进行选择。“语言”下拉列表框中列出启用了编辑功能的语言，用户还可以使用其他的日期和时间选项，这取决于用户选择的语言。

（4）在“可用格式”框中的日期或时间格式中选择一种要用的格式。

（5）选中“自动更新”复选框，可在打印文档时自动更新日期和时间。也就是说，该日期是可变的。反之，如果该复选框未选中，那么文档将始终打印插入时的当前日期或时间。

（6）单击“确定”按钮，完成操作。

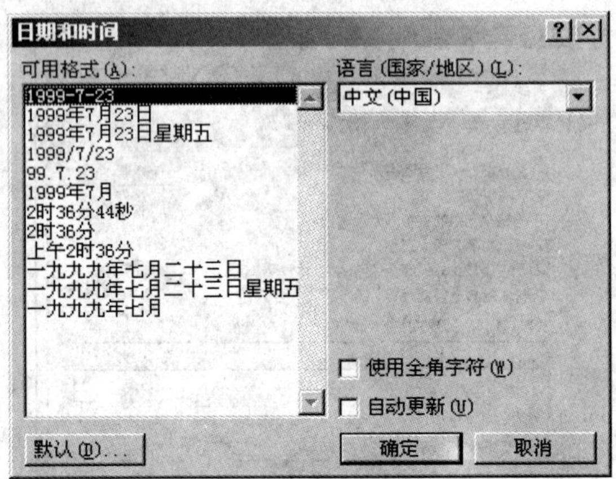


图 5-12 插入“日期和时间”对话框

### 5.2.4 使用自动图文集辅助输入

对用户输入的内容，Word 具有一定的“记忆”能力，用户可以利用这种功能来简化输入操作，这种输入方法称为“记忆式输入”。Word 可自动记忆的项目有：当前日期、星期、月份以及一些日常用语等。

要打开或关闭记忆式输入功能，可首先选择“插入”|“自动图文集”|“自动图文集”菜单，然后在打开的对话框中选中或清除“显示有关自动图文集和日期的记忆式键入提示”复选框。

用记忆式输入功能输入时，只需键入项目的前几个字符，Word 会建议完整的词条，按下 Enter 或 F3 键可接受建议，若不接受建议则可继续输入。例如，输入“分手”两字后，Word 将给出如图 5-13 所示的自动提示。此时按回车键，即可输入“分手多日，近况如何？”等习惯用语。

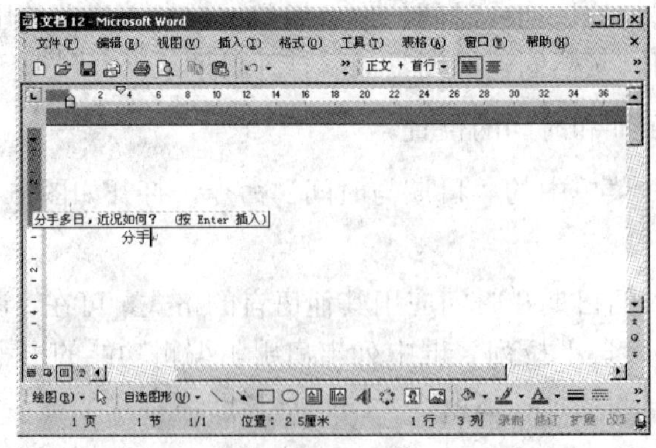


图 5-13 记忆式输入示例

# 5.3　控制文档显示

在 Word 中，为了工作方便，用户可方便地调整文档显示比例、显示/隐藏编辑标记、切换文档视图、拆分文档窗口等。

## 5.3.1　显示或隐藏非打印字符

Word 中可以设置只用于在屏幕上显示，而不能打印的字符，这种字符称为非打印字符，如制表符（→）、空格（·）和回车符等。在屏幕上查看或编辑文档时，利用这些字符可以很容易地查看是否在单词之间添加了多余的空格，或在段落结束时是否用了回车符等等。要显示/隐藏非打印字符，可在“选项”对话框中“视图”选项卡中的“格式标记”区选择要显示或隐藏的非打印字符复选框。例如，如果取消“段落标记”复选框，则文档中的段落标记将被隐藏起来。

另外，单击“常用”工具栏中的“显示/隐藏”按钮，选中或清除“格式标记”区的“全部”复选框，也可以实现在显示或隐藏非打印字符状态之间的转换。

## 5.3.2　隐藏文字

在 Word 中可以设置“隐藏文字”，即使某些文字只在编辑文档时在屏幕上显示，而打印时不打印。设置在文档中被格式为隐藏文字的文本，显示时其下方会加上虚下划线。设置隐藏文字的操作步骤如下：

（1）选择“工具”|“选项”菜单，打开“选项”对话框，并打开“视图”选项卡。

（2）在“格式标记”设置区选中“隐藏文字”复选框。

（3）选中要隐藏的文字，然后选择“格式”|“字体”菜单，打开“字体”对话框。

（4）选中“效果”区中的“隐藏文字”复选框。

（5）单击“确定”按钮。

如果要取消隐藏文字的设置，首先要选中隐藏文字，取消“效果”区中的“隐藏文字”复选框。

## 5.3.3　调整文档显示比例

编辑文档时，为了看清文字，就需要将版面显示得大一些。而在有些时候，为了查看版面编排，可能需要调小文档显示。为此，可选择“视图”|“显示比例”菜单，打开“显示比例”对话框，如图 5-14 所示。在该对话框中的“显示比例”区选定合适的显示比例，然后单击“确定”按钮即可。

◇　若选择“多页”单选钮，系统将在屏幕显示多达 36 个页面。单击“显示

比例”对话框中的按钮，可设置多页显示方式下屏幕上所能显示的页面数，如图 5-15 所示。此外，用户还可通过单击常用工具栏中的“显示比例”工具 100% 设置显示比例。

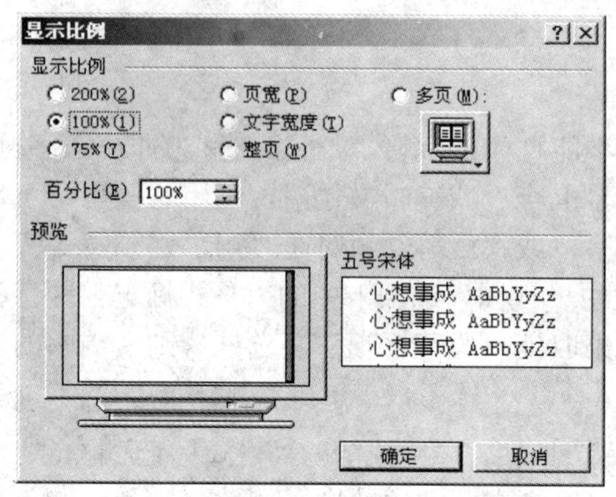


图 5-14　设置文档显示比例

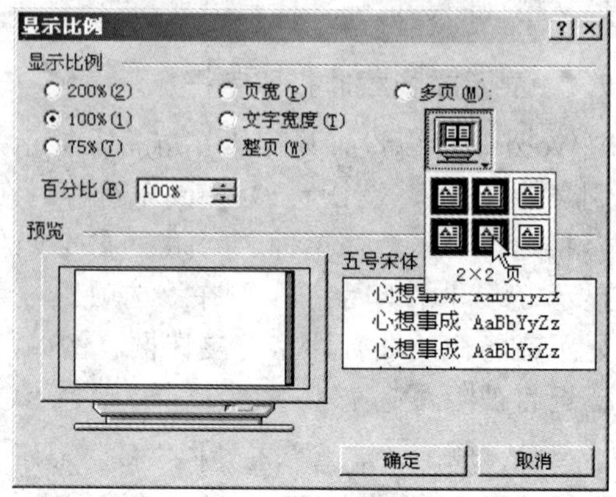


图 5-15　设置多页显示方式下每个屏幕上所能显示的页数

## 5.3.4　全屏显示

为了扩大编辑区，用户还可选择“视图”菜单中的“全屏显示”子菜单，此时屏幕将如图 5-16 所示。要退出全屏显示状态，可单击如图 5-16 中的“关闭全屏显示”按钮。

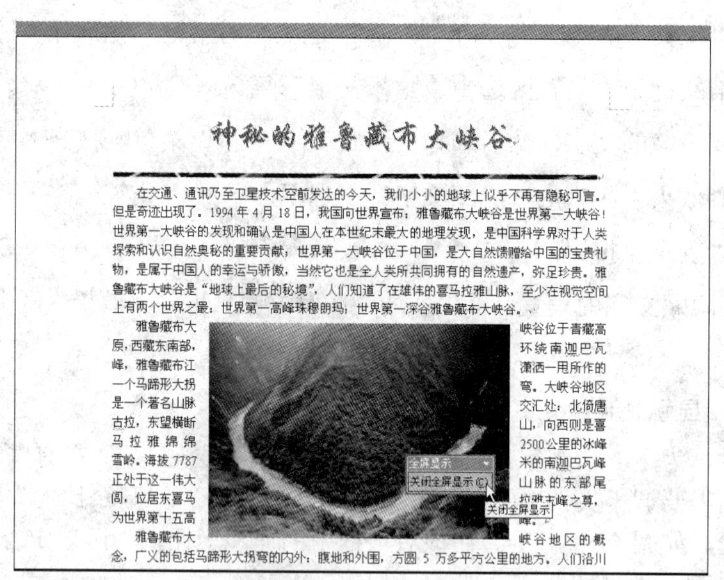
神秘的雅鲁藏布大峡谷

在交通、通讯乃至卫星技术空前发达的今天，我们小小的地球上似乎不再有隐秘可言。但是奇迹出现了。1994 年 4 月 18 日，我国向世界宣布：雅鲁藏布大峡谷是世界第一大峡谷！世界第一大峡谷的发现和确认是中国人在本世纪末最大的地理发现，是中国科学界对于人类探索和认识自然奥秘的重要贡献；世界第一大峡谷位于中国，是大自然馈赠给中国的宝贵礼物，是属于中国人的幸运与骄傲，当然它也是全人类所共同拥有的自然遗产，弥足珍贵。雅鲁藏布大峡谷是“地球上最后的秘境”，人们知道了在雄伟的喜马拉雅山脉，至少在视觉空间上有两个世界之最：世界第一高峰珠穆朗玛；世界第一深谷雅鲁藏布大峡谷。

雅鲁藏布大　　峡谷位于青藏高
原，西藏东南部，　　环绕南迦巴瓦
峰，雅鲁藏布江　　潇洒一甩所作的
一个马蹄形大拐　　弯。大峡谷地区
是一个著名山脉　　交汇处：北倚唐
古拉，东望横断　　山，向西则是喜
马拉雅绵绵　　2500 公里的冰峰
雪岭。海拔 7787　　米的南迦巴瓦峰
正处于这一伟大　　山脉的东部尾
闾，位居东喜马　　拉雅诸峰之尊，
为世界第十五高　　峰。
雅鲁藏布大　　峡谷地区的概
念，广义的包括马蹄形大拐弯的内外：腹地和外围，方圆 5 万多平方公里的地方。人们沿川



图 5-16　全屏显示方式下的文档编辑窗口

## 5.3.5　显示和隐藏网格线

为了模拟现实生活中的信纸，用户还可通过选择或取消“视图”菜单中的“网格线”选项。如图 5-17 显示了打开网格线显示后的文档编辑窗口。

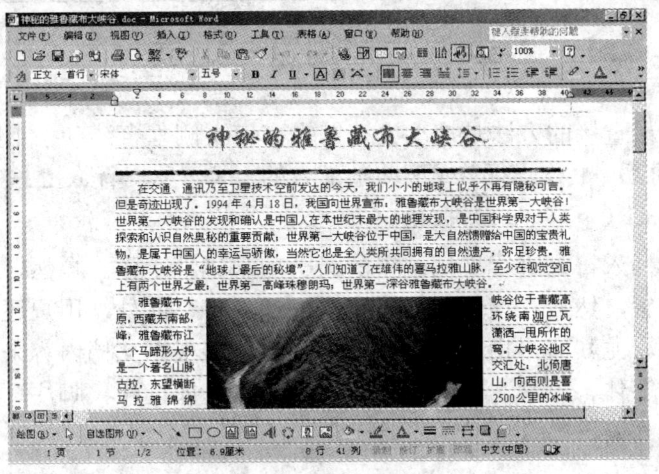


图 5-17　打开网格线显示

## 5.3.6　文档的多种视图

屏幕上显示文档的方式称为视图，Word 提供了普通视图（可连续显示文档内容，但不能显示页眉、页脚以及多栏版式）、页面视图（默认，按打印布局显示文档）、大纲视图（用于显示、修改或创建文档的大纲，可展开、折叠标题内容或升降标题级别）和 Web 版式视图（用于编辑 Web 页）等多种视图。不同的视图方式分别从不同的角度、按不同的方式显示文档，并适应不同的工作特点。因此，采用正确的视图方式，将极大地提高工作效率。

要在各种视图间进行切换，可选择“视图”菜单中的适当选项，或单击文档编辑窗口水平滚动条左侧的视图按钮。

如果选择“视图”|“文档结构图”菜单，系统将在文档窗口的左侧打开“文档结构图”窗口。文档结构图以树状结构列出了文档的所有标题，并清晰显示了文档结构及各层次间的关系。因此，文档结构图常被用来查看文档结构，或查找某个特定的主题。使用文档结构图，给编辑有多层标题结构的文档提供了极大的便利，如图 5-18 所示。

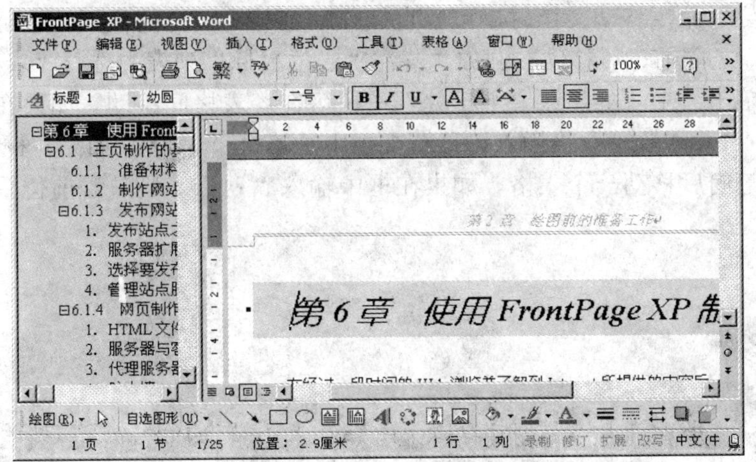


图 5-18　显示文档结构图

## 5.4 文档浏览与定位

要浏览文档，最直接的方法是拖动文档编辑窗口右侧垂直滚动条上的滑块（快速滚动）、滚动条上方的（上移一行）或滚动条下方的（下移一行）、（上移一页）、（按文档元素定位）和（下移一页）按钮。

如何快速定位插入符是进行文档编辑的另一项基础性工作。自然，用户可首先通过浏览文档找到所需位置，然后在该位置单击来定位插入符。此外，用户还可利用查找和定位方法来定位插入符。尤其值得指出的是，用户不仅能够根据文档内容来查找和定位，而且还可根据格式（如字体、段落、样式等）和文档元素（如批注、脚注、尾注、图形等）来定位（此时要使用“编辑”|“定位”命令）。

（1）按 F5 功能键，或选择“编辑”菜单中的“定位”命令，或双击状态栏中的页号部分，均可打开如图 5-19 所示的“查找和替换”对话框。

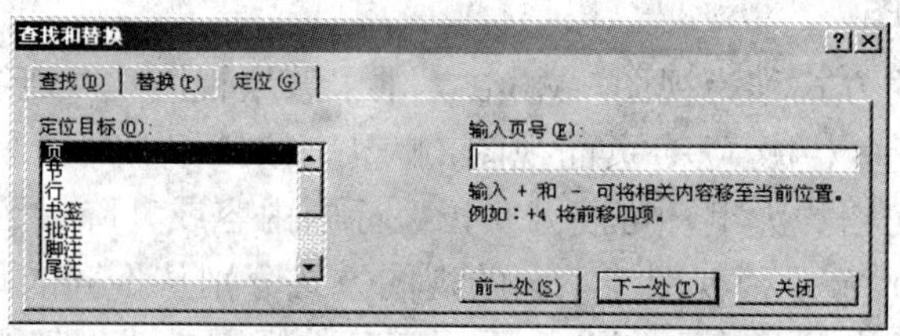


图 5-19 “查找和替换”对话框中的“定位”选项卡

（2）在“定位目标”列表中选中定位目标，并输入要定位的具体值。如果不输入具体值，则插入符将在选定的定位目标之间移动。

（3）单击“前一处”、“下一处”或“定位”（指定具体值时，“前一处”按钮被禁止，“下一处”按钮提示变为“定位”）按钮或按回车键，Word 将插入符移至指定的位置。

使用“定位”命令移动文档时，可以直接移动到某个指定的位置，也可以在选定的某种“定位目标”之间前、后移动。例如，若在“定位目标”列表中选择“表格”，且不指定表格编号，则单击“上一处”或“下一处”按钮可在各表格间移动。如果在“输入表格编号”框中输入“4”，Word 会将插入符移至文档中的第 4 个表格。如果在框中输入“-1”，则从当前位置起向后移动一个表格。如果在框中输入“+1”， 则从当前位置起向前移动一个表格。

✧ 单击“关闭”按钮或按 Esc 键可关闭“查找和替换”对话框。

如果用户的文档按节编页号，且各页之间页号不连续，那么要利用“定位”命令定位插入符，则需要在编辑框中指定节号（以“s”打头，例如，若选定定位目标为“页”，并在编辑框中输入“5s3”，表示将插入符定位到第 3 节的第 5 页，有关节的更多信息见本章的后续内容）。此外，用户也可以在“滚动列表”中选定“节”，然后输入想要的节号以进入指定的节。在进入到指定节后，可再用“定位”命令进入节内的适当页。

## 5.5　文本选择、移动与复制

在编辑文档时，用户经常需要将文档的一部分内容移动或复制到另一个地方。因此，文档区域的移动与复制是两种最基本的编辑方法。显然，要移动或复制指定区域，应首先选定这些区域。因此，下面首先介绍在 Word 中选定区域的方法。

### 5.5.1　文本选择

Word 提供了强大的文本选择方法，例如，用户可选择一个或多个字符、一行或多行、一段或多段、一幅或多幅图片，甚至整篇文档等。同时，在选中文本后，还可修改选择。现将几种主要的文本选择方法列于表 5-2 中。

表 5-2　选中文本的主要方法

| 要选中的文本 | 操作方法 |
|---|---|
| 任意区域 | 将光标移至要选择区域开始位置，单击并拖动光标至区域结束位置，这是最常用的文本选择方法 |
| 一整行文字 | 将鼠标移到该行的最左边，当指针变为“↗”后，单击鼠标左键 |
| 连续多行文本 | 将鼠标移到要选择的文本首行最左边，当指针变为“↗”后，按下鼠标左键，然后向上或向下拖动 |
| 一个段落 | 鼠标移到本段任何一行的最左端，当指针变为“↗”后，双击鼠标左键；在该段内的任意位置，连击三次鼠标左键 |
| 多个段落 | 鼠标移到本段任何一行的最左端，当指针变为“↗”后，双击鼠标左键，并向上或向下拖动鼠标 |
| 选中一矩形文本区域 | 将鼠标的“I”型指针置于文本的一角，然后按住 Alt 键，拖动鼠标到文本块的对角，即可选定一块文本 |
| 整篇文档 | 在“编辑”菜单中单击“全选”命令；按住 Ctrl+A 键；将鼠标移到文档任一行的左边，当指针变为“↗”后，连击三下鼠标左键 |
| 配合 Shift 键选择文本区域 | 把鼠标的“I”型指针置于要选定的文本之前，单击鼠标左键，确定要选择文本的初始位置。移动鼠标到要选定的文本区域末端后，按住 Shift 键，单击鼠标左键 |
| 在扩展模式下选择区域 | 双击状态栏上的“扩展”标记可在扩展方式和非扩展方式下转换。在扩展方式下，用户可使用鼠标或键盘上的↑、↓、←、→、PageUp 和 PageDown 键移动插入符来扩展选择区。为了取消扩展方式，可按 Esc 键或再次双击状态栏上的“扩展”标记 |
| 调节或取消选中的区域 | 按住 Shift 键并按上、下、左、右箭头键可以扩展或收缩选择区。按住 Shift 键，用鼠标单击选择区预期的终点，则选择区将扩展或收缩到该点为止<br>要取消选中的文本，可以用鼠标单击选择区域外的任何位置，或按任何一个可在文档中移动的键（如↑、↓、←、→、PageUp 和 PageDown 键等） |

### 5.5.2 利用拖动方法移动和复制文本

当用户在同一个文档中进行短距离的复制或移动时，可简单地使用拖动方法。由于使用拖动方法复制或移动文本时不经过“剪贴板”，因此，该方法要较通过剪贴板交换数据的方法来得简单一些。

（1）利用前面介绍的方法选中要移动或复制的文本。

（2）将鼠标指针移到选中的内容，此时鼠标光标将变为“↖”形状。

（3）按住鼠标左键拖动文本（如果把选中的内容拖到了窗口的顶部或底部，Word 将自动向上或向下滚动文档），即可将文本移动到新的位置。此时分别以“┆”标识新插入符，以“↖”标识移动动作。如果首先按住 Ctrl 键，然后按住鼠标左键拖动，则可将选中的文本复制到新的位置。此时分别以“┆”标识新插入符，以“↖”标识移动动作，如图 5-20 所示。

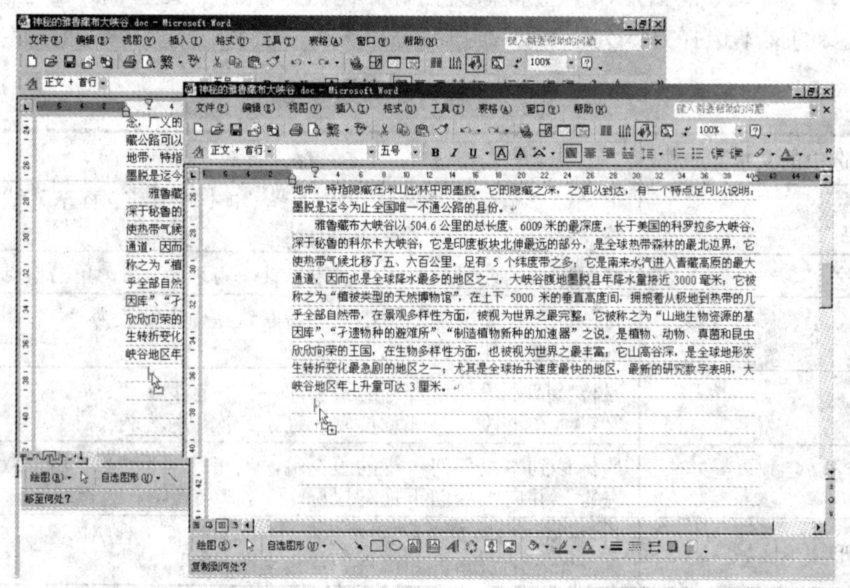


图 5-20 利用拖动方法移动或复制选区

（4）松开鼠标左键，在被复制或移动的文本旁会显示“粘贴”图标。当鼠标指向“粘贴”图标时，图标将反白显示。单击该图标，可在弹出的下拉菜单中选择复制或移动文本的格式，如图 5-21 所示。

### 5.5.3 利用剪贴板移动和复制文本

剪贴板是文档进行信息传输的中间媒介，它是将信息传送到其他文档或其他程序的一个通道。使用剪贴板对文本进行复制或移动操作时，首先是将文本内容复制或剪切到剪贴板上，在需要时再将暂时存放在剪贴板上的信息“粘贴”到当前文档、其他 Office 文件或 Windows 环境下其他程序所建立的文档中的指定位置。

存放在剪贴板上的内容可反复粘贴，不限次数。但遗憾的是，由于 Word 2000/2002 以前的版本均使用的是 Windows 操作系统的剪贴板，而 Windows 剪贴板在某一时刻只能存放一项内容。因此，如果剪切或复制了新的内容，“剪贴板”上原有的内容将被替换掉。为此，自 Office 2000 开始对此项功能进行了改进。

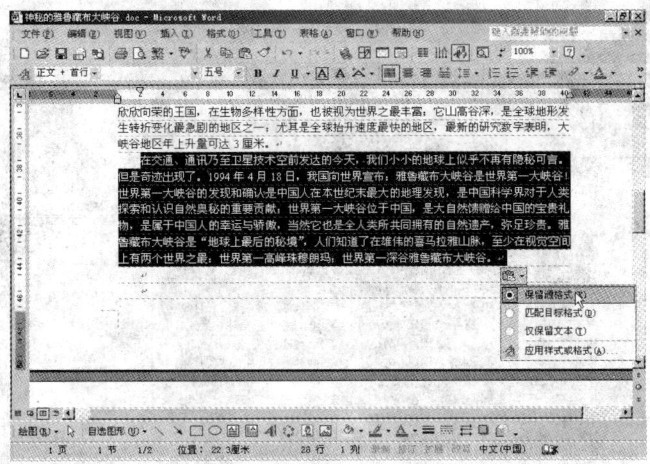


图 5-21　“粘贴”图标

Office 2000 提供了多个子剪贴板，从而使得用户可同时复制与粘贴多项内容。Office XP 在此基础上，又增加了剪贴板中子剪贴板的数目。但是，Office 剪贴板中的内容只能为 Office 应用程序共享。

在 Office XP 中，利用剪贴板进行复制与粘贴的操作步骤如下：

（1）参考前面介绍的方法，选中要移动或复制的内容。

（2）单击常用工具栏中的“剪切”按钮或“复制”按钮，或者选择“编辑”|“剪切”或“复制”菜单，或单击鼠标右键，在弹出的快捷菜单中选择“剪切”或“复制”。

（3）如果还要继续向剪贴板中复制其他内容，可重复步骤（1）至（2）。

✧　如果存放在 Office 剪贴板中的内容已达 24 项，要继续添加新内容时，Office 助手会提示“如果复制此项内容，它会将复制内容添至最后一项，并清除第一项”，用户可以选择是否继续复制。

✧　如果要复制的内容不是 Office 应用程序中的内容，Office 助手则提示“无法复制这项内容，你必须先进行清除操作”。

（4）将插入符移至要插入文本的新位置，单击“常用”工具栏中的“粘贴”按钮，或者选择“编辑”|“粘贴”菜单，或单击鼠标右键，然后从弹出的快捷菜单中选

择“粘贴”，均可将最后复制到剪贴板上的内容复制到插入符所在的位置。

（5）如果希望进行多项粘贴，则必须打开“剪贴板”任务窗格。为此，如果看不到 Office 剪贴板任务窗格，可选择“编辑”菜单中的“Office 剪贴板”菜单，打开“剪贴板”任务窗格，如图 5-22 所示。

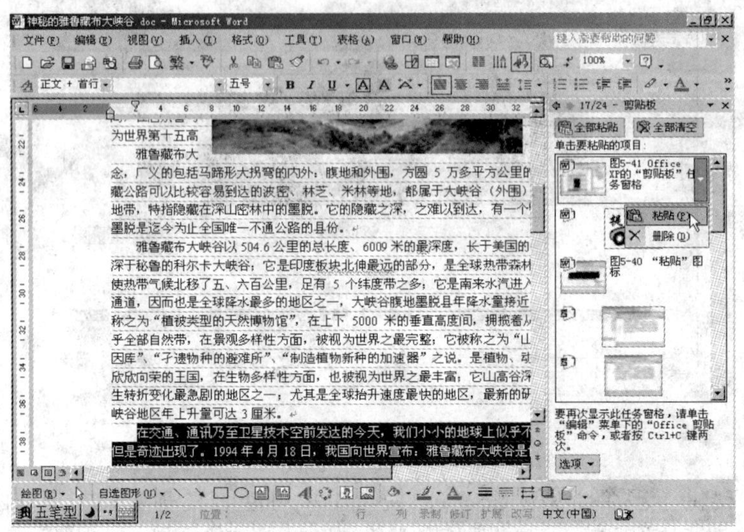

图 5-22　Office XP 的“剪贴板”任务窗格

（6）在“剪贴板”任务窗格中单击选择希望粘贴的子剪贴板，将其内容粘贴到指定位置。

（7）重复步骤（6），粘贴其他所需内容。要将当前剪贴板中的全部内容粘贴到指定位置，可单击“剪贴板”任务窗格中的“全部粘贴”按钮。此外，要清空 Office 剪贴板上的全部内容，可单击“剪贴板”任务窗格中的“全部清空”按钮。

## 5.6　查找与替换

查找与替换是一个字处理程序中非常有用的功能。Word 允许对文字甚至文档的格式进行查找和替换，使查找与替换的功能更加强大和有效。“查找”和“替换”命令可进行的主要工作包括：

- 利用查找功能，可快速定位文本、格式、特殊字符及其组合，找到要查找的内容。
- 在文档中的若干个位置查找出某个单词、短语、字符串或具有特定格式的文本（如：字体为隶书，字号为三号加粗的所有红色文字）等内容，并在需要时把它们快速地替换为另一个单词、短语或其他的内容。
- 查找或替换特定的格式或样式，如字体格式、段落格式、制表位格式、边框格式、语言格式、图文框格式或样式。比如可以搜索连续出现的两个空格，并用一个空格来替换它。
- 查找或替换特殊符号或特定内容，如制表符、连字符、段落标记、脚注引用标记、分节符、域和图形等。

- 查找或替换单词的各种形式（例如，以“build”替换“make”，以“built”替换“made”）。

下面首先介绍在 Word 中执行常规替换操作的步骤，然后介绍执行高级替换操作的步骤。至于查找操作，可参阅该过程。

（1）选择“编辑”|“查找”或“替换”菜单，打开“查找与替换”对话框，然后选择“替换”选项卡，如图 5-23 所示。

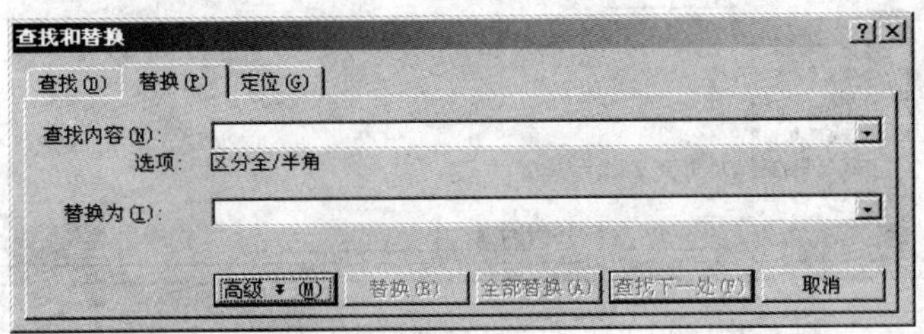


图 5-23 “查找与替换”对话框

（2）在“查找内容”编辑框中输入要查找的文字（如“事务处理”），在“替换为”编辑框中输入要替换的文字（如“办公”）。

（3）单击下面三个按钮之一：

- “替换”：从光标所在位置开始向后查找，并停留在第一个“事务处理”文字位置。
- “全部替换”：系统将自动搜索文档中的所有“事务处理”，并将其替换为“办公”。
- “查找下一处”： 继续向后查找“事务处理”文字。

如果用户希望在查找或替换时控制搜索范围、区分大小写、使用统配符，设置格式，或者希望使用某些特殊字符（如段落标记、指标符）等，则必须借助高级查找与替换来进行，其操作步骤如下：

（1）选择“编辑”|“查找”或“替换”菜单，打开“查找与替换”对话框，并选择“替换”选项卡。

（2）单击“高级”按钮，展开“查找与替换”对话框的高级设置部分，此时画面将如图 5-24 所示。

（3）在“搜索选项”区中通过选中或取消某些复选框选择所需条件。

（4）在“查找内容”编辑框中输入文字，然后单击“格式”按钮设置要查找的文字格式。如果希望替换诸如段落标记、图形等，可单击“特殊字符”按钮，然后从中选择适当选项。

（5）在“替换为”编辑框中输入文字，然后单击“格式”按钮设置要替换的文字格式。如果希望替换为诸如段落标记、制表符、省略号、剪贴板内容等，可单击“特殊字符”按钮，然后从中选择适当选项。

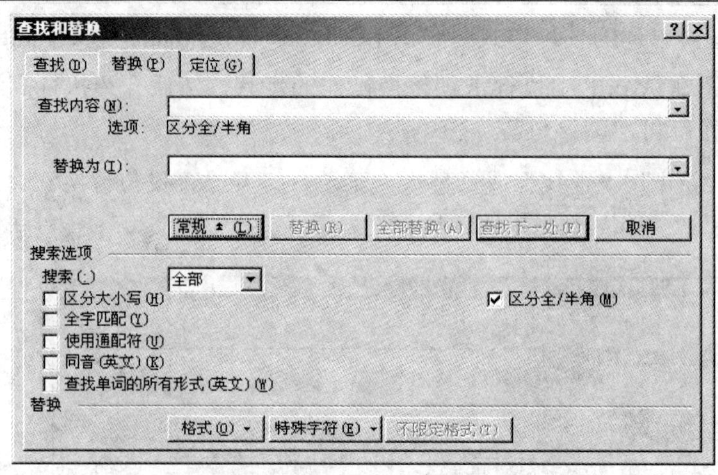


图 5-24　展开高级设置的“查找与替换”对话框

## 5.7　操作的撤消、恢复和重复

编辑文档时，难免会出现错误的操作，比如不小心删除、替换或移动了某些文本内容。Word 所提供的“撤消”、“恢复”和“重复”操作功能，可以帮助用户迅速纠正错误操作，轻松面对重复而复杂的工作。很好地利用“撤消”、“恢复”和“重复”命令，将会大大提高工作效率。

### 5.7.1　撤消操作

Word 会随时观察用户的工作，并能记住操作细节，还可以撤消一个错误的操作。在“编辑”菜单中选择“撤消”命令时，它的具体名称会随用户的具体工作内容而变化。有时它叫“撤消输入”，有时叫“撤消字体”或“撤消插入表格”等。

如果只撤消最后一步操作，可单击“撤消”按钮，或选择“编辑”菜单中的“撤消”命令。如果要撤消多步操作，可一直重复单击“撤消”命令或“撤消”按钮，直到文档恢复到原来状态。最方便的是单击“撤消”按钮右侧的三角标志，将弹出一个下拉列表框，里面保存了可以撤消的操作。无论你单击列表中的哪一项，该项操作以及其后的所有操作都将被撤消，如图 5-25 所示。

### 5.7.2　恢复操作

执行完一次“撤消操作”命令后，如果用户又想恢复“撤消”操作之前的内容，可单击“恢复”按钮，或单击“编辑”菜单中的“恢复”命令。

同样，要想恢复多步操作，可重复单击“恢复”按钮或“恢复”命令，还可以使用“恢复”按钮中的下三角标志。在弹出的下拉列表中保存了可以“恢复”的操作，无论用户单击列表中的哪一项，该项操作以及其后的所有操作都将被恢复。不过，只有在刚进行了“撤消”操作后，“恢复”命令才生效，否则，在“编辑”菜单中无此命令，常用工具栏上“恢复”按钮也无效。

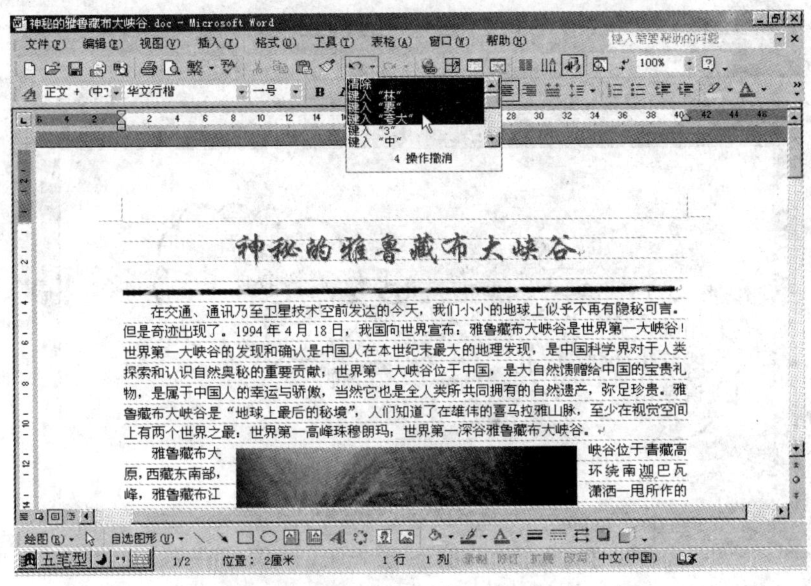


图 5-25　撤消多步操作

### 5.7.3　重复一项操作

重复操作听起来似乎与恢复操作一样，其实不然，恢复操作是恢复上一次撤消的内容，而重复操作是在没有撤消过的情况下重复最后做的一次操作。例如，假设用户改变了某一段落的格式，另外几个段落也要进行同样的格式设置，那么用户就可以选定每个段落，并使用“重复”特性重新对其进行格式设置。

和“撤消”命令一样，“重复”命令的名字会根据用户所做过的最近一步操作而变化，且伴随着 Word 的大多数操作的执行而立即变化。

## 5.8　拼写检查

使用 Word 2002 提供的拼写和语法检查功能，可以检查文档的正确性。

在输入文档的过程中，Word 会自动检查拼写和语法错误。当输入错误或出现不可识别的单词时，Word 会在该单词下用红色波浪线进行标记，而用绿色波浪线来标记可能的语法错误。

如果需要改正错误的单词，可以在该单词上单击鼠标左键，从弹出的快捷菜单中选择所需要的单词，如图 5-26 所示。

如果用户想等整篇文档输入完以后，再使用拼写和语法检查功能来检查文档的正确性，可首先单击“常用”工具栏中的“拼写和语法”工具，或选择“工具”|“拼写和语法”菜单，打开“拼写和语法”对话框。在该对话框中，错误的单词用红色标记出来，用户可在“建议”列表框中选择所需的单词，然后单击“更改”按钮，即可更改错误的单词，如图 5-27 所示。

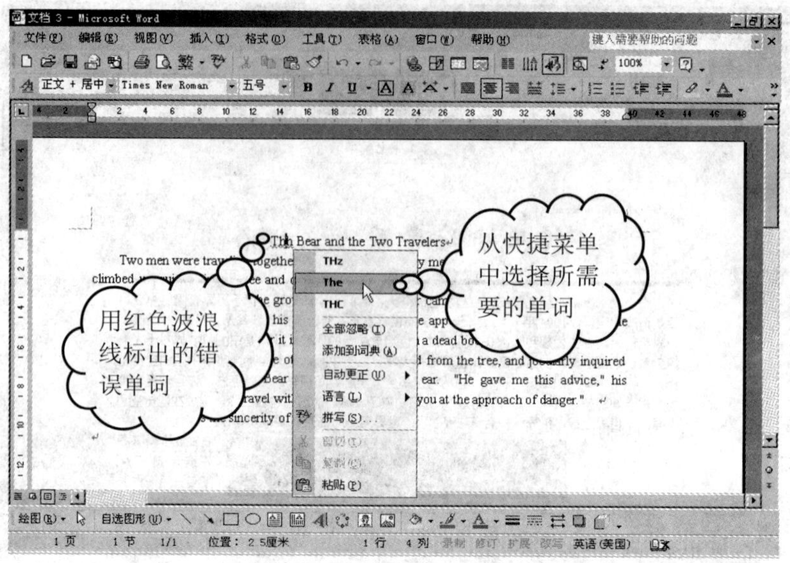


图 5-26 选择所需要的单词

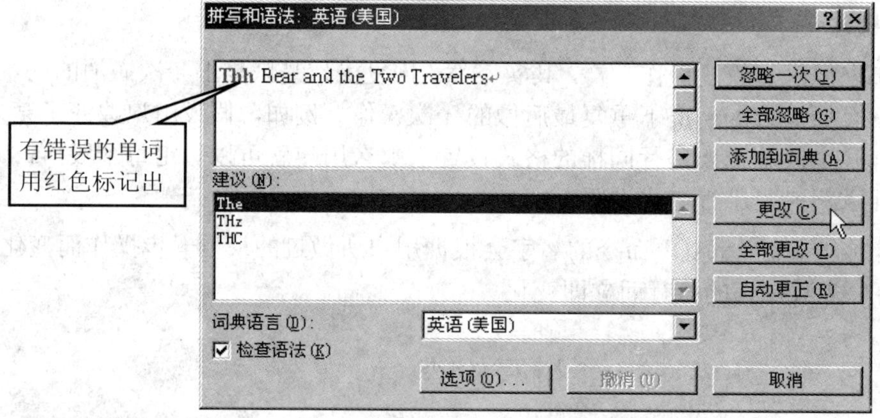


图 5-27 更改错误的单词

✧ 用户还可选择“工具”|“选项”菜单，打开“选项”对话框，然后在该对话框的“拼写和语法”选项卡中设置拼写和语法检查时的一些选项，如图 5-28 所示。

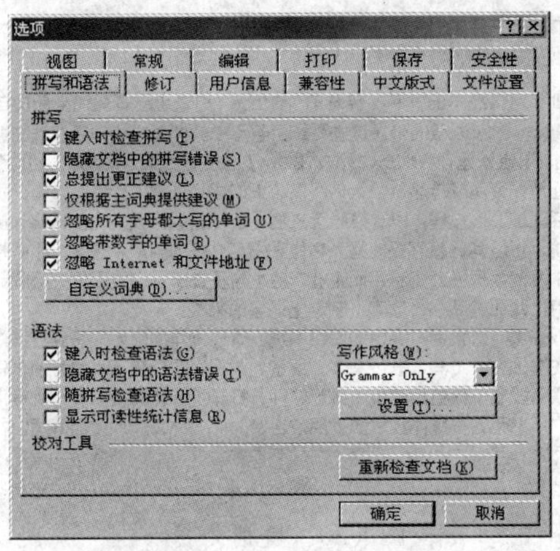


图 5-28　设置拼写和语法检查时的一些选项

# 5.9　小　结

本章介绍了 Word 2002 的基本操作方法，如文档的创建、打开、保存与关闭，在文档中输入文字和特殊符号的方法，文档显示控制，文本选择、移动和复制，操作的撤消、恢复和重复等。

# 5.10　习　题

1．文档的基本操作。

（1）创建一个文档，并在该文档中输入文档内容，例如文字、字母、标点符号以及特殊符号等，并将该文件保存为 A2.doc，如图 5-29 所示。

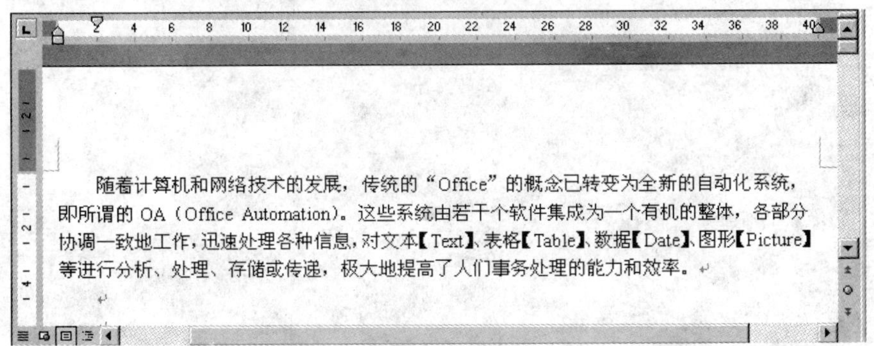


图 5-29　在创建的文档中输入内容

（2）将 DATA2 目录中的 TF2-1B.doc 文档中的所有文字复制到 A2.doc 文档的后面，如图 5-30 所示。

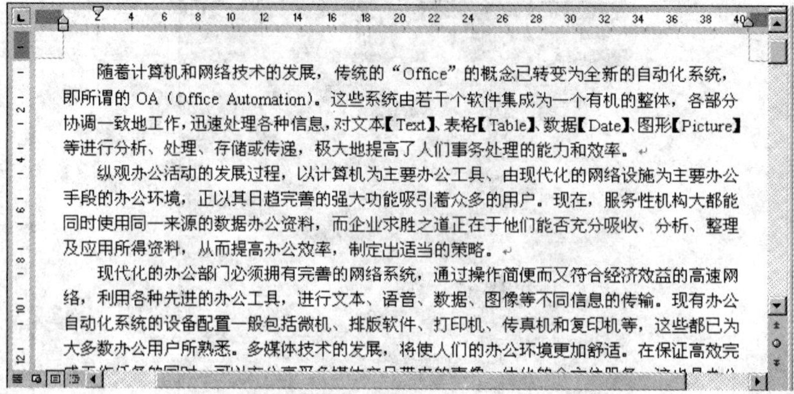

随着计算机和网络技术的发展，传统的“Office”的概念已转变为全新的自动化系统，即所谓的 OA（Office Automation）。这些系统由若干个软件集成为一个有机的整体，各部分协调一致地工作，迅速处理各种信息，对文本【Text】、表格【Table】、数据【Date】、图形【Picture】等进行分析、处理、存储或传递，极大地提高了人们事务处理的能力和效率。

纵观办公活动的发展过程，以计算机为主要办公工具、由现代化的网络设施为主要办公手段的办公环境，正以其日趋完善的强大功能吸引着众多的用户。现在，服务性机构大都能同时使用同一来源的数据办公资料，而企业求胜之道正在于他们能否充分吸收、分析、整理及应用所得资料，从而提高办公效率，制定出适当的策略。

现代化的办公部门必须拥有完善的网络系统，通过操作简便而又符合经济效益的高速网络，利用各种先进的办公工具，进行文本、语音、数据、图像等不同信息的传输。现有办公自动化系统的设备配置一般包括微机、排版软件、打印机、传真机和复印机等，这些都已为大多数办公用户所熟悉。多媒体技术的发展，将使人们的办公环境更加舒适。在保证高效完

图 5-30　复制文字

（3）将 A2.doc 文档中的“办公”文字替换为“事务处理”，如图 5-31 所示。

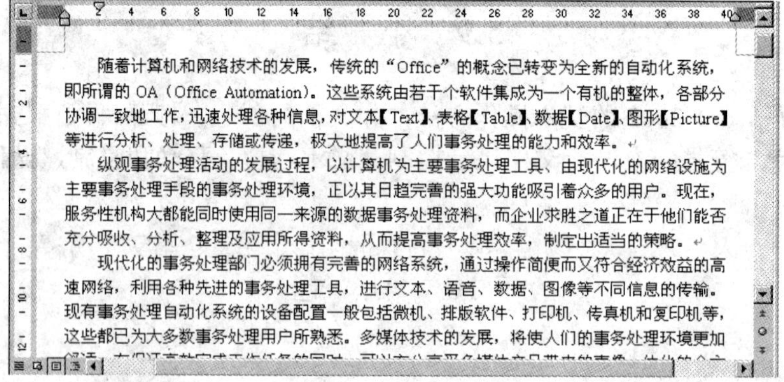

随着计算机和网络技术的发展，传统的“Office”的概念已转变为全新的自动化系统，即所谓的 OA（Office Automation）。这些系统由若干个软件集成为一个有机的整体，各部分协调一致地工作，迅速处理各种信息，对文本【Text】、表格【Table】、数据【Date】、图形【Picture】等进行分析、处理、存储或传递，极大地提高了人们事务处理的能力和效率。

纵观事务处理活动的发展过程，以计算机为主要事务处理工具、由现代化的网络设施为主要事务处理手段的事务处理环境，正以其日趋完善的强大功能吸引着众多的用户。现在，服务性机构大都能同时使用同一来源的数据事务处理资料，而企业求胜之道正在于他们能否充分吸收、分析、整理及应用所得资料，从而提高事务处理效率，制定出适当的策略。

现代化的事务处理部门必须拥有完善的网络系统，通过操作简便而又符合经济效益的高速网络，利用各种先进的事务处理工具，进行文本、语音、数据、图像等不同信息的传输。现有事务处理自动化系统的设备配置一般包括微机、排版软件、打印机、传真机和复印机等，这些都已为大多数事务处理用户所熟悉。多媒体技术的发展，将使人们的事务处理环境更加

图 5-31　替换文字

# 第 6 章　基本格式编排

为文档设置必要的格式，可以使文档版式更加美观，更便于阅读和理解文档的内容。文档格式编排大致包括字符格式设置、段落格式设置、边框和底纹设置以及文档背景设置等。

**本章重点：**

- 字体、字号与修饰设置
- 段落缩进与对齐设置
- 首字下沉与文档竖排
- 为文字、段落或页面设置边框与底纹的方法
- 项目符号和编号的使用
- 文档背景和水印设置

## 6.1　设置字体、字号与修饰

在 Word 中，字符是指作为文本输入的汉字、字母、数字、标点符号以及特殊符号等。字符是文档格式化的最小单位，对字符格式的设置决定了字符在屏幕上或打印时的形式。字符格式包括字体、字符大小、形状、颜色，以及特殊的阴影、阴文、阳文、动态等修饰效果。

如果用户在未设置各种格式的情况下输入文本，则 Word 按照默认格式设置，如字体为宋体、字号为五号等。用户可通过“格式”工具栏、“格式”菜单中的“字体”命令或快捷键等方法设置字符格式。如果要设置字体、字号等常用格式，可在选定文本后直接单击“格式”工具栏中的相应按钮来设置。如果要设置一些特殊的格式（如阴影字、动态字等），则要使用“格式”菜单中的“字体”命令，此时系统将打开如图 6-1 所示的“字体”对话框；如果用户对 Word 的使用比较熟悉，还可以使用快捷键设置各种格式。

### 6.1.1　字体和字号

中文 Windows XP 为用户提供了一些常用的中、英文字体，如宋体、黑体、楷体、Times New Roman 等。不同的字体有不同的外观形状，一些字体还可带有自己的符号集，有些字体在键入时甚至以图片的方式，而不是字母和数字方式显示。

✧　用户还可以从电脑上安装的其他程序中得到更多的字体，如 WPS 97 或 WPS 2000 等。如果需要，还可以购买额外的字体包。

字号被用来设置文本字体的大小。在 Word 中，可利用“号”和“磅”两种单位来度量字体大小。当以“号”为单位时，数值越小、字体越大，如“二号”字比“三号”字要

大。当以“磅”为单位时，则是磅值越小字体越小，如“10 磅”的字体比“12 磅”的字小。一英寸为 72 磅（25.4mm），因此，72 磅大小的字体将会占用一英寸的高度。一般情况下，字体的磅值是通过测量字体的最底部到最上部来确定的。

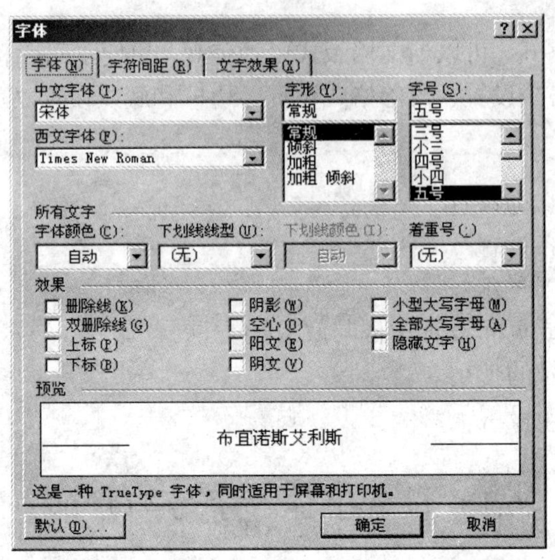


图 6-1 “字体”对话框

### 6.1.2 设置字形和效果

在 Word 中，可以通过给文字增添一些附加属性来改变文字的形状，改变字形就是指给文字添加粗体、斜体等强调效果或阴影、空心、阴文、阳文、下划线、删除线、上标、下标、底纹、方框等特殊效果。通过将一个词、一个短语或一段文字设为强调效果或特殊效果，可以使其更加突出和引人注目，如图 6-2 所示。

图 6-2 字形设置和效果

所有字形和效果都可通过“字体”对话框来设置，即首先选定要改变字形和效果的文本，然后选择“格式”|“字体”菜单，在打开的“字体”对话框中进行设置。此外，字形

和部分效果也可通过“格式”工具栏中的相关工具来设置：

- B：为选中文字设置和取消粗体。
- I：为选中文字设置和取消斜体。
- ：为选中文字设置字符颜色。单击工具右侧的“”按钮可打开颜色下拉列表，以便从中选择颜色。
- U：为选中文字设置和取消下划线。同样，单击工具右侧的“”按钮可打开下划线类型下拉列表，以便从中选择下划线。此外，用户还可利用该工具的下拉列表设置下划线颜色。
- A：为选中文字设置和取消底纹。
- A：为选中文字设置和取消方框。
- ：为选中文字设置和取消缩放。同样，单击图标右侧的箭头会弹出字符缩放下拉列表，以便选择字符缩放的比例。此外，用户还可用该工具的下拉列表设置字符缩放的比例。

“其他格式”工具栏中与字体效果设置相关的工具如下：

- ：为选中文字设置和取消底色。
- ABC：为选中文字设置和取消着重号。
- ABC：为选中文字设置和取消删除线。

### 6.1.3　设置字符间距、缩放和位置

在“字体”对话框中的“字符间距”选项卡中，可以对字符间距、字符缩放比例和字符位置进行调整，如图 6-3 和图 6-4 所示。

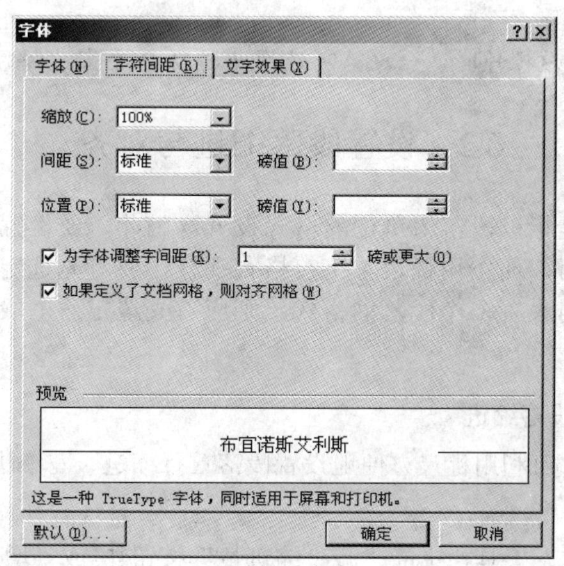


图 6-3　“字符间距”选项卡

设置字符间距、缩放和位置（原文）
设置字符间距、缩放和位置（缩放为原来的 66%）
设置字符间距、缩 放 和 位 置（“紧缩”和“加宽”间距）
设置字符间距、缩放和位置（“提升”和“降低位置”）

图 6-4 字符缩放、间距和位置设置效果

通常情况下，字符的间距为“标准”间距。用户可以根据需要来调整字符的间距，通过在“间距”选项中选择标准、加宽和紧缩，可以调整相临字符间的距离；通过使用“缩放”下拉列表（对应“格式”工具栏中的工具）改变某段字符的缩放比例，可以让一些文本区别于其他文本。不过，缩放字符只能在水平方向进行缩小或放大；一般情况下字符以行基线为中心，处于“标准”位置。用户可以根据需要利用“位置”下拉列表“提升”或“减低”字符的位置。

### 6.1.4 设置动态效果

在制作演示文档或交互式文档时，常常需要将文档设置成动态显示效果。在 Word 文档中，用户可以方便地利用“字体”对话框的“文字效果”选项卡给文档添加动画特性，从而获得动态的显示效果。

✧ 执行该操作时，一次只可选用一种动态效果。

## 6.2 设置段落缩进与对齐

所谓段落格式，是指以段落为单位的格式设置。因此，要设置段落格式，可直接将光标定位选定段落即可，而不用像设置字符格式那样，要首先选定字符，然后再进行格式设置。当然，要同时设置多个段落的格式，则应首先选定这些段落，然后再进行段落格式设置。

### 6.2.1 利用标尺调整段落缩进

在 Word 中，用户可利用标尺方便地设置段落首行缩进、左缩进、悬挂缩进和右缩进等，如图 6-5 所示。

此外，单击“格式”工具栏中的“减少缩进量”按钮或“增加缩进量”按钮，所选文本段落的所有行将减少或增加一个汉字的缩进量。

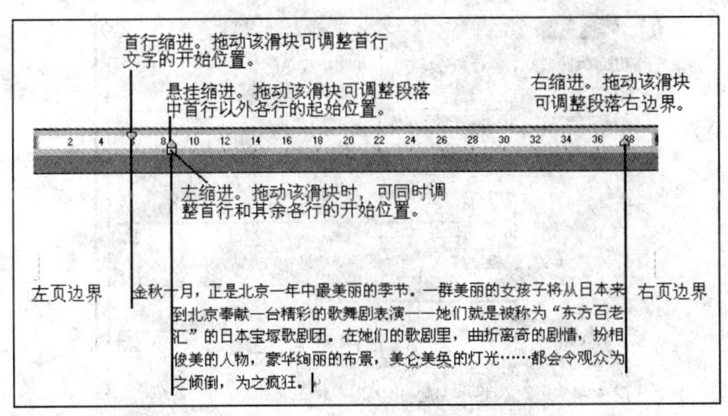


图 6-5　标尺中各缩进标志的作用

### 6.2.2　利用对齐工具设置段落对齐方式

Word 中具有两端对齐、左对齐、居中对齐、右对齐和分散对齐等段落对齐方式，并在“格式”工具栏上设置了相应的对齐按钮 。图 6-6 显示了若干段落对齐效果。

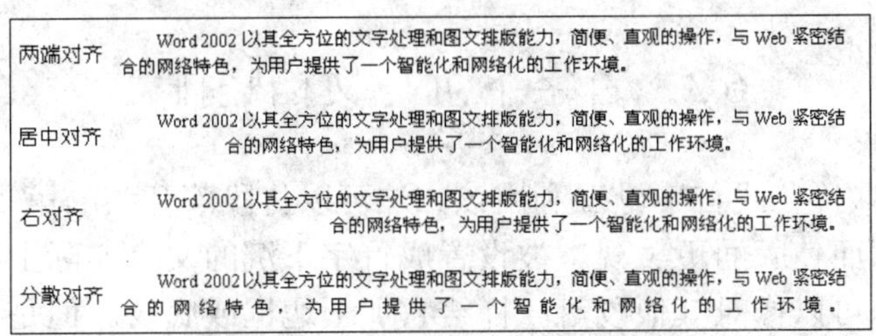

两端对齐　Word 2002 以其全方位的文字处理和图文排版能力，简便、直观的操作，与 Web 紧密结合的网络特色，为用户提供了一个智能化和网络化的工作环境。

居中对齐　Word 2002 以其全方位的文字处理和图文排版能力，简便、直观的操作，与 Web 紧密结合的网络特色，为用户提供了一个智能化和网络化的工作环境。

右对齐　Word 2002 以其全方位的文字处理和图文排版能力，简便、直观的操作，与 Web 紧密结合的网络特色，为用户提供了一个智能化和网络化的工作环境。

分散对齐　Word 2002 以其全方位的文字处理和图文排版能力，简便、直观的操作，与 Web 紧密结合的网络特色，为用户提供了一个智能化和网络化的工作环境。

图 6-6　段落对齐效果

### 6.2.3　利用“段落”对话框精确设置段落格式

通过选择“格式”|“段落”菜单打开的“段落”对话框，用户可对段落进行更多且更精确的设置，如图 6-7 所示。

其中，使用“缩进与间距”选项卡中的“缩进”选项区可精确设置段落缩进。各设置项的意义如下：

- 在“左”编辑框中可以设置段落与左页边距的距离。输入一个正值表示向右缩进，输入一个负值表示向左缩进。
- 在“右”编辑框中可以设置段落与右页边距的距离。输入一个正值表示向左缩进，输入一个负值表示向右缩进。
- 在“特殊格式”下拉列表框中可以选择“首行缩进”或“悬挂缩进”选项，然后在“度量值”编辑框中指定其缩进值。

此外，利用“缩进和间距”选项卡中的“间距”设置区，可设置段间距和行间距。例如，对于标题而言，其段前、段后都应空出一定的间距。利用“段落”对话框的“换行和分页”选项卡，用户还可控制换行与分页方法。例如，是否允许段前分页、是否确定段中不分页等。

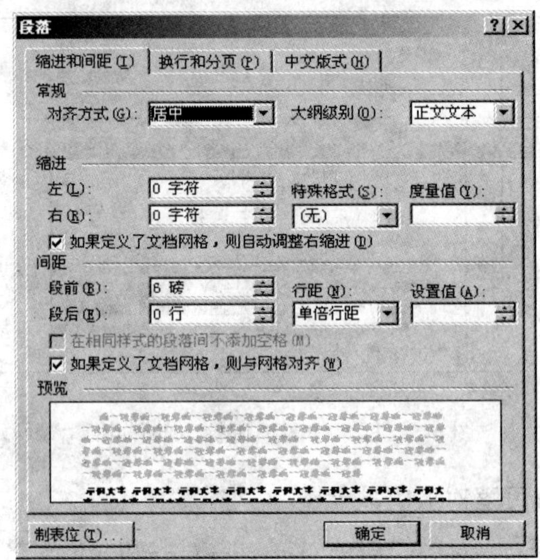


图 6-7 “段落”对话框

## 6.3 首字下沉与文档竖排

首字下沉又被称为“花式首字母”，利用该方法可以将段落开头的第一个或若干个字母、文字变为大号字，从而使版面更美观。被设置成首字下沉的文字实际上已成为文本框中的一个独立段落，用户可以像对其他段落一样给它加上边框或底纹。但是，只有在页面视图方式下才可以查看所设置的效果。

此外，用户可以不必把首字下沉的效果限制为一个字母。对选中的多个字母（不能是多个汉字），同样可以设置“首字下沉”。如果要将段落开头的首字母或第一个汉字设置为下沉方式，只需将插入符置于要设置首字下沉的段落中。如果要将段落开头的多个字母设置为下沉方式，则必须首先选中这些字母。创建首字下沉的操作步骤如下：

（1）切换到页面视图方式。

（2）将插入符置于要设置首字下沉的段落中，或选中段落开头的多个字母。

（3）选择“格式”|“首字下沉”菜单，打开如图 6-8 所示的“首字下沉”对话框。

（4）在“位置”选项区中选择一种首字下沉的方式。

（5）在“字体”下拉列表中选择首字下沉的字体。

（6）在“下沉行数”框中指定首字下沉后下拉的行数（默认值为 3 行），在“距正文”框中设置首字与右侧正文的距离（默认值为 0 厘米）。

（7）单击“确定”按钮。

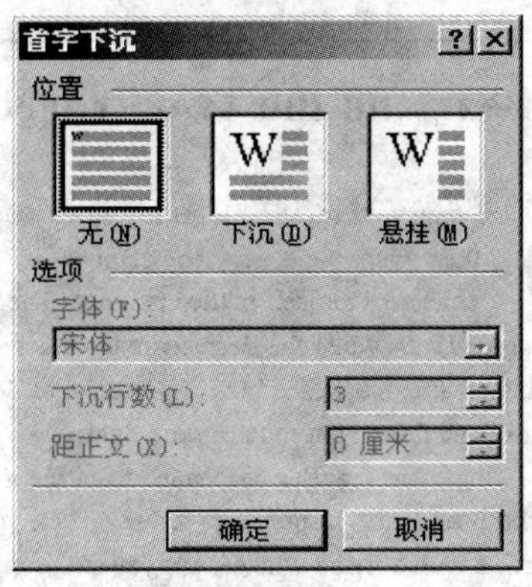


图 6-8　“首字下沉”对话框

图 6-9 显示了首字下沉和悬挂下沉效果，图 6-10 显示了多个字母下沉效果。

要取消首字下沉，可按如下步骤进行：

（1）选中设置为首字下沉的文字。

（2）选择“格式”菜单中的“首字下沉”命令，打开“首字下沉”对话框。

（3）在对话框的“位置”区选择“无”。

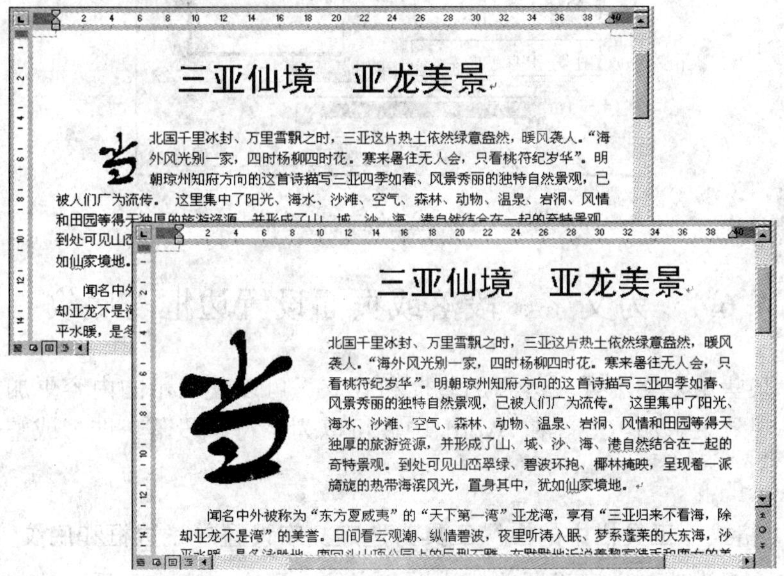


图 6-9　首字下沉和悬挂下沉效果

（4）单击“确定”按钮，则可取消所设置的首字下沉式样。

如果用户希望调整文字排列方向，可选择“格式”|“文字方向”菜单，此时系统将打开如图 6-11 所示的“文字方向”对话框。接下来在“方向”区单击合适的按钮，即可将文档竖排或改变文字排列方向。另外，在“应用于”选区的下拉列表框中用户可以选择操作文字的范围。

**The Bear and the Two Travelers**

Two men were traveling together, when a Bear suddenly met them on their path. One of them climbed up quickly into a tree and concealed himself in the branches. The other, seeing that he must be attacked, fell flat on the ground, and when the Bear came up and felt him with his snout, and smelt him all over, he held his breath, and feigned the appearance of death as much as he could. The Bear soon left him, for it is said he will not touch a dead body.

When he was quite gone, the other Traveler descended from the tree, and jocularly inquired of his friend what it was the Bear had whispered in his ear. "He gave me this advice," his companion replied. "Never travel with a friend who deserts you at the approach of danger."

Misfortune tests the sincerity of friends.

图 6-10　多字母下沉示例

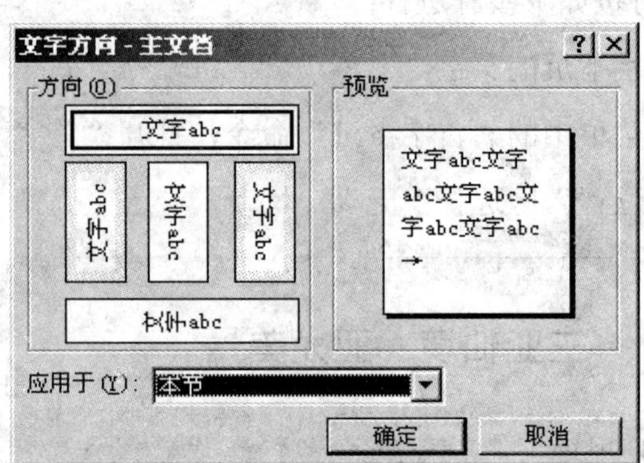


图 6-11　“文字方向”对话框

## 6.4　为文字、段落或页面设置边框与底纹

为文档中某些重要文本或段落添加边框和底纹，可以使显示的内容更加突出和醒目，或使文档的外观效果更加美观。在 Word 中，可以为字符、段落、图形或整个页面设置边框或底纹。

### 6.4.1　利用“格式”工具栏中的工具为选定文字设置单线边框和底纹

如果用户希望为选定文字设置单线边框和底纹，可在选定文字后直接单击“格式”工具栏中的工具，如图 6-12 所示。

✧　请注意观察图 6-12 与下面的图 6-15 与图 6-17，对比为文字设置边框和底纹，以及为段落设置边框和底纹之间的区别。

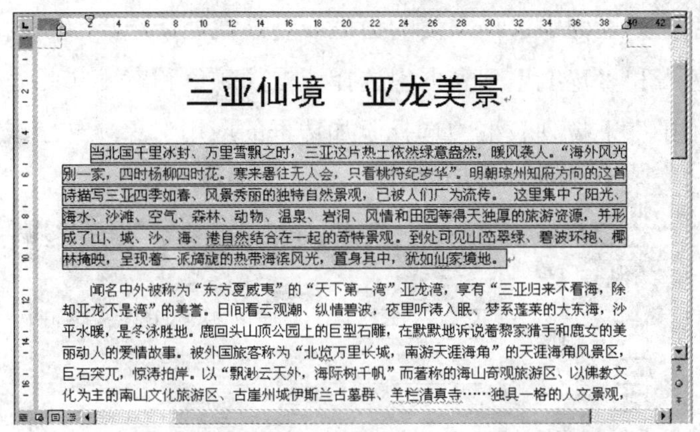

三亚仙境　亚龙美景

当北国千里冰封、万里雪飘之时，三亚这片热土依然绿意盎然，暖风袭人。"海外风光别一家，四时杨柳四时花。寒来暑往无人会，只看桃符纪岁华"。明朝琼州知府方向的这首诗描写三亚四季如春、风景秀丽的独特自然景观，已被人们广为流传。这里集中了阳光、海水、沙滩、空气、森林、动物、温泉、岩洞、风情和田园等得天独厚的旅游资源，并形成了山、城、沙、海、港自然结合在一起的奇特景观。到处可见山峦翠绿、碧波环抱、椰林掩映，呈现着一派旖旎的热带海滨风光，置身其中，犹如仙家境地。

闻名中外被称为"东方夏威夷"的"天下第一湾"亚龙湾，享有"三亚归来不看海，除却亚龙不是湾"的美誉。日间看云观潮、纵情碧波，夜里听涛入眠、梦系蓬莱的大东海，沙平水暖，是冬泳胜地。鹿回头山顶公园上的巨型石雕，在默默地诉说着黎家猎手和鹿女的美丽动人的爱情故事。被外国旅客称为"北览万里长城，南游天涯海角"的天涯海角风景区，巨石突兀，惊涛拍岸。以"飘渺云天外，海际树千帆"而著称的海山奇观旅游区、以佛教文化为主的南山文化旅游区、古崖州城伊斯兰古墓群、羊栏清真寺……独具一格的人文景观，

图 6-12　为选定文字设置单线边框和底纹

### 6.4.2　利用“边框和底纹”对话框为选定文字或段落设置复杂边框和底纹

利用“格式”菜单中的“边框和底纹”命令，用户可以给选中的文字或段落添加其他样式的边框和底纹。

（1）选中要添加边框的文本，如图 6-13 所示。

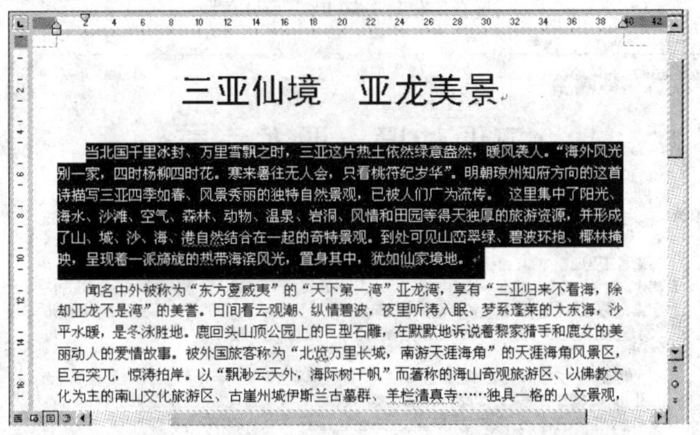

三亚仙境　亚龙美景

当北国千里冰封、万里雪飘之时，三亚这片热土依然绿意盎然，暖风袭人。"海外风光别一家，四时杨柳四时花。寒来暑往无人会，只看桃符纪岁华"。明朝琼州知府方向的这首诗描写三亚四季如春、风景秀丽的独特自然景观，已被人们广为流传。这里集中了阳光、海水、沙滩、空气、森林、动物、温泉、岩洞、风情和田园等得天独厚的旅游资源，并形成了山、城、沙、海、港自然结合在一起的奇特景观。到处可见山峦翠绿、碧波环抱、椰林掩映，呈现着一派旖旎的热带海滨风光，置身其中，犹如仙家境地。

闻名中外被称为"东方夏威夷"的"天下第一湾"亚龙湾，享有"三亚归来不看海，除却亚龙不是湾"的美誉。日间看云观潮、纵情碧波，夜里听涛入眠、梦系蓬莱的大东海，沙平水暖，是冬泳胜地。鹿回头山顶公园上的巨型石雕，在默默地诉说着黎家猎手和鹿女的美丽动人的爱情故事。被外国旅客称为"北览万里长城，南游天涯海角"的天涯海角风景区，巨石突兀，惊涛拍岸。以"飘渺云天外，海际树千帆"而著称的海山奇观旅游区、以佛教文化为主的南山文化旅游区、古崖州城伊斯兰古墓群、羊栏清真寺……独具一格的人文景观，

图 6-13　选中要添加边框或底纹的文本

（2）选择“格式”菜单中的“边框和底纹”命令，在打开的“边框和底纹”对话框中选择“边框”选项卡，如图 6-14 所示。

（3）在“设置”选项区选中一种边框类型（本例选择“方框”），此时可在“预览”区中浏览给文字或段落添加边框后的效果。

✧　在“边框”选项卡中单击“预览”区中的、、和按钮，可添加或取消段落中某侧边框。

（4）在“线型”列表框中选择需要的边框线型，此处请选择双曲线。

（5）在“颜色”和“宽度”列表框中选择边框的颜色和宽度（此处采用默认值）。

（6）在“应用于”下拉列表框中选择添加边框的应用对象（文字或段落），此处请采用默认值（即段落），则结果如图 6-15 所示。

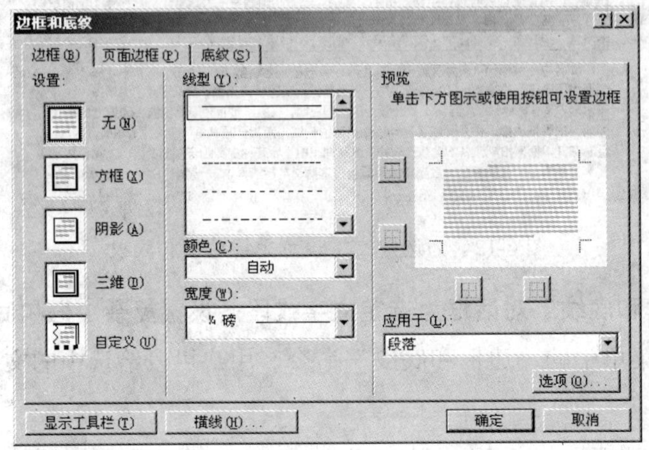


图 6-14 “边框”选项卡

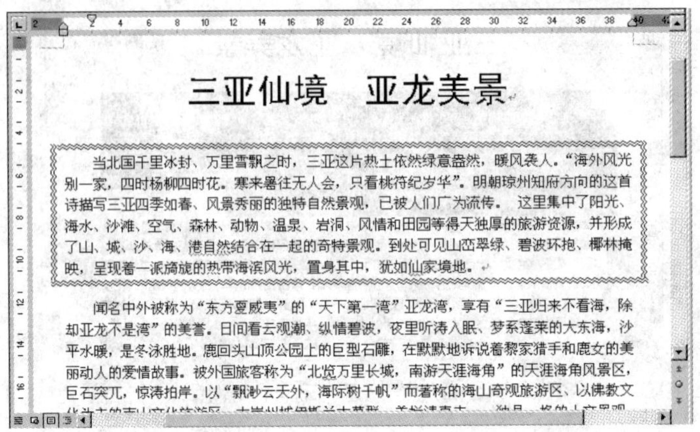

三亚仙境　亚龙美景

当北国千里冰封、万里雪飘之时，三亚这片热土依然绿意盎然，暖风袭人。“海外风光别一家，四时杨柳四时花。寒来暑往无人会，只看桃符纪岁华”。明朝琼州知府方向的这首诗描写三亚四季如春、风景秀丽的独特自然景观，已被人们广为流传。这里集中了阳光、海水、沙滩、空气、森林、动物、温泉、岩洞、风情和田园等得天独厚的旅游资源，并形成了山、城、沙、海、港自然结合在一起的奇特景观。到处可见山峦翠绿、碧波环抱、椰林掩映，呈现着一派旖旎的热带海滨风光，置身其中，犹如仙家境地。

闻名中外被称为“东方夏威夷”的“天下第一湾”亚龙湾，享有“三亚归来不看海，除却亚龙不是湾”的美誉。日间看云观潮、纵情碧波，夜里听涛入眠、梦系蓬莱的大东海，沙平水暖，是冬泳胜地。鹿回头山顶公园上的巨型石雕，在默默地诉说着黎家猎手和鹿女的美丽动人的爱情故事。被外国旅客称为“北览万里长城，南游天涯海角”的天涯海角风景区，巨石突兀，惊涛拍岸。以“飘渺云天外，海际树千帆”而著称的海山奇观旅游区、以佛教文

图 6-15 为段落设置边框

◇　在给段落加边框时，通过单击“选项”按钮还可以设置段落与边框之间的间距。此外，通过调整段落的宽度，可相应调整段落边框的宽度，如图 6-16 所示。

参考上面的步骤，利用“边框和底纹”对话框中的“底纹”选项卡，用户可轻松为选定文字或段落设置不同灰度和颜色的底纹，如图 6-17 所示。

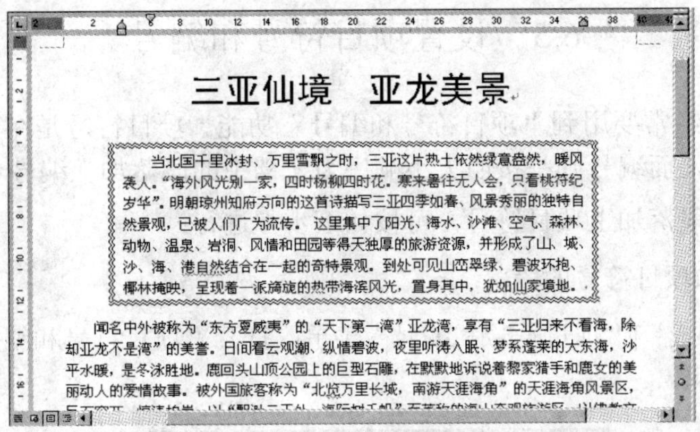


图 6-16　通过调整段落的宽度调整段落边框的宽度

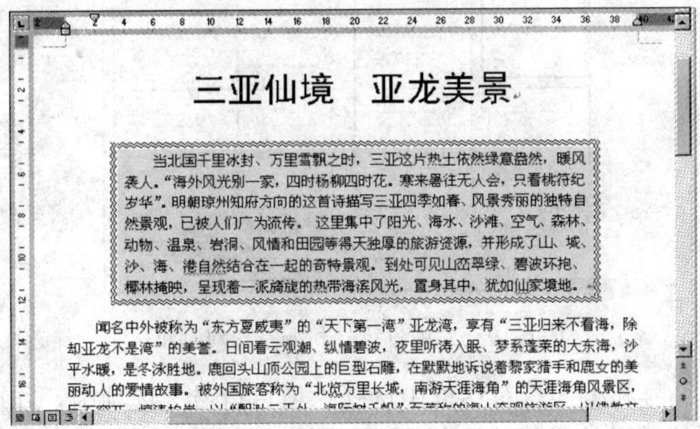


图 6-17　为选定段落设置底纹

### 6.4.3　为页面设置边框

利用"边框和底纹"对话框的"页面边框"选项卡，用户可为整篇文档、当前节、当前节的首页以及当前节除首页以外的所有页设置边框，如图 6-18 所示。

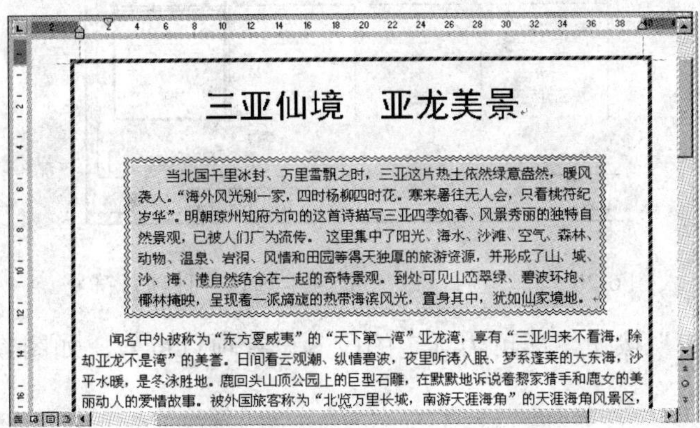


图 6-18　为页面设置边框

## 6.5 设置项目符号和编号

在 Word 中，经常要用到“项目符号和编号”功能。项目符号是在一些段落的前面加上完全相同的符号，而编号则是按照大小顺序为文档中的段落加上编号。

要为文档中的段落加上项目符号，可按如下步骤进行：

（1）选中要加项目符号的段落。

（2）选择“格式”|“项目符号和编号”菜单，打开“项目符号和编号”对话框，如图 6-19 所示。

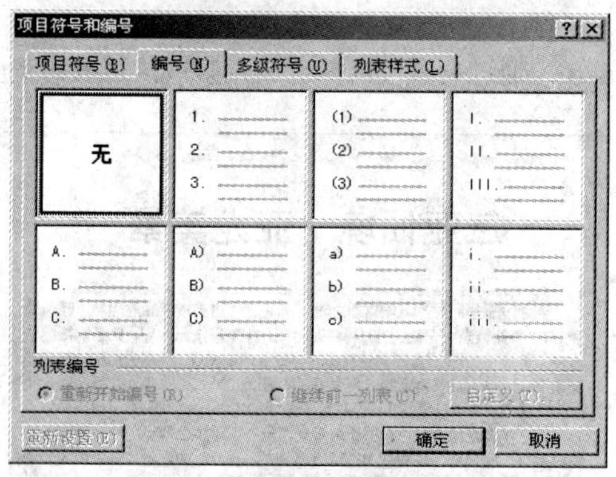


图 6-19 “项目符号和编号”对话框

（3）在“项目符号和编号”对话框中选择“项目符号”选项卡，并在该选项卡中选择一种需要的项目符号样式，如图 6-20 所示。

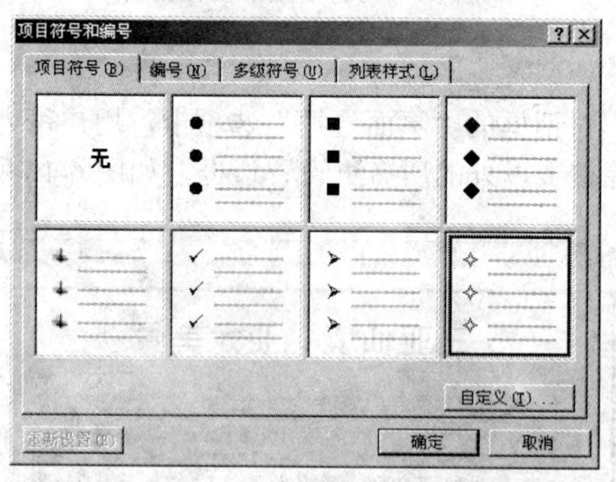


图 6-20 在“项目符号”选项卡选择一种项目符号

（4）单击“确定”按钮，即可为选定的段落设置项目符号，如图 6-21 所示。

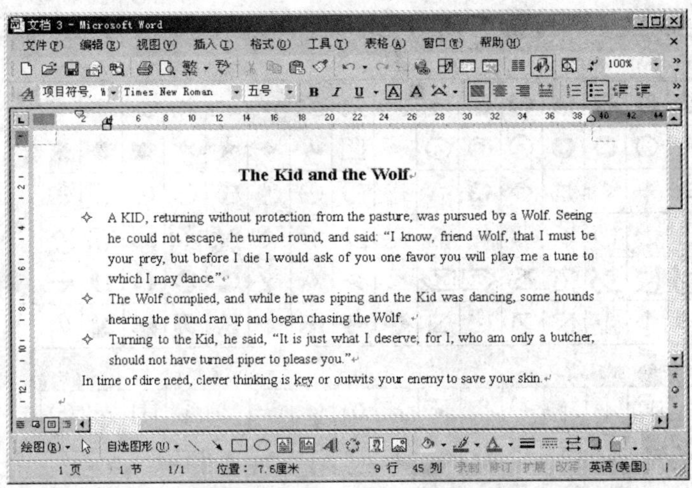

图 6-21　为选定的段落设置项目符号

除了能够使用“项目符号和编号”对话框的“项目符号”选项卡中列出来的项目符号外，用户还可以根据需要自定义项目符号，其操作步骤如下：

（1）选中需要改变项目符号的段落。

（2）选择“格式”|“项目符号和编号”菜单，打开“项目符号和编号”对话框。

（3）在“项目符号和编号”对话框中单击“自定义”按钮，打开“自定义项目符号列表”对话框，如图 6-22 所示。

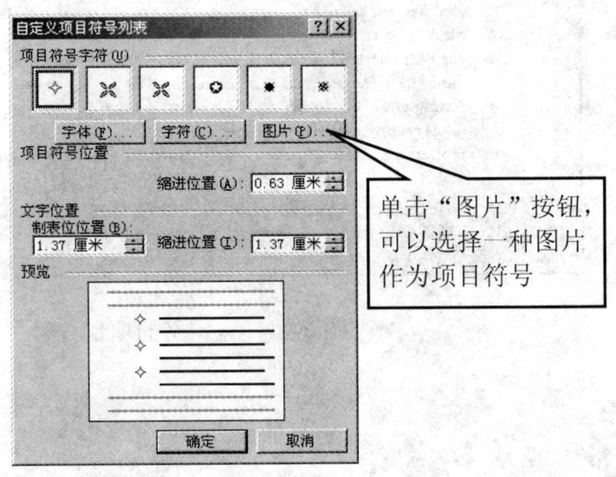


图 6-22　“自定义项目符号列表”对话框

（4）在“自定义项目符号列表”对话框中单击“字符”按钮，打开“字符”对话框，并在该对话框中选择一种需要的符号，如图 6-23 所示。

（5）单击“确定”按钮，返回“自定义项目符号列表”对话框，再在该对话框中单击“确定”按钮，即可将选中段落的项目符号改变为自定义的项目符号，如图 6-24 所示。

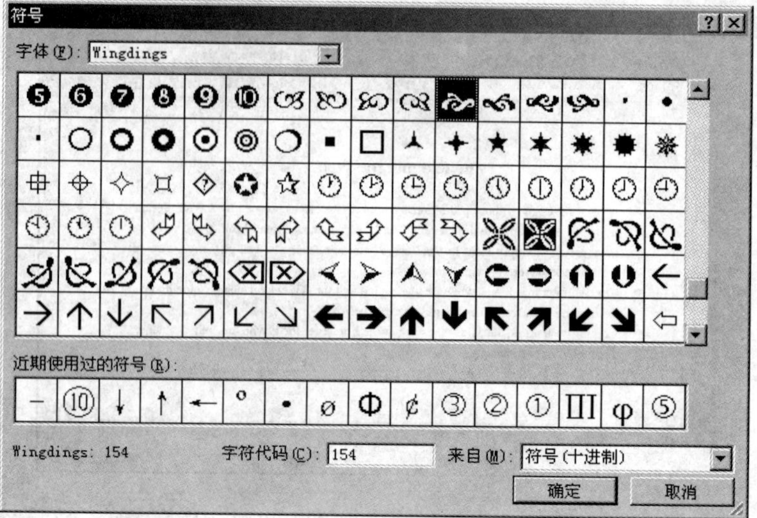


图 6-23　选择一种需要的符号

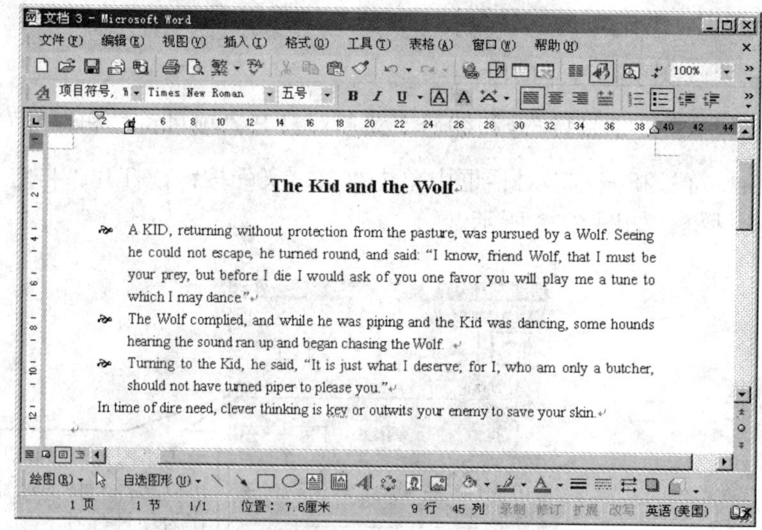


图 6-24　自定义的项目符号

✧　单击“格式”工具栏中的“项目符号”按钮☰，可为选定段落加上系统默认的项目符号。

参照前面设置项目符号的方法，使用“项目符号和编号”对话框中的“编号”选项卡，可以为选中的段落设置编号。

# 6.6　设置文档背景和水印

背景在打印文档时并不会被打印出来，只有在 Web 版式视图中背景才是可见的。在创建用于联机阅读的 Word 文档时，添加背景可以增强文本的视觉效果。在 Word 中可以用某种颜色或过渡颜色、Word 附带的图案甚至一幅图片做背景。

## 6.6.1　添加或删除背景颜色

选择“格式”|“背景”菜单，打开如图 6-25 所示的调色板。单击要作为背景的颜色，Word 将把该颜色作为纯色背景应用到文档的所有页面上。单击“无填充颜色”，可删除用于联机显示的文档背景，这时在 Word 中引用的 Web 页的背景色为白色。

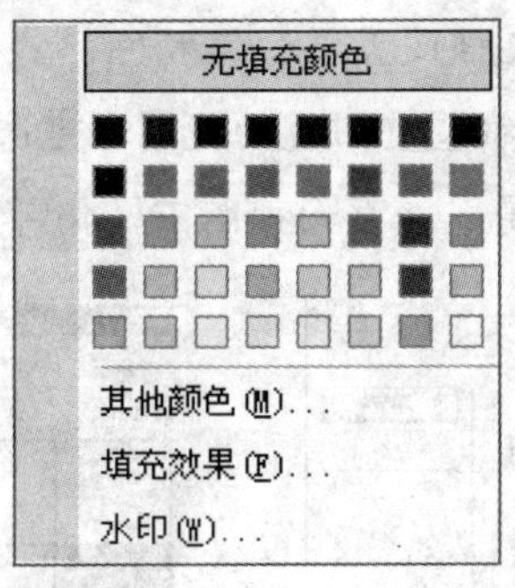


图 6-25　“背景”颜色调色板

如果对现有的颜色不满意，可选择“其他颜色”，在打开的“颜色”对话框中单击“标准”选项卡，如图 6-26 左图所示。在“颜色”区单击选中的颜色即可将该颜色设置为“新增”的背景颜色，“当前”颜色则显示原来的背景颜色。选择“自定义”选项卡（如图 6-26 右图所示），用户可进一步调整颜色的亮度、浓度和色彩。

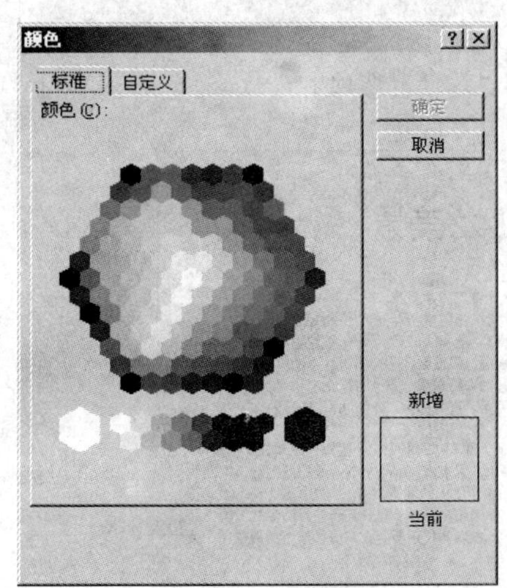


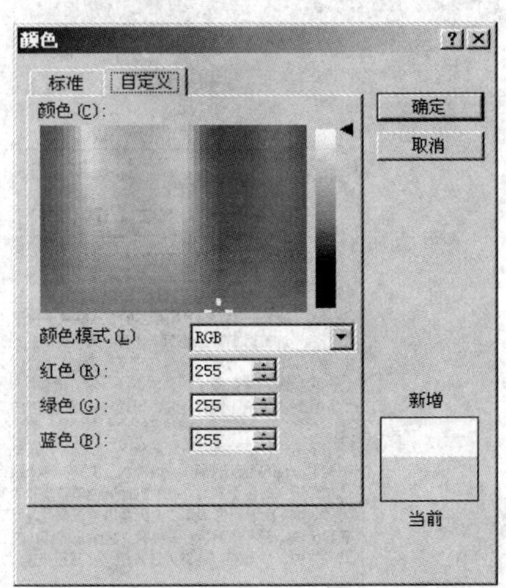


图 6-26　“标准”和“自定义”选项卡

### 6.6.2 设置填充效果

如果用户感觉一种背景色太单调，可以选择“背景”命令子菜单中的“填充效果”。在打开的“填充效果”对话框中，通过选择不同的选项卡，可得到更为丰富、多彩的背景图案，如图 6-27 所示。

✧ 用户只能选择渐变色、纹理、图案或图片中的一种作为背景，而不是几种效果的融合。图 6-28 显示了设置过渡颜色填充效果后的文档编辑画面。

✧ 此外，一旦为文档设置了背景颜色、背景图案等，系统自动将当前视图切换到 Web 版式视图。如果希望重回页面视图，可选择“视图”|“页面”菜单，此时，所设背景被自动隐藏。但是，在页面视图下，仍可显示我们下面将要介绍的水印。

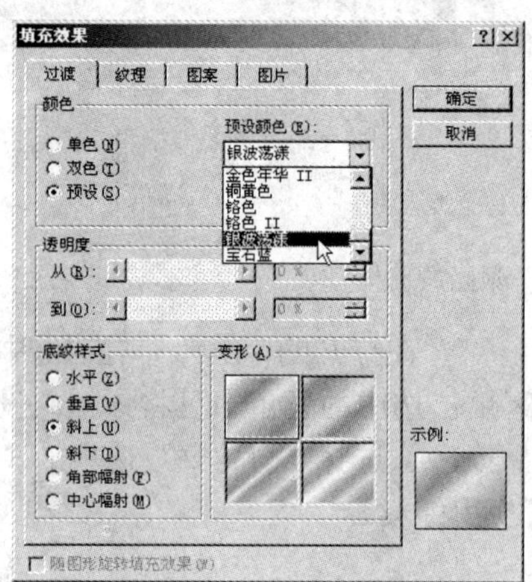


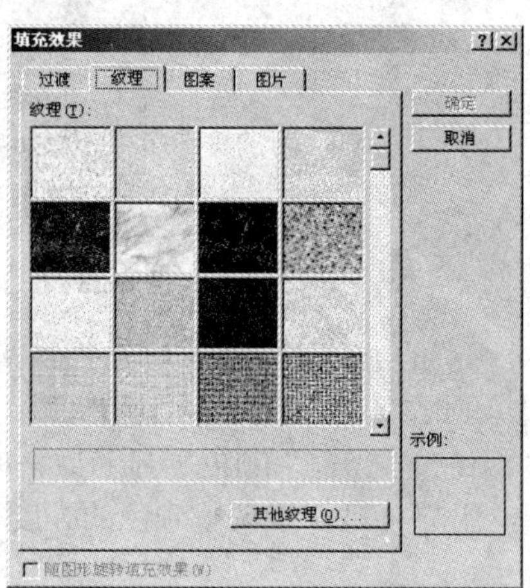


图 6-27 “过渡”和“纹理”选项卡

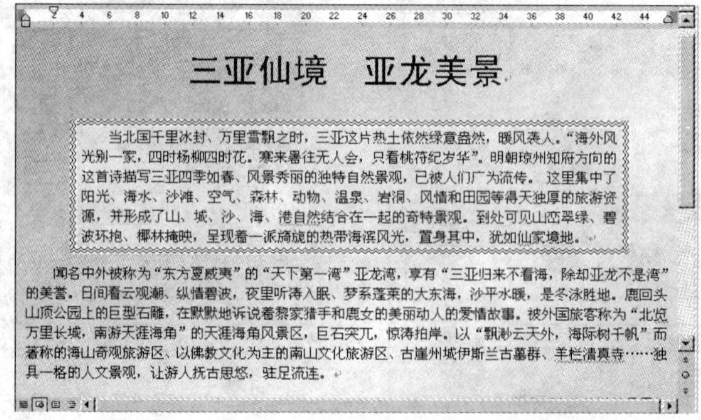

三亚仙境　亚龙美景

当北国千里冰封、万里雪飘之时，三亚这片热土依然绿意盎然，暖风袭人。“海外风光别一家，四时杨柳四时花。寒来暑往无人会，只看桃符纪岁华”。明朝琼州知府方向的这首诗描写三亚四季如春、风景秀丽的独特自然景观，已被人们广为流传。这里集中了阳光、海水、沙滩、空气、森林、动物、温泉、岩洞、风情和田园等得天独厚的旅游资源，并形成了山、城、沙、海、港自然结合在一起的奇特景观。到处可见山峦翠绿、碧波环抱、椰林掩映，呈现着一派旖旎的热带海滨风光，置身其中，犹如仙家境地。

闻名中外被称为“东方夏威夷”的“天下第一湾”亚龙湾，享有“三亚归来不看海，除却亚龙不是湾”的美誉。日间看云观潮、纵情碧波，夜里听涛入眠、梦系蓬莱的大东海，沙平水暖，是冬泳胜地。鹿回头山顶公园上的巨型石雕，在默默地诉说着黎家猎手和鹿女的美丽动人的爱情故事。被外国旅客称为“北览万里长城，南游天涯海角”的天涯海角风景区，巨石突兀，惊涛拍岸。以“飘渺云天外，海际树千帆”而著称的海山奇观旅游区、以佛教文化为主的南山文化旅游区、古崖州城伊斯兰古墓群、羊栏清真寺……独具一格的人文景观，让游人抚古思悠，驻足流连。

图 6-28 给文档加上过渡颜色填充图案

### 6.6.3 设置水印

水印是一种特殊的背景，在 Word 2002 中，添加水印的操作变得更加容易。用户可以使用 Word 内置的水印，也可以轻松地设置自己喜欢的水印。既可以在一个新文档中添加水印，也可以在已存在的文档中添加水印。系统默认的设置是“无水印”状态。在 Word 2002 中新增了“图片水印”的选项。当用户选择“图片水印”时，单击“选择图片”按钮，在弹出的“插入图片”对话框中可选择需要的水印背景。其中，按内置样式设置“文字水印”的操作步骤如下：

（1）选择“格式”|“背景”|“水印”菜单，打开如图 6-29 所示的“水印”对话框。

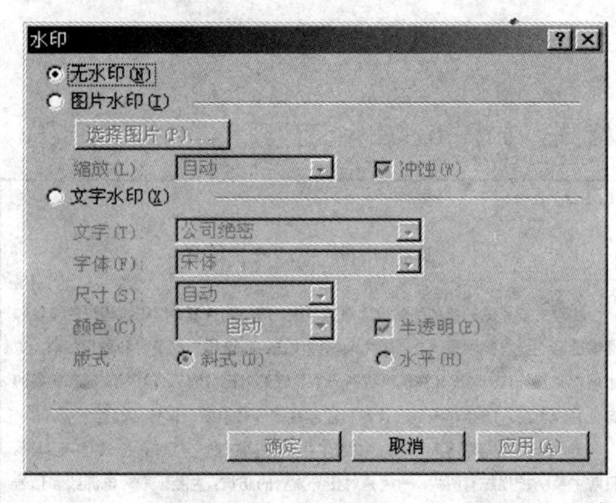


图 6-29 “水印”对话框

（2）在“水印”对话框中选择“文字水印”单选钮，在“文字”下拉列表中选择需要的水印方案。如果内置的水印方案不能满足需要，可在“文字”编辑框中直接输入自定义的水印文本，例如在此我们输入“风景优美”文字。

（3）利用“字体”、“尺寸”、“颜色”下拉列表框为水印文字设置字体、尺寸与颜色。

（4）在“版式”选项区选择水印文字方向，例如选择“斜式”。

（5）单击“确定”按钮，结果如图 6-30 所示。

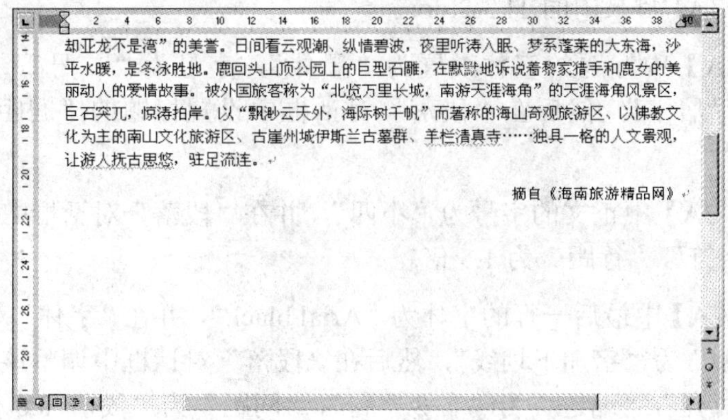


图 6-30 “水印”效果

在文档中添加水印后，如果对所设置的水印不满意，可以很方便地替换或删除水印。为此，可重新打开“水印”对话框，在该对话框中单击“无水印”按钮即可将水印删除。如果要修改水印效果，只需选择并设置新的水印方案即可。

## 6.7 小 结

本章介绍了文档的基本格式编排，如为文字设置字体、字号和修饰，段落格式设置，为文字、段落或页面设置边框的方法，以及为文档设置背景和水印的方法等。

## 6.8 习 题

1．设置文档的基本格式，如图 6-31 所示。

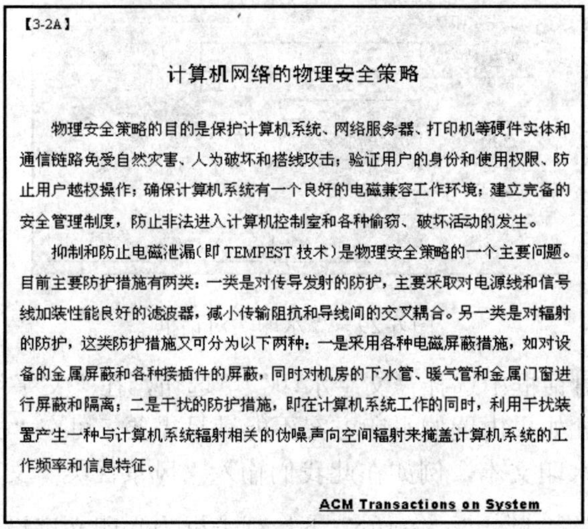

【3-2A】

计算机网络的物理安全策略

物理安全策略的目的是保护计算机系统、网络服务器、打印机等硬件实体和通信链路免受自然灾害、人为破坏和搭线攻击；验证用户的身份和使用权限、防止用户越权操作；确保计算机系统有一个良好的电磁兼容工作环境；建立完备的安全管理制度，防止非法进入计算机控制室和各种偷窃、破坏活动的发生。

抑制和防止电磁泄漏（即 TEMPEST 技术）是物理安全策略的一个主要问题。目前主要防护措施有两类：一类是对传导发射的防护，主要采取对电源线和信号线加装性能良好的滤波器，减小传输阻抗和导线间的交叉耦合。另一类是对辐射的防护，这类防护措施又可分为以下两种：一是采用各种电磁屏蔽措施，如对设备的金属屏蔽和各种接插件的屏蔽，同时对机房的下水管、暖气管和金属门窗进行屏蔽和隔离；二是干扰的防护措施，即在计算机系统工作的同时，利用干扰装置产生一种与计算机系统辐射相关的伪噪声向空间辐射来掩盖计算机系统的工作频率和信息特征。

ACM Transactions on System

图 6-31 设置文档的基本格式

【操作要求】

（1）打开 DATA1 目录中的 TF3-2.doc。

（2）将【3-2A】中标题的字体设置为“黑体”，字号为“二号”，并设置“对齐方式”为“居中”，然后在“段落”对话框中设置标题的“间距”为段前、段后各空 1 行。

（3）设置【3-2A】中正文的字号为“小四”，并在“段落”对话框中设置“首行缩进”为“2 字符”，“行距”为 1.5 倍。

（4）设置【3-2A】中最后一行的字体为“Arial black”，并在“字体”对话框中设置“下划线线型”为“字加下划线”，然后在“段落”对话框中调整该行的“对齐方式”为“右对齐”，“缩进”为“右 2 字符”，“间距”为“段前 0.6 行”。

2．设置项目符号或编号（在此以设置项目符号为例），如图 6-32 所示。

样文【3-2B】↵

Belling the Cat↵

- Long ago, the mice had a general council to consider what measures they could take to outwit their common enemy, the Cat.↵
- Some said this and some said that; but at last a young mouse got up and said he had a proposal to make, which he thought would meet the case." You will all agree," said he, "that our chief danger consists in the sly and treacherous manner in which the enemy approaches us. Now, if we could receive some signal of her approach, we could easily escape from her. I venture, therefore, to propose that a small bell be procured, and attached by a ribbon round the neck of the Cat.　By this means we should always know when she was about, and could easily retire while she was in the neighborhood."↵
- This proposal met with general applause, until an old mouse got up and said: "That is all very well, but who is to bell the Cat?" The mice looked at one another and nobody spoke. Then the old mouse said:↵

"It is easy to propose impossible remedies."↵

图 6-32　设置项目符号

【操作要求】

（1）在 TF3-2.doc 文档中的【3-2B】中选中需要设置项目符号的内容。

（2）在“项目符号和编号”对话框的“项目符号”选项卡中设置所需的项目符号。

# 第 7 章　文档页面设置

在实际工作中，用户可能根据需要将文档划分为若干节（例如，一本书中的多章，每章均为单独一节），以便为各节设置不同的页眉、页脚或不同版式。同时，为了美化版面，用户还可能需要对文档进行分栏、为文档添加页眉和页脚。此外，为了适应不同的纸张大小，用户还必须对文档页面进行设置。

**本章重点：**

- 文档分页、分节与分栏方法
- 为文档添加页眉和页脚的方法
- 设置纸张大小、页边距和每页行列数的方法

## 7.1　文档分页与分节

通常情况下，用户在编辑文档时，系统会自动分页。但是，用户也可通过插入分页符在指定位置强制分页。例如，对于一个文档中的多篇文章。

要想将文档中指定位置以后的内容安排到下一页，可首先将光标定位在选定位置，然后选择“插入”|“分隔符”菜单打开“分隔符”对话框。在该对话框中选择“分隔符类型”区中的“分页符”，然后单击“确定”按钮即可，如图 7-1 所示。

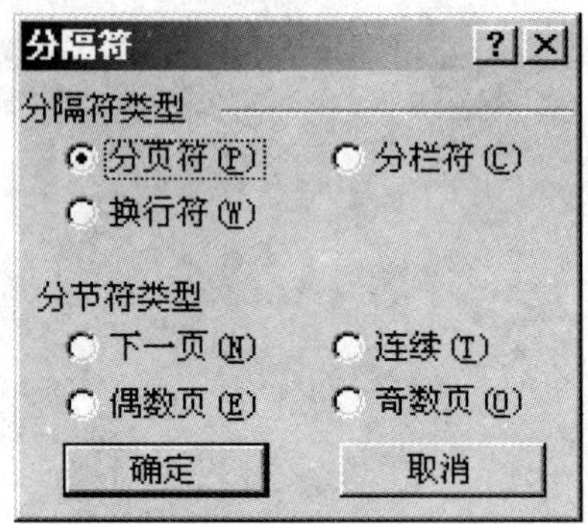


图 7-1　“分隔符”对话框

为了便于对同一个文档中不同部分的文本进行不同的格式化，用户可以将文档分割成多个节。节是文档格式化的最大单位，只有在不同的节中，才可以设置与前面文本不同的页眉、页脚、页边距、页面方向、文字方向或分栏版式等格式。分节可以使文档的编辑排版更灵活，版面更美观。

同样，要对文档进行分节，可首先将光标定位在选定位置，然后选择“插入”|“分隔符”菜单，打开“分隔符”对话框。在该对话框中选择“分节符类型”区中的适当选项，然后单击“确定”按钮即可。

✧　如果改变了文档中某一部分的页面设置，如纸张大小和方向、页边距、页码、页眉和页脚，或重新分栏，Word 会自动建立一个新节，并在重新设置格式的开始位置自动插入一个分节符。当用户移动插入符或浏览新节的页面时，状态区会反映当前节的节号。

✧　如果要删除分节符，可在选中要删除的分节符后按 Delete 键。由于分节符中保存着该分节符上面文本的格式，所以删除一个分节符，就意味着删除了这个分节符之上的文本所使用的格式，这时该节的文本将使用下一节的格式。

## 7.2　设置分栏

利用 Word 的分栏排版功能，可以在文档中建立不同数量或不同版式的栏。在分栏的外观设置上，Word 具有很大的灵活性，用户可以控制栏数、栏宽以及栏间距，还可以很方便地设置分栏长度。

设置分栏后，Word 的正文将逐栏排列。栏中文本的排列顺序是从最左边的一栏开始，自上而下地填满一栏后，再自动从一栏的底部接续到右边相邻一栏的顶端，并开始新的一栏，文本在多栏间的流动方式如图 7-2 所示。

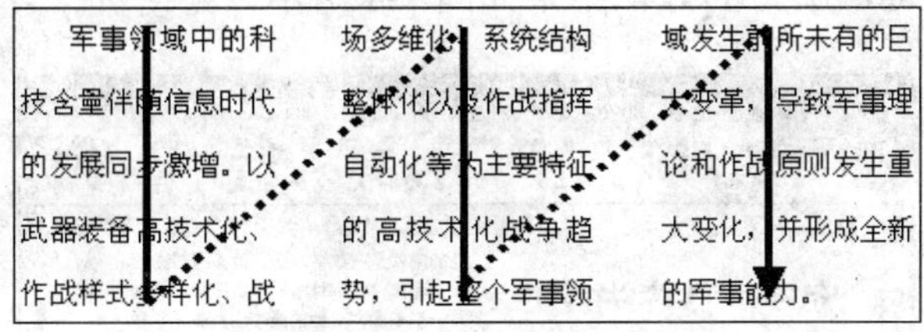


图 7-2　文字在栏间的流动顺序

✧　在“普通”视图方式下不能显示多栏版式，被设置成多栏版式的文本只能一栏一栏地显示。只有切换到“页面”视图或“打印预览”方式下，才能查看或设置多栏文本，并看到多栏并排显示的实际效果。

### 7.2.1　使用分栏按钮设置等宽栏

把一个文档设置为等宽的多栏版式，最简便的方法是使用“常用”工具栏上的“分栏”按钮。

（1）切换到“页面视图”方式。

（2）选中要进行分栏的文本。

（3）单击“常用”工具栏上的“分栏”按钮，此时在该按钮的下方将显示一个含有四个栏的示意窗口。

（4）在示意窗口中拖动鼠标，选定所需的栏数，如图 7-3 所示。拖动鼠标时，在分栏示意窗口的底端会自动显示栏数，在 Word 2002 中分栏数最多可到 7 栏。

图 7-3 拖动鼠标设置分栏数

（5）松开鼠标左键，所得的分栏结果如图 7-4 所示。

图 7-4 建立多栏文档

### 7.2.2 使用“分栏”命令设置分栏

使用“分栏”按钮可以很方便地设置不多于 7 栏的等宽栏，而使用“分栏”命令不仅可以设置等宽栏，还可以按照特殊要求设置不等宽栏或设置栏数大于 7 的分栏。

（1）选中要设置分栏或要修改分栏选项的文本。

（2）单击“格式”菜单中的“分栏”命令，打开如图 7-5 所示的“分栏”对话框。

（3）要取消分栏，可在“预设”选项区中选择“一栏”，从而将已经分为多栏的文本恢复成单栏版式；在“预设”选项区中单击“两栏”、“三栏”按钮，或在“栏数”编辑框中输入一个大于 3 的数值时，可设置分栏。在这里“栏数”最多可设置为 11 栏。

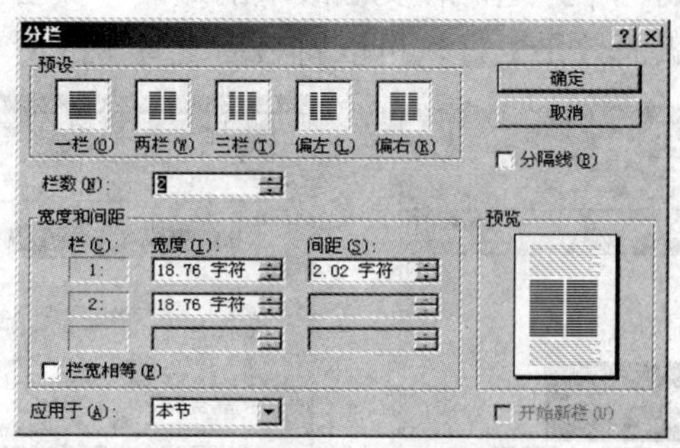


图 7-5　“分栏”对话框

（4）要设置等宽栏，可选中“栏宽相等”复选框；要设置不等宽栏，可在“预设”选项区中选择“偏左”或“偏右”选项。但是，要设置 3 栏以上的不等宽栏，必须取消“栏宽相等”复选框，并在“宽度和间距”列表框中分别设置或修改每一栏的栏宽以及栏间距。

（5）设置分隔线。选中“分隔线”复选框，可在栏与栏之间设置分隔线，使各栏之间的界限更加明显。

（6）单击“应用于”下拉列表框，选择分栏应用范围。

✧　在“应用于”下拉列表中选择“所选文字”或“插入点之后”时，Word 会自动将该部分设置成独立的节。

（7）单击“确定”按钮。

### 7.2.3　设置通栏标题

通栏标题，就是跨越多栏的标题。设置通栏标题的方法有多种，用户可以先将其设置为单栏，然后再对其后的文本进行分栏。用户还可以用下面的方法，为已经设置为多栏的文档，设置跨越多栏的标题。

（1）切换到“页面视图”方式。

（2）选中要设置成通栏标题的文本。

（3）单击“常用”工具栏中的▤按钮。

（4）选择“1 栏”，即可将标题行设置为通栏标题，如图 7-6 所示。

### 7.2.4 设置等长栏

默认情况下，每一栏的长度都是由 Word 根据文本数量和页面大小自动设置的，但有时这种自动确定的分栏位置或栏的长度往往不能满足用户的需要。例如，Word 会将文档的全部内容集中排列在前面的栏中，这时在文档或节的最后一页会出现如图 7-7 所示的不均匀的栏尾。为了使文档的版面效果更好，可以将最后一页中的所有栏设置为等长栏。

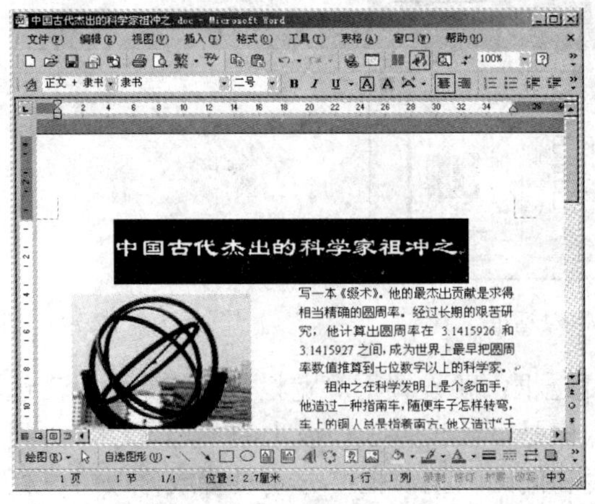


图 7-6 创建通栏标题

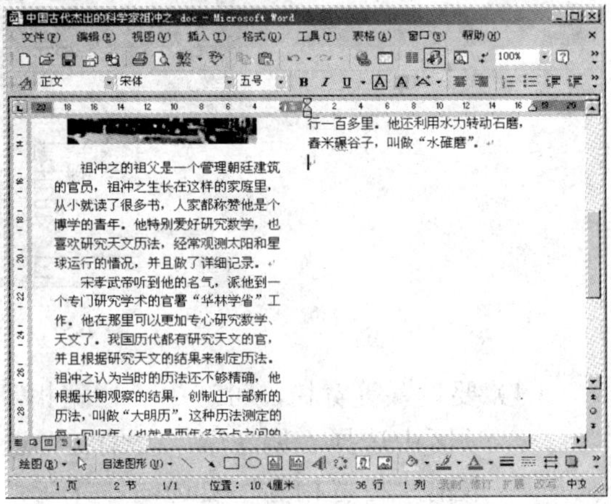

图 7-7 不均匀的栏尾示例

（1）将插入符置于要设置等长栏的文本结尾位置。

（2）选择“插入”|“分隔符”菜单，打开“分隔符”对话框。

（3）在“分隔符”对话框的“分节符类型”选项区中选择“连续”单选钮。

（4）单击“确定”按钮，即可得到一个等长的栏，如图 7-8 所示。

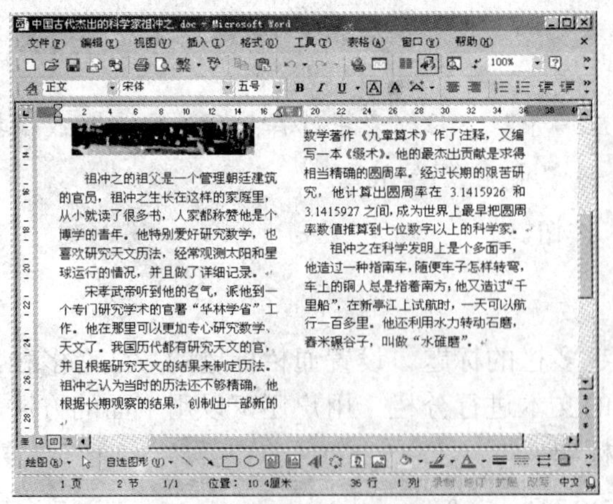


图 7-8 设置“等长栏”示例

> ✧　如果仅对选定文本进行分栏，由于分节符类型本身就是连续型的，本操作无意义。因此，只有对整篇文档进行分栏时（即不选中任何文本），才会用到本操作。

### 7.2.5　利用标尺调整栏宽和栏间距

设置分栏时，用户可以根据需要设置分栏的栏数、每一个栏的宽度以及栏间距。分栏后，如果只改变文档的栏数，Word 会自动调整栏宽以适应左右页边距之间的间距。反之，如果调整了页边距或重新设置了栏间距，Word 会自动修改栏宽，以适应变化后的页边距。

如果要快速调整某一栏的栏宽和栏间距，可首先将插入符放置在要修改栏宽和栏间距的栏内，然后拖动水平标尺上的分栏标记，如图 7-9 所示。

图 7-9　利用标尺调整栏宽和栏间距

最后，通过选择“插入”|“分隔符”菜单，然后在打开的“分隔符”对话框中选择“分栏符”单选钮，用户还可在指定位置插入分栏符。

## 7.3　为文档添加页眉和页脚

页眉和页脚分别位于文档页面的顶部或底部的页边距中，常常用来插入标题、页码、日期等文本或公司徽标等图形与符号。用户可以将首页的页眉或页脚设置成与其他页不同的形式，也可以对奇数页和偶数页设置不同的页眉和页脚。在页眉和页脚中还可以插入域，如在页眉和页脚中插入时间、页码，就是插入了一个提供时间和页码信息的域。当域的内容被更新时，页眉页脚中的相关内容就会发生变化。

### 7.3.1 页眉和页脚工具栏

单击“视图”菜单中的“页眉和页脚”命令，Word 会自动打开“页眉和页脚”工具栏，利用该工具栏可以方便地创建或查看页眉与页脚，如图 7-10 所示。该工具栏的按钮名称及功能如表 7-1 所示。

图 7-10 “页眉和页脚”工具栏

表 7-1 “页眉和页脚”工具栏中按钮的名称及功能

| 按 钮 | 名 称 | 功 能 |
|---|---|---|
| 插入“自动图文集”(S) | 插入自动图文集 | 在页眉或页脚中插入自动图文集词条 |
|  | 插入页码 | 在页眉或页脚中插入当前页的页码。当添加或删除页时，此页码会自动更新 |
|  | 插入页数 | 在页眉或页脚中插入当前文档的总页码数 |
|  | 页码格式 | 打开“页码格式”对话框，在此对话框中可设置插入的页码格式 |
|  | 插入日期 | 在页眉或页脚中插入系统日期，以便打开或打印文件时显示当前日期 |
|  | 插入时间 | 在页眉或页脚中插入自动更新的时间域，以便打开或打印文件时显示当前时间 |
|  | 页面设置 | 打开“页面设置”对话框，用来设置页边距、纸张大小、纸张来源或版式等 |
|  | 显示/隐藏文档正文 | 在编辑页眉或页脚时，显示或隐藏正文 |
|  | 在页眉和页脚间切换 | 在页眉或页脚区之间切换 |
|  | 同前 | 创建与前一节相同的页眉或页脚 |
|  | 显示前一项 | 将插入符移至上一页眉或页脚 |
|  | 显示下一项 | 将插入符移至下一页眉或页脚 |
| 关闭(C) | 关闭 | 关闭页眉/页脚编辑状态，返回正文编辑状态 |

### 7.3.2 插入页码

由于页码通常都被放在页眉区或页脚区，因此，只要在文档中设置页码，实际上就是在文档中加入了页眉或页脚。设置页码之后，Word 可以在后续的所有页上自动添加页码。

设置页码的操作步骤如下：

（1）单击要设置页码的文档或节。

（2）选择“插入”菜单中的“页码”命令，打开如图 7-11 所示的“页码”对话框。

从该对话框的“预览区”中，用户可以随时观察页码的设置效果。

（3）单击“位置”列表框中的“下拉”按钮，从弹出的下拉列表中选择设置页码的位置。默认状态下为“页面底端（页脚）”。

（4）单击“对齐方式”列表框中的“下拉”按钮，从弹出的下拉列表中选择页码的对齐方式。对于一个双面文档，要为页码选择内侧或外侧的对齐方式。

（5）选中“首页显示页码”复选框，页码将从第一页开始计算。当文稿的首页没有正文而只是一个封面时，删除“首页显示页码”复选框中的标记，可以取消首页页码，这时第二页的页码依然是 2。

（6）如果要改变页码的数字格式，可单击“格式”按钮，打开如图 7-12 所示的“页码格式”对话框，然后在“数字格式”下拉列表框中选择一种页码格式。

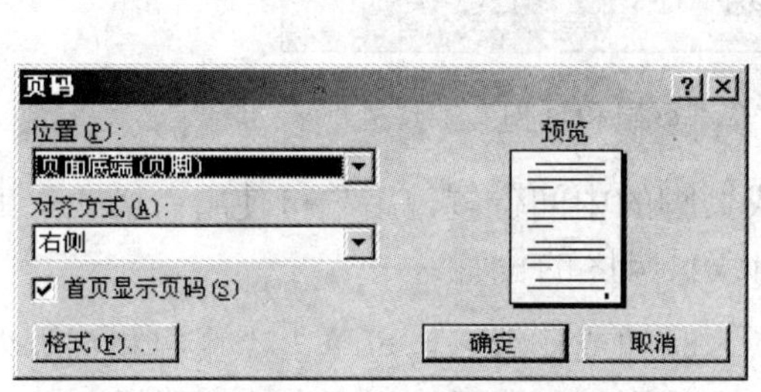

图 7-11 “页码”对话框

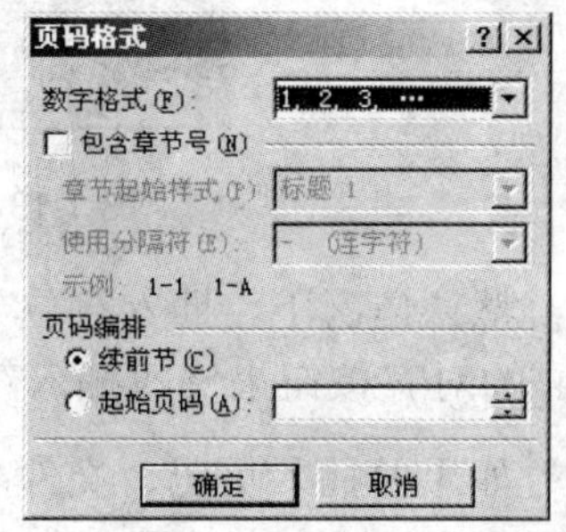


图 7-12 “页码格式”对话框

（7）若选中“包含章节号”复选框，表示在页码格式中包含章节号，如“1-1”表示第一章第 1 页。

（8）在“页码编排”选项区，可做以下选择：

- 如果文档被分成了若干节，选中“续前节”，可以给将所有节的页码设置成彼此连续的页码。
- 选中“起始页码”，则在本节中重新设置起始页码。

（9）单击“确定”按钮。

### 7.3.3 创建页眉和页脚

要创建页眉和页脚，用户只需在某一个页眉（或页脚）中输入要放置在页眉（或页脚）的内容，Word 会把它们自动加到每一页上。页眉和页脚的格式基于页眉和页脚样式，就像修改其他样式一样，用户可改变它们的默认外观，修改这些样式。为了应用方便，在很多情况下，页眉和页脚通常被设计成模板的一部分。不过，页眉和页脚只有在页面视图或打印预览中才是可见的。

由于页眉和页脚与文档的正文处于不同的层次上，因此，在编辑页眉和页脚时不能编辑文档正文。同样，在编辑文档正文时也不能编辑页眉和页脚。

创建页眉和页脚的操作步骤如下：

（1）选择“视图”菜单中的“页眉和页脚”命令，进入页眉与页脚编辑状态，如图 7-13 所示。

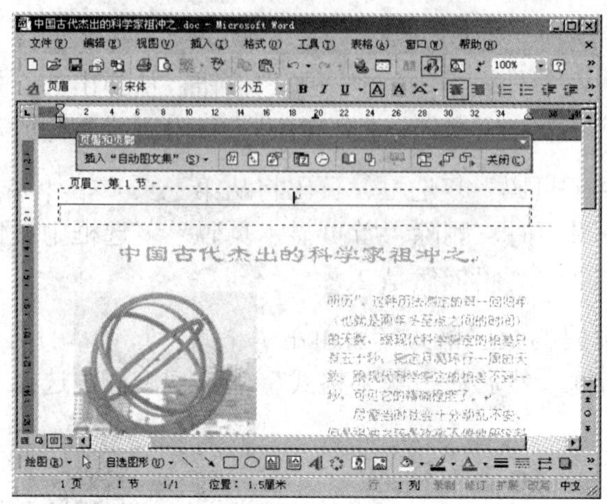


图 7-13　页眉区与“页眉和页脚”工具栏

（2）默认情况下，插入符位于页眉或页脚的中间位置，用户可使用“格式”工具栏上的对齐按钮来修改插入符在页眉或页脚区的位置。

（3）如果要插入页码、文件名、日期、时间或作者名，可单击“页眉和页脚”工具栏上的“插入自动图文集”按钮，然后从弹出的下拉列表中选择要插入的自动图文集词条（例如，选择“-页码-”），如图 7-14 所示。

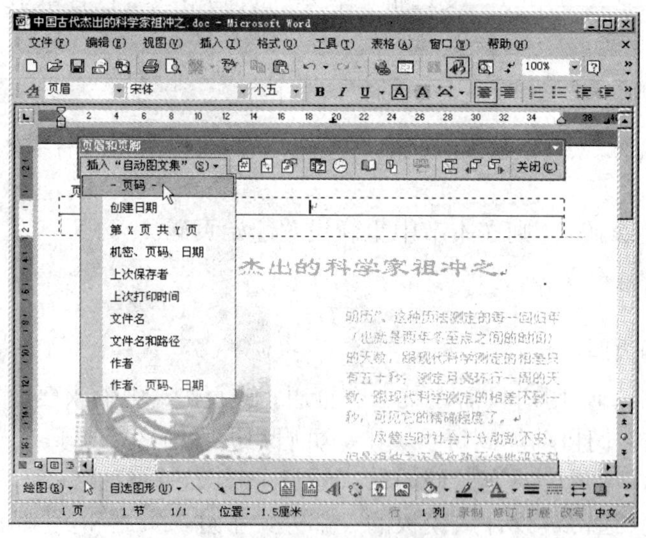


图 7-14　从下拉列表中选择要插入的自动图文集词条

（4）如果要设置页脚，可首先单击“页眉和页脚”工具栏中的“在页眉和页脚间切换”按钮切换到页脚，然后在“页脚”编辑区输入所需的页脚。

（5）单击“关闭”按钮返回文档。

◇　如果用户不希望为首页设置页眉和页脚，或者希望为奇偶页设置不同的页眉和页脚，可选择“文件”|“页面设置”菜单，然后在“页面设置”对话框的“版式”选项卡中选中“首页不同”和“奇偶页不同”复选框。

### 7.3.4　修改或删除页眉页脚

用户可以方便地修改或删除已经设置在页眉和页脚中的内容，以及在页眉或页脚中设置、修改或删除页眉页脚中的横线。

（1）选择“视图”菜单中的“页眉和页脚”命令或者在页眉或页脚区双击，屏幕上显示出页眉或页脚编辑区以及“页眉和页脚”工具栏。

（2）按照前面介绍的编辑正文的方法，编辑页眉或页脚内容。

（3）在要修改页眉中横线的文档或节中，选中页眉区横线上一行的段落标记。

（4）单击“格式”工具栏中的“表格和边框”按钮，打开“表格和边框”工具栏，利用该工具栏设置线型与粗细。

（5）打开框线下拉列表，通过选择不同的按钮，可删除书眉线、改变书眉线，如图 7-15 所示。

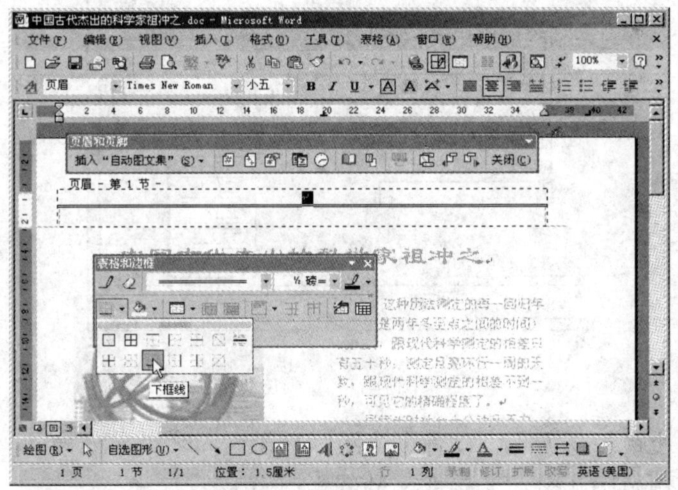


图 7-15　修改书眉线

◇　如果希望只删除首页页眉中的横线，则应选中“页面设置”对话框中的

“首页不同”复选框。

（6）在文档编辑区双击或单击“页眉和页脚”工具栏中的“关闭”按钮，返回到文档编辑状态。

## 7.4 设置纸张大小、页边距和每页行列数

页面设置包括对纸张大小、页边距、字符数/行数、纸张来源和版面等设置，这些设置是打印文档之前必须要做的准备工作，这就相当于在写字前先挑选一张尺寸合适的纸，并设计好书写的格式。用户可以使用 Word 默认的页面设置，也可以根据需要重新设置或随时修改这些选项。设置页面既可以在输入文档之前，也可以在输入过程中或文档输入之后进行。

要进行页面设置，可选择“文件”|“页面设置”菜单，此时系统将打开“页面设置”对话框。在该对话框中利用各选项卡可完成如下设置：

- 利用“纸张”选项卡可设置纸型，如 A4、B5、16 开、32 开、大 32 开、自定义等，如图 7-16 所示。

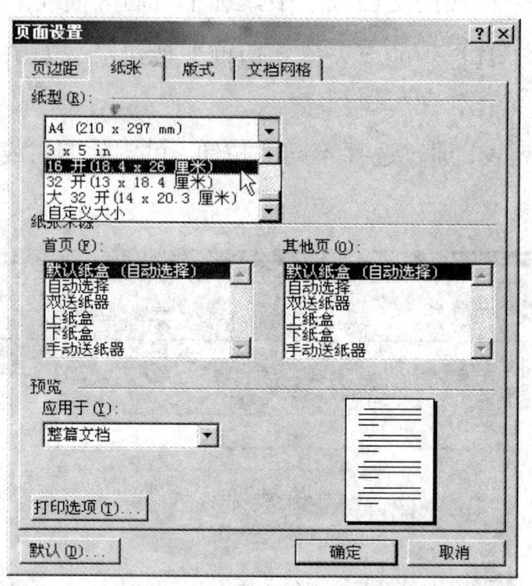


图 7-16 选择纸型

- 利用“页边距”选项卡可设置页边距、打印方向（纵向或横向）、多页设置，以及设置的作用范围（整篇文档或文档的当前节）。
- 利用“版式”选项卡可设置是否创建新节、页眉与页脚的编排形式（奇偶页不同，首页不要页眉与页脚）、页眉与页脚和页边线之间的距离以及设置的作用范围（整篇文档或文档的当前节），是否增加行号，或者为页面增加边框，如图 7-17 所示。
- 利用“文档网格”选项卡可设置文字排列方向、每页的行数与字符数、设置的作用范围、绘图网格尺寸及缺省字体设置等。

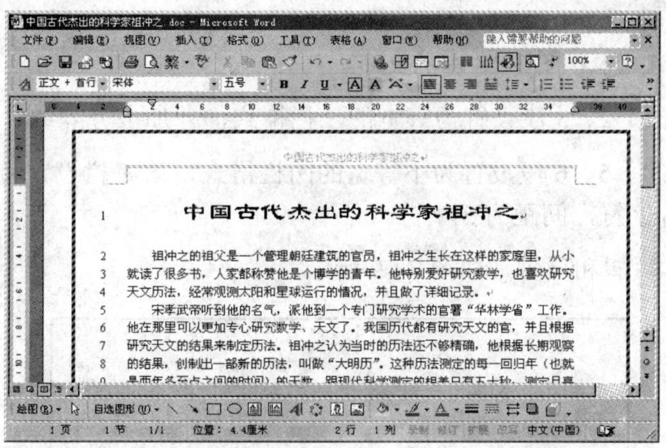


图 7-17　为文档增加行号并为页面增加边框

## 7.5　小　结

本章主要介绍了与文档页面设置相关的知识，如文档强制分页、文档分节、分栏的方法，以及为文档添加页眉和页脚的方法等。

## 7.6　习　题

1．设置分栏格式，如图 7-18 所示。

网络的发展前景

如今，我们经常谈论信息高速公路和异步传输模式（ATM），正如 Internet 是世界范围内信息交流的一场革命一样，ATM 也为高速网络的发展带来了新的途径。

ATM 已经是指日可待。世界上许多宽带通讯专家选择 ATM 是因为它能适应未来通讯服务的要求。选择 ATM 的主要原因是众所周知的，它包括集成化网络、可变带宽和可变距离等。

ATM 是新一代的网络。它必将极大地推动网络在科学、医药和教育等领域的应用。例如：在医学图像应用中，允许您对 X 光片、CAT 扫描以及 MRI 图像进行转换并用数学格式存贮。这些图像经常要由几个医生在同一时刻访问。通过网络向这些医生传送数字图像需要很高的带宽，若要支持这些应用，网络必须能够提供高速可靠的数据传输服务。

对于大学来说，借助于 ATMR 帮助，将“教室”这一定义的外延扩展到远远超出了地理上的界限。通过“远程学习”等应用程序，即使您在千里之外，也可以成为班级的一部分。这样，您根本无需在那里就可以同其他人进行交流。

ATM 技术的吸引力是它的广泛适应性——ATM 适用于各种联网问题，从工作组到全球性网络，从针对客户服务器应用的简单点对点通信到复杂的多点广播业务。它能够对多协议端系统、传统的数据服务以及多媒体业务提供支持。

信元交换（也称为信元中继）是和 ATM 相关联的一般性说法，它兼有分组交换的可调带宽和高速度，以及电路和帧交换固有的低时延。类似于分组交换，ATM 利用了将信息分成小段的观点，不过没有使用分组交换的差错校验功能。

不同于分组和帧交换中的可变长度分组，ATM 的固定长度（53 字节）信元具有以下优点：

✧ 数据能够并行地在单一物理链路上传输，ATM 业务具有固有的可复用性。

图 7-18　设置分栏

【操作要求】

（1）打开 Word，输入图 7-18 中的文本。

（2）将正文第 1、2、3 段设置为等宽的三栏格式，并加上分隔线。

（3）将正文第 4、5、6 段设置为不等宽的两栏格式，第 1 栏设置为 13 字符，第 2 栏设置为 16 字符，间距为 3 字符。

2．设置页面、页眉和页脚，如图 7-19 所示。

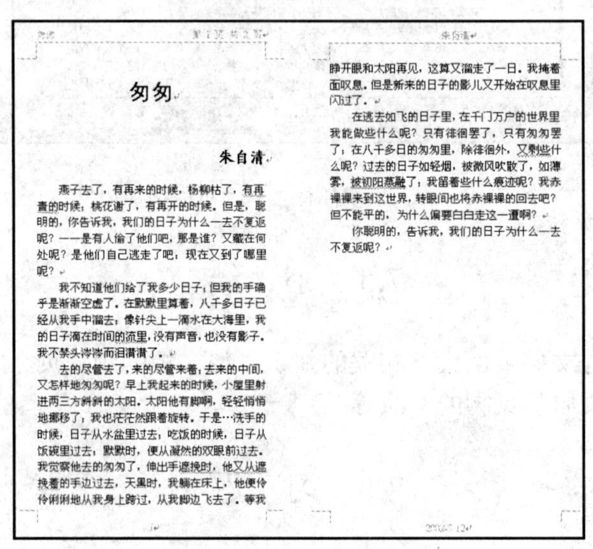

匆匆

朱自清

燕子去了，有再来的时候，杨柳枯了，有再青的时候；桃花谢了，有再开的时候。但是，聪明的，你告诉我，我们的日子为什么一去不复返呢？——是有人偷了他们吧，那是谁？又藏在何处呢？是他们自己逃走了吧，现在又到了哪里呢？

我不知道他们给了我多少日子；但我的手确乎是渐渐空虚了。在默默里算着，八千多日子已经从我手中溜去；像针尖上一滴水在大海里，我的日子滴在时间的流里，没有声音，也没有影子。我不禁头涔涔而泪潸潸了。

去的尽管去了，来的尽管来着；去来的中间，又怎样地匆匆呢？早上我起来的时候，小屋里射进两三方斜斜的太阳。太阳他有脚啊，轻轻悄悄地挪移了；我也茫茫然跟着旋转。于是…洗手的时候，日子从水盆里过去；吃饭的时候，日子从饭碗里过去，默默时，便从凝然的双眼前过去。我觉察他去的匆匆了，伸出手遮挽时，他又从遮挽着的手边过去，天黑时，我躺在床上，他便伶伶俐俐地从我身上跨过，从我脚边飞去了。等我睁开眼和太阳再见，这算又溜走了一日。我掩着面叹息。但是新来的日子的影儿又开始在叹息里闪过了。

在逃去如飞的日子里，在千门万户的世界里我能做些什么呢？只有徘徊罢了，只有匆匆罢了；在八千多日的匆匆里，除徘徊外，又剩些什么呢？过去的日子如轻烟，被微风吹散了，如薄雾，被初阳蒸融了；我留着些什么痕迹呢？我赤裸裸来到这世界，转眼间也将赤裸裸的回去吧？但不能平的，为什么偏要白白走这一遭啊？

你聪明的，告诉我，我们的日子为什么一去不复返呢？

图 7-19　设置页眉、页脚

【操作要求】

（1）打开 Word，输入图 7-19 中的文本。

（2）设置文档的纸张为大 32 开。

（3）设置奇、偶页不同的页眉和页脚。

（4）在奇数页的页眉左侧输入文字“匆匆”，在右侧插入自动图文集“第 X 页共 Y 页”。

（5）在奇数页的页脚中间插入页码，页码格式设置为Ⅰ，Ⅱ，Ⅲ。

（6）在偶数页的页眉中间输入文字“朱自清”；在页脚中间插入日期。

# 第 8 章　图文混排

图像是对图片、图形、从电子表格中转换来的图表以及艺术字、公式、组织结构图等图形对象的总称，本章将介绍在 Word 中创建或引用图像的多种方法。作为一个优秀的字处理软件，Word 可以实现对各种图形对象的绘制、缩放、存储、插入和修饰等多种操作，还可以把图形对象与文字结合在一个版面上，实现图文混排，轻松地设计出图文并茂的文档。大多数图像只有在页面视图下是可见的，因此，当用户对任何图形对象操作时，Word 会自动切换到页面视图方式下。

**本章重点：**

- 在文档中插入和编辑图形与图片的方法
- 文本框和艺术字的使用
- 在文档中插入公式的方法

## 8.1　在文档中插入图形

利用 Word“绘图”工具栏上的绘图工具，用户可以轻松、快速地绘制出各种外观专业、效果生动的图形。对绘制出来的图形，可以重新调整其大小，进行旋转、翻转、添加颜色等修改，还可以将绘制的图形与其他图形组合，制作出各种更复杂的图形。

在 Office XP 中，系统提供了一种所谓的绘图画布。当插入图形时，系统将自动打开一个绘图画布，可在其中绘制一个或多个图形。如果在绘图画布外单击并拖动，则可不使用绘图画布。如果将图形绘制在了绘图画布中，则用户可通过控制绘图画布的“文字环绕”属性，控制其中图形的文字环绕属性。此外，用户还可为绘图画布设置填充颜色、边线颜色；可通过调整绘图画布的尺寸，统一缩放其中图形的尺寸；可自由地将图形从绘图画布中拖出，或者将图形从绘图画布外拖入画布。

### 8.1.1　绘图工具栏中各工具的意义

单击“常用”工具栏中的“绘图”按钮，即可显示如图 8-1 所示的“绘图”工具栏。该工具栏中的各按钮名称及其功能如表 8-1 所示。用户可以根据需要把“绘图”工具栏移到屏幕的任意位置，也可以将它固定在文档窗口的某一侧。

图 8-1　“绘图”工具栏

### 8.1.2　绘制图形的步骤

利用“绘图”工具栏，可以绘制出各种形状的图形。制作比较小的图形时，可以使用

“常用”工具栏上的显示比例放大显示以看清图形的细节。绘制图形的操作步骤如下：

（1）打开“绘图”工具栏，单击其中的直线、箭头、矩形、椭圆按钮，或单击“自选图形”按钮，然后从弹出的菜单中选择所需的图形类型，如图 8-2 所示。

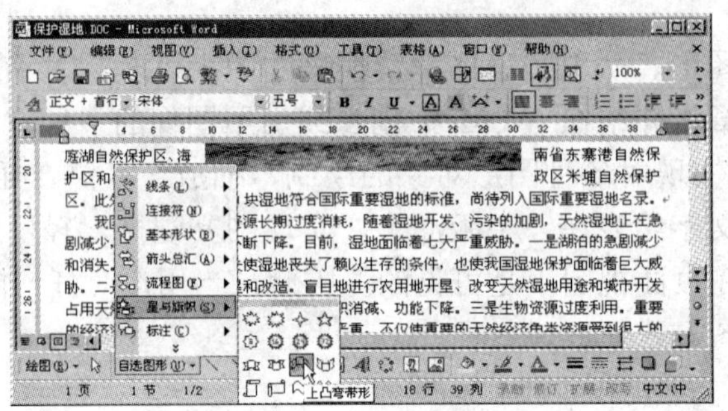


图 8-2　在“自选图形”菜单中选择所需的图形类型

表 8-1　“绘图”工具栏中的按钮名称及其功能

| 按　钮 | 按钮名称 | 功　能 |
|---|---|---|
| 绘图(R) ▾ | 绘图 | 打开“绘图”菜单，菜单中包含多个对图像进行操作的命令及下拉菜单 |
| | 选择对象 | 用以选择一个或多个图形对象 |
| 自选图形(U) ▾ | 自选图形 | 提供多种自选图形工具，从中可选择所需的自选图形 |
| | 直线　箭头 | 单击或拖动鼠标可绘制一条直线或箭头 |
| | 矩形　椭圆 | 单击或拖动鼠标可绘制一个矩形（椭圆），按住 Shift 键拖动鼠标可绘制一个正方形（圆） |
| | 文本框 | 单击或拖动鼠标可绘制一个横（竖）排文本框 |
| | 插入艺术字 | 插入图形化的文字 |
| | 插入组织结构图和其他图示 | 插入组织结构图，用于显示层次关系 |
| | 插入剪贴画 | 打开“插入剪贴画”对话框 |
| | 填充颜色 | 在所选对象的内部填充某种颜色 |
| | 线条颜色 | 将所选线条设置为某种颜色 |
| A ▾ | 字体颜色 | 将所选字符设置为某种颜色 |
| | 线型 | 将所选线条设置为某种线型宽度 |
| | 虚线线型 | 将所选线条设置为某种虚线线型 |
| | 箭头样式 | 将所选线条设置为某种箭头形状 |
| | 阴影 | 将所选对象设置为某种阴影格式 |
| | 三维效果 | 将所选对象设置为某种三维格式 |

（2）选中绘图图形后，系统将自动打开如图 8-3 所示的绘图画布编辑窗口与“绘图画布”工具栏。

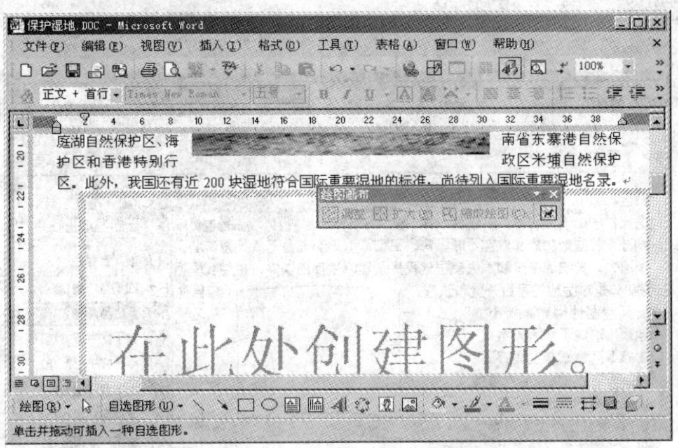


图 8-3　系统自动打开绘图画布窗口与“绘图画布”工具栏

（3）如果希望在绘图画布区绘制图形，可直接在该区域单击绘制默认尺寸的图形，或单击并拖动绘制指定尺寸的图形，如图 8-4 所示。

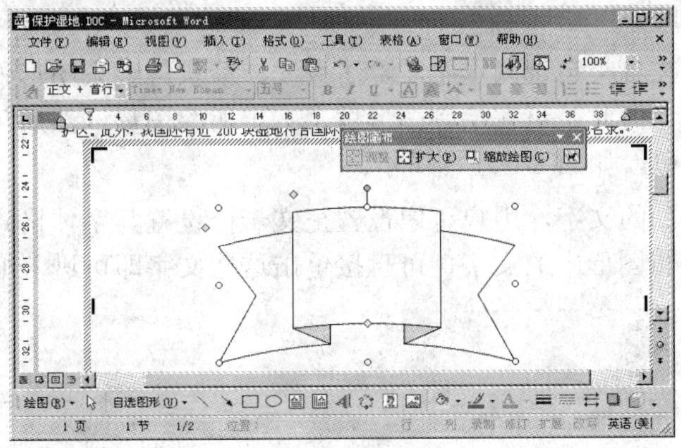


图 8-4　在绘图画布区绘制图形

（4）单击绘图画布边框，选中绘图画布，然后单击“绘图画布”工具栏中的文字环绕按钮，并从弹出的菜单中选择“紧密型环绕”菜单，结果如图 8-5 所示。

◇　绘制图形时，如果在拖动鼠标时按住 Shift 键，可保持图形的宽、高比例不变，从而使图形不扭曲失真。若要绘制对称图形，可在拖动时按住 Ctrl 键。绘制直线时，按住 Shift 键拖动鼠标，可限制此直线与水平线的夹角为 15°、30°、45° 等。

✧ 如果在绘制图形时不想使用绘图画布，可选择“工具”|“选项”菜单，打开“选项”对话框，并在该对话框的“常规”选项卡中取消“插入‘自选图形’时自动创建画布”复选框即可。

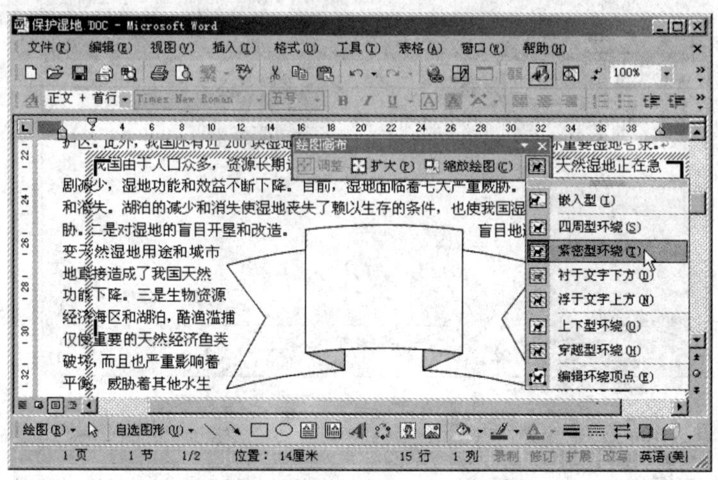

图 8-5 改变绘图画布的文字环绕方式

### 8.1.3 在图形中添加文字

值得指出的是，在各类自选图形中，除了直线、箭头等线条图形外，其他所有图形都允许向其中添加文字。为此，可在绘制图形后，右击所绘图形，然后从弹出的快捷菜单中选择“添加文字”菜单，如图 8-6 左图所示。

对于向图形中添加的文字，用户可像设置正文一样设置其字体格式和段落格式（如图 8-6 右图所示）。要编辑图形中的文字，可直接单击这些文字即可进入编辑状态。

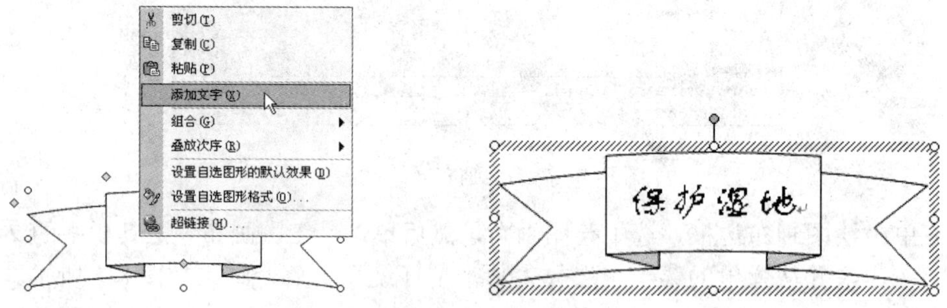


图 8-6 向自选图形中添加文字并设置

### 8.1.4 图形移动、旋转、对齐及尺寸、形状调整

如果用户对绘制出来的图形不满意，可以利用图形的“调整控制点”或“设置自选图形格式”对话框改变图形的尺寸。

选中一个图形后，其四周将出现一组控制点。将光标移至这些控制点，光标将呈↔ ↕ ↘ ↗形状，单击并拖动即可调整图形尺寸，如图 8-7 所示。

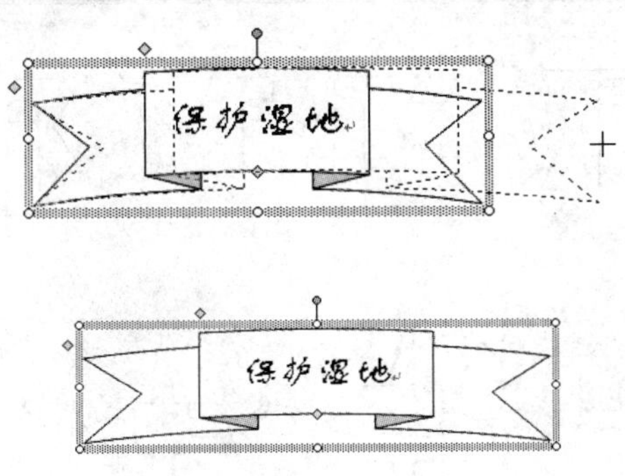


图 8-7　调整图形尺寸

此外，右击图形可打开图形编辑快捷菜单，从中选择“设置自选图形格式”可打开“设置自选图形格式”对话框。利用该对话框中的“大小”选项卡，可精确设置图形的尺寸和旋转角度。

要移动图形位置，可在单击选中图形后将光标移至图形编辑区。当光标呈✥形状时，单击并拖动即可。

要旋转图形对象，可在单击选中图形后，将光标移至其绿色圆点处。待光标将呈带箭头的环形后，单击并拖动即可，如图 8-8 上图所示。

单击“绘图”工具栏中的“绘图”工具，从弹出的菜单中选择“旋转或翻转”中的适当菜单项，也可旋转或翻转对象。其中，当选中“自由旋转”菜单时，将在图形的四个角点出现绿色旋转控制点。将光标移至这些点上方时，光标将变为环形箭头形状，此时，单击并拖动也可旋转图形对象，如图 8-8 下图所示。要结束图形的旋转状态，可在图形区域外单击即可。

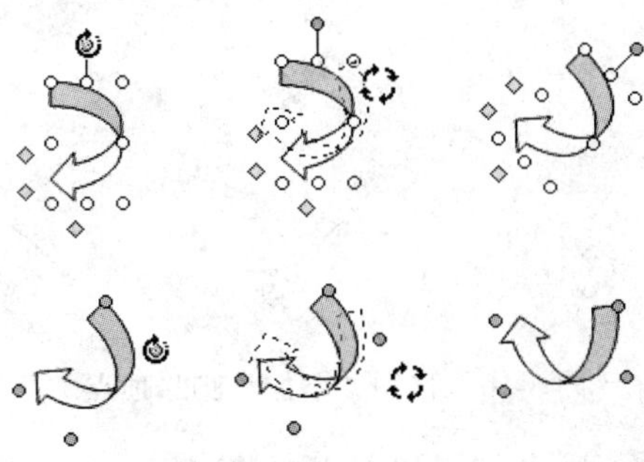

图 8-8　旋转图形对象

要对齐图形对象，可首先单击选中第一个图形对象，然后按住 Shift 键单击选中其他对象。接下来单击“绘图”工具栏中的“绘图”工具，然后从弹出的菜单中选择“对齐与分布”中的菜单项即可。

此外，对于某些图形而言，当选中该图形时，该图形周围会出现一个或多个黄色的菱形块——称为图形的“调整控制点”，随意拖动该点即可将图形改变成各种各样的形状，如图 8-9 所示。

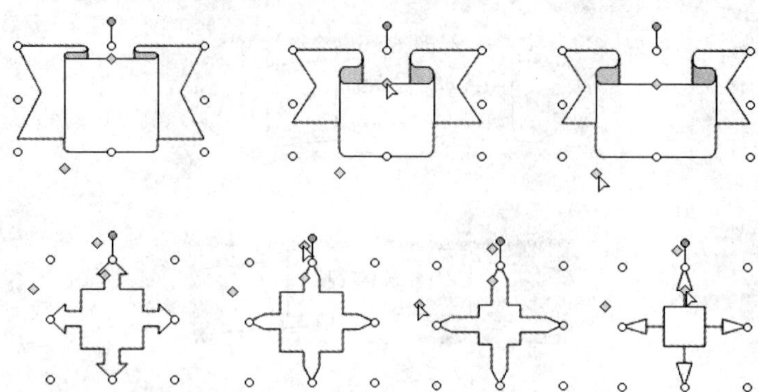

图 8-9　利用调整控制点改变图形形状

### 8.1.5　改变任意线条图形的形状

在自选图形绘制的图形中，大部分都有“调整控制点”，而用“线条”类型中的绘图工具绘制的图形没有调整控制点，但仍然可以修改其形状，其操作步骤如下：

（1）选中要改变形状的任意线条对象。

（2）单击“绘图”工具栏中的“绘图”按钮，打开“绘图”子菜单。

（3）单击“编辑顶点”命令，此时多边形的每一个顶点都出现一个黑色的顶点标志。

（4）要改变某个顶点的位置，可以直接用鼠标拖动该顶点到适当的位置；如果要在多边形的某个边上增加一个顶点，则在要添加顶点的地方单击，即可生成一个新顶点。如果要删除一个顶点，按住 Ctrl 键，再单击要删除的顶点，如图 8-10 所示。

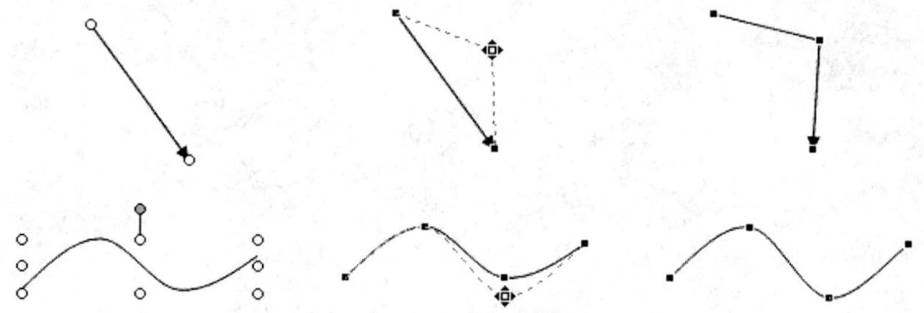

图 8-10　移动、添加和删除顶点

（5）将鼠标指向某个顶点后右击，可打开如图 8-11 所示的快捷菜单，单击其中的命令可改变顶点的类型。

### 8.1.6　多个图形的组合与分解

当文档中某个页面上插入了多个自选图形时，为了统一调整其位置、尺寸、线条和填充效果，可将其组合为一个图形单元。为此，首先单击选中第一个图形，然后按下 Shift 键单击选中其他要参与组合的图形。接下来右击其中任何一个已选中的图形打开一个快捷菜单，从中选择“组合”菜单项中的“组合”菜单，如图 8-12 所示。

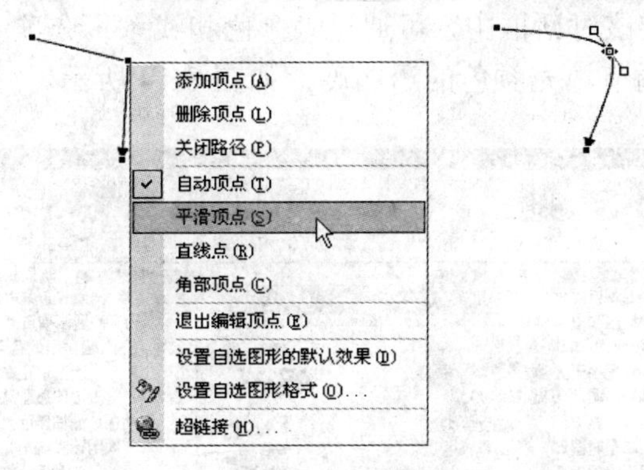


图 8-11　改变顶点类型

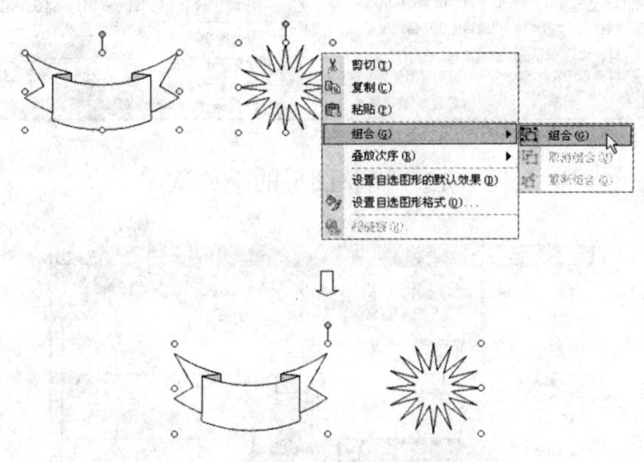


图 8-12　组合多个图形为一个图形单元

要取消组合，可右击组合图形对象，然后从弹出的快捷菜单中选择“组合”|“取消组合”菜单。

### 8.1.7　调整图形的叠放次序

用户可通过在文档中放置多个图形来制作更加符合要求的图形，而通过调整图形之间和图形与文字之间的叠放次序，可获得更加美好的效果。

要调整图形之间和图形与文字之间的叠放次序，可右击选定图形，然后选择快捷菜单中“叠放次序”菜单项中的子菜单项，如图 8-13 所示。

✧　要选择位于文字之下的图形，可单击图形的未被文字遮挡的部分。或者选中位于该图形前后的某个图形后，反复按 Tab 键来选中该图形。

### 8.1.8　设置图形的填充颜色和边线类型

右击选定图形，从弹出的快捷菜单中选择“设置自选图形格式”菜单，打开“设置自选图形格式”对话框。在该对话框中，可通过“颜色和线条”选项卡设置图形的填充颜色、线条类型和粗细，并能调节填充颜色的透明度，如图 8-14 所示。

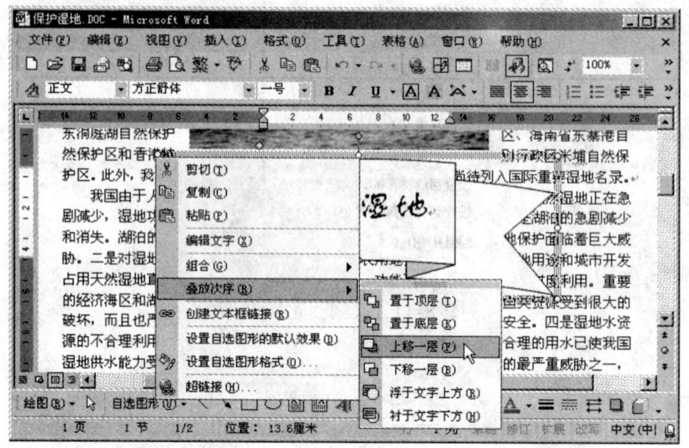


图 8-13　调整图形的叠放次序

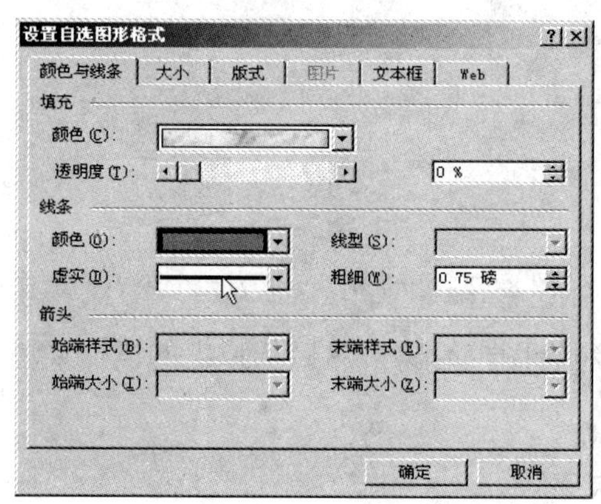


图 8-14　设置自选图形的填充颜色和边线类型

利用“绘图”工具栏中的、、和工具，用户也可方便地设置图形的填充颜色或图案、边线颜色和图案、边线粗细和类型等。

✧　正像前面介绍的那样，用户可以将文档背景设置为过渡颜色、纹理、图案或图片。同样，用户也可为图形设置填充颜色、过渡颜色、纹理、图案或图片等。此外，用户还可为图形选择图案边线类型，不过，只有当边线较粗时才能看到设置效果，如图 8-15 所示。

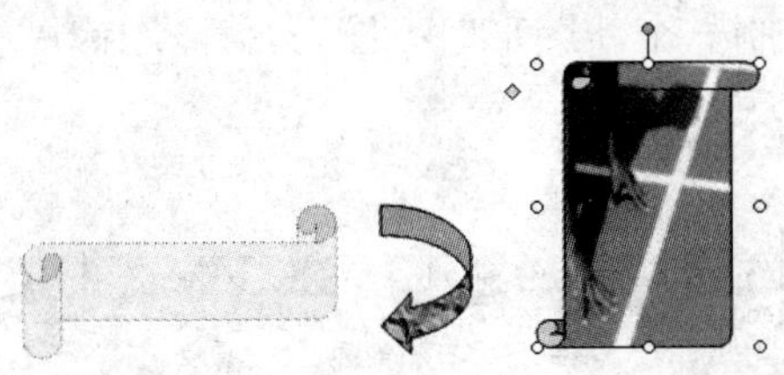

图 8-15　为图形设置填充图案并选择图案边线类型

### 8.1.9　为图形设置阴影和立体效果

利用绘图工具栏的“阴影样式”按钮和“三维效果样式”按钮，还可为图形添加边线阴影和制作立体效果。其方法是，首先单击选中图形，然后单击绘图工具栏的相应工具，并从中选择相应的设置，如图 8-16 所示。

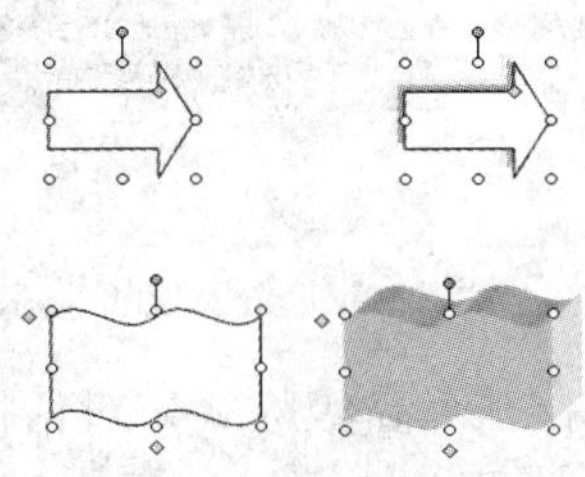

图 8-16　为图形设置阴影和立体效果

✧　只有部分图形可添加立体效果。

### 8.1.10　设置图形与周围文字之间的关系

在“设置自选图形格式”对话框中，利用“版式”选项卡可设置图形与周围文字之间的位置关系，如图 8-17 所示。

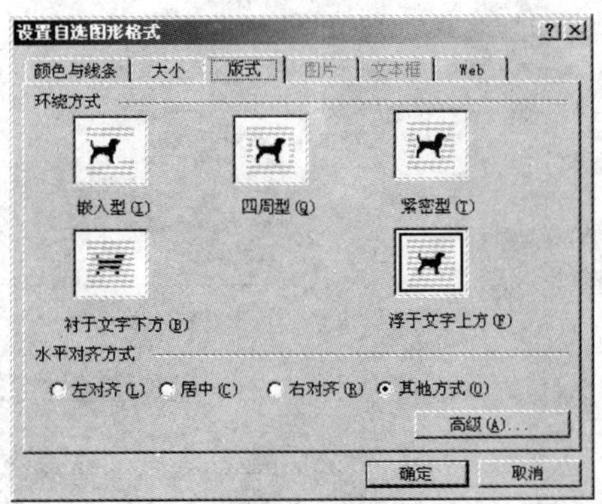


图 8-17　设置图形与周围文字之间的关系

默认情况下，当用户绘制一个新图形时，图形浮于文字上方。图 8-18 显示了图形与周围文字之间的几种典型位置关系。

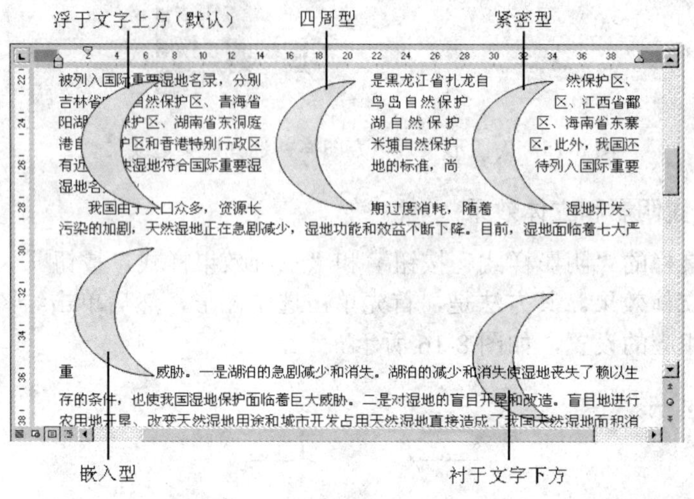


图 8-18 图形与周围文字位置关系示例

若单击“高级”按钮，系统将打开“高级版式”对话框。该对话框包括了“图片位置”和“文字环绕”两个选项卡，利用这两个选项卡，用户可对图形位置和环绕方式进行更多的选择。例如，用户可设置图形的水平和垂直对齐方式，是否允许对象随文字移动，选择穿越型环绕方式等。

此外，单击“绘图”工具栏中的“绘图”工具，然后从弹出的菜单中选择“文字环绕”中的菜单项，也可方便地调整图形与周围文字之间的关系。而且当用户选择某种环绕方式时，还可通过选择“绘图”工具菜单中的“文字环绕”|“编辑环绕顶点”来修改环绕顶点。选择该菜单项后，将在选定图形四周显示环绕线和若干环绕控制点，单击环绕线上某处并拖动（此时将在该位置新增环绕控制点），或单击并拖动环绕控制点即可改变环绕形状，如图 8-19 所示。

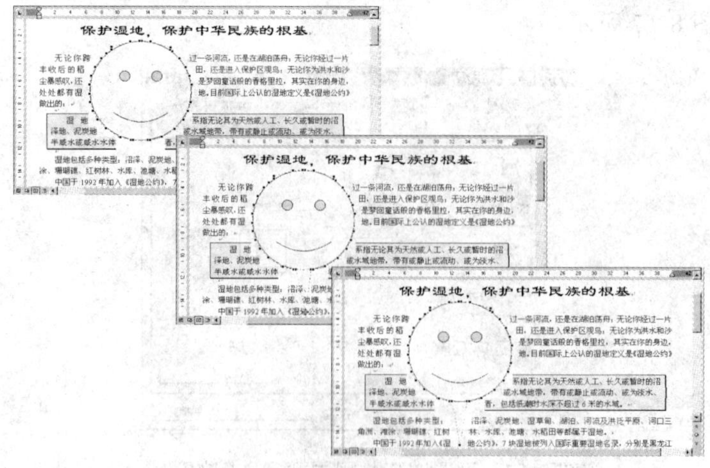


图 8-19 编辑环绕顶点

### 8.1.11　图形的精确定位

用户在编制文档时，如果需要对文档中的图形或图片进行注释，可能会发现有时很难精确定位注释引线的位置。这是因为，默认情况下，Word 中图形的位置是由绘图网格来定位的。也就是说，Word 将页面按设定水平间距和垂直间距划分为一个网格，图形必须与网格对齐。或者说，图形必须按设定间距移动。

因此，为了精确定位图形的位置，用户必须调整网格尺寸。为此，可单击“绘图”工具栏中的“绘图”工具，然后从弹出的菜单中选择“绘图网格”菜单，打开如图 8-20 所示的“绘图网格”对话框。

在该对话框中，用户可利用以下的选项来设置网格或显示网格：

- 在“对齐”选项区，选中“对象与网格对齐”复选框，可按照网格交叉点设置对象位置；选中“对象与其他对象对齐”复选框，则按照其他对象位置对齐选中的对象。
- 在“网格设置”区指定网格的“水平间距”和“垂直间距”，可设置绘图网格，但这样设置的网格线是不可见的。
- 选中“在屏幕上显示网格线”复选项，可按照指定的“水平间距”或“垂直间距”在屏幕上显示网格线。如果指定的网格间距与在“网格设置”区的设置相同，则可将网格线全部显示出来。如果在“在屏幕上显示网格线”区中不选“水平网格”选项，则只显示“行”网格。
- 在“网格起点”区选中“使用页边距”复选框，则网格以文档中上边距和左边距线的交叉点为默认的网格起点。

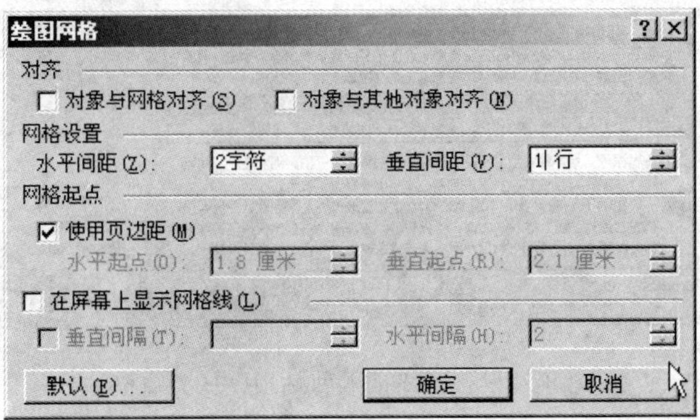


图 8-20　“绘图网格”对话框

## 8.2　在文档中插入图片

用户可以很方便地在 Word 文档中插入图片，图片可以是一个剪贴画或一幅图画。在文档中添加一些图片，可以使文档更加生动形象。

### 8.2.1 插入图片的步骤

不同的绘图软件包、扫描仪或图形工具总是以各自独有的方式生成图像文件。因此，来源不同的图形对象常常具有不同的文件格式。在 Word 中要引用某种格式的图片文件，并将其以 Word 文档的形式存储，需要有一个与这种文件格式相对应的转换器（也称为过滤器）。许多制作图片的程序都提供了自己的转换器，Word 之所以能识别和处理多种格式的图片，是因为 Word 自带了多种图片文件转换器。所有在“插入图片”对话框的“文件类型”下拉列表中列出的文件格式，在 Word 中都已经安装了转换器，用户可以将这些格式的图片文件直接插入到 Word 文档中。

通过选择“插入”|“图片”菜单中的适当选项，可插入来自剪贴画库、图片文件、扫描仪或数码相机中的图片。与以前的版本相比，Word 2002 中的剪贴画库种类更齐全，内容更丰富，画面更漂亮，操作也更方便。下面首先介绍在文档中插入剪贴画的步骤。

（1）单击文档中要插入剪贴画的位置。

（2）选择“插入”|“图片”|“剪贴画”菜单，此时将在文档编辑区右侧打开如图 8-21 所示的“插入剪贴画”任务窗格。

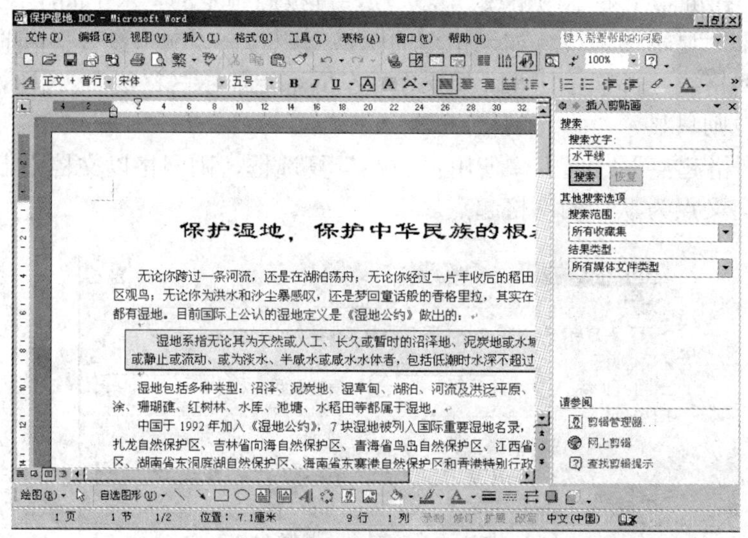

图 8-21 打开“插入剪贴画”任务窗格

（3）利用“插入剪贴画”任务窗格可以搜索某些类型的剪贴画。例如，在“搜索文字”编辑框中输入“动物”，在“搜索范围”下拉列表框中选中“所有收藏集”复选框，然后单击“搜索”按钮，可搜索与动物相关的剪贴画，如图 8-22 所示。

（4）选中某个搜索到的剪贴画后，直接单击该剪贴画，即可将该剪贴画插入到文档中，如图 8-23 所示。

（5）如果希望在“插入剪贴画”窗格中返回前面的搜索画面，可单击“修改”按钮。如果未找到合适的剪贴画，可在“请参阅”任务区中单击“剪辑管理器”按钮，此时系统将打开如图 8-24 所示的剪辑管理器对话框。

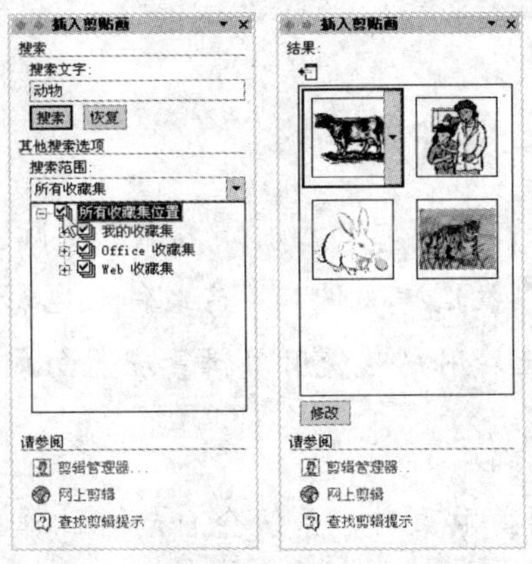


图 8-22 搜索与动物相关的剪贴画

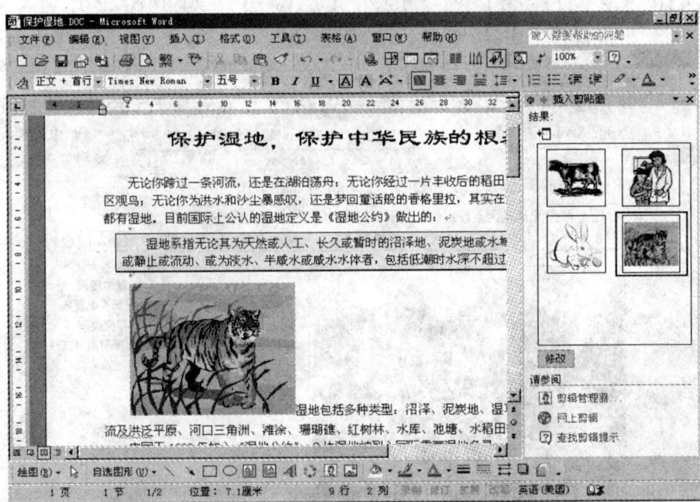


图 8-23 将剪贴画插入到文档中

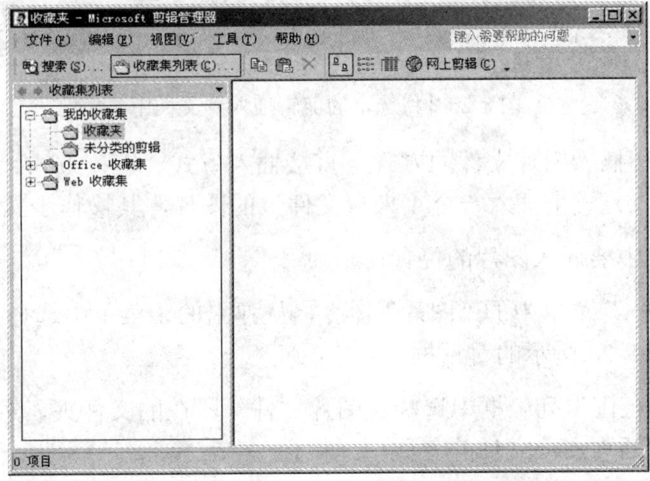


图 8-24 剪辑管理器对话框

✧　剪辑与剪贴画是不同的，所谓剪贴画实际上是 WMF 格式的图形文件，而剪辑包含了各种类型的图像文件、声音文件及电影文件。也就是说，剪贴画实际上是剪辑的子集。因此，用户可使用剪辑管理器向文档中添加剪贴画、图片、声音等各种类型的对象。

✧　在初次使用剪贴画时，系统会自动对计算机中的各种文件进行搜索，从而创建一个收藏集，以便用户后面进行选择。

（6）找到合适的剪辑后，将该剪辑拖入文档即可，如图 8-25 所示。

图 8-25　将选定的剪辑拖入到文档中

在文档中有三种插入图片文件的方式：直接插入方式、链接方式、插入和链接方式。用户必须以某种插入方式来插入一个“来自文件”的图片，其操作步骤如下：

（1）单击文档中要插入图片的位置。

（2）选择“插入”菜单中的“图片”命令，从弹出的子菜单中选择“来自文件”命令，打开如图 8-26 所示的对话框。

（3）在“查找范围”列表框中选择“图片文件”所在的文件夹，然后在“文件名”框中指定要插入图片文件的名称。

（4）单击“插入”按钮中的下三角标志，在打开的下拉列表中选择一种插入方式：

图 8-26　“插入图片”对话框

- 插入方式：单击“插入”命令，图片被“复制”到当前文档中，成为当前文档中的一部分。当保存文档时，插入的图片会随文档一起保存。以后当提供这个图片的文件发生变化时，文档中的图片不会自动更新。
- 链接文件方式：单击“链接文件”命令，图片以“链接方式”被当前文档所“引用”。这时，插入的图片仍然保存在源图片文件之中，当前文档只保存了这个图片文件所在的位置信息。以链接方式插入图片不会使文档的长度增加许多，也不影响在文档中查看并打印该图片。当提供这个图片的文件被改变后，被“引用”到该文档中的图片也会自动更新。
- 插入和链接方式：单击“插入和链接”命令，图片被“复制”到当前文档的同时，还建立了和源图片文件的“链接”关系。当保存文档时，插入的图片会随文档一起保存，这可能使文档的长度显著增大。当提供这个图片的文件发生变化后，文档中的图片会自动更新。

使用 Windows 的剪贴板还可以将一些由其他软件绘制的图片复制到 Word 文档中，其操作步骤如下：

（1）在原绘图软件（如 Windows 2000 中的“画图”软件）中选择要插入的图片，并将该图片复制到 Windows 剪贴板中。

（2）在 Word 文档中单击要放置图片的位置。

（3）选择“编辑”菜单中的“粘贴”或“选择性粘贴”命令。

### 8.2.2　“图片”工具栏中各工具的意义

当把不同的图片插入到文档中后，用户可以根据需要对其进行必要的修改，使之能够与文档完美配合。例如，改变它的大小、剪掉不需要的部分或者将它制作成文本后面的水印等等。用户有时可能还要根据打印图片的情况做其他的修改，以使打印效果最好。“图片”工具栏专门帮用户进行这些修改。

通常情况下，选中一幅图片时，“图片”工具栏会自动弹出来，如图 8-27 所示。如果该工具栏未弹出，可在任意一个工具栏上单击鼠标右键，在弹出的快捷菜单中选择“图片”菜单即可。单击“图片”工具栏上的“关闭”按钮，可关闭该工具栏，以后再选中图片时，该工具栏将不再弹出。“图片”工具栏中的按钮及其功能如表 8-2 所示。

图 8-27 “图片”工具栏

**表 8-2 “图片”工具栏的按钮及其功能**

| 按 钮 | 按钮名称 | 功 能 |
|---|---|---|
| | 插入图片 | 在文档中插入图片，相当于“图片”命令中的“来自文件” |
| | 颜色 | 控制图像颜色。图像颜色包括自动、灰度、黑白、水印 |
| | 增加对比度 | 增大图片黑白对比度 |
| | 降低对比度 | 减小图片黑白对比度 |
| | 增加亮度 | 增强图片的亮度 |
| | 降低亮度 | 减弱图片亮度 |
| | 裁剪 | 裁剪图片 |
| | 向左旋转 | 每次操作可以使图片基于当前角度，向左旋转 90° |
| | 线型 | 用来改变边框的线型 |
| | 压缩图片 | 通过对颜色丰富的图片应用 JPEG 压缩来减小文件大小 |
| | 文字环绕 | 用来设置正文文字与图像的位置关系 |
| | 设置图片格式 | 用来设置图片的格式 |
| | 设置透明色 | 用来设置图片的透明色 |
| | 重设图片 | 把图像恢复成刚插入时的样子 |

### 8.2.3 图片移动、尺寸调整、加框和裁剪

要修改一个图片，首先要选中它。单击图片的任何位置，即可选中该图片。图片被选中后，四周会出现一些控制点。将鼠标移到所选图片上，当鼠标指针变成 ✥ 形状时拖动鼠标，可随意移动所选图片的位置。

移动鼠标到所选图片的某个控制点上，当鼠标指针变成↔ ↕ ↘ ↗时，拖动鼠标可以改变该图片的形状和大小。在拖动尺寸控点时，如果按住 Shift 键，可使图像在长、宽方向上等比例缩放。

要为图片添加边框，可选择“格式”|“边框和底纹”菜单，然后通过打开的“边框和底纹”对话框进行设置。

与图形不同，用户还可对插入文档的图片进行裁剪。裁剪图片的操作步骤如下：

（1）选中要裁剪的图片。

（2）单击“图片”工具栏上的“裁剪”按钮，鼠标指针变成形状。

（3）将该指针移到一个尺寸控制点上并拖动鼠标，当图片大小合适时松开鼠标左键。示例结果如图 8-28 所示。

图 8-28　裁剪图片

（4）单击“裁剪”按钮，结束对图片的剪裁操作。

### 8.2.4　设置图片与周围文字之间的位置关系

和图形一样，图片与周围文字之间的位置关系也有嵌入型、四周型以及紧密型等几种环绕方式。默认情况下，图片是以嵌入型方式插入到文档中的，此时可将图片作为普通文字对待，如图 8-29 所示。

图 8-29　在文档中插入图片

此外，在 Word 2002 中，当用户将图片的文字环绕方式设置为四周型环绕、紧密型环绕等类型时，还可旋转图片，如图 8-30 所示。

图 8-30 旋转图片

由图 8-30 中可以看出，对于普通格式的图片及剪贴画，当选择“紧密型环绕”类型时，其效果是不同的。如果希望改变普通图片的环绕方式，可在“文字环绕”工具下拉列表中选择“编辑环绕顶点”，然后进行调整，如图 8-31 中所示。由图 8-31 可以看出，位于环绕顶点外的区域将被作为文档背景。

图 8-31 编辑图片的环绕顶点

✧ 事实上，无论图片当前处于何种状态，当在“文字环绕”工具下拉列表框中选择“编辑环绕顶点”时，图片的文字环绕方式都将自动被设置为紧密型环绕方式。

### 8.2.5　在文档中编辑剪贴画

计算机图片一般分为两类：位图和矢量图。在 Office 应用软件中，位图是不可以直接编辑的，如利用 Windows“画图”程序绘制的图画、一张照片或扫描得到的一幅图画等。矢量图是可以通过 Office 提供的“绘图”工具进行编辑操作的，如以.wmf 为扩展名的图元文件。大多数剪贴画都是图元文件，这类剪贴画都是由一些更小的“部件”组合而成的，用户可以通过拆分、组合这些剪贴画来重组或创作新的剪贴画。将“剪贴画”插入文档后，用户可根据需要来修改剪贴画。

我们下面通过一个例子说明如何使用“编辑图片”和“绘图”工具编辑剪贴画，其操作步骤如下：

（1）选中要编辑的剪贴画，单击右键，从弹出的快捷菜单中选择“编辑图片”命令，进入剪贴画编辑状态。此时将显示一个绘图画布，如图 8-32 所示。

✧　进入剪贴画编辑状态后，剪贴画的文字环绕方式将取决于绘图画布的文字环绕方式，例如我们将图 8-32 中的绘图画布的文字环绕方式设置为“浮于文字上方”，此时剪贴画的文字环绕方式也变为了浮于文字上方（参见图 8-33）。

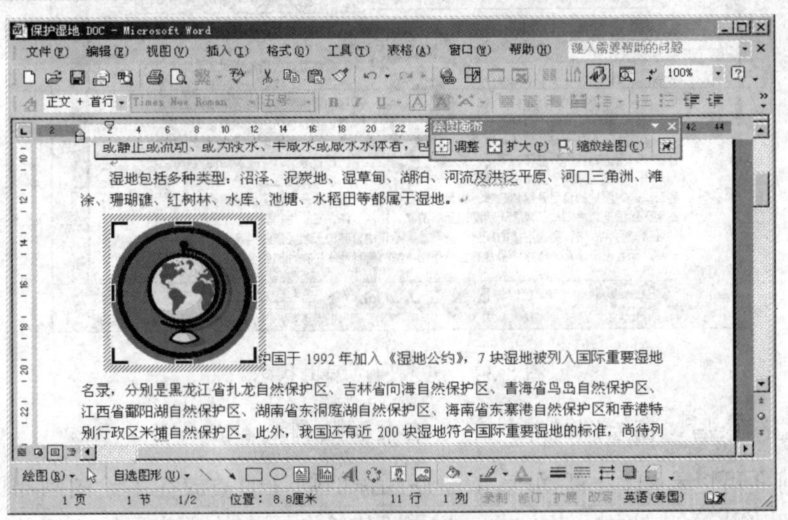


图 8-32　进入剪贴画编辑状态

（2）单击绘图画布周围的控制点并拖动，可扩展绘图画布尺寸；单击选择剪贴画的不同元素，可对其进行移动或缩放调整；单击选择“绘图”工具栏中的各种工具，可调整剪贴画元素的边线类型、边线宽度、填充颜色、阴影与立体效果等，如图 8-33 所示。

图 8-33　编辑剪贴画元素

（3）如果希望调整剪贴画元素的形状，可右击剪贴画，从弹出的菜单中选择“编辑顶点”菜单，进入顶点编辑状态，此时画面如图 8-34 所示。单击剪贴画上的控制点并拖动，可调整剪贴画形状。

图 8-34　进入顶点编辑状态

（4）调整结束后，在绘图画布外单击结束剪贴画编辑。

（5）由前面可以看出，一旦编辑了剪贴画，剪贴画即被放在了绘图画布中。因此，要调整剪贴画的文字环绕方式，必须调整绘图画布的文字环绕方式。为此，可首先单击绘图画布边框选中绘图画布，然后打开“绘图画布”工具栏。

（6）在“绘图画布”工具栏中单击“调整”按钮，可以调整图形尺寸以适应内容；单击“扩大”按钮，可扩大绘图画布尺寸；单击“缩放绘图”按钮，可调整剪贴画尺寸。

（7）通过单击“文字环绕”工具，并从弹出的菜单中选择适当选项，可调整绘图画布的文字环绕特性，从而调整剪贴画的文字环绕特性，如图 8-35 所示。

图 8-35　通过调整绘图画布的文字环绕特性调整剪贴画的文字环绕特性

### 8.2.6　为图片设置透明色

对于非剪贴画的图片而言，当用户将其设置为浮于文字上方时，还可通过设置图片中的某种颜色为透明色，来使其下面的某些文字显露出来，其操作步骤如下：

（1）在文档中选中某个图片。

（2）单击“图片”工具栏中的设置透明色工具。

（3）在图片中单击某个位置指定透明色，则图片中被该颜色覆盖的文字被显示出来，如图 8-36 所示。

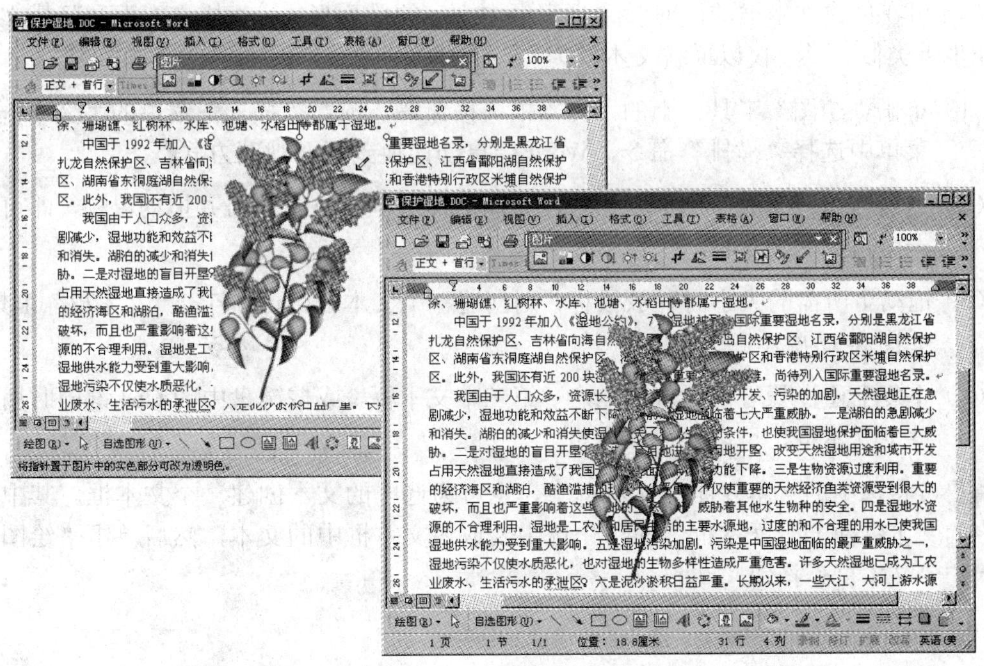


图 8-36　设置透明色效果

## 8.3 使用文本框

文本框是一种图形对象。它作为存放文本或图形的容器，可放置在页面的任何位置上，并可随意调整文本框的大小。将文字或图像放入文本框后，可以进行一些特殊的处理，如更改文字方向、设置文字环绕或实现在不同的版面移动文本。

### 8.3.1 文本框与图文框

在 Word 的早期版本中，只有将某个图像放置到一个特制的框（即图文框）中之后，才能够随意移动图像或在图像周围环绕文字。到 Word 2002，所有的图形对象本身已具备了图文框的特性，但仍然保留图文框的功能，主要是使版本能够向下兼容。

文本框与图文框的操作类似，但在功能上文本框不仅具有图文框的各种优点，而且增强了对文本的处理功能。例如：

- 通过在各文本框之间建立链接关系，可使文字从文档中的一页（或一栏）“流动”到另一页（或另一个分栏）。
- 可用文本框在页面或某个选中的区域设置水印，对文本框进行各种格式设置，如设置三维效果、阴影、填充颜色或背景等。
- 可将文本框分组，以改变它们的分布和对齐方式。
- 可改变文本框中的文字方向。

### 8.3.2 插入文本框

根据文本框中文本的排列方向，可将文本框分为“横排”文本框和“竖排”文本框两种。Word 可在创建文本框的同时设置文本框中文字的排列形式。横排文本框和竖排文本框的操作步骤类似。以下仅以横排文本框为例，介绍如何在文档中插入文本框。

（1）单击“绘图”工具栏上的“文本框”按钮，或在“插入”菜单的“文本框”子菜单中选择“横排”命令，Word 会自动切换到页面视图方式。

（2）当鼠标指针变成十字形状后，在要插入文本框的位置单击并拖动鼠标，即可出现一个可变的矩形框。

（3）拖动至所需的大小时释放鼠标，则创建一个文本框，同时打开“文本框”工具栏，如图 8-37 所示。

（4）重复上述步骤可再插入第二个、第三个文本框，或按键盘中的 Ctrl 键同时用鼠标移动文本框，可以复制文本框。

用户可将选中的文本复制到文本框中，也可为选中的文本创建一个文本框。其中，要为选中的文本创建一个文本框，应首先选中要放入文本框中的文本，然后单击“绘图”工具栏上的“文本框”按钮。

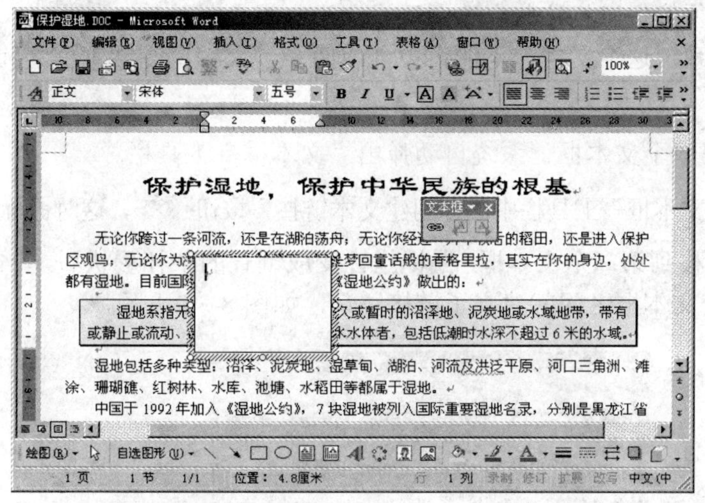

图 8-37　在文档中插入文本框

### 8.3.3　编辑文本框

和表格中的单元格类似，文本框是一个独立的文本编辑区。用户可以用常规方法在文本框中键入文本，或进行选中文本、移动、复制和删除文本等编辑操作。更改文本框中文字的方向，不影响文本框外其他文本的方向。

在文本框中输入文本时，文本在到达文本框右边的框线时会自动回车换行。如果文本框太小，不能全部显示所输入或粘贴的内容，拖动文本框边框，即可将其拉大并看到输入的内容。用户还可以对键入到文本框中的内容进行编辑，例如改变字体、字号等，设置文本框中文字的格式、段落格式以及设置文本框的格式等。用户还可使用“绘图”工具栏上的选项来增强文本框的效果。例如，更该其填充颜色，其操作方法与处理其他任何图形对象一样。

对文本框进行任何操作之前，首先要选中该文本框。在文本框上单击鼠标，即可选中该文本框。要选中建立了链接关系的一组文本框，只需选中文本框链中的一个文本框，再从“编辑”菜单中选择“全选”即可。

### 8.3.4　文本框的链接和流动式排版

在同一个文档的多个文本框中可以建立链接关系，被链接在一起的文本框，即使被分开放在不同的位置（如在不同的段、不同的页中），其文本框中的内容也依然是连为一体的。

编辑文本框时，文本会在整个文本框链中推进或缩回。如在前一个文本框容纳不了的内容，会自动地“流”到下一个文本框中。如果在前一个文本框中删除了一些内容，后面文本框的内容则会自动回“流”到前一个文本框中。在多个文本框中“流动”文本，可以更灵活地编排版式。

要在两个文本框中建立链接关系，要流入的文本框必须是空的，而且没有与其他文本框建立链接关系。也就是说，文本框之间只能建立单链接式关系。在 Word 中最多可以链接 32 个文本框。由自选图形生成的文本框之间同样可以建立链接关系，但在对自选图形进行链接之前，必须确保已将这些自选图形设置为文本框。此外，如果在一个文档中建立了文本框的链接关系，这个文档就不能再被分成两个子文档。在文本框之间建立链接关系的操作步骤如下：

（1）选中第一个文本框，系统自动弹出“文本框”工具栏。

（2）单击“文本框”工具栏中的“创建文本链接”按钮，这时鼠标指针变成茶杯状。

（3）把鼠标移到第二个文本框，鼠标指针变成倒置的茶杯形状后，单击第二个文本框，这两个文本框之间就建立了链接关系，如图 8-38 所示。

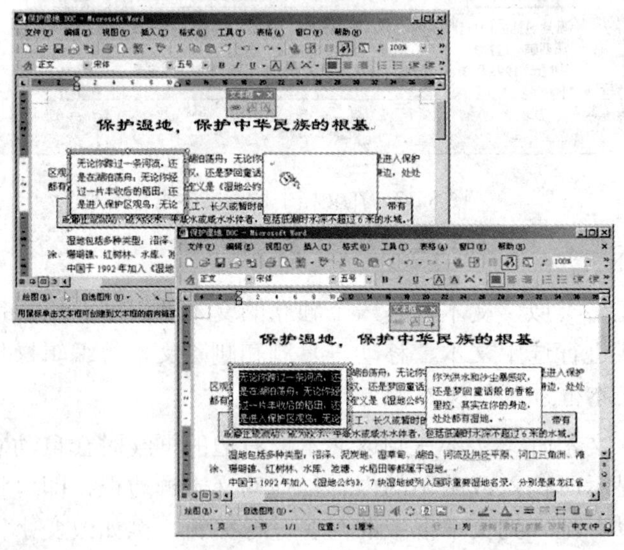


图 8-38 创建链接文本框

（4）重复上述操作，则可在多个文本框之间建立链接关系。

（5）按 Esc 键，结束操作。

当选中文本框链中的一个文本框后，单击“文本框”工具栏上的“前一文本框”按钮或“下一文本框”按钮，可在文本框链中前后移动。要断开一个文本框和其他文本框之间的链接关系，首先要选中这个文本框，然后单击“文本框”工具栏上的“断开前向链接”按钮，原先的链接关系从此文本框处断开，变成了两个相互独立的链接关系。

## 8.4 制作艺术字

通过字体的格式化可将字符设置为多种字体，但这远远不能满足文字处理工作中对字形艺术性的设计需求。使用 Office 提供的创建艺术字工具，可以创建出各种文字的艺术效果，甚至可以把文本扭曲成各种各样的形状或设置为具有三维轮廓的形式。

### 8.4.1 创建艺术字

在文档中插入艺术字的操作步骤如下：

（1）单击“绘图”工具栏上的“插入艺术字”按钮，打开如图 8-39 所示的对话框。

图 8-39　“艺术字”库对话框

（2）选择一种“艺术字”式样后，单击“确定”按钮，打开如图 8-40 所示的对话框。

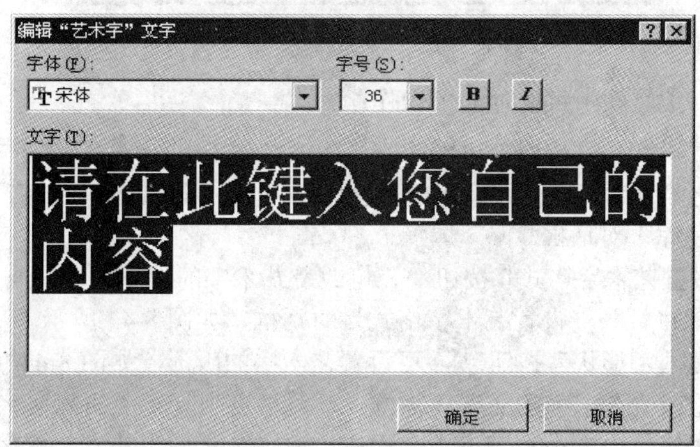


图 8-40　编辑“艺术字”文字对话框

（3）在“文字”框内输入要设置成艺术字的文字，例如输入“保护湿地，保护中华民族的根基”。

（4）选择字体、字号大小及样式。

（5）单击“确定”按钮，结果如图 8-41 所示。

### 8.4.2　编辑艺术字

艺术字创建好后，用户可根据需要对它进行各种修饰。选中要修改的艺术字，即可打开“艺术字”工具栏，如图 8-42 所示。

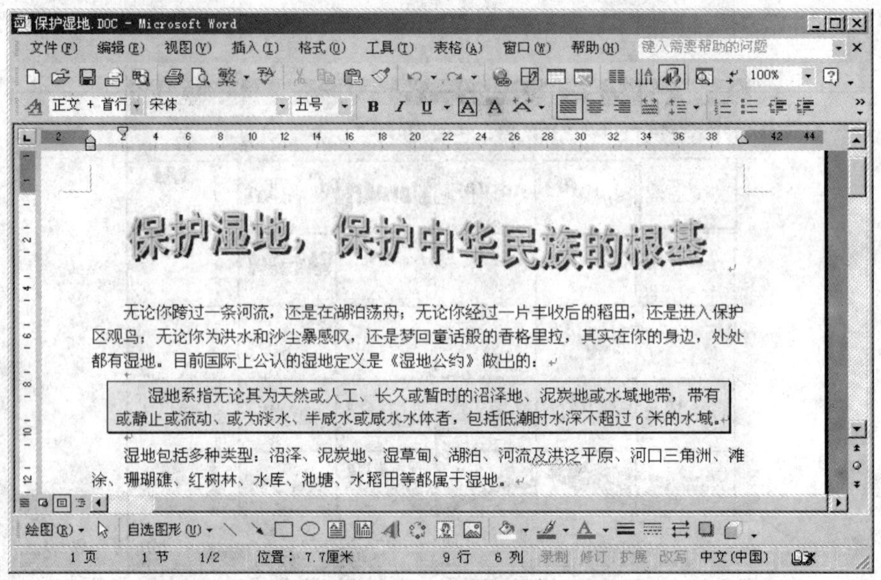


图 8-41 “艺术字”示例

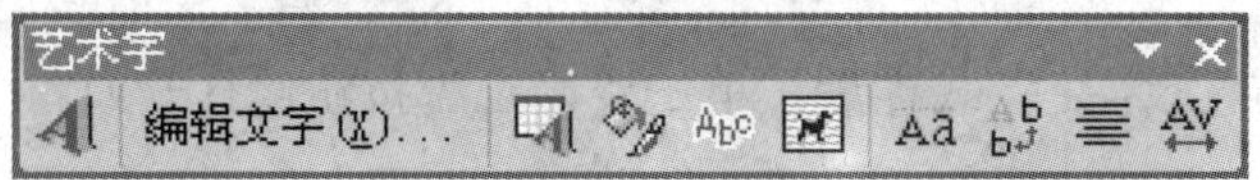


图 8-42 “艺术字”工具栏

在“艺术字”工具栏中可执行如下操作：

- 单击“编辑文字”按钮，可编辑文字内容。
- 单击“艺术字库”按钮，可更改艺术字字样，此时系统将打开如图 8-39 所示的“艺术字库”对话框。
- 单击“设置艺术字格式”按钮，可改变艺术字的填充颜色、线条、大小与版式，此时系统将打开“设置艺术字格式”对话框，如图 8-43 所示。
- 单击“艺术字形状”按钮，可设置艺术字的版形，如图 8-44 所示。
- 如果希望改变艺术字的文字环绕方式，可单击工具栏中的“文字环绕”按钮。
- 如果艺术字是由大小写字母组合而成，单击工具栏中的“艺术字字母高度相同”按钮，可将选中的艺术字字母设置为相同高度。
- 如果要将当前艺术字改变成竖排格式，单击工具栏中的“艺术字竖排文字”按钮，可将选中的艺术字竖排或由竖排恢复为原样。
- 如果艺术字有几行的话，可指定艺术字的对齐方式。为此，可单击工具栏中的“艺术字对齐方式”按钮，在弹出的列表中选择一种对齐方式。
- 要调整当前艺术字的字间距，可单击“艺术字”工具栏的“艺术字字符间距”按钮 。此时系统将弹出一个下拉列表，从中选择所需的间距即可。此外，用户也可以自定义间距。

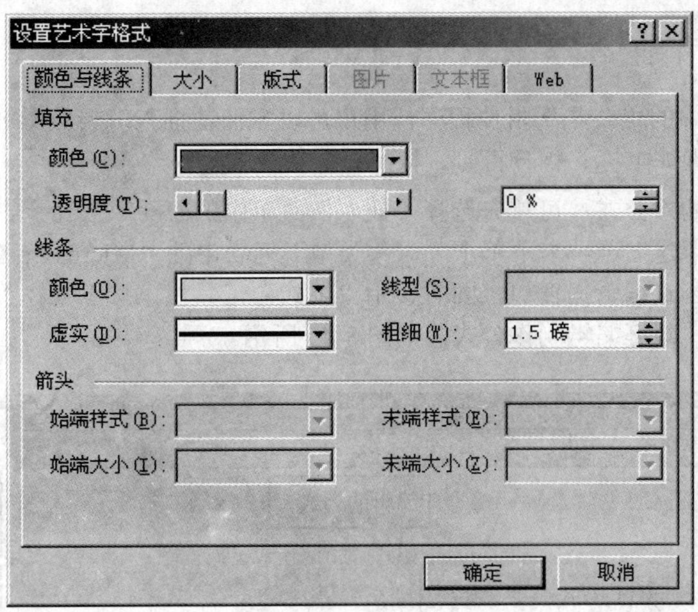


保护湿地，保护中华民族的根基

保护湿地，保护中华民族的根基

图 8-43　利用“设置艺术字格式”对话框调整艺术字的填充颜色、线条等效果

保护湿地，保护中华民族的根基

保护湿地，保护中华民族的根基

保护湿地，保护中华民族的根基

图 8-44　设置艺术字版形

## 8.5 插入公式

利用 Office 中的“公式”附件程序，用户可以方便地插入编辑数学公式、化学方程式等特殊对象，处理如上标、积分符号、根式符号等要素。

要在文档中插入公式，可首先选择“插入”菜单中的“对象”命令，打开“对象”对话框，然后在“新建”选项卡下单击“对象类型”列表中的“Microsoft 公式 3.0”选项，此时系统将打开公式编辑器窗口，同时显示“公式”工具栏，接下来在“公式”工具栏中单击相应的工具，即可编辑制作公式，如图 8-45 所示。

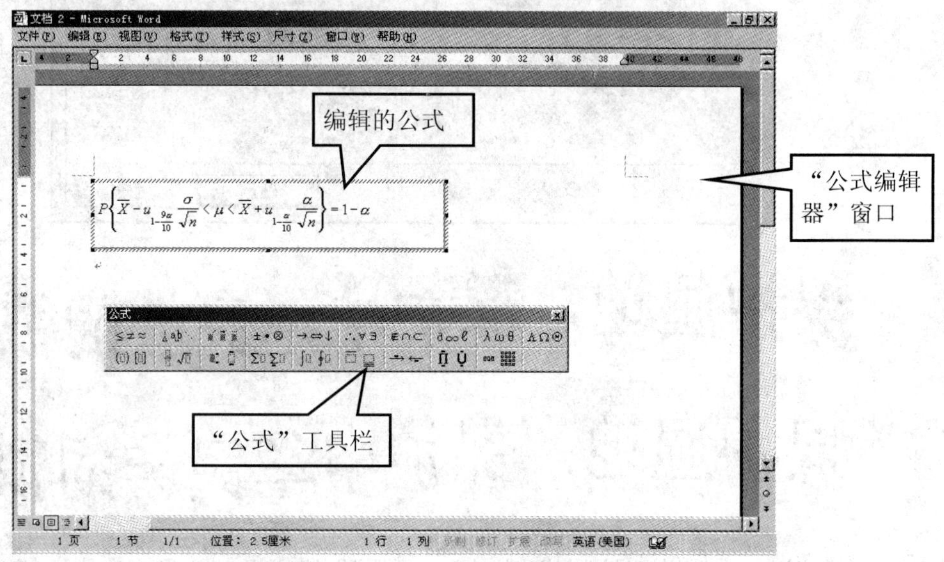


图 8-45 “公式编辑器”窗口、“公式”工具栏以及编辑的公式

编辑完所需的公式后，在框外任意位置单击，即可返回到文档编辑状态。

✧ 若要修改公式中的内容，可以直接双击该公式进入公式编辑器窗口，然后进行修改。

## 8.6 小 结

在很多情况下，为了便于说明问题或者使文档更加美观，经常需要在文档中加入一些图形、图像或艺术字，本章即介绍了这方面的知识。

## 8.7　习　题

1．在文档中插入图片、艺术字，并进行设置，如图 8-46 所示。

【操作要求】

（1）打开 DATA1 目录中的 TF5-1.doc。

（2）在文档中插入一幅图片（图片位置：素材中 DATA2\pic5-1.jpg）。

（3）设置图片的环绕方式为“紧密型”，然后将其移到合适的位置。

（4）将标题“神秘的雅鲁藏布大峡谷”设置为艺术字。艺术字式样：第 2 行第 3 列；字体：黑体；字号：40；艺术字形状：桥形。

（5）将设置的艺术字标题居中，并为其设置间距为段前空 1 行、段后空 1.5 行。

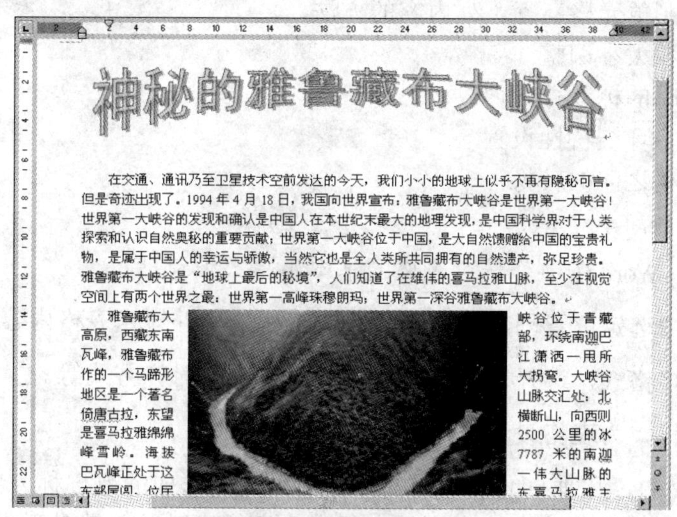

神秘的雅鲁藏布大峡谷

在交通、通讯乃至卫星技术空前发达的今天，我们小小的地球上似乎不再有隐秘可言。但是奇迹出现了。1994 年 4 月 18 日，我国向世界宣布：雅鲁藏布大峡谷是世界第一大峡谷！世界第一大峡谷的发现和确认是中国人在本世纪末最大的地理发现，是中国科学界对于人类探索和认识自然奥秘的重要贡献；世界第一大峡谷位于中国，是大自然馈赠给中国的宝贵礼物，是属于中国人的幸运与骄傲，当然它也是全人类所共同拥有的自然遗产，弥足珍贵。雅鲁藏布大峡谷是“地球上最后的秘境”，人们知道了在雄伟的喜马拉雅山脉，至少在视觉空间上有两个世界之最：世界第一高峰珠穆朗玛；世界第一深谷雅鲁藏布大峡谷。

雅鲁藏布大峡谷位于青藏高原，西藏东南部，环绕南迦巴瓦峰，雅鲁藏布江潇洒一甩所作的一个马蹄形大拐弯。大峡谷地区是一个著名山脉交汇处：北倚唐古拉，东望横断山，向西则是喜马拉雅绵绵 2500 公里的冰峰雪岭。海拔 7787 米的南迦巴瓦峰正处于这一伟大山脉的

图 8-46　插入图片、艺术字并进行设置

2．创建如下所示的公式。

$$E(X)=\int_{-\infty}^{+\infty}xf(x)dx=\int_{0}^{1}x2xdx=\frac{2}{3}$$

【操作要求】

（1）打开公式编辑器窗口。

（2）在公式编辑器窗口中进行公式编辑。

# 第 9 章　创建和编辑表格

在用户编辑文档时，为了更形象地说明问题，可能经常需要在文档中制作各种各样的表格。利用 Word 2002 强大、便捷的表格制作和编辑功能，用户可以快速创建表格，方便地修改表格内容、移动表格位置或调整表格大小。在表格中可以输入文字、数据、图形或建立超级链接，可以在文本和表格之间相互转换。对表格中的内容进行排序，用户还可以在表格中进行简单的统计和运算。

**本章重点：**

- 创建表格的两种方式
- 表格结构修改与表格格式设置
- 移动或复制单元格、行、列内容的方法
- 表格位置和大小调整
- 表格跨页时的标题行处理
- 表格的文字环绕特性设置
- 文本和表格之间的转换
- 表格排序与简单计算

概括起来，在 Word 中制作一个表格的基本步骤大致包括：

（1）在文档中选定位置创建空表格；修改表格结构并输入表格内容。

（2）设置表格格式，选择字体、字号、文字方向及对齐方式等。

（3）美化表格，为表格设置边框、底纹等。

表格是由水平的行和垂直的列组成的，行与列交叉形成的方框称为单元格。例如，图 9-1 即显示了一个典型的表格。该表格包含了表头、斜线以及单元格等成份。

**表 XX-XX　各类人员工资加权系数对比**

| 年 份 / 分 类 | | 1995 | 1996 | 1997 | 1998 | 1999 |
|---|---|---|---|---|---|---|
| 教学 | 本科 | 34.50 | 40.50 | 43.60 | 50.50 | 52.50 |
| | 委培 | 40.70 | 34.67 | 30.70 | 36.28 | 39.70 |
| 年份 / 分类 | | 1995 | 1996 | 1997 | 1998 | 1999 |
| 教学 | 短训 | 20.80 | 30.80 | 35.50 | 41.90 | 43.80 |
| 科研 | | 40.67 | 60.78 | 65.34 | 69.8 | 71.90 |

图 9-1　示例表格

# 9.1 创建表格的方法

在 Word 中，用户可以使用多种方法创建表格，例如，利用“插入表格”按钮、“插入表格”命令或手工绘制表格等。用户还可根据自己的工作方式，或所需表格的复杂程度来选择创建表格的方法。

## 9.1.1 用“插入表格”按钮创建表格

使用“常用”工具栏上的“插入表格”按钮是创建表格的最快捷方法，适合于创建行、列数较少，具有规则行高和列宽的简单表格。使用“插入表格”按钮插入表格的步骤如下：

（1）将插入符置于要建立表格的位置。

（2）单击“常用”工具栏上的“插入表格”按钮，在弹出的网格显示框中单击并向右下方拖动鼠标，网格会随之扩大，如图 9-2 所示。

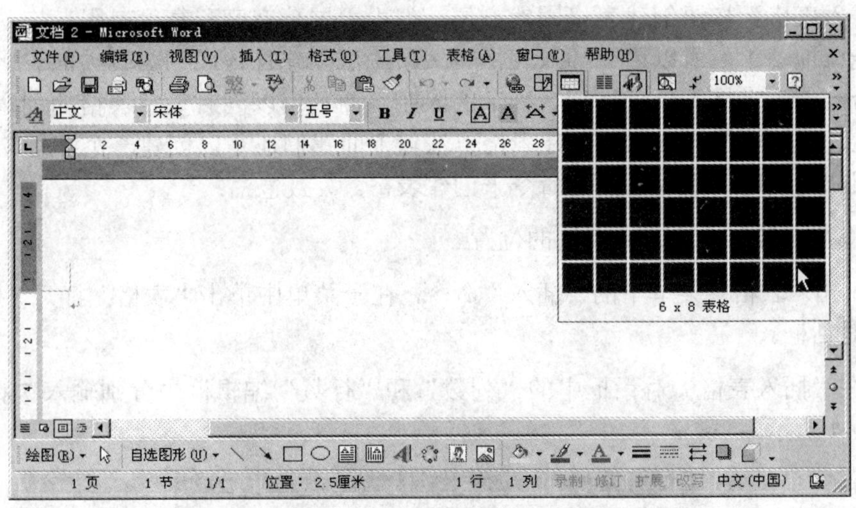


图 9-2 利用“插入表格”按钮插入表格

✧ 网格显示框中的每个网格代表一个单元格。拖动鼠标时，Word 用蓝色方格突出显示拟创建的表格，并在示意窗口的底端自动显示行、列数。

（3）当突出显示的网格行列数达到 6 行 8 列时释放鼠标，即可在插入符所在位置创建一个 6 行 8 列的表格，如图 9-3 所示。

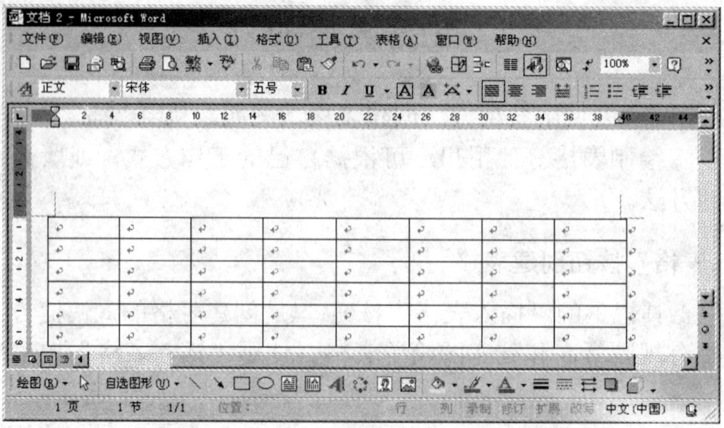

图 9-3　一个 6 行 8 列的空白表格

### 9.1.2　用“插入表格”命令创建表格

用“插入表格”按钮创建表格固然方便，但由于屏幕宽度和高度有限，拖动到一定的位置就不能再拖动了，所以用“插入表格”按钮无法创建行数或列数较大的表格。用“插入表格”命令创建表格不受表格行、列数的限制，而且可以同时设置表格的列宽，具有更强的适应性，因此成为最常用的创建表格方法。下面我们还是以创建一个 5 行 7 列的表格为例，介绍如何使用“插入表格”命令来创建表格。

（1）将插入符置于要建立表格的位置。

（2）单击“表格”菜单中的“插入”命令，在子菜单中单击“表格”打开“插入表格”对话框。

（3）在“插入表格”对话框中的“列数”和“行数”编辑框中分别输入 7 和 5，如图 9-4 所示。

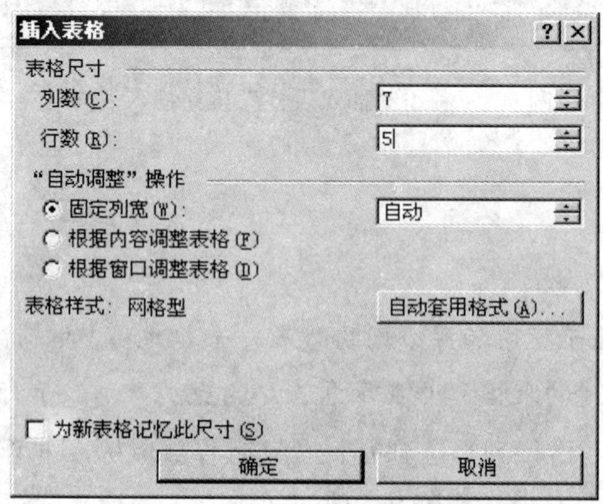


图 9-4　插入“表格”对话框

（4）单击“确定”按钮，Word 按照默认设置创建一个 5 行 7 列的表格。

✧　选中“固定列宽”单选钮，并在文本列表框选择“自动”，或选中“根据窗口调整表格”单选钮，则表格的宽度将与正文区宽度相同，列宽等于正文区宽度除以列数。选中“固定列宽”单选钮，并给列宽指定一个确切的值，Word 将按指定的列宽建立表格。

✧　选中“根据内容调整表格”单选钮，表格列宽将随每一列输入的内容多少而自动调整。

✧　若选中“为新表格记忆此尺寸”复选框，此时对话框中的设置将成为以后新建表格的默认置。若要使用内置的表格格式，可单击“自动套用格式”按钮。

### 9.1.3　手工绘制表格

单击“常用”工具栏中的“表格与边框”按钮，可打开“表格和边框”工具栏。利用“表格与边框”工具栏上的按钮可以灵活、方便地直接绘制或修改表格，它特别适合于创建不规则的表格，或带有斜线表头的复杂表格。下面就来介绍如何利用“表格与边框”工具栏上的按钮来绘制表格。

（1）单击“表格和边框”工具栏上的“绘制表格”按钮，使其呈按下状态。

（2）在文档窗口内移动鼠标到要绘制表格的位置，鼠标变成“”形状。

（3）拖动鼠标，出现如图 9-5 所示的可变虚线框，松开鼠标左键，即可画出表格的矩形边框。

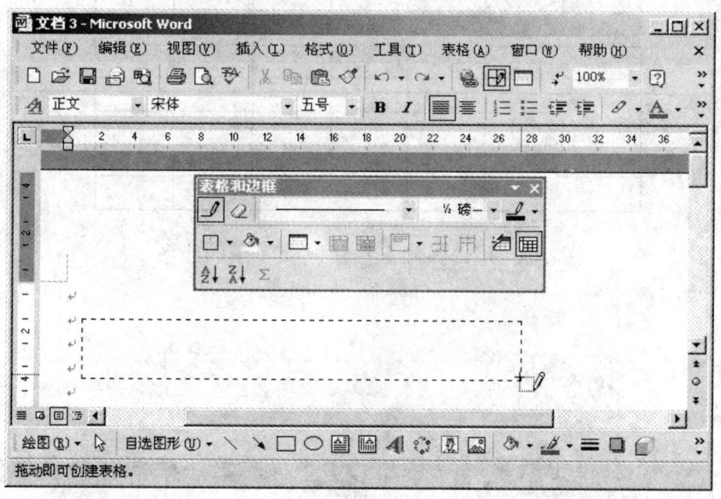


图 9-5　绘制表格边框

（4）移动鼠标到表格左边框，按下鼠标左键，并从左边界开始从左向右拖动鼠标，当出现一个如图 9-6 所示的水平虚线后松开鼠标，即可绘制出表格中的一条横线。用类似的方法，还可以在表格中绘制竖线，甚至斜线。重复上述操作，直到绘制出需要的表格为止。

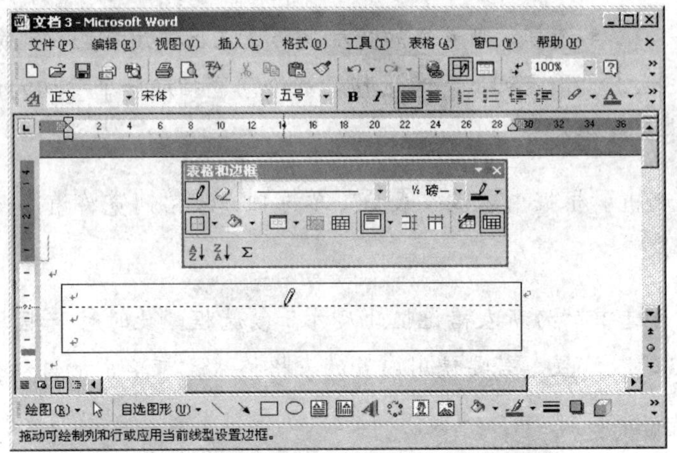


图 9-6 绘制“表格”横线

（5）要擦除绘制错了或不要的线条，可单击“表格和边框”工具栏中的“擦除”按钮，待鼠标变成“”形状后，在要擦除的线上拖动鼠标，当线条变为如图 9-7 上图所示的粗线条后释放鼠标。图 9-7 下图显示了线条被擦掉后的效果。

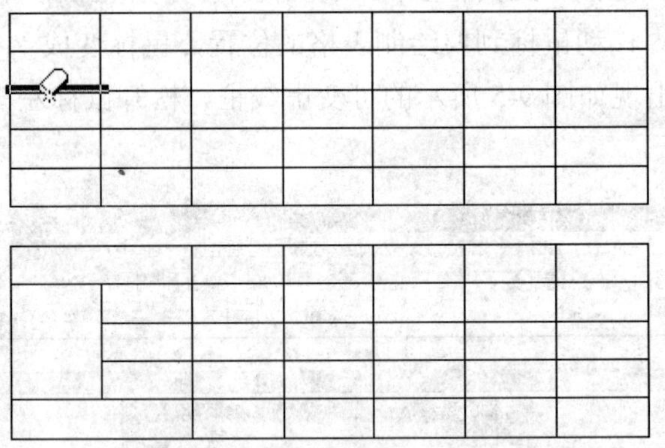

图 9-7 用“擦除”按钮删除多余的线条

✧ Word 表格中线条的默认值为 0.5 磅黑色单实线。在表格中绘制边框或任何一条线时，可通过“表格与边框”工具栏上的“线型”、“粗细”、“边框颜色”等列表框重新设置表格的线型、线条宽度和线条颜色。

# 9.2　修改表格结构

在实际工作中，有时需要设计一些复杂的表格，此时可通过调整单元格的宽度和高度，增加新的单元格，插入行或列，删除多余的单元格、行或列，合并或拆分单元格来完成。

## 9.2.1　表格及行、列、单元格选取

要修改表格，首先要选中要修改的表格。在文档中选中文本的方法同样适用于选定表格中的内容。用鼠标拖动或用 Shift+↑、↓、←、→键，可以随意地选择一个单元格或多个单元格，甚至整个表格中的文字、段落。如果要对表格中的单元格或行（列）进行修改，则应选中相应的单元格或行（列）。

如果希望利用菜单选取表格或表格中的区域，应首先将插入符置于要选定的单元格中，然后单击“表格”菜单中的“选择”命令，在弹出的子菜单中选择适当选项。

此外，Word 还提供了多种在表格中直接进行选定的方法，这些方法如表 9-1 所示。

表 9-1　表格及行、列、单元格选择方法

| 选择区域 | 操作方法 |
|---|---|
| 选中当前单元格（行） | 移动鼠标到单元格左边界与第一个字符之间，待指针变成⬈形状后，单击鼠标左键可选中该单元格，双击则选中该单元格所在的一整行 |
| 选中一整行 | 将鼠标指针移到该行左边界的外侧，待指针变成 ⇗ 后，单击鼠标左键 |
| 选中一整列 | 按住 Alt 键，同时单击该列中的任何位置，或将鼠标移到该列顶端，待指针变成 ⬇ 形状后，单击鼠标左键 |
| 选中多个单元格 | 单击要选择的第一个单元格，将鼠标的 I 型指针移至要选择的最后一个单元格，按下 Shift 键，同时单击鼠标左键 |
| 选中整个表格 | 按住 Alt 键的同时双击表格内的任何位置，或单击表格左上角的⊞，都可以选中整个表格 |

## 9.2.2　单元格的合并与拆分

把相邻单元格之间的边线擦除，可以将两个单元格合并成一个大的单元格，而在一个单元格中添加一条边线，则可以将一个单元格拆分成两个小单元格。这是合并与拆分单元格的最简单办法。常用的一种绘制复杂表格的方法是：先制作一个规则表格，然后对规则表格的单元格进行拆分或合并。

在实际操作中，尽管用户可通过选择“表格和边框”工具栏中的“擦除”按钮，然后擦除多余线条来合并单元格。但是，由于用户必须逐条删除线条，该方法使用起来有些繁琐。用户可以使用“合并单元格”命令一次清除多条线条来合并单元格。

（1）选中要合并的两个或多个单元格，如图 9-8 所示。

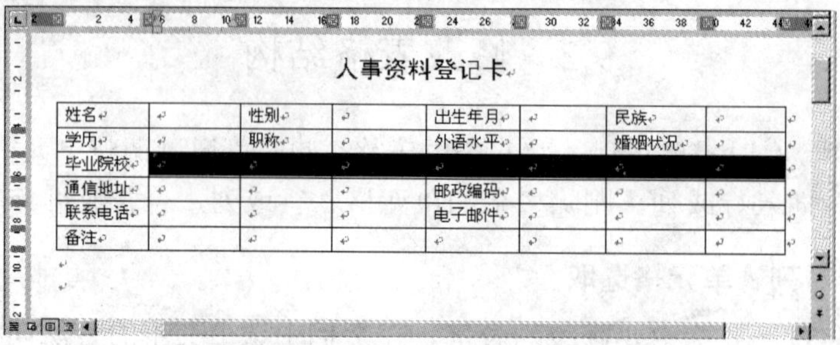

人事资料登记卡
姓名
性别
出生年月
民族
学历
职称
外语水平
婚姻状况
毕业院校
通信地址
邮政编码
联系电话
电子邮件
备注

图 9-8　选中要合并的单元格

（2）单击“表格和边框”工具栏上的“合并单元格”按钮，或选择“表格”菜单中的“合并单元格”命令，结果如图 9-9 所示。

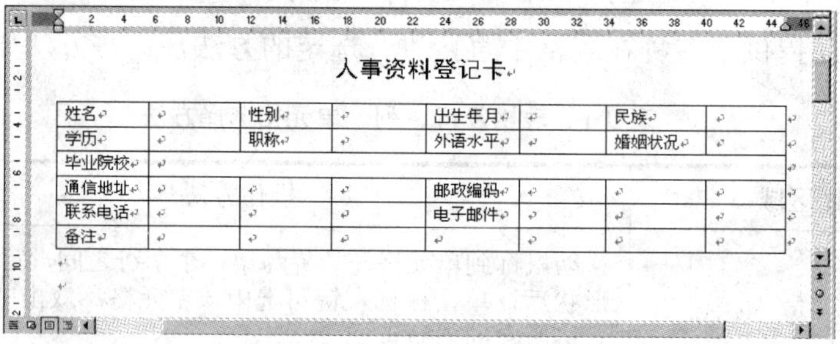

人事资料登记卡
姓名
性别
出生年月
民族
学历
职称
外语水平
婚姻状况
毕业院校
通信地址
邮政编码
联系电话
电子邮件
备注

图 9-9　合并后的单元格

拆分单元格就是将选中的单元格拆分成等宽的多个小单元格。此外，用户还可以同时对多个单元格进行拆分，其操作步骤如下：

（1）选中要拆分的一个或多个单元格，如图 9-10 所示。

（2）单击“表格”菜单中的“拆分单元格”命令，或单击“表格和边框”工具栏上的“拆分单元格”按钮，打开如图 9-11 所示的“拆分单元格”对话框。

（3）在“拆分单元格”对话框的“列数”和“行数”编辑框中分别指定要拆分的列数和行数。

图 9-10　选中要拆分的单元格

拆分单元格
列数(C):
1
行数(R):
3
拆分前合并单元格(M)
确定
取消

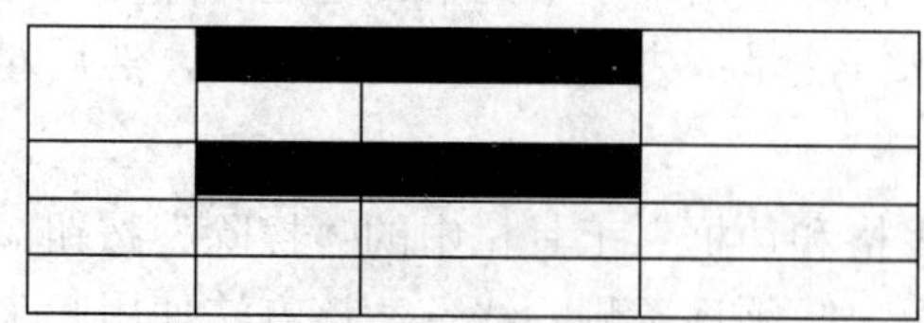

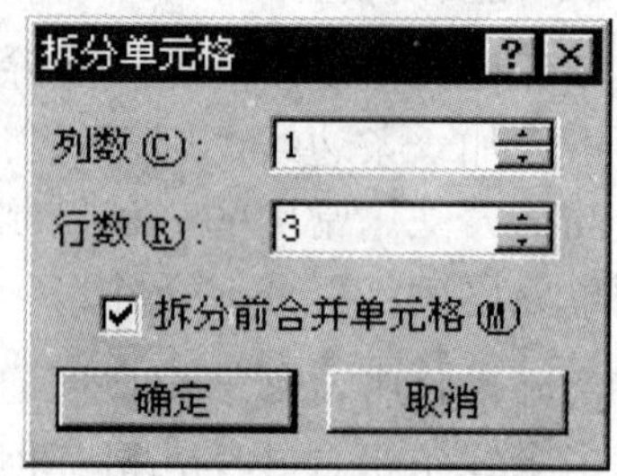

图 9-11　“拆分单元格”对话框

✧　如果选中“拆分前合并单元格”复选框，Word 会首先将所有选中的单元格合并成一个单元格，然后再按指定的行、列数进行拆分。否则，Word 将对选中的每一个单元格按指定的列数进行拆分。

✧　如果用户选中的单元格中包含数据，选中“拆分前合并单元格”复选框时要慎重，否则会出现数据混乱现象。

（4）单击“确定”按钮，即可将选中的单元格按设置的行、列数拆分为多个小单元格。

✧　单击“表格”菜单中的“拆分表格”命令，可将表格从插入符所在的行拆分成两个表格，插入符所在的行将成为第二个表格的首行。

### 9.2.3　插入单元格、行、列或表格

在 Word 中可以一次插入一个或多个单元格，也可以同时插入几行或几列，甚至可以在表格中插入表格。为此，可首先在表格中定位插入单元格或选中一组单元格，然后选择“表格”|“插入”菜单中的适当选项。

插入单元格、行、列或表格的操作步骤如下：

（1）在如图 9-12 所示表格的第四行第一列单元格中单击，将该单元格设置为插入单元格式。

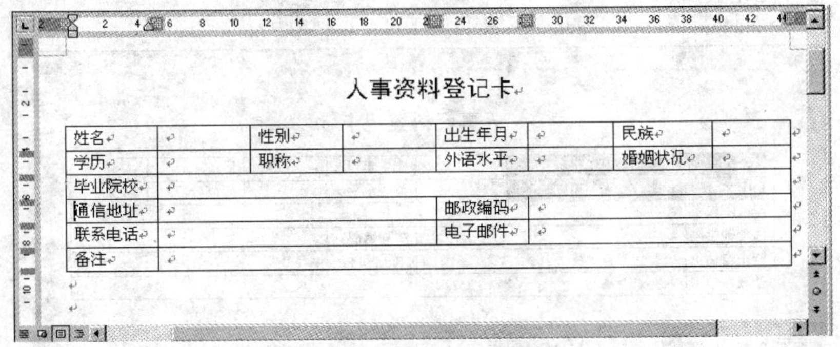

人事资料登记卡

| 姓名 | | 性别 | | 出生年月 | | 民族 | |
|---|---|---|---|---|---|---|---|
| 学历 | | 职称 | | 外语水平 | | 婚姻状况 | |
| 毕业院校 | | | | | | | |
| 通信地址 | | | | 邮政编码 | | | |
| 联系电话 | | | | 电子邮件 | | | |
| 备注 | | | | | | | |

图 9-12　原始表格

（2）选择“表格”|“插入”|“行（在上方）”菜单，即可在所选单元格的上方插入一行，如图 9-13 所示。如果选择“表格”|“插入”|“列（在左侧）”菜单，则可在所选单元格的左侧插入一列，如图 9-14 所示。

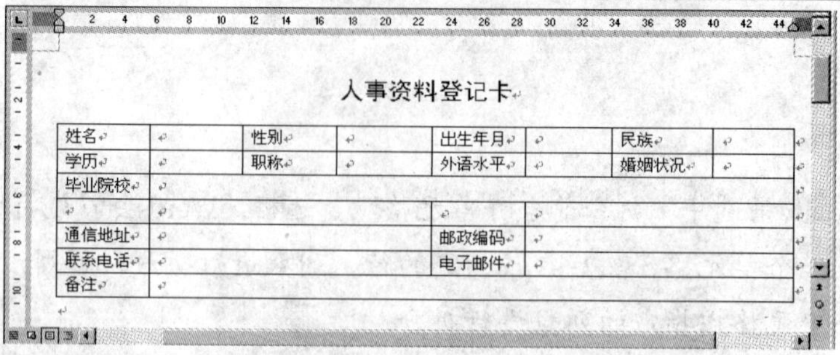

图 9-13　在所选单元格的上方插入一行

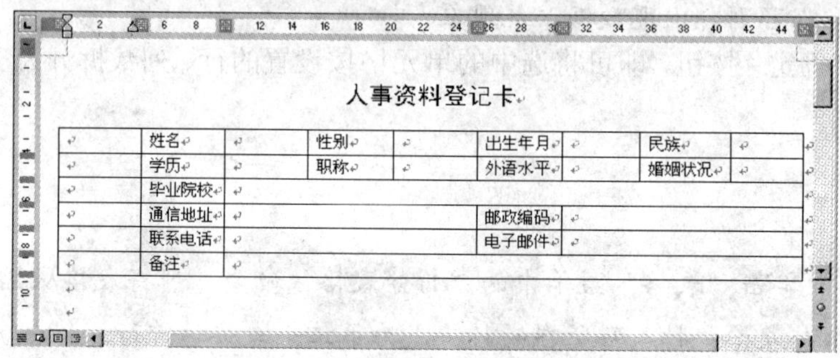


图 9-14　在所选单元格的左侧插入一列

（3）重复使用子菜单中的某个命令，可在指定的位置连续插入多行或多列。

如果希望插入多行或多列，应首先选定一单元格区域，且该单元格区域的行数为希望插入的新行行数，列数为希望插入的新列列数。

插入多行或多列的操作步骤如下：

（1）在要插入行或列的位置选中要插入的多行和多列，例如，选中图 9-15 中的两行、三列单元格区域。

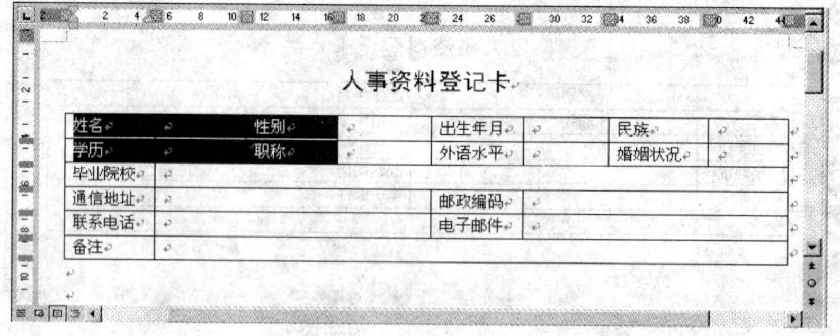


图 9-15　选中单元格区域以定义希望插入的行数和列数

（2）选择“表格”|“插入”|“行（在下方）”菜单，则在第二行的下方插入两行，如图 9-16 所示。如果选择“表格”|“插入”|“列（在左侧）”菜单，则在第一列的左侧插入三列，如图 9-17 所示。

人事资料登记卡

| 姓名 | | 性别 | | 出生年月 | | 民族 | |
|---|---|---|---|---|---|---|---|
| 学历 | | 职称 | | 外语水平 | | 婚姻状况 | |
| | | | | | | | |
| | | | | | | | |
| 毕业院校 | | | | | | | |
| 通信地址 | | | | 邮政编码 | | | |
| 联系电话 | | | | 电子邮件 | | | |
| 备注 | | | | | | | |

图 9-16 在选中单元格的下方插入两行

人事资料登记卡

| | | | 姓名 | | 性别 | | 出生年月 | | 民族 | |
|---|---|---|---|---|---|---|---|---|---|---|
| | | | 学历 | | 职称 | | 外语水平 | | 婚姻状况 | |
| | | | 毕业院校 | | | | | | | |
| | | | 通信地址 | | | | 邮政编码 | | | |
| | | | 联系电话 | | | | 电子邮件 | | | |
| | | | 备注 | | | | | | | |

图 9-17 在选中单元格的左侧插入三列

✧ 当插入符处于表格中的不同位置或选中不同的插入区域时，“常用”工具栏上的“插入表格”按钮也将相应地变为“插入单元格”、“插入行”和“插入列”按钮。利用该按钮也可以完成插入单元格、插入行或列的工作。

✧ 把插入符移到表格最后一行的最后一个单元格中，按 Tab 键，可在表格的最后一行再添加一个新行。

✧ 选中所有的行结束标记，单击“常用”工具栏上的“插入列”按钮可以在表格的最右边插入一列。

### 9.2.4 改变表格的列宽和行高

在 Word 中，虽然不同的行可以有不同的高度，但一行中的所有单元格必须具有相同的高度。因此调整某一个单元格的高度实际上是调整单元格所在行的高度。

直接利用鼠标来拖动表格或单元格的边框，即可改变单元格的行高和列宽，这是调整表格行高和列宽的最快捷方法。用手工拖动的方法改变行高和列宽的操作类似，下面仅以改变列宽为例，说明改变行高或列宽的方法。

（1）移动光标到要调整列宽的列框线上，当鼠标指针变成 ⟛ 形状时单击并左、右拖动。此时会出现一条垂直的虚线，以显示单元格或列改变后的大小，如图 9-18 所示。

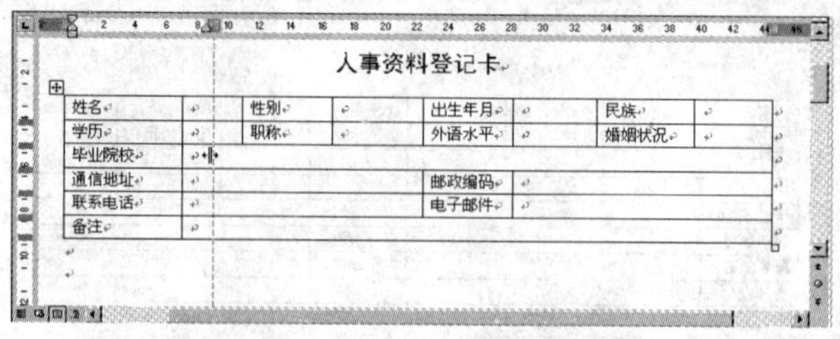

人事资料登记卡

| 姓名 | | 性别 | | 出生年月 | | 民族 | |
|---|---|---|---|---|---|---|---|
| 学历 | | 职称 | | 外语水平 | | 婚姻状况 | |
| 毕业院校 | | | | | | | |
| 通信地址 | | | | 邮政编码 | | | |
| 联系电话 | | | | 电子邮件 | | | |
| 备注 | | | | | | | |

图 9-18　通过拖动单元格列框线改变列宽

✧　直接拖动“ ⟺ ”形光标，只使框线左右两列的宽度发生变化，而整个表格的总宽度不变。按住 Alt 键拖动鼠标，可在标尺上显示列宽值。

✧　按住 Shift 键后拖动“ ⟺ ”形光标，将只改变框线左侧一列的宽度，并使整个表格的宽度也将发生相应变化，但表格中其他列的宽度不变。

✧　按住 Ctrl 键后拖动“ ⟺ ”形光标，框线右边的各列宽度发生均匀变化，整个表格的宽度不变。

（2）拖动鼠标到所需的宽度时释放鼠标，即可完成改变列宽的操作。

使用“表格”菜单中的“表格属性”命令可以精确设置表格的行高或列宽。设置表格行高或列宽的方法类似，下面仅以精确设置行高为例，说明设置行高或列宽的方法。

（1）选中要改变行高的一行或多行。

（2）选择“表格”|“表格属性”菜单，打开“表格属性”对话框，并在该对话框中单击“行”选项卡，如图 9-19 所示。

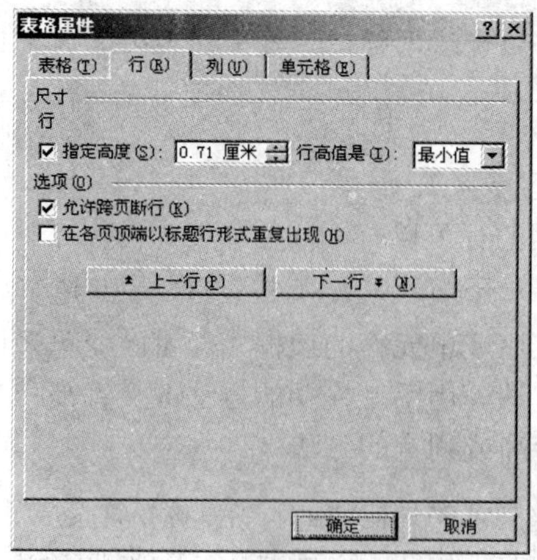


图 9-19　“表格属性”对话框

（3）在“表格属性”对话框中选中“指定高度”复选框，并在其后面的方框中指定具体的行高值。用户也可以在“行高值是”方框中将所选行的行高设置为“最小值”或“固定值”。

✧　使用“上一行”或“下一行”按钮，能够在完成现有修改以后，自动选定相邻的上一行或下一行，继续进行设置行高的操作，从而免去了关闭对话框再选择其他行的麻烦。

（4）单击“确定”按钮。

此外，单击“表格与边框”工具栏中的“平均分布各行”与“平均分布各列”按钮，可均匀分布表格中的各行与各列。

### 9.2.5　删除表格、单元格、行或列

在 Word 中，可以用在文档中删除文本的方法来删除表格中的文字，但此时不能删除单元格、行或列本身。通过下面的操作方法可以删除表格及表格中的文字，其操作方法与插入行、列操作类似，即应首先确定删除区域，然后执行“删除”命令。下面仅以删除单元格为例进行说明。

（1）选中要删除的单元格。

（2）单击鼠标右键，在打开的快捷菜单中选择“删除”命令，打开如图 9-20 所示的“删除单元格”对话框。

（3）选择适当的单选钮，并单击“确定”按钮。

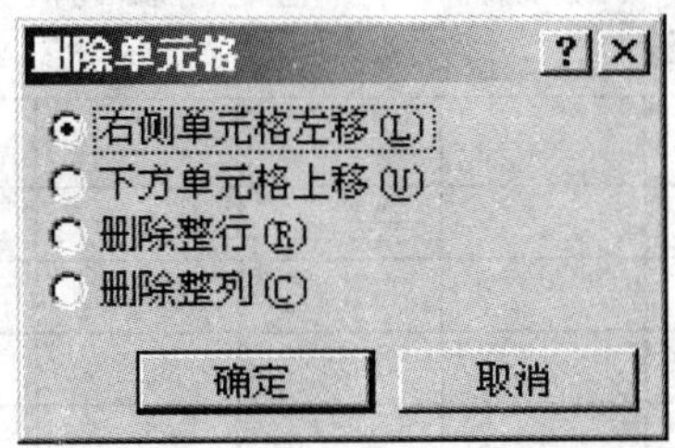


图 9-20　删除单元格对话框

✧　确定删除区域后，删除命令会随用户的选择不同而发生变化。

✧　要删除表格、行或列，可选择“表格”|“删除”菜单中的适当选项。

### 9.2.6 绘制示范表格

下面以绘制图 9-21 所示的表格为例，让读者系统体会一下制作表格的基本操作方法。

<table>
<tr><td colspan="2">年份<br>分类</td><td></td><td></td><td></td><td></td><td></td></tr>
<tr><td rowspan="3"></td><td></td><td></td><td></td><td></td><td></td><td></td></tr>
<tr><td></td><td></td><td></td><td></td><td></td><td></td></tr>
<tr><td></td><td></td><td></td><td></td><td></td><td></td></tr>
<tr><td colspan="2"></td><td></td><td></td><td></td><td></td><td></td></tr>
</table>

图 9-21 表格示例

（1）单击“插入表格”按钮，制作一个 5 行 7 列的表格。

（2）选中第一行的第一和第二个单元格，单击“表格和边框”工具栏上的“合并单元格”按钮将其合并。

（3）用同样的方法将其他几个单元格合并，结果如图 9-22 所示。

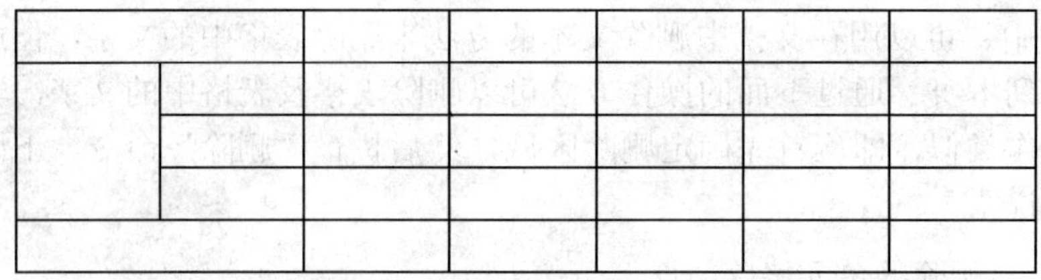

图 9-22 合并单元格后的表格

（4）将鼠标指针移到表格第一行的底边框线上，待指针变为 ÷ 形状时，按住鼠标左键向下拖动，如图 9-23 所示。当拖至需要的高度时，松开鼠标左键即可。

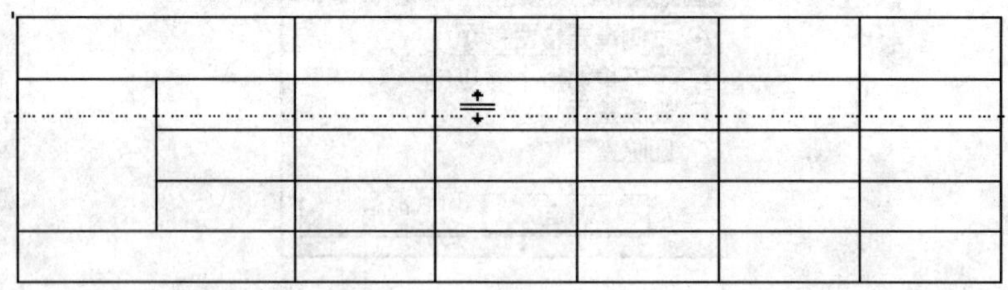

图 9-23 改变首行的高度

（5）选择“表格”|“绘制斜线表头”菜单，打开“插入斜线表头”对话框，在该对话框的“表头样式”列表框中选择“样式一”，在“字体”列表框中将表头文字设置为小五号。在“行标题”框中输入“年份”，在“列标题”框中输入“分类”，如图 9-24 所示。

（6）单击“确定”按钮，完成绘制斜线表头的操作，结果如图 9-21 所示。

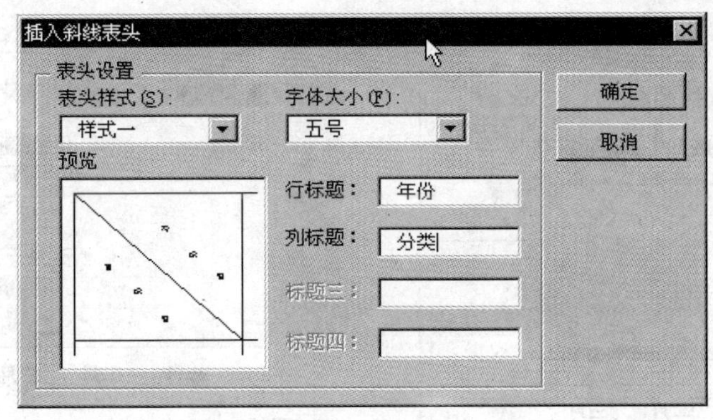


图 9-24　“插入斜线表头”对话框

## 9.3　表格格式设置

表格是由单元格组成的，在表格中输入和编辑文本，实际上就是在单元格中输入和编辑文本。其中，文档窗口中的绝大多数操作方法在单元格中均适用，例如，用户可以对整个表格、某个单元格以及单元格中的一个或多个段落文字的格式进行设置。此外，也可以对选中的表格应用内置的表格格式。

### 9.3.1　自动套用格式

给表格设置格式也称为格式化表格。Word 2002 提供了 40 多种预置的表格格式，无论是新建的空白表格还是已输入数据的表格，都可以通过自动套用格式来快速编排表格格式。

为表格自动套用格式的操作步骤如下：

（1）单击要设置格式的表格中的任何位置。

（2）选择“表格”|“表格自动套用格式”菜单，打开“表格自动套用格式”对话框，如图 9-25 所示。

（3）在 “表格样式”列表框中选择一种表格格式名，在下边的“预览”框中将显示相应的表格格式效果。

（4）在“将特殊格式应用于”选项区中，选择需要的复选框，在预览框中将显示出相应的效果。

（5）单击“应用”按钮。

如果用户希望创建自己设置的表格样式，可单击“新建”按钮，打开“新建样式”对话框，如图 9-26 所示。在“属性”设置区的“名称”编辑框中，用户可输入新建表格样式的名称，以便以后使用。在“样式基于”下拉列表框中用户可以选择表格的基本格式。用户还可根据需要选择表格中文字的字体、字号、颜色以及边框的磅值等。

设置完成后，可选择“添加到模板”复选框，将当前创建的表格样式添加到模板中，然后单击“确定”按钮关闭该对话框。

此外，用户还可通过单击“表格自动套用格式”对话框中的“修改”按钮，对当前选择的表格样式进行修改。

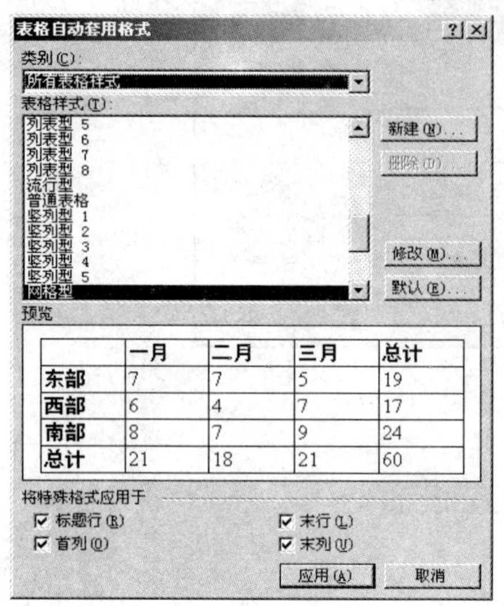


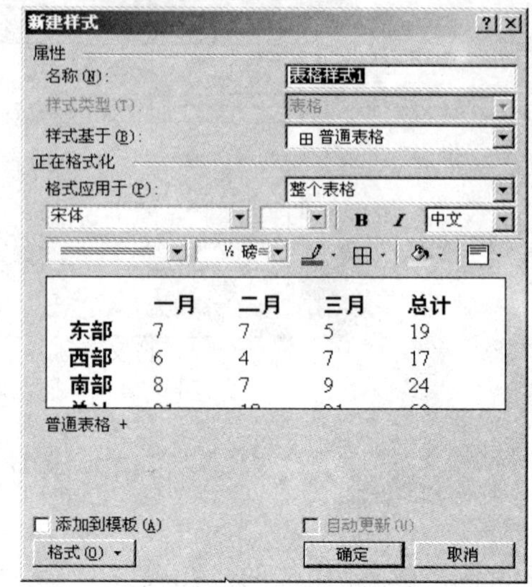


图 9-25 “表格自动套用格式”对话框　　　　图 9-26 “新建样式”对话框

### 9.3.2 修改表格框线

要修改表格框线类型，可在选中表格或单元格区域后，单击“表格和边框”工具栏中的框线设置工具右侧的三角符号，然后从弹出的菜单中选择适当选项，如图 9-27 所示。

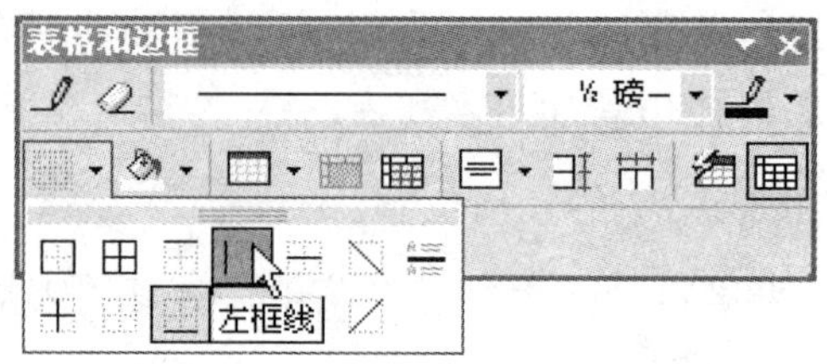


图 9-27 为表格或选定的单元格设置框线类型

### 9.3.3 编排表格中的文本

单元格实际上就是一个小的文本编辑现场，在单元格中输入文本、移动或复制文本等编辑操作与以前所学的文本编辑操作是一样的。除文本在单元格中的对齐操作和改变文字方向略有不同外，表格中文本的编排与文档中的文本编排操作完全相同。

在 Word 中可以改变整个表格中文本的文字方向，也可以只改变某一个单元格的文字方向。默认情况下，表格中的文本都是横向排列的。将插入符置于要改变文字方向的单元格内，单击“常用”工具栏上的“更改文字方向”按钮 或 ，即可实现单元格内文字横排或竖排方式间的转换。改变文字的方向以后，单元格中文字的行间距、段落格式以及其他的格式都会发生相应的变化，“格式”工具栏及“表格和边框”工具栏上的一些按钮也会发生相应的旋转。

◇ 改变某个单元格的文字方向不会影响其他单元格的文字方向。如果要改变整个表格的文字方向，则要选中该表格。

◇ 通过选择“格式”|“文字方向”菜单，可设置文字的其他排列形式。

默认情况下，单元格中输入的文本内容以底端左对齐，用户可根据需要调整文本的对齐方式。当对一个或多个单元格中的文本设置对齐方式时，首先要选中这些单元格。若选中整个表格，则对整个表格设置对齐方式。

设置单元格中文本对齐方式的操作步骤如下：

（1）单击“格式”工具栏上的“表格与边框”按钮，将“表格和边框”工具栏显示出来。

（2）选中要设置对齐方式的单元格或表格。

（3）单击“表格和边框”工具栏上的“对齐方式”按钮，弹出如图 9-28 所示的对齐方式列表框，从中选择所需的对齐方式。

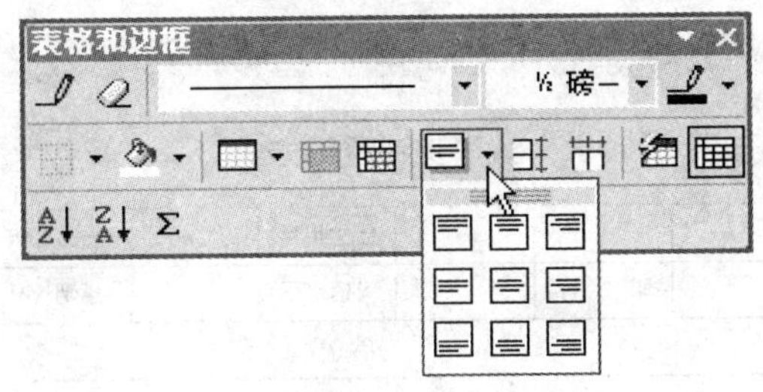


图 9-28 对齐方式列表

## 9.4 移动或复制单元格、行、列中的内容

利用工具栏上的“剪切”、“复制”和“粘贴”按钮或使用相应的菜单命令，可以方便地移动或复制单元格、行或列中的内容，其操作步骤如下：

（1）选中要移动或复制的一个或多个单元格，或整行、整列。

◇ 在每一个单元格中都有一个“单元格结束标记”↵ 符号，在选取文本时，如果选中的内容不包括该符号，则只是将选中单元格中的文本内容移动或复制到目

标单元格内，并不覆盖目标单元格中的原有文本。如果选中的内容包括该符号，则将替换目标单元格中原有的文本和格式。

✧ 选中一整行时，应包括行尾标记。

（2）单击“剪切”按钮或“复制”按钮，将选中的内容存放到剪贴板中。

（3）单击目标单元格，将插入符移到目标单元格中。

（4）单击“粘贴”按钮，即完成移动或复制单元格、行和列操作。其中，如果操作的是整行和整列，则移动或复制的内容将插入到目标行的上方或目标列的左侧。

## 9.5 改变表格的位置和大小

在 Word 2002 中，用户可方便地将表格移到其他位置，还可以改变表格的整体大小，其操作步骤如下：

（1）切换到“页面视图”或“Web 版式视图”方式下。

（2）将鼠标移到表格中的任意位置，在表格的左上角和右下角可看到“表格位置控制点”和“表格大小控制点”，如图 9-29 所示。

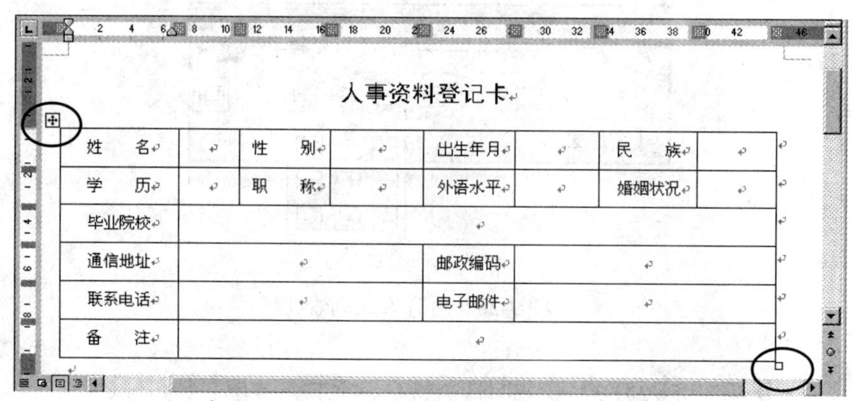

人事资料登记卡

| 姓　名 | | 性　别 | | 出生年月 | | 民　族 | |
|---|---|---|---|---|---|---|---|
| 学　历 | | 职　称 | | 外语水平 | | 婚姻状况 | |
| 毕业院校 | | | | | | | |
| 通信地址 | | | | 邮政编码 | | | |
| 联系电话 | | | | 电子邮件 | | | |
| 备　注 | | | | | | | |

图 9-29 表格位置控制点和改变表格大小控制点

（3）单击位于表格左上角的“表格位置控制点”⊞可选中整个表格，拖动鼠标即可移动表格到需要的任意位置。

（4）移动鼠标到表格右下角的“表格大小控制点”，当指针变成↘形状时，按住鼠标左键并拖动，可随意调整表格的大小。当表格大小发生变化时，表格内的单元格也会自动等比例调整其大小。

✧　双击“表格位置控制点”⊞，在打开的“表格属性”对话框中，选择相应的选项，可以精确地把表格放置在某个位置或精确地调整表格的大小。

## 9.6　表格跨页时的标题行处理

如果要创建的表格超过了一页，Word 将自动拆分表格。要使分成多页的表格在每页的第一行都出现相同的标题行，可单击标题行的任意位置，然后选中“表格”菜单中的“标题行重复”命令，使该命令左边出现“√”。但是，如果插入了人工分页符，则标题行不会重复。

## 9.7　设置表格的文字环绕特性

Word 2002 新增了文字环绕表格功能，即现在可以在表格四周环绕文字，从而实现了表格和文字混排。设置文字环绕表格的操作步骤如下：

（1）将插入符置于表格中的任何位置。

（2）选择“表格”|“表格属性”菜单，打开“表格属性”对话框，如图 9-30 所示。

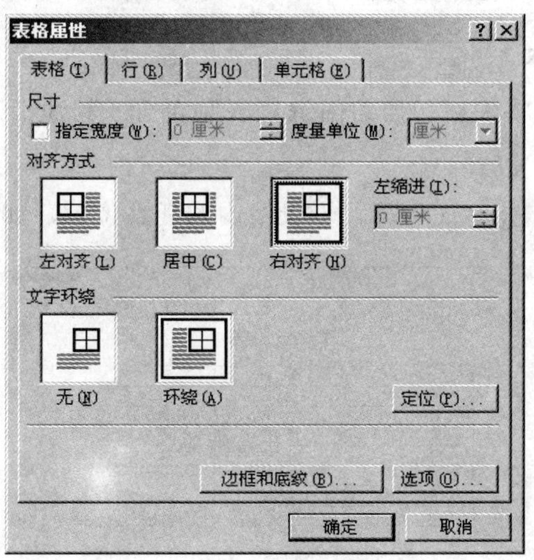


图 9-30　“表格属性”对话框

（3）在“文字环绕”选项区选中“环绕”项。

（4）在“对齐方式”选项区中选择一种对齐方式。例如，选择“右对齐”。

（5）单击“确定”按钮，即可在表格的另一边输入文本内容，如图 9-31 所示。

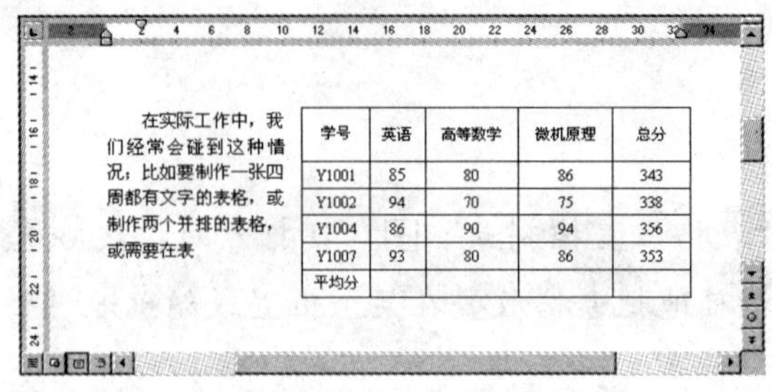

在实际工作中，我们经常会碰到这种情况：比如要制作一张四周都有文字的表格，或制作两个并排的表格，或需要在表

| 学号 | 英语 | 高等数学 | 微机原理 | 总分 |
|---|---|---|---|---|
| Y1001 | 85 | 80 | 86 | 343 |
| Y1002 | 94 | 70 | 75 | 338 |
| Y1004 | 86 | 90 | 94 | 356 |
| Y1007 | 93 | 80 | 86 | 353 |
| 平均分 | | | | |

图 9-31　设置文字环绕表格示例

✧　把表格设置成环绕方式后，Word 会按照选定的环绕方式将正文内容环绕在表格周围。利用拖动“表格位置控制点”的办法可随意移动表格的位置，并同时改变正文文字环绕表格的效果。

## 9.8　文本和表格之间的转换

在 Word 中，可以方便地进行文本和表格之间的相互转换，这对于更灵活地使用不同的信息源，或利用相同的信息源实现不同的工作目的都将是十分有益的。

### 9.8.1　把表格转换成文本

在 Word 中，用户可将表格转换为由逗号、制表符或其他指定字符分隔的文字。将表格转换成文本操作步骤如下：

（1）创建一个表格，并将插入符置于表格内的任意位置，如图 9-32 所示。

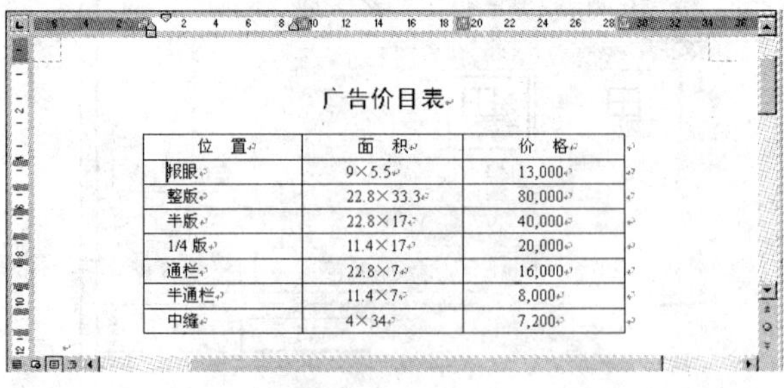

广告价目表

| 位　置 | 面　积 | 价　格 |
|---|---|---|
| 报眼 | 9×5.5 | 13,000 |
| 整版 | 22.8×33.3 | 80,000 |
| 半版 | 22.8×17 | 40,000 |
| 1/4 版 | 11.4×17 | 20,000 |
| 通栏 | 22.8×7 | 16,000 |
| 半通栏 | 11.4×7 | 8,000 |
| 中缝 | 4×34 | 7,200 |

图 9-32　将插入符放置到表格内

（2）选择“表格”|“转换”|“表格转换成文字”菜单，打开“将表格转换成文字”对话框。

（3）在“将表格转换成文字”对话框中选择一种文字分隔符，如图 9-33 所示。

（4）单击“确定”按钮，即可将表格的内容转换为普通的文本段落，并将各单元格中的内容用制表符隔开，如图 9-34 所示。

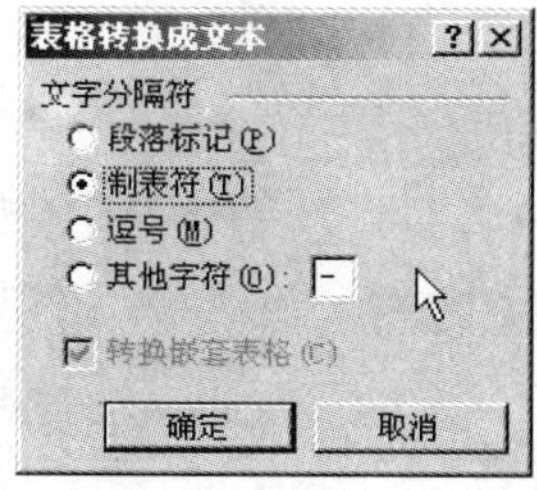


图 9-33　“将表格转换成文字”对话框

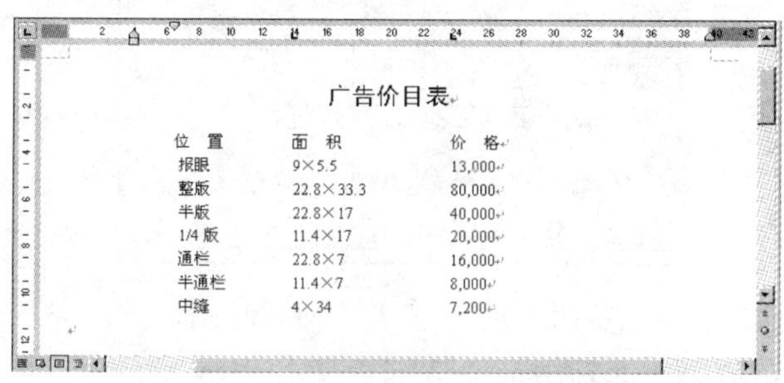

广告价目表

| 位　置 | 面　积 | 价　格 |
|---|---|---|
| 报眼 | 9×5.5 | 13,000 |
| 整版 | 22.8×33.3 | 80,000 |
| 半版 | 22.8×17 | 40,000 |
| 1/4 版 | 11.4×17 | 20,000 |
| 通栏 | 22.8×7 | 16,000 |
| 半通栏 | 11.4×7 | 8,000 |
| 中缝 | 4×34 | 7,200 |

图 9-34　将表格转换为文字后的结果

### 9.8.2　把文字转换成表格

在 Word 中，也可以将用段落标记、逗号、制表符或其他特定字符隔开的文本转化为表格。为此，应首先选中要转换为表格的文本，然后单击“插入表格”按钮或选择“表格”|“表格自动套用格式”菜单。

## 9.9　表格排序

在 Word 中，可以按照递增或递减的顺序把表格的内容按笔划、数字、拼音及日期进行排序。由于对表格的排序可能使表格发生很大的变化，所以在排序前最好要保存文档。此外，对重要的文档则应考虑用备份进行排序。

（1）将插入符置于要进行排序的表格中，或者选择希望排序的多行，如图 9-35 所示。

| 学号 | 英语 | 政治 | 高等数学 | 微机原理 | 总分 |
|---|---|---|---|---|---|
| Y1001 | 85 | 92 | 80 | 86 | |
| Y1002 | 94 | 99 | 70 | 75 | |
| Y1004 | 86 | 86 | 90 | 94 | |
| Y1003 | 92 | 95 | 75 | 89 | |
| Y1006 | 83 | 91 | 85 | 92 | |
| 平均分 | | | | | |

图 9-35　选择希望排序的多行

✧　要进行排序的表格中不能有合并后的单元格，否则无法进行排序。

（2）选择“表格”|“排序”菜单，打开如图 9-36 所示的“排序”对话框。

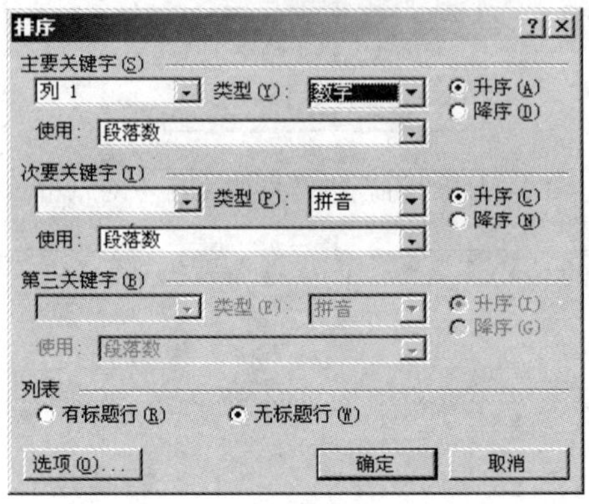


图 9-36　“排序”对话框

（3）单击“主关键字”下拉列表框右侧的三角符号按钮，从弹出的下拉列表中选择要排序的列。例如，选择“列 2”，表示按英语成绩排序。

✧　Word 中允许以多个排序依据进行排序。如果要进一步指定排序的依据，可以在“次要关键字”、“第三关键字”列表框中指定第二个、第三个排列依据、排序类型及排序的顺序。

（4）单击“类型”下拉列表框右侧的三角符号按钮，从弹出的下拉列表中选择“数字”，表示按数据的大小进行排序。

✧　用户也可以按照“笔画”的多少，“日期”的先后或按拼音字母顺序进行排序。

✧　单击“表格和边框”工具栏上的 A↓Z 或 Z↓A 按钮。可以按插入符所在的列进行排序。

（5）选择“升序”或“降序”单选钮，确定排列顺序为升序或降序。例如，选择“升序”。

（6）如果选中“有标题行”单选钮，表示排序时不把标题行（即第一行）算在排序范围内。否则，如果选中“无标题行”单选钮，表示对标题行也进行排序。在本例中，由于需要对全部行进行排序，因此，应选中“无标题行”单选钮。

（7）单击“确定”按钮，结果如图 9-37 所示。

| 学号 | 英语 | 政治 | 高等数学 | 微机原理 | 总分 |
|---|---|---|---|---|---|
| Y1006 | 83 | 91 | 85 | 92 | |
| Y1001 | 85 | 92 | 80 | 86 | |
| Y1004 | 86 | 86 | 90 | 94 | |
| Y1003 | 92 | 95 | 75 | 89 | |
| Y1002 | 94 | 99 | 70 | 75 | |
| 平均分 | | | | | |

图 9-37　表格排序后结果

## 9.10　在表格中计算

利用表格的计算功能，还可以对表格中的数据执行一些简单的运算，并可以方便、快捷地得到计算结果，如求和、求平均值、求最大值等。

在表格中，可以通过输入带有加、减、乘、除（+、-、*、/）等运算符的公式进行计算，也可以使用 Word 附带的函数进行较为复杂的计算。在表格中，排序或计算都是以单元格或区域为单位进行的，为了方便在单元格之间进行运算，Word 中用英文字母“A，B，…”从左至右表示列，用正整数“1，2，…”自上而下表示行，每一个单元格的名字则由它所在的行和列的编号组合而成。例如，“C2”表示位于表格第二行与第三列交叉处的单元格。

表 9-2 中列举了几个典型的利用单元格参数表示一个单元格、一个单元格区域或一整行（一整列）的方法。

**表 9-2　单元格参数及其意义**

| 参　　数 | 意　　义 |
|---|---|
| A1 | 位于第一列、第一行的单元格 |
| A1：B2 | 由 A1，A2，B1，B2 四个单元格组成的矩形区域 |
| A1，B2 | A1、B2 两个单元格 |
| 2:2 | 表示整个第二行 |
| D:D | 表示整个第四列 |
| SUM（A1：A5） | 求 A1+A2+A3+A4+A5 的和 |
| Average（1:1，2:2） | 求第一行与第二行的和的平均值 |

### 9.10.1 使用“自动求和”按钮进行计算

利用“表格和边框”工具栏上的“自动求和”按钮，用户可以快速对表格中的某一行或某一列中的数据求和，计算结果将作为一个域插入到所选定的单元格中。如果插入符所在的单元格位于表格中某一列的底端，则 Word 自动对该单元格上方的数据求和。如果插入符所在的单元格位于表格中某一行的右端，则对该单元格左侧的数据求和。

当插入符所在的单元格上方和左侧都有数值型数据时，Word 默认对该单元格上方的数据进行求和。因此，在使用“自动求和”按钮对行进行求和时，应当从下向上进行求和。下面以计算图 9-37 所示表格中每个人的总分为例，介绍如何在表格中进行运算。

（1）将插入符移到学号为“Y1002”所在行的“总分”单元格中。

（2）单击“表格和边框”工具栏中的“自动求和”按钮 Σ，即可得到学号为“Y1002”的总分。用同样的方法，从下向上依次求出其他同学的总分，结果如图 9-38 所示。

| 学号 | 英语 | 政治 | 高等数学 | 微机原理 | 总分 |
|---|---|---|---|---|---|
| Y1006 | 83 | 91 | 85 | 92 | 351 |
| Y1001 | 85 | 92 | 80 | 86 | 343 |
| Y1004 | 86 | 86 | 90 | 94 | 356 |
| Y1003 | 92 | 95 | 75 | 89 | 351 |
| Y1002 | 94 | 99 | 70 | 75 | 338 |
| 平均分 | | | | | |

图 9-38 使用表格的自动求和功能计算总分

### 9.10.2 用公式命令计算

利用“表格”菜单中的“公式”命令，可以对表格中的数据进行其他的运算。下面我们以图 9-38 所示表格为例，用公式来计算表中每门课程的平均分。

（1）单击要放置计算结果的单元格，例如，单击图 9-38 中的 B7 单元格。

（2）选择“表格”|“公式”菜单，打开“公式”对话框，如图 9-39 所示。

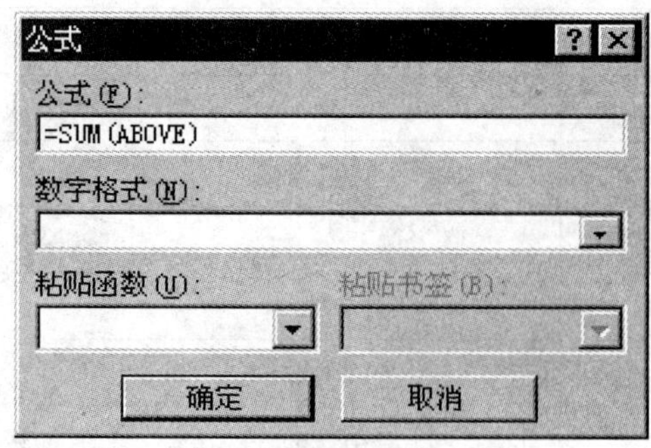


图 9-39 “公式”对话框

◇　如果所选单元格位于数字列底部，Word 会建议用“=SUM（ABOVE）”公式，对该插入符上方的所有单元格中的数值进行求和。

◇　如果所选单元格位于所选行右边，Word 会建议用“=SUM（LEFT）”公式，对该插入符左方的所有单元格中的数值进行求和。

（3）删除“公式”框中除等号“=”以外的内容，从“粘贴函数”列表中选择“AVERAGE”函数，并在“公式”框中的 AVERAGE 后面的括号内输入要运算的参数值。例如，输入“B:B”或“B2:B6”。

◇　也可在删除“公式”框中除“=”以外的内容后，输入“（B2+B3+B4+B5+B6）/5”。

（4）如果要设置计算结果的数字格式，可单击“数字格式”下拉列表框右侧的三角符号按钮，然后从弹出的列表中选择所需的数字格式。

（5）单击“确定”按钮，返回文档窗口，结果如图 9-40 所示。

| 学号 | 英语 | 政治 | 高等数学 | 微机原理 | 总分 |
|---|---|---|---|---|---|
| Y1006 | 83 | 91 | 85 | 92 | 351 |
| Y1001 | 85 | 92 | 80 | 86 | 343 |
| Y1004 | 86 | 86 | 90 | 94 | 356 |
| Y1003 | 92 | 95 | 75 | 89 | 351 |
| Y1002 | 94 | 99 | 70 | 75 | 338 |
| 平均分 | 88 | | | | |

图 9-40　利用公式计算平均分

（6）利用上述方法同样可得到其他课程的平均分。

◇　在 Office 家族中，Excel 是处理表格及其数据的能手。因此，如果要对表格进行复杂的计算，则应当插入一个 Excel 工作表。单击“格式”工具栏上的“插入 Excel 工作表”按钮即可插入一个 Excel 工作表，这时 Word 窗口中的菜单栏及工具栏将随之变化。

## 9.11 小 结

本章主要介绍了在文档中插入表格的方法，表格结构的修改与格式设置，文本与表格之间的转换方法，以及表格的排序和简单计算等。

## 9.12 习 题

1．创建图 9-41 所示表格。

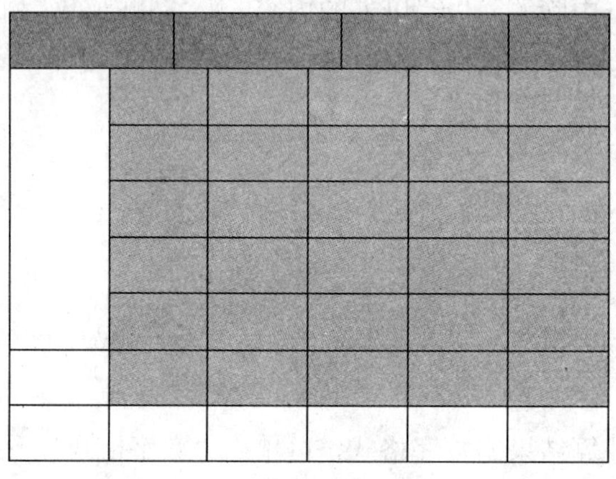

图 9-41 表格练习 1

【操作要求】

（1）建立一个新文档，将纸张设置为 16 开。

（2）创建一个 8 行 7 列的表格。

（3）指定表格的行高度为 1 厘米。

（4）将表格首行的 1，2，3，4，5 单元格合并，首列的 3，4，5，6，7 单元格合并；

（5）将首行的第 1 个单元格拆分成 3 列。

（6）将表格的第 2 行单元格全部删除，将最后一列单元格全部删除。

（7）在表格的最后一行单元格上方插入 1 行单元格。

（8）为首行单元格添加淡紫色底纹；为第 2 行第 2 列单元格至第 7 行第 6 列单元格添加金色底纹。

2．绘制图 9-42 所示表格。

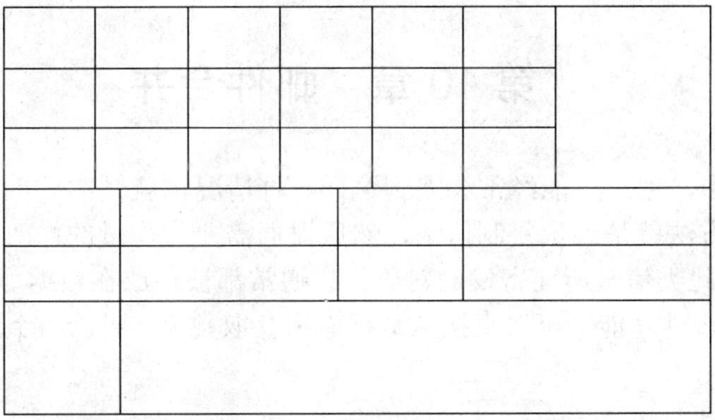

图 9-42　表格练习 2

【操作要求】

（1）使用“绘制表格”按钮绘制表格的大概轮廓。

（2）利用“表格和边框”工具栏中的工具对表格进行调整。

3．将文字转换成图 9-43 所示表格。

各地区电话区号及邮编

| 省 份 | 地 名 | 区 号 | 邮政编码 |
|---|---|---|---|
| 河北省 | 石家庄 | 0311 | 050053 |
| 河北省 | 邯郸 | 0310 | 056002 |
| 河北省 | 保定 | 0312 | 071052 |
| 河北省 | 张家口 | 0313 | 075061 |
| 河北省 | 承德 | 0314 | 067000 |
| 河北省 | 唐山 | 0315 | 063006 |
| 河北省 | 廊坊 | 0316 | 065000 |
| 河北省 | 沧州 | 0317 | 061001 |
| 河北省 | 衡水 | 0318 | 053000 |
| 河北省 | 邢台 | 0319 | 054001 |

图 9-43　表格练习 3

【操作要求】

（1）打开 DATA1 目录中的文档 TF8-3.doc。

（2）将【8-3B】中“各地区电话区号及邮编”下的文本转换成表格。

（3）在“将文字转换成表格”对话框中设置“表格尺寸”为 4 列 11 行，“固定列宽”为 2 厘米，“自动套用格式”为“Web 页型 3”，“文字分隔位置”为“制表符”。

# 第 10 章　邮件合并

在实际工作中，用户可能经常会遇到这样一种情况，就是需要创建大量相同或相似的信函。最原始的方法就是大量复制信函，然后根据需要作少量的修改，例如修改称谓、地址等。不过，由于此类信函所要寄发的对象信息通常都被存放在数据库中，因此，利用 Word 2002 提供的邮件合并功能，可以直接从数据库中获取数据，并合并到信函内容中，从而节省了大量的时间。

**本章重点：**

- 建立数据源文件
- 建立主文档
- 使用邮件合并向导制作邮件

## 10.1　建立数据源文件

要合并邮件，首先应创建相关的数据源文件。例如，要让本单位的职工领取资格证书，那么就需要有这些职工的姓名，领证的地点、时间等数据。

用户可在邮件合并中使用任何数据源，如 Microsoft Outlook 联系人列表，Access 数据库、Word 文档等。下面以 Word 文档为例，介绍创建数据源的方法。

（1）单击“常用”工具栏上的“新建空白文档”按钮，创建一个新文档。

（2）输入数据文件内容，其形式应该为表格。其中，第 1 行为标题行，其他行为记录行，如图 10-1 所示。

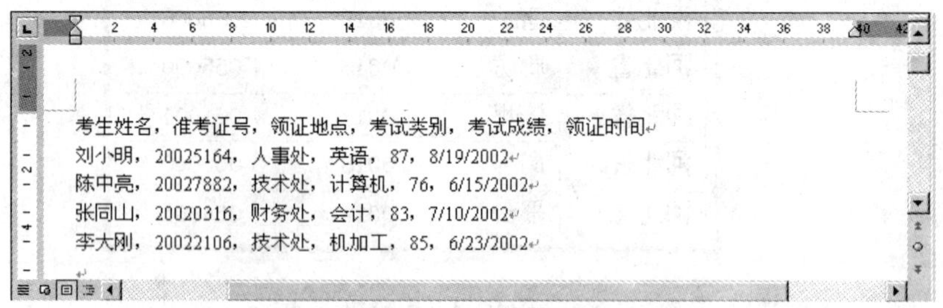
考生姓名，准考证号，领证地点，考试类别，考试成绩，领证时间
刘小明，20025164，人事处，英语，87，8/19/2002
陈中亮，20027882，技术处，计算机，76，6/15/2002
张同山，20020316，财务处，会计，83，7/10/2002
李大刚，20022106，技术处，机加工，85，6/23/2002

图 10-1　输入数据文件

（3）将文件保存为“领取资格证书数据.doc”文档。

✧　将 Word 文档作为数据文件时，其中的每一个段落都代表了一条记录。

在邮件合并过程中，一条记录会产生一个输出。

✧　每条记录中各字段之间可用逗号或者制表符加以分隔，其中，使用制表符是一个较好的选择，因为这样比较便于阅读和编辑修改。同时，如果记录中字段的位置不正确，也可以立即发现。

✧　数据文件的第一段是一个特别的段落，它被称为字段名段落。这个段落中包含的是每条记录中各字段的名称，其下的段落才是真正的记录。每条记录的字段数目和各字段的顺序，都必须与字段名称段落中所定义的完全相同，否则邮件合并时会发生错误。

## 10.2　建立主文档

主文档中包含了邀请函的基本内容，它其实就是一个普通的文档。例如，本例创建的文档如图10-2所示，并以“领取资格证书主文档.doc”保存。

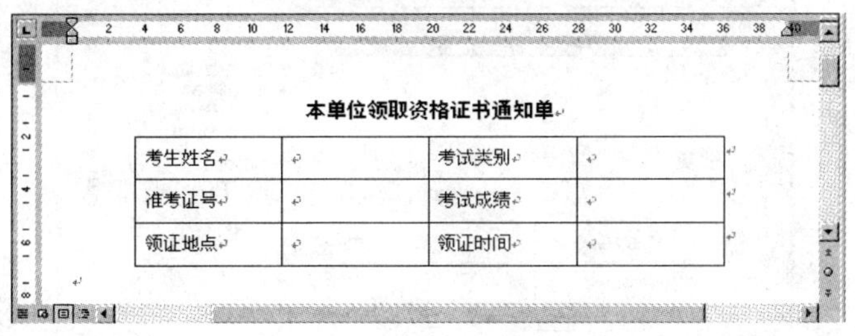

**本单位领取资格证书通知单**

| 考生姓名 | | 考试类别 | |
|---|---|---|---|
| 准考证号 | | 考试成绩 | |
| 领证地点 | | 领证时间 | |

图10-2　主文档内容

## 10.3　使用邮件合并向导制作邮件

在Word 2002中，用户可使用“邮件合并向导”轻松完成邮件合并任务。具体操作步骤如下：

（1）打开已创建的主文档，选择“工具”|“信函与邮件”|“邮件合并向导”菜单，打开“邮件合并”任务窗格，并在该窗格中选取“信函”单选钮，如图10-3所示。

（2）单击“下一步：正在启动文档”超链接，在打开的“邮件合并”任务窗格中选取“使用当前文档”单选钮，如图10-4所示。

（3）单击“下一步：选取收件人”超链接，在打开的“邮件合并”任务窗格中单击“选择另外的列表”超链接，如图10-5所示。

（4）在打开的“选取数据源”对话框中选择数据源文件，在此我们选择前面保存的“领取资格证书数据.doc”文档，然后单击“打开”按钮，如图10-6所示。

（5）在打开的“邮件合并收件人”对话框中选择收件人记录，然后单击“确定”按钮，如图 10-7 所示。

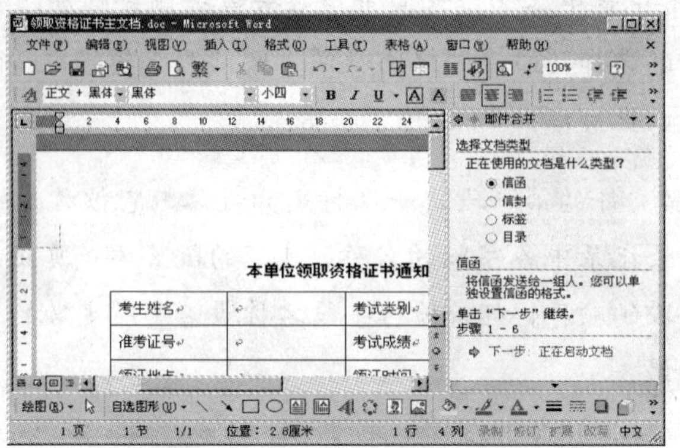


图 10-3 打开“邮件合并”任务窗格并选取“信函”单选钮

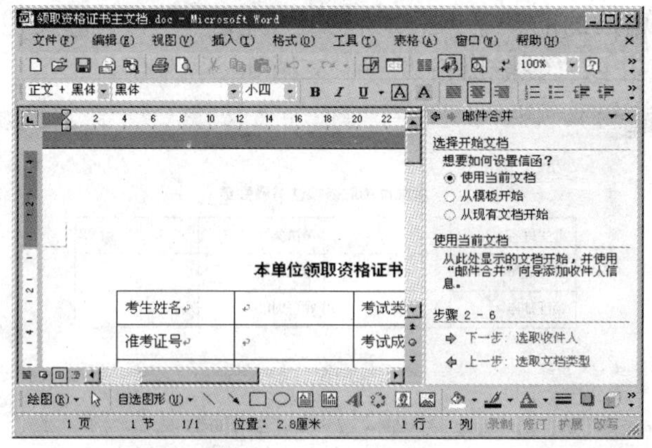


图 10-4 选取“使用当前文档”单选钮

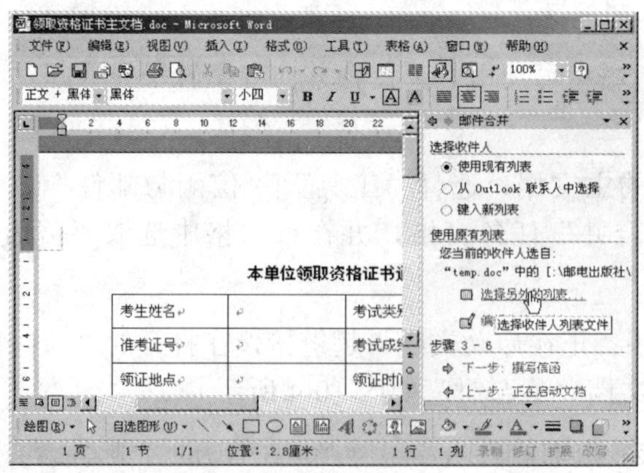


图 10-5 单击“选择另外的列表”超链接

（6）在返回的“邮件合并”任务窗格中单击“下一步：撰写信函”超链接，如图 10-8 所示。

（7）将插入点放置在主文档中表格的“考生姓名”后面的单元格中，然后在打开的“邮件合并”任务窗中单击“其他项目”超链接，如图 10-9 所示。

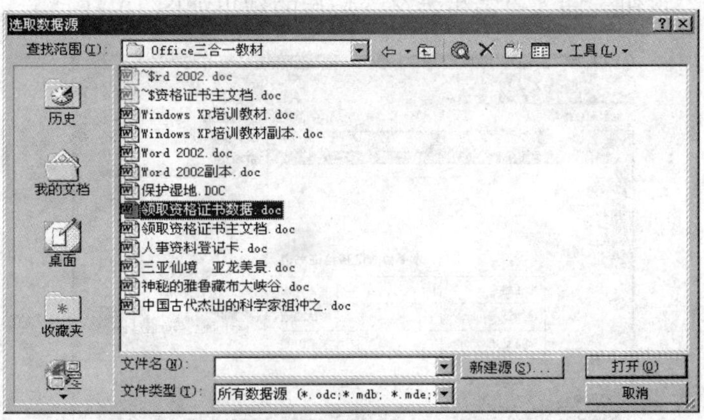


图 10-6　选取数据源文件

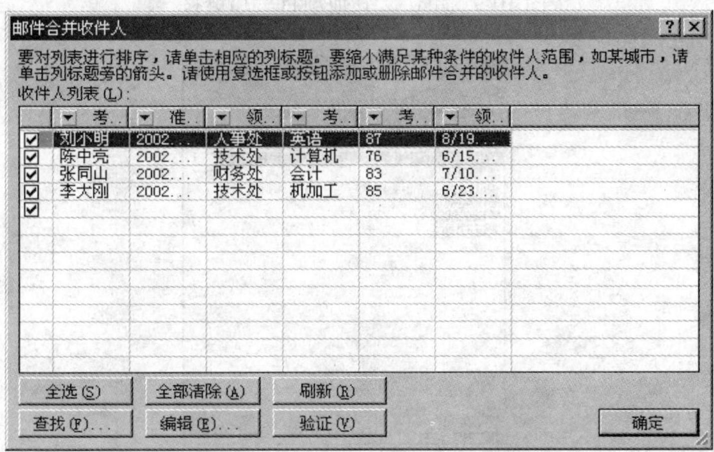


图 10-7　选择收件人

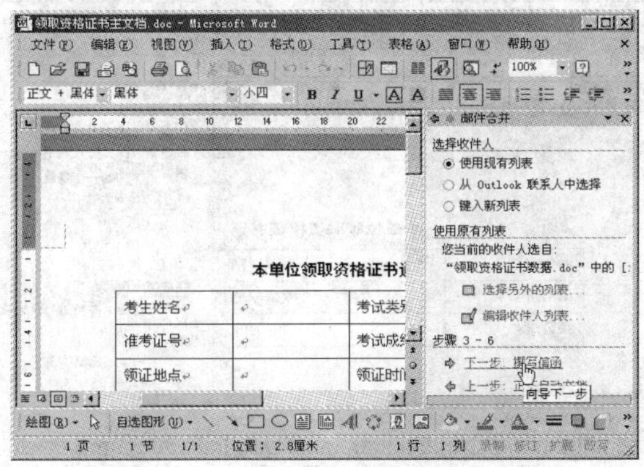


图 10-8　单击“下一步：撰写信函”超链接

（8）在打开的“插入合并域”对话框中选择“数据库域”单选钮，并在“域”列表框中选择“考生姓名”域，然后单击“插入”按钮（如图 10-10 所示），最后单击“关闭”按钮。插入“考生姓名”域后的结果如图 10-11 所示。

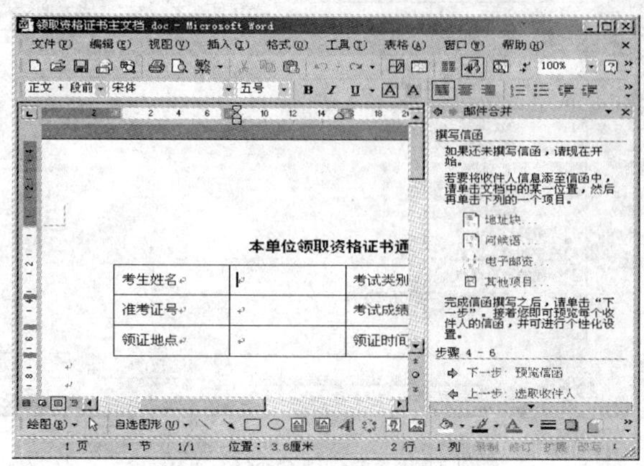


图 10-9　单击“其他项目”超链接

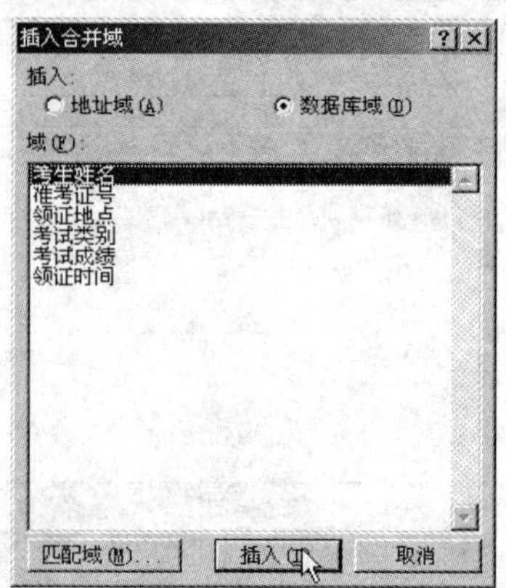


图 10-10　选择“考生姓名”域

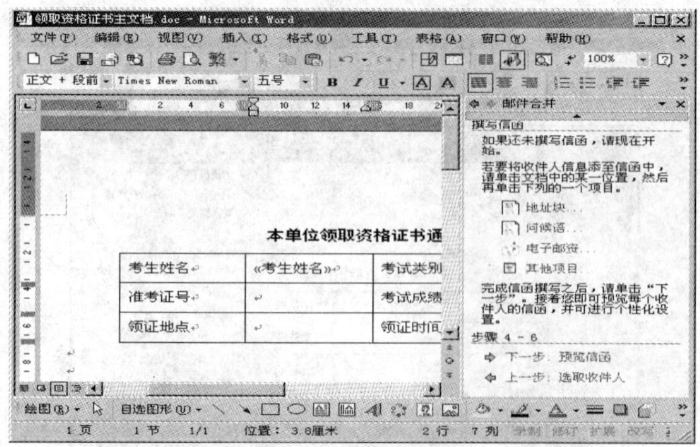


图 10-11　插入的“考生姓名”域

（9）根据步骤（7）、（8），分别将其他的域插入到相应的单元格中，然后在“邮件合并”任务窗格中单击“下一步：预览信函”超链接，如图 10-12 所示。

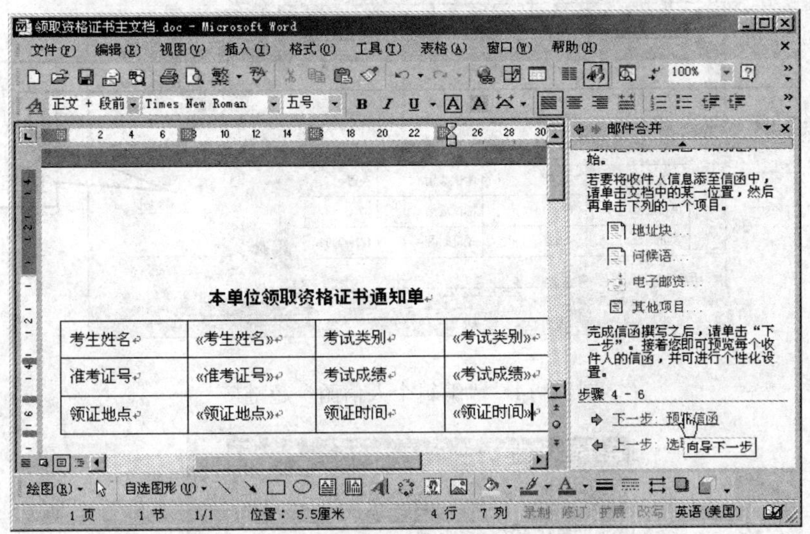


图 10-12　将其他的域插入到相应的单元格中并单击“下一步：预览信函”超链接

（10）在打开的“邮件合并”任务窗格中单击“完成合并”超链接，如图 10-13 所示。

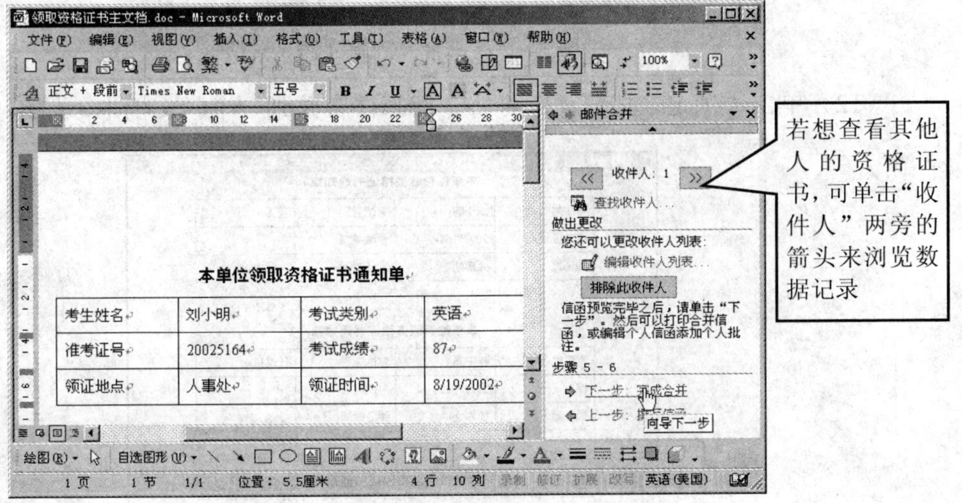


图 10-13　单击“下一步：完成合并”超链接

（11）在打开的“邮件合并”任务窗格中单击“编辑个人信函”超链接（如图 10-14 所示），打开“合并到新文档”对话框，并在该对话框中选中“全部”单选钮，表示将全部记录都合并到一个新文档中，如图 10-15 所示。

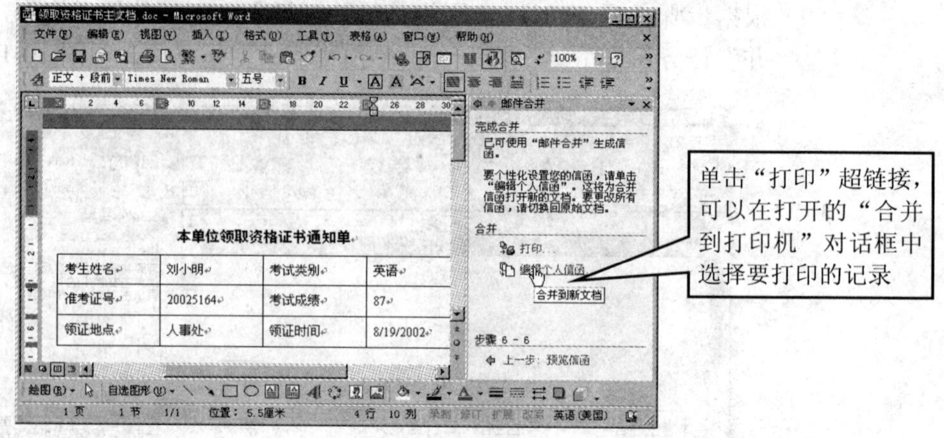


图 10-14　“编辑个人信函”超链接

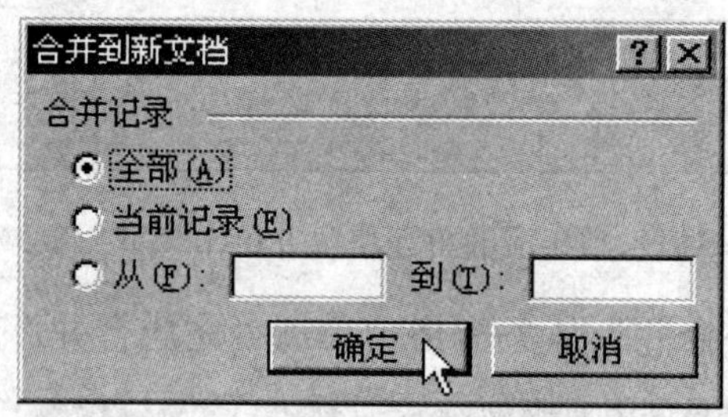


图 10-15　“合并到新文档”对话框

（12）单击“确定”按钮，即可将全部邮件合并到一个新文档中，如图 10-16 所示。

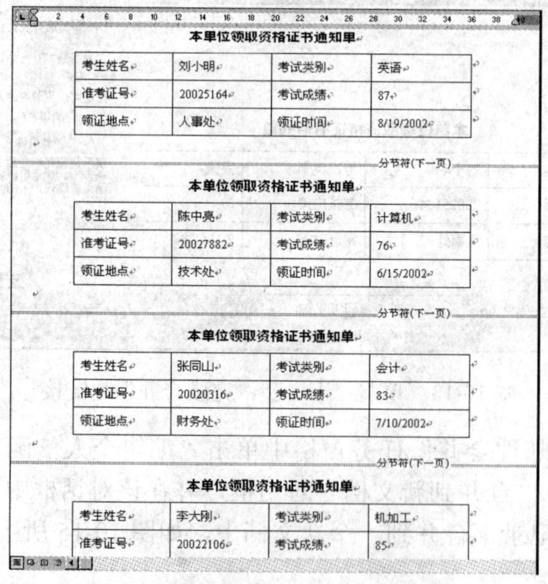

本单位领取资格证书通知单

| 考生姓名 | 刘小明 | 考试类别 | 英语 |
|---|---|---|---|
| 准考证号 | 20025164 | 考试成绩 | 87 |
| 领证地点 | 人事处 | 领证时间 | 8/19/2002 |

分节符(下一页)

本单位领取资格证书通知单

| 考生姓名 | 陈中亮 | 考试类别 | 计算机 |
|---|---|---|---|
| 准考证号 | 20027882 | 考试成绩 | 76 |
| 领证地点 | 技术处 | 领证时间 | 6/15/2002 |

分节符(下一页)

本单位领取资格证书通知单

| 考生姓名 | 张同山 | 考试类别 | 会计 |
|---|---|---|---|
| 准考证号 | 20020316 | 考试成绩 | 83 |
| 领证地点 | 财务处 | 领证时间 | 7/10/2002 |

分节符(下一页)

本单位领取资格证书通知单

| 考生姓名 | 李大刚 | 考试类别 | 机加工 |
|---|---|---|---|
| 准考证号 | 20022106 | 考试成绩 | 85 |

图 10-16　将全部邮件合并到一个新文档中

## 10.4　小　结

如果用户需要经常根据数据库中存储的资料（如人名、地址、邮编等）打印信封或通知，可利用 Word 2002 提供的邮件合并功能自动生成邮件。

## 10.5　习　题

1．使用“邮件合并向导”制作邮件，如图 10-17 所示。

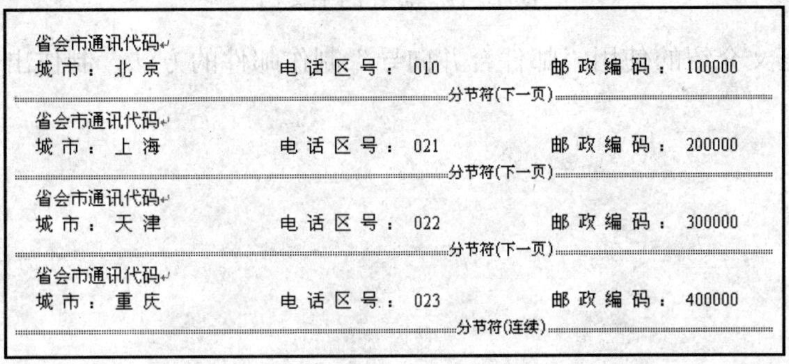

省会市通讯代码
城 市： 北 京　电 话 区 号： 010　邮 政 编 码： 100000
分节符(下一页)
省会市通讯代码
城 市： 上 海　电 话 区 号： 021　邮 政 编 码： 200000
分节符(下一页)
省会市通讯代码
城 市： 天 津　电 话 区 号： 022　邮 政 编 码： 300000
分节符(下一页)
省会市通讯代码
城 市： 重 庆　电 话 区 号： 023　邮 政 编 码： 400000
分节符(连续)

图 10-17　制作的邮件

【操作要求】

（1）创建一个文档，并输入数据文件内容，然后将其保存为“数据源文件”，如图 10-18 所示。

城市，电话区号，邮政编码
北京，010，100000
上海，021，200000
天津，022，300000
重庆，023，400000

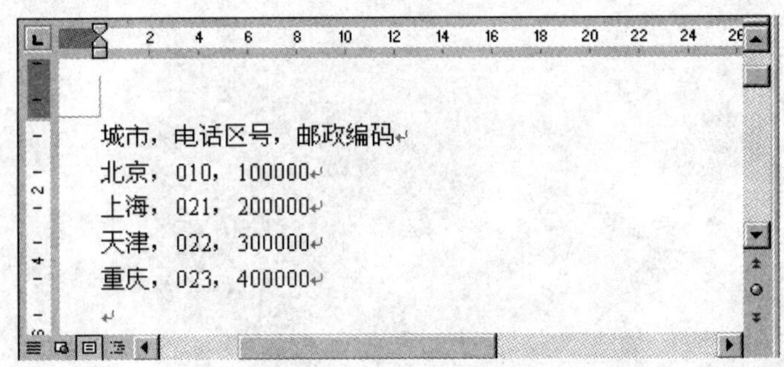

图 10-18　建立数据源文件

（2）创建一个主文档，并输入主文档的内容，然后将其保存为“主文档”，如图 10-19 所示。

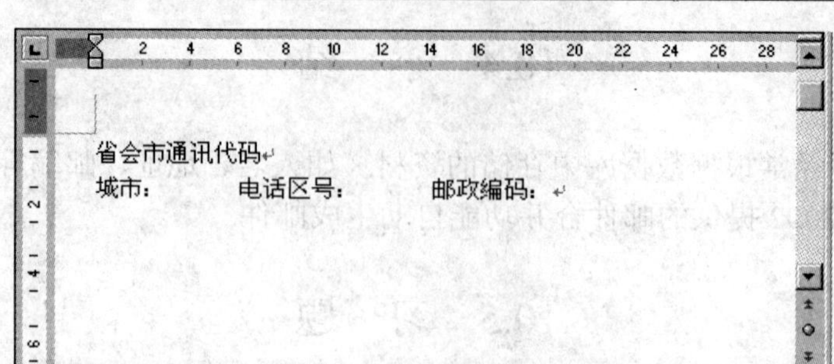


图 10-19　创建的主文档

（3）根据正文介绍的使用“邮件合并向导”制作邮件的方法，制作出如图 10-17 所示的邮件。

# 第 11 章　文档打印

虽然电子邮件和 Web 文档极大地促进着无纸化办公的快速发展，但打印文档仍然被普遍使用。在 Word 中，可只打印文档内容，亦可连同文档的相关信息（如文档属性、域代码、批注、隐藏文字等）一起打印。

**本章重点：**

- 文档打印预览方法
- 打印文档时的参数设置
- 打印机属性和打印设置
- 暂停和终止文档打印的方法

## 11.1　打印预览

利用 Word 的打印预览功能，用户可以在正式打印前就看到文档被打印后的效果，如果不满意，可以在打印前进行必要的修改。

与页面视图相比，打印预览视图可以更真实地表现文档外观。在打印预览视图中，可任意缩放页面的显示比例，也可同时显示多个页面。用户还可以在打印预览视图中，通过单击“放大镜”，直接修改文档。用打印预览视图检查版面的操作步骤如下：

（1）单击常用工具栏上的“打印预览”按钮进入打印预览画面，如图 11-1 所示。

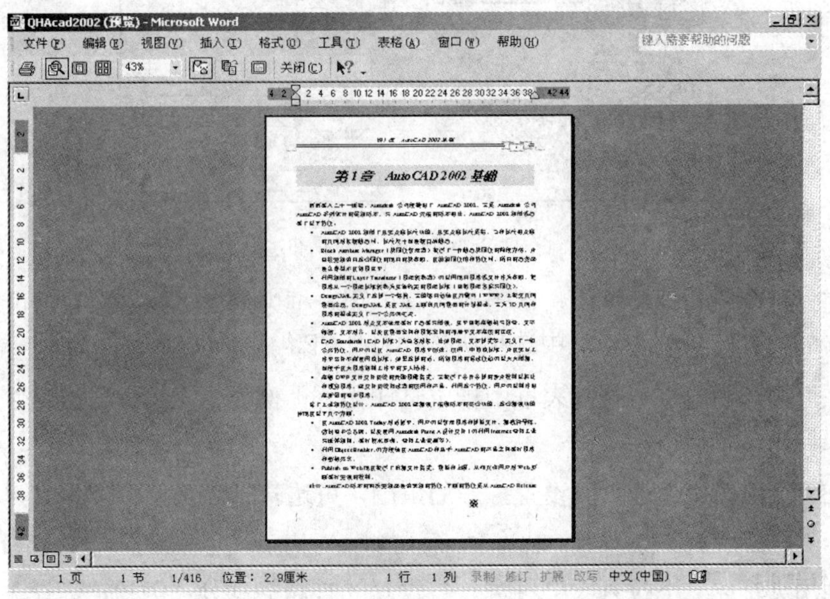


图 11-1　打印预览画面

（2）如果想同时预览许多页，可单击“多页”按钮；如果希望放大或缩小显示，可直接在文档预览窗口单击。

（3）单击滚动条上的向下箭头继续预览下一组页面。

（4）单击“关闭”按钮回到文档。

## 11.2 打印的多种方式

在 Word 中有多种打印方式，用户不仅可以按指定范围打印文档，还可以打印多份、多篇文档或将文档打印到文件。此外，Word 2002 中还提供了更具灵活性的可缩放文件打印方式。

### 11.2.1 快速打印

直接单击“常用”工具栏上的“打印”按钮，可以按默认的设置将整个文档快速地打印一份。当 Word 进行后台打印时，在任务栏上会显示打印的进度。

### 11.2.2 一般打印

如果要打印当前页或指定页，或要设置其他的打印选项，可按如下步骤进行：

（1）选择“文件”|“打印”菜单，打开“打印”对话框，如图 11-2 所示。

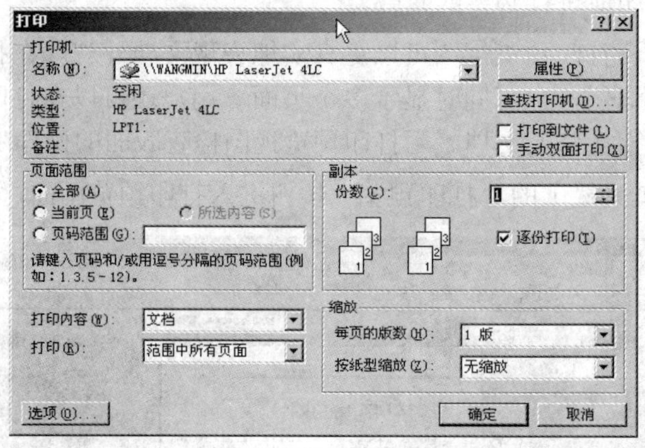


图 11-2 “打印”对话框

（2）在“打印机”选项区中，单击“名称”列表框中的“下拉”按钮，可显示系统已安装的打印机列表，从中选择所需的打印机。

（3）在“打印内容”下拉列表框中指定打印内容，例如，文档、文档属性、自动图文集词条、样式等。

（4）在“页面范围”选项区设置打印的范围，可选择打印文档全部内容、当前页或指定页等。

（5）利用“打印”下拉列表框可进一步设置要打印的部分，例如，选择“奇数页”表示只打印指定页面范围中的奇数页。

（6）单击“确定”按钮。

### 11.2.3　人工双面打印文档

在使用送纸盒或手动进纸的打印机进行双面打印时，利用“人工双面打印”功能可大大提高打印速度，避免打印过程中的手工翻页操作。如先打印 1、3、5、7 …… 页，然后把打印了单面的纸放回纸盒再打印 2、4、6、8 …… 页。

### 11.2.4　打印多份文档

如果要将一个文档打印多份，可在“打印”对话框“副本”选项区的“份数”编辑框中输入要打印的份数。另外，用户还可以对打印的方式进行设置，如果要一份一份地打印文档，可选中“逐份打印”复选框。

### 11.2.5　打印多篇文档

如果要一次连续打印多篇文档，可单击“常用”工具栏上的“打开”按钮，然后在“打开”对话框中选中要打印的多个文档（配合 Shift 键和 Ctrl 键），随后单击右键打开快捷菜单，并从快捷菜单中选择“打印”。

### 11.2.6　可缩放的文件打印

在 Word 2002 中，文档可以按照缩小或放大的比例打印。在“缩放”区中，从“每页的版数”下拉列表框中设置每页纸上将打印的版数，可在每张纸上打印多页文件内容。如果文件页面大于或小于打印纸张，从“按纸型缩放”下拉列表框中选择打印文件的纸型，可使文件按照纸张大小缩放后打印。这项功能对于需要预览多页文档输出结果，或是经常要调整文档输出格式的用户来说，可以大大提高打印的效率。

### 11.2.7　打印到文件

打印到文件是将文档打印到文件上，而不是打印到打印机。这可将文档保存为一种其他打印机可以使用的格式。例如，如果希望使用高分辨率打印机的商务打印服务打印文档，则可将文档打印到文件，然后将该文件发送到商务打印机上。

要将文档打印到文件，可按如下步骤进行操作。

（1）选择“文件”|“打印”菜单，打开“打印”对话框。

（2）在“打印”对话框的“名称”下拉列表框选择用来打印文件的打印机。

（3）选中“打印到文件”复选框，然后单击“确定”按钮。

（4）在“打印到文件”对话框中的“文件名”框中键入文件名。

✧　当打印到文件时，必须首先确定最终打印该文件的打印机类型，如 PostScript 打印机。Word 将保留文档的行、分页符和字体间距等信息。

## 11.3 设置打印机属性和打印设置

在打印时，总要遇到一些问题，例如打印出来的文字太淡，不能横向打印或者分辨率不高等。要解决这些问题，就需要设置打印机的属性。

在“打印”对话框中单击“属性”按钮可打开“属性”对话框，在该对话框中可设置打印的纸张大小、打印方向以及打印质量等等。修改了打印机的属性后，以后的打印都将按此设置进行。

用户还可在“打印”对话框中单击“选项”按钮设置与打印文档有关的选项，如是否使用后台打印、逆页序打印，以及打印哪些附加信息等。

## 11.4 暂停和终止打印

在打印过程中，如果要暂停打印，应首先打开“打印机”窗口，然后双击当前默认的打印机图标。在打开的打印机窗口中，选中正在打印的文件，然后单击右键，在打开的快捷菜单中选择“暂停打印”命令，如图 11-3 所示。如果在打开的快捷菜单中选择“取消打印”，则可取消打印文档。

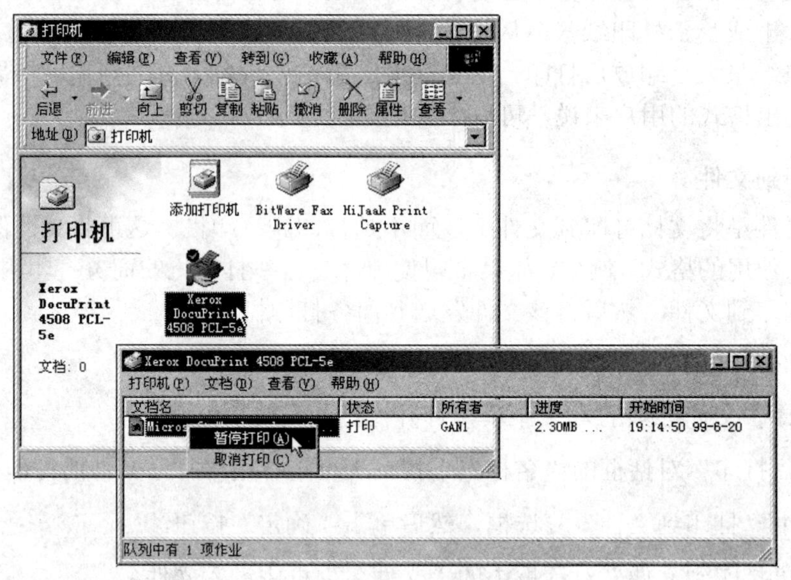


图 11-3 打印进程窗口

如果用户使用的是后台打印，用户只需双击任务栏上的打印机图标即可取消正在进行的打印作业。此外，单击任务栏上的打印机图标，在弹出的“打印机”对话框中选择“清除打印作业”命令，也可立刻取消打印作业。不过即使打印状态信息在屏幕上消失了，打印机还会在终止打印命令发出前打印出几页内容，这是因为许多打印机都有自己的内存（缓冲区）。用户可以查看一下自己的打印机，并找到快速清除其内存的方法。

## 11.5　小　结

本章主要介绍了文档打印方面的知识，如文档打印预览方法，打印文档时的参数设置（如设置打印份数、双面打印、自适应打印等），暂停和终止打印的方法等。

## 11.6　习　题

1．将一个文档同时打印多份。

2．将多篇文档连续打印出来。

# 第三部分 使用 Excel 2002

## 第 12 章 Excel 2002 入门

中文 Excel 2002 是 Microsoft 公司在 Excel 2000 的基础上新推出的电子表格软件，是 Office XP 办公系列软件的重要组成部分。它继承了 Excel 2000 的所有优点，例如，具有人工智能特性，可以对各种问题提供针对性很强的帮助和指导；具有强大的数据综合管理与分析功能，可以把数据用各种统计图的形式形象地表示出来；提供了丰富的函数和强大的决策分析工具，可以简便快捷地进行各种数据处理、统计分析和预测决策分析等。

**本章重点：**

- Excel 2002 功能概览
- 在工作表中输入数据与公式的方法

### 12.1 Excel 2002 功能概览

在本节中，我们向读者简要介绍了 Excel 2002 的操作界面、一些基本概念（工作簿、工作表和单元格等），然后通过一个实例制作职员登记表向读者说明了使用 Excel 2002 制作电子表格的大致步骤。

#### 12.1.1 认识 Excel 2002 界面

图 12-1 是 Excel 启动后的工作画面，由该图可以看到，Excel 2002 的窗口中主要包括了标题栏、菜单栏、工具栏、编辑栏、工作簿窗口、状态栏与任务窗格等。有关这些组成元素的作用，已在前面进行了介绍，故此处不再加以说明。下面只对工作表窗口进行简单的介绍。

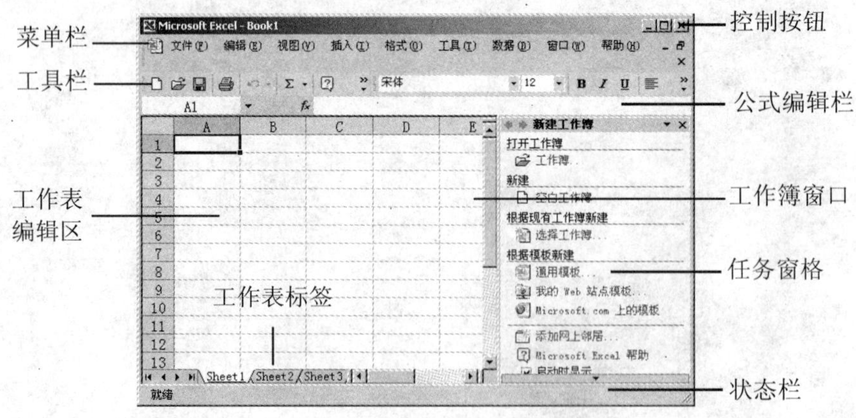


图 12-1 Excel 2002 工作环境

工作簿窗口位于 Excel 2002 窗口的中央区域，它由若干个工作表构成。当启动 Excel

2002 时，系统将自动打开一个名为 Book1 的工作簿窗口。默认情况下，工作簿窗口处于最大化状态，与 Excel 2002 窗口重合。单击菜单栏中右侧的“还原”按钮将使工作簿窗口处于还原状态，此时菜单栏右侧的三个按钮就会消失，如图 12-2 所示。

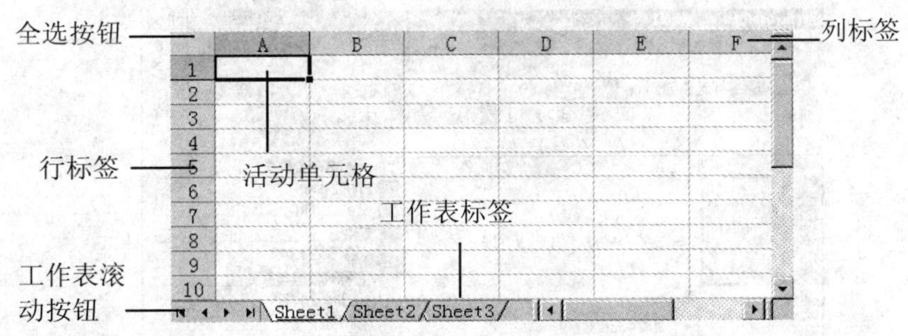


图 12-2　工作簿窗口

从图 12-2 可以看到，工作簿窗口主要由工作表、工作表标签以及滚动条等组成。

### 12.1.2　工作簿与工作表

Excel 中用于保存表格内容的文件被称为工作簿，其扩展名为.xls。每一个工作簿可包含若干个工作表，默认情况下包括了 3 个工作表。在 Excel 中，创建、打开和保存工作簿的方法与操作 Word 文档的方法完全相同。例如，用户可根据工作簿模板创建新工作簿，或将某些常用的工作簿保存为模板等。

工作表位于工作簿窗口的中央区域，由行号、列标和网格线构成。工作表也称作电子表格，它是 Excel 用来存储和处理数据的最主要的文档。

位于工作表左侧的灰色编号区为各行行号，位于工作表上方的灰色字母区为各列列标。每一个工作表是由 256 列和 65536 行组成。行和列相交形成单元格，它是存储数据和公式及进行运算的基本单位。Excel 用列标行号来表示某个单元格，例如，B5 代表第 5 行第 B 列处的单元格。

在工作表中，其中有一个单元格由粗边框线包围（如图 12-2 中的 A1），该单元格称为当前单元格或活动单元格，并且其对应的行号和列标以不同的颜色显示。如果想使某单元格成为当前单元格，只要用鼠标单击它即可。在当前单元格粗边框的右下角有一个小黑方块，称为填充柄，通过拖动此填充柄可以自动填充单元格数据。在第一次拖动填充柄后,在其右下角就会出现图标。在此图标的右下角有一黑色的箭头，单击就会弹出如图 12-3 所示的菜单，用户可根据需要选择填充方式。

单击某行“行号”按钮，可选定该行的所有单元格；单击某列“列标”按钮，可选定该列的所有单元格；单击左上角行号和列标相交处的“全选”按钮，可选定整个工作表。

◇　默认情况下，工作表带有淡灰色的网格线，它只用于辅助编辑，而在打

印时不显示。如果想取消网格线或在打印时显示网格线，可通过选择“工具”菜单中的“选项”命令进行设置。

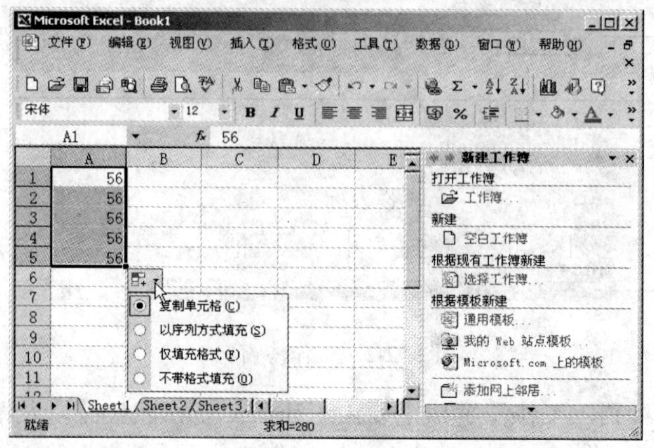


图 12-3　填充柄下拉菜单

### 12.1.3　工作表标签

工作表标签位于工作簿窗口的底端，用来表示工作表的名称。通过单击某个标签，可以指定相应的工作表为当前工作表，当前工作表标签以白底黑字含下划线显示。如图 12-2 所示的当前工作表标签为“Sheet1”。

当工作簿中含有较多的工作表时，单击标签左侧的滚动按钮，可以滚动显示不同的工作表标签，而向左或向右拖动标签右侧的分隔条可减少或增加显示的标签个数。

### 12.1.4　制作职员登记表

下面我们一起来创建如图 12-4 所示的工作表，以体会使用 Excel 基本操作与方法。

职员登记表

| 序号 | 员工编号 | 部门 | 性别 | 籍贯 | 工龄 | 年龄 |
|---|---|---|---|---|---|---|
| 1 | K12 | 开发部 | 男 | 陕西 | 5 | 30 |
| 2 | K01 | 开发部 | 女 | 湖南 | 2 | 26 |
| 3 | K02 | 开发部 | 男 | 陕西 | 6 | 36 |
| 4 | K11 | 开发部 | 女 | 辽宁 | 3 | 25 |
| 5 | C24 | 测试部 | 男 | 江西 | 4 | 32 |
| 6 | C04 | 测试部 | 男 | 上海 | 5 | 22 |
| 7 | C16 | 测试部 | 男 | 湖北 | 4 | 28 |
| 8 | C29 | 测试部 | 女 | 江西 | 5 | 25 |
| 9 | S21 | 市场部 | 男 | 山东 | 4 | 26 |
| 10 | S20 | 市场部 | 女 | 江西 | 2 | 25 |
| 11 | S14 | 市场部 | 女 | 山东 | 4 | 24 |
| 12 | S22 | 市场部 | 女 | 北京 | 2 | 25 |
| 13 | S17 | 市场部 | 男 | 四川 | 5 | 26 |
| 14 | W24 | 文档部 | 女 | 河北 | 2 | 24 |
| 15 | W08 | 文档部 | 男 | 广东 | 1 | 24 |
| 16 | W04 | 文档部 | 男 | 山西 | 3 | 32 |
| 17 | W18 | 文档部 | 女 | 江苏 | 2 | 24 |

图 12-4　工作表示例

### 1. 输入基本数据

首先选择"文件" | "新建"菜单或单击常用工具栏中的□工具新建一个工作簿，然后选定一个工作表并按如下步骤操作。

（1）选定单元格 A1，在其中输入"职员登记表"。

（2）在单元格区域 A2：G2（A2 至 E2）中分别输入"序号"、"员工编号"、"部门"、"性别"、"籍贯"、"工龄"、"年龄"。

（3）在单元格 A3 和 A4 中分别输入"1"和"2"，然后选定单元格区域 A3：A4，将鼠标指针指向该区域的右下角，拖动填充柄至 A19，这样 3~17 序号便可通过自动填充生成了，如图 12-5 所示。

| | A | B | C | D | E | F | G |
|---|---|---|---|---|---|---|---|
| 1 | 职员登记表 | | | | | | |
| 2 | 序号 | 员工编号 | 部门 | 性别 | 籍贯 | 工龄 | 年龄 |
| 3 | 1 | | | | | | |
| 4 | 2 | | | | | | |
| 5 | | | | | | | |
| 6 | | | | | | | |
| 7 | | | | | | | |
| 8 | | | | | | | |
| 9 | | | | | | | |
| 10 | | | | | | | |
| 11 | | | | | | | |
| 12 | | | | | | | |
| 13 | | | | | | | |
| 14 | | | | | | | |
| 15 | | | | | | | |
| 16 | | | | | | | |
| 17 | | | | | | | |
| 18 | | | | | | | |
| 19 | | | | | | | |
| 20 | | | | | | | |
| 21 | | | | | | | |

填充柄

17

图 12-5　利用 Excel 的数据自动填充功能在工作表中输入"序号"

✧　默认情况下，拖动填充柄进行数据的自动填充时，系统会自动根据单元格 A4 和 A5 的内容推算出一个等差序列。

（4）在单元格区域 B3：B19 中分别输入员工代码。

（5）选定单元格 C3，在其中输入"开发部"，然后将鼠标指针指向该单元格右下角，拖动填充柄至 C6。这样"开发部"便自动填充到拖动区域的各单元格中。同样的方法，在"部门"列输入"测试部"、"市场部"、"文档部"。

（6）在相应单元格中输入性别、籍贯、工龄、年龄，完成表格内容的输入，如图 12-6 所示。

| | A | B | C | D | E | F | G | H |
|---|---|---|---|---|---|---|---|---|
| 1 | 职员登记表 | | | | | | | |
| 2 | 序号 | 员工编号 | 部门 | 性别 | 籍贯 | 工龄 | 年龄 | |
| 3 | 1 | K12 | 开发部 | 男 | 陕西 | 5 | 30 | |
| 4 | 2 | K01 | 开发部 | 女 | 湖南 | 2 | 26 | |
| 5 | 3 | K02 | 开发部 | 男 | 陕西 | 6 | 36 | |
| 6 | 4 | K11 | 开发部 | 女 | 辽宁 | 3 | 25 | |
| 7 | 5 | C24 | 测试部 | 男 | 江西 | 4 | 32 | |
| 8 | 6 | C04 | 测试部 | 男 | 上海 | 5 | 22 | |
| 9 | 7 | C16 | 测试部 | 男 | 湖北 | 4 | 28 | |
| 10 | 8 | C29 | 测试部 | 女 | 江西 | 5 | 25 | |
| 11 | 9 | S21 | 市场部 | 男 | 山东 | 4 | 26 | |
| 12 | 10 | S20 | 市场部 | 女 | 江西 | 2 | 25 | |
| 13 | 11 | S14 | 市场部 | 女 | 山东 | 4 | 24 | |
| 14 | 12 | S22 | 市场部 | 女 | 北京 | 2 | 25 | |
| 15 | 13 | S17 | 市场部 | 男 | 四川 | 5 | 26 | |
| 16 | 14 | W24 | 文档部 | 女 | 河北 | 2 | 24 | |
| 17 | 15 | W08 | 文档部 | 男 | 广东 | 1 | 24 | |
| 18 | 16 | W04 | 文档部 | 男 | 山西 | 3 | 32 | |
| 19 | 17 | W18 | 文档部 | 女 | 江苏 | 2 | 24 | |
| 20 | | | | | | | | |

图 12-6　输入表格内容

## 2. 调整行高列宽

设整行高列宽后的工作表如图 12-7 所示，操作步骤如下。

（1）右击行 1，在弹出的快捷菜单中选择“行高”选项，打开“行高”对话框，输入行高“26.25”，单击“确定”按钮，如图 12-8 所示，设置行 1 的高度为 26.25。

| | A | B | C | D | E | F | G | H |
|---|---|---|---|---|---|---|---|---|
| 1 | 职员登记表 | | | | | | | |
| 2 | 序号 | 员工编号 | 部门 | 性别 | 籍贯 | 工龄 | 年龄 | |
| 3 | 1 | K12 | 开发部 | 男 | 陕西 | 5 | 30 | |
| 4 | 2 | K01 | 开发部 | 女 | 湖南 | 2 | 26 | |
| 5 | 3 | K02 | 开发部 | 男 | 陕西 | 6 | 36 | |
| 6 | 4 | K11 | 开发部 | 女 | 辽宁 | 3 | 25 | |
| 7 | 5 | C24 | 测试部 | 男 | 江西 | 4 | 32 | |
| 8 | 6 | C04 | 测试部 | 男 | 上海 | 5 | 22 | |
| 9 | 7 | C16 | 测试部 | 男 | 湖北 | 4 | 28 | |
| 10 | 8 | C29 | 测试部 | 女 | 江西 | 5 | 25 | |
| 11 | 9 | S21 | 市场部 | 男 | 山东 | 4 | 26 | |
| 12 | 10 | S20 | 市场部 | 女 | 江西 | 2 | 25 | |
| 13 | 11 | S14 | 市场部 | 女 | 山东 | 4 | 24 | |
| 14 | 12 | S22 | 市场部 | 女 | 北京 | 2 | 25 | |
| 15 | 13 | S17 | 市场部 | 男 | 四川 | 5 | 26 | |
| 16 | 14 | W24 | 文档部 | 女 | 河北 | 2 | 24 | |
| 17 | 15 | W08 | 文档部 | 男 | 广东 | 1 | 24 | |
| 18 | 16 | W04 | 文档部 | 男 | 山西 | 3 | 32 | |
| 19 | 17 | W18 | 文档部 | 女 | 江苏 | 2 | 24 | |
| 20 | | | | | | | | |

图 12-7　调整行高列宽后的工作表

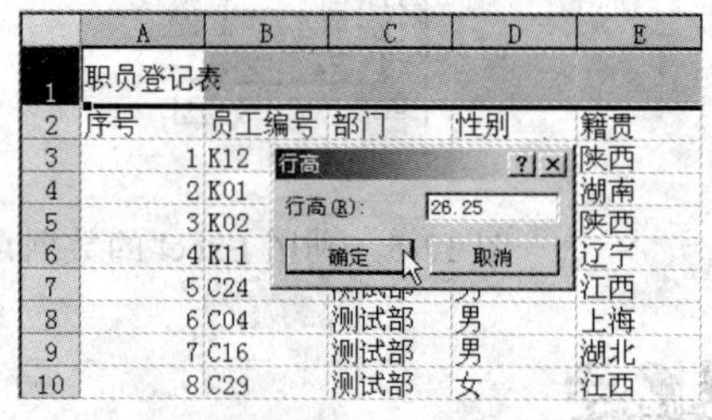


图 12-8　设置行高

（2）设置行 2 的高度为 16.5，行 3 至行 19 的高度均设为 15.75。

（3）右击列 A，在弹出的快捷菜单中的选择“列宽”选项，打开“列宽”对话框，输入列宽“4.88”，单击“确定”按钮，设置列 A 的宽度为 4.88。

（4）设置列 B 的宽度为 8.38，列 C 的宽度为 6.88，列 D 至列 G 的宽度均设为 5.88。

## 3. 修饰工作表

下面将对如图 12-7 所示的工作表作进一步修饰，具体步骤如下。

（1）一般情况下，总是将职员登记表制成表格形式（即为其添加表格线）。因此，请首先通过拖动方法选定单元格区域 A2：G19。

（2）选择“格式”|“单元格”菜单，打开“单元格格式”对话框，选择“边框”选

项卡，首先在“线条样式”中选择所需的样式，然后单击“外边框”按钮，如图 12-9 所示。

（3）在“边框”选项卡中选择内部线条的样式，单击“内部”按钮，添加内部框线。最后，单击“确定”按钮。

（4）选定单元格区域 A2：G2，设置下框线为双底框线。设置框线后的表格如图 12-10 所示。

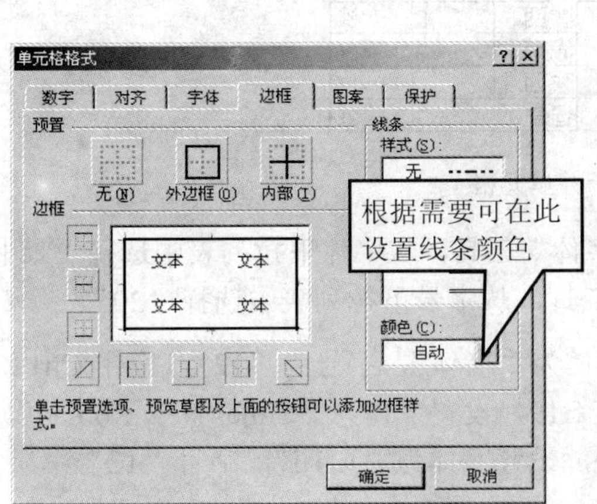


图 12-9 添加外边框

| | A | B | C | D | E | F | G | H |
|---|---|---|---|---|---|---|---|---|
| 1 | 职员登记表 | | | | | | | |
| 2 | 序号 | 员工编号 | 部门 | 性别 | 籍贯 | 工龄 | 年龄 | |
| 3 | 1 | K12 | 开发部 | 男 | 陕西 | 5 | 30 | |
| 4 | 2 | K01 | 开发部 | 女 | 湖南 | 2 | 26 | |
| 5 | 3 | K02 | 开发部 | 男 | 陕西 | 6 | 36 | |
| 6 | 4 | K11 | 开发部 | 女 | 辽宁 | 3 | 25 | |
| 7 | 5 | C24 | 测试部 | 男 | 江西 | 4 | 32 | |
| 8 | 6 | C04 | 测试部 | 男 | 上海 | 5 | 22 | |
| 9 | 7 | C16 | 测试部 | 男 | 湖北 | 4 | 28 | |
| 10 | 8 | C29 | 测试部 | 女 | 江西 | 5 | 25 | |
| 11 | 9 | S21 | 市场部 | 男 | 山东 | 4 | 26 | |
| 12 | 10 | S20 | 市场部 | 女 | 江西 | 2 | 25 | |
| 13 | 11 | S14 | 市场部 | 女 | 山东 | 4 | 24 | |
| 14 | 12 | S22 | 市场部 | 女 | 北京 | 2 | 25 | |
| 15 | 13 | S17 | 市场部 | 男 | 四川 | 5 | 26 | |
| 16 | 14 | W24 | 文档部 | 女 | 河北 | 2 | 24 | |
| 17 | 15 | W08 | 文档部 | 男 | 广东 | 1 | 24 | |
| 18 | 16 | W04 | 文档部 | 男 | 山西 | 3 | 32 | |
| 19 | 17 | W18 | 文档部 | 女 | 江苏 | 2 | 24 | |
| 20 | | | | | | | | |

图 12-10 添加框线后的表格

（5）选定单元格区域 A2：G2，单击“格式”工具栏上的“填充颜色”按钮右侧的箭头按钮，打开颜色列表框，选择“黄色”，如图 12-11 所示。同样的方法，设置单元格区域 A11：G15 填充颜色为“灰色-25%”。

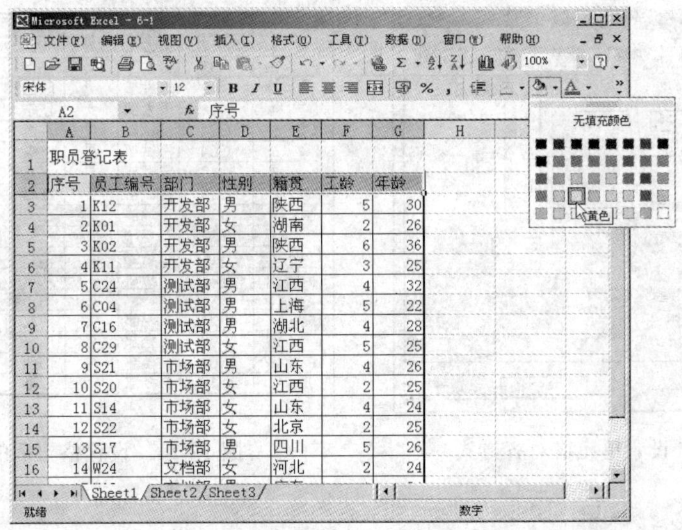

| | A | B | C | D | E | F | G | H |
|---|---|---|---|---|---|---|---|---|
| 1 | 职员登记表 | | | | | | | |
| 2 | 序号 | 员工编号 | 部门 | 性别 | 籍贯 | 工龄 | 年龄 | |
| 3 | 1 | K12 | 开发部 | 男 | 陕西 | 5 | 30 | |
| 4 | 2 | K01 | 开发部 | 女 | 湖南 | 2 | 26 | |
| 5 | 3 | K02 | 开发部 | 男 | 陕西 | 6 | 36 | |
| 6 | 4 | K11 | 开发部 | 女 | 辽宁 | 3 | 25 | |
| 7 | 5 | C24 | 测试部 | 男 | 江西 | 4 | 32 | |
| 8 | 6 | C04 | 测试部 | 男 | 上海 | 5 | 22 | |
| 9 | 7 | C16 | 测试部 | 男 | 湖北 | 4 | 28 | |
| 10 | 8 | C29 | 测试部 | 女 | 江西 | 5 | 25 | |
| 11 | 9 | S21 | 市场部 | 男 | 山东 | 4 | 26 | |
| 12 | 10 | S20 | 市场部 | 女 | 江西 | 2 | 25 | |
| 13 | 11 | S14 | 市场部 | 女 | 山东 | 4 | 24 | |
| 14 | 12 | S22 | 市场部 | 女 | 北京 | 2 | 25 | |
| 15 | 13 | S17 | 市场部 | 男 | 四川 | 5 | 26 | |
| 16 | 14 | W24 | 文档部 | 女 | 河北 | 2 | 24 | |



图 12-11 填充颜色

（6）选定单元格区域 A1：G1，然后单击“格式”工具栏中的“合并及居中”工具，合并单元格，如图 12-12 所示。

宋体 12 B I U % ,

A1 fx 职员登记表

合并及居中

| | A | B | C | D | E | F | G | H |
|---|---|---|---|---|---|---|---|---|
| 1 | 职员登记表 | | | | | | | |
| 2 | 序号 | 员工编号 | 部门 | 性别 | 籍贯 | 工龄 | 年龄 | |
| 3 | 1 | K12 | 开发部 | 男 | 陕西 | 5 | 30 | |
| 4 | 2 | K01 | 开发部 | 女 | 湖南 | 2 | 26 | |
| 5 | 3 | K02 | 开发部 | 男 | 陕西 | 6 | 36 | |
| 6 | 4 | K11 | 开发部 | 女 | 辽宁 | 3 | 25 | |

图 12-12　合并单元格

（7）接下来单击“格式”工具栏中的“字体”工具，从字体下拉列表中选择“隶书”；单击“格式”工具栏中的“字号”工具，从字号下拉列表中选择“20”。

（8）选中单元格区域 A2 到 G2，设置字体为“楷体”，字号为“12”；按住 Ctrl 键同时选中单元格区域 A3：A19 与 C3：G19，设置字体为“Times New Roman”，字号“12”；选中单元格区域 B3：B19，设置字体为“Arial”，字号“12”。

（9）选中单元区域 A2：G19，选择“格式”|“单元格”菜单，打开“单元格格式”对话框，选择“对齐”选项卡，在“水平对齐”下拉列表中选择“居中”，在“垂直对齐”下拉列表中选择“靠下”，单击“确定”按钮，如图 12-13 所示。设置格式后的工作表如图 12-14 所示。

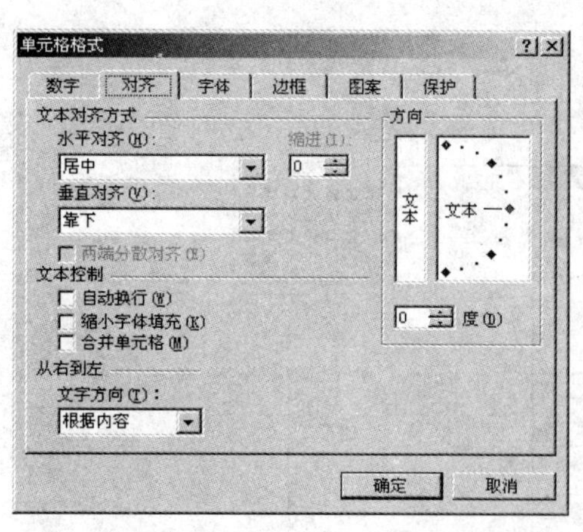


图 12-13　设置单元格对齐方式

| | A | B | C | D | E | F | G | H |
|---|---|---|---|---|---|---|---|---|
| 1 | 职员登记表 | | | | | | | |
| 2 | 序号 | 员工编号 | 部门 | 性别 | 籍贯 | 工龄 | 年龄 | |
| 3 | 1 | K12 | 开发部 | 男 | 陕西 | 5 | 30 | |
| 4 | 2 | K01 | 开发部 | 女 | 湖南 | 2 | 26 | |
| 5 | 3 | K02 | 开发部 | 男 | 陕西 | 6 | 36 | |
| 6 | 4 | K11 | 开发部 | 女 | 辽宁 | 3 | 25 | |
| 7 | 5 | C24 | 测试部 | 男 | 江西 | 4 | 32 | |
| 8 | 6 | C04 | 测试部 | 男 | 上海 | 5 | 22 | |
| 9 | 7 | C16 | 测试部 | 男 | 湖北 | 4 | 28 | |
| 10 | 8 | C29 | 测试部 | 女 | 江西 | 5 | 25 | |
| 11 | 9 | S21 | 市场部 | 男 | 山东 | 4 | 26 | |
| 12 | 10 | S20 | 市场部 | 女 | 江西 | 2 | 25 | |
| 13 | 11 | S14 | 市场部 | 女 | 山东 | 4 | 24 | |
| 14 | 12 | S22 | 市场部 | 女 | 北京 | 2 | 25 | |
| 15 | 13 | S17 | 市场部 | 男 | 四川 | 5 | 26 | |
| 16 | 14 | W24 | 文档部 | 女 | 河北 | 2 | 24 | |
| 17 | 15 | W08 | 文档部 | 男 | 广东 | 1 | 24 | |
| 18 | 16 | W04 | 文档部 | 男 | 山西 | 3 | 32 | |
| 19 | 17 | W18 | 文档部 | 女 | 江苏 | 2 | 24 | |
| 20 | | | | | | | | |

图 12-14　设置格式后的工作表

4. 插入批注

见图 12-4 所示，在员工编号“K01”所在的单元格右上角有一个红色的小三角，这是为了方便查找优秀员工而插入的批注。首先选定单元格 B4，然后选择“插入”|“批注”菜

单，插入批注并输入注释文字“优秀员工”，如图 12-15 所示。

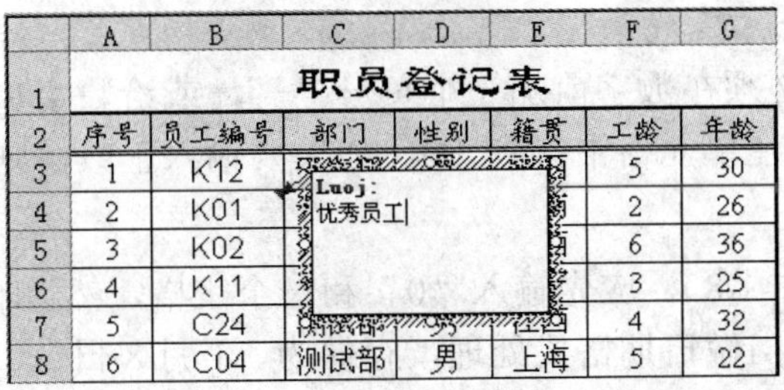

| | A | B | C | D | E | F | G |
|---|---|---|---|---|---|---|---|
| 1 | 职员登记表 | | | | | | |
| 2 | 序号 | 员工编号 | 部门 | 性别 | 籍贯 | 工龄 | 年龄 |
| 3 | 1 | K12 | | | | 5 | 30 |
| 4 | 2 | K01 | | | | 2 | 26 |
| 5 | 3 | K02 | | | | 6 | 36 |
| 6 | 4 | K11 | | | | 3 | 25 |
| 7 | 5 | C24 | | | | 4 | 32 |
| 8 | 6 | C04 | 测试部 | 男 | 上海 | 5 | 22 |

Luoj:
优秀员工

图 12-15　插入批注

通过执行以上操作，图 12-4 所示的职员登记表就制作完成了。

## 12.2　输入数据与公式

Excel 2002 是以工作表方式进行数据运算和数据分析的，因此，要使用 Excel 处理数据，应首先创建或打开工作簿，将需要处理的数据、有关的计算公式等输入到工作表中，然后根据要求完成相应的数据运算和数据分析工作。

### 12.2.1　输入数据与公式

要在指定的单元格中输入数据，应首先单击选定该单元格，然后输入数据。例如，启动 Excel 时，系统自动打开一个名为“Book1”的空工作簿。在当前工作表“Sheet 1”中，用鼠标单击单元格 C1，输入“年度支出预算表”，则输入的内容出现在单元格 C1 中。同时，编辑栏中也显示输入的内容，如图 12-16 所示。

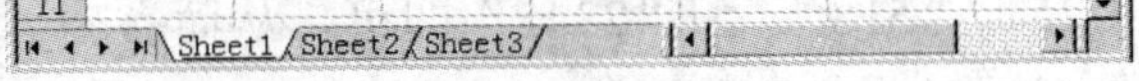

图 12-16　在单元格 C1 中输入内容

如果输入有错，请按退格键将其删除，再重新输入。输入或编辑完一个单元格的内容后，可按回车键确认，同时当前单元格自动下移；也可以单击编辑栏中的输入按钮✓加以确认，此时当前单元格不变。当然，也可以单击编辑栏中的取消按钮✕取消本次输入。

1. 输入数值型数据

在 Excel 中，数值型数据是使用最多，也是最为复杂的数据类型。数值型数据由数字 0~9、正号、负号、小数点、分数号“/”、百分号“%”、指数符号“E”或“e”、货币符号“￥”或“$”、千位分隔号“,”等组成。

输入数值型数据时，Excel 自动将其沿单元格右边对齐。

●输入数字

如果要输入负数，必须在数字前加一个负号“-”，或给数字加上圆括号。例如，输入“-80”和“(80)”都可在单元格中得到-80。如果要输入正数，则直接将数字输入到单元格内。

如果要输入分数（如 1/8），应先输入“0”和一个空格，然后输入“1/8”。如果不输入“0”，Excel 会把该数据当做日期格式处理，存储为“1 月 8 日”。

如果输入的是百分比数据，可以直接在数值后输入百分号“%”。例如，要输入 80%，应先输入“80”，然后输入“%”。

如果输入小数，一般可以直接在指定的位置输入小数点即可。当输入的数据量较大，且都具有相同的小数位数时，可以利用“自动设置小数点”功能。方法是：首先单击“工具”菜单，选择“选项”命令，打开“选项”对话框。然后在“选项”对话框中单击“编辑”选项卡，从中选中“自动设置小数点”复选框，并在“位数”框中输入或通过调节钮指定相应的小数位数，如图 12-17 所示。

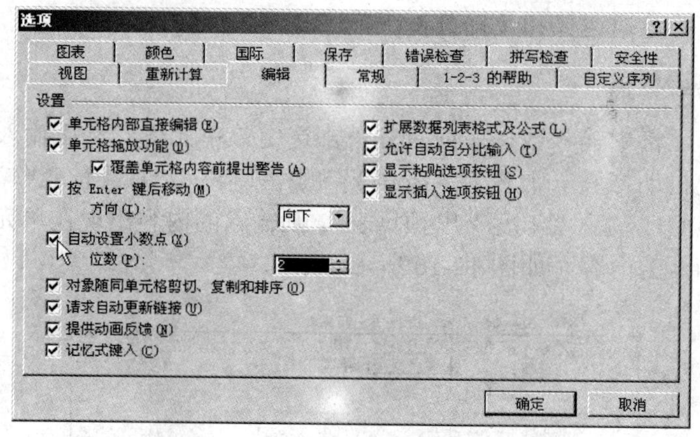


图 12-17 “选项”对话框

例如，输入“3”，表示保留 3 位小数。若要在 3 个单元格中分别输入“0.025”、“0.518”和“2.345”，只要输入“25”、“518”、和“2345”即可，从而省略了输入小数点的麻烦。

✧ 一旦设置了小数预留位置，这种格式将始终保留，直到取消“自动设置小数点”复选框为止。另外，如果输入的数据量较大，且后面有相同的零的个数，则可在大数字后自动添零。方法是在图 12-16 的“位数”框中指定一个负数作为需要的零的个数。例如，在“位数”框中输入“-2”，然后分别在 3 个单元格中输入“25”。“360” 和“9”，则会自动变为“2 500”、“36 000”和“900”。

●输入日期和时间

日期和时间的输入与前面介绍的数字输入不同。Excel 规定了严格的输入格式，如果 Excel 能够识别出所输入的是日期和时间，则单元格的格式将由“常规”数字格式变为内部的日期或时间格式。如果 Excel 不能识别出当前输入的日期或时间，则作为文本处理。

输入日期时，首先输入 1~12 数字作为月份，然后输入“/”进行分隔，再输入 1~31 数字作为日，最后输入为年的数字。例如，输入“12/2/01”。 如果省略年份，则以当前的年份作为默认值。

输入时间时，小时与分钟或秒之间用冒号分隔。若想表示上午或下午，可在输入的时间后面加上“AM”或“PM”。例如，输入“3：15：06 PM”。也可采用 24 小时制表示时间，即把下午的小时时间加 12。例如，输入“15：15：06”。

✧ 日期和时间都可以进行加减运算。

2. 输入字符型数据

字符型数据是由字母、汉字或其他字符开头的数据。例如，表格中的标题、名称等。默认情况下，字符型数据沿单元格左边对齐。在 Excel 中，每个单元格最多可包含 32 000 个字符。

如果数据全部由数字组成，例如，邮政编码、学号等，输入时应在数据前输入单引号“'”（如'100 236），Excel 就会将其看作是字符型数据，将它沿单元格左边对齐。

当用户输入的文字过多，超过了单元格宽度，会产生两种结果：

- 如果右边相邻的单元格中没有任何数据，则超出的文字会显示在右边相邻单元格中，如图 12-18 所示。

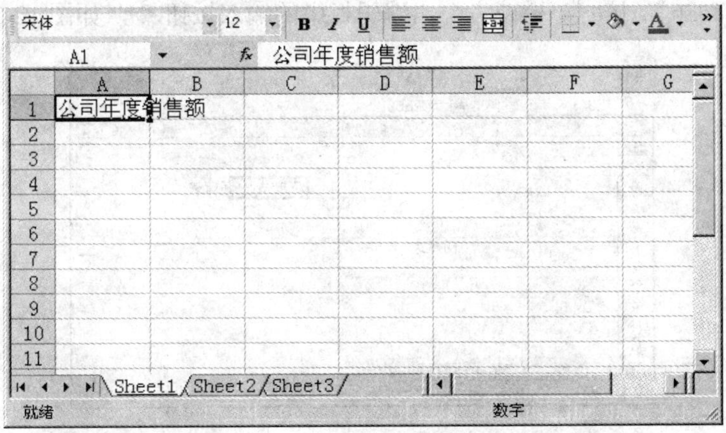

图 12-18 文字显示在右边相邻单元格中

- 如果右边相邻的单元格已存储数据，那么超出单元格宽度的部分将不显示，如图 12-19 所示。没有显示的部分仍然存在，只要加大列宽或以折行的方式格式化该单元格之后，就可以看到全部的内容。

图 12-19 超出单元格宽度的部分不显示

3. 输入公式

Excel 具有非常强大的计算功能，为用户分析和处理工作表中的数据提供了极大的方便。在公式中，可以对工作表数值进行加、减、乘、除等运算。只要输入正确的计算公式之后，就会立即在单元格中显示计算结果。如果工作表中的数据有变动，系统会自动将变动后的答案算出，使用户能够随时观察到正确的结果。

公式以一个等号“=”作为开头，在一个公式中可以包含有各种运算符、常量、变量、函数以及单元格引用等。

●公式中的运算符

运算符用于对公式中的元素进行特定类型的运算，分为算术运算符、文本运算符、比较运算符和引用运算符四类。

（1）文本运算符：文本运算符只有一个是“&”，利用“&”可以将文本连接起来。例如，在单元格 C2 中输入“年度支出”，在 C6 中输入“预算表”，在 E3 中输入公式“=C2&C6”，按回车键或者单击编辑栏中的输入按钮✓，如图 12-20 所示。

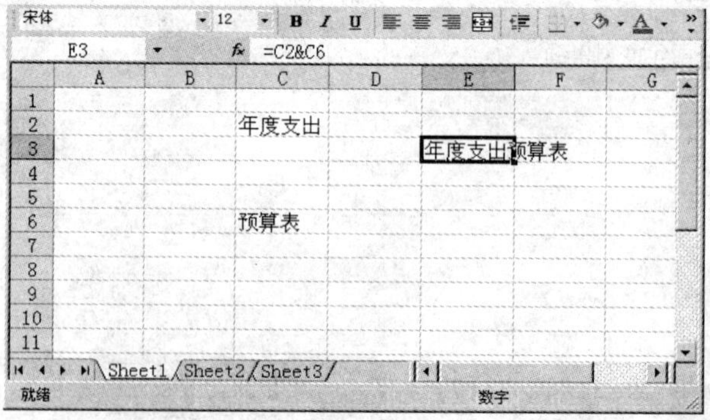

图 12-20 利用文本运算符连接文本

> ✧ 文本运算符也可以连接数字。连接数字时，数字串两边的双引号可有可无，但纯文本两边必须加上双引号。实际上文本运算符相当于函数 CONCATENATE 的功能。

（2）算术运算符和比较运算符：算术运算符可以完成基本的数学运算，如加、减、乘、除等，还可以连接数字并产生数字结果。比较运算符可以比较两个数值并产生逻辑值，即其值只能是 TRUE 和 FALSE 二者之一。表 12-1 列出了算术运算符和比较运算符的含义及示例。

**表 12-1 算术运算符和比较运算符**

| 算术运算符 | 含义 | 示例 | 比较运算符 | 含义 | 示例 |
|---|---|---|---|---|---|
| + | 加 | 8+4 | = | 等于 | B1=C1 |
| – | 减 | 8–4 | < | 小于 | B1< C1 |
| * | 乘 | 8*4 | > | 大于 | B1>C1 |
| / | 除 | 8/4 | <> | 不等于 | B1<> C1 |
| % | 百分号 | 8% | <= | 小于等于 | B1<= C1 |
| ^ | 乘幂 | 8^2 | >= | 大于等于 | B1>= C1 |

例如，在单元格 C6 中输入“60”，在 D2 中输入“28”，在 E8 中输入公式“=D2>C6”，按回车键或者单击编辑栏中的输入按钮，结果如图 12-21 所示。

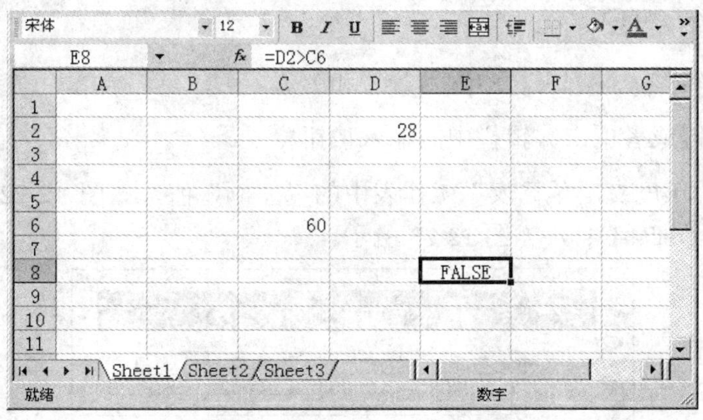


图 12-21 比较运算符示例

（3）引用运算符：引用运算符可以将单元格区域合并计算，它包括冒号、逗号和空格。表 12-2 列出了引用运算符的含义及示例。

●公式中的运算顺序

如果在公式中同时使用了多个运算符，应该了解运算符的运算优先级。其中，算术运算符的优先级是先乘幂运算，再乘、除运算，最后为加、减运算。相同优先级的运算符按从左到右的次序进行运算。

表 12-2　引用运算符

| 引用运算符 | 含　义 | 示　例 |
| --- | --- | --- |
| :（冒号） | 区域运算符，对两个引用之间，包括两个引用在内的所有单元格进行引用 | A1:A4 |
| ,（逗号） | 联合运算符，将多个引用合并为一个引用 | SUM（A1:A4，B2:C4） |
| （空格） | 交叉运算符，产生对同时隶属于两个引用的单元格区域的引用 | SUM（B5:B15 A7:D4）（在本示例中，单元格 B5：B7 同时隶属于两个区域） |

如果公式中出现不同类型的运算符混用时，运算次序是：引用运算→算术运算→文本运算→比较运算。如果要改变计算次序，可把公式中要先计算的部分括上圆括号。

例如，（8-3）*8/2^3 = 5*8/2^3= 5*8/8= 40/8= 5

●公式的输入

输入公式的操作类似于输入文字。用户可以在编辑栏中输入公式，也可以在单元格里直接输入公式。在单元格中输入公式的步骤为：

（1）单击要输入公式的单元格。

（2）在单元格中输入等号和公式。

（3）按回车键或者单击编辑栏中的输入按钮✓。

在编辑栏中输入公式的步骤为：

（1）单击要输入公式的单元格。

（2）单击编辑栏，在编辑栏中输入等号和公式。

（3）按回车键或者单击编辑栏中的输入按钮✓。

例如，计算“年度支出预算表”工作表中的“差额”值，如图 12-22 所示。单击单元格 E4，输入公式“=D4-C4”，如图 12-23 所示。

| | A | B | C | D | E |
| --- | --- | --- | --- | --- | --- |
| 1 | 年度支出预算表 | | | | |
| 2 | | | | | |
| 3 | 账目类别 | 帐目 | 预计支出 | 调配拨款 | 差额 |
| 4 | | 110 | 90000 | 101000 | |
| 5 | 1 | 120 | 75000 | 80112 | |
| 6 | | 140 | 20500 | 21023 | |
| 7 | | 201 | 89355 | 88394 | |
| 8 | 2 | 211 | 45302 | 45600 | |
| 9 | | 224 | 62783 | 63500 | |
| 10 | 合计 | | 389940 | 399629 | |
| 11 | | | | | |

图 12-22　年度支出预算表

SUM　=D4-C4

| | A | B | C | D | E |
|---|---|---|---|---|---|
| 1 | 年度支出预算表 | | | | |
| 2 | | | | | |
| 3 | 账目类别 | 帐目 | 预计支出 | 调配拨款 | 差额 |
| 4 | 1 | 110 | 99000 | 101000 | =D4-C4 |
| 5 | | 120 | 73000 | 80112 | |
| 6 | | 140 | 20500 | 21023 | |
| 7 | 2 | 201 | 89355 | 88394 | |
| 8 | | 211 | 45302 | 45600 | |
| 9 | | 224 | 62783 | 63500 | |
| 10 | 合计 | | 389940 | 399629 | |

图 12-23　在单元格 E4 中输入公式

公式输入完毕，编辑栏中也显示了公式。这时只要按回车键或单击编辑栏中输入按钮 ✓，在单元格 E4 中就会显示出计算结果，如图 12-24 所示。在编辑栏中仍然显示当前单元格的公式，以便于用户编辑和修改。

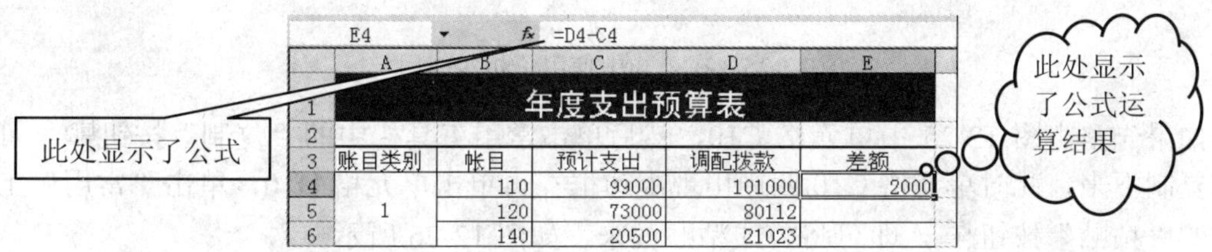
E4　=D4-C4

| | A | B | C | D | E |
|---|---|---|---|---|---|
| 1 | 年度支出预算表 | | | | |
| 2 | | | | | |
| 3 | 账目类别 | 帐目 | 预计支出 | 调配拨款 | 差额 |
| 4 | 1 | 110 | 99000 | 101000 | 2000 |
| 5 | | 120 | 73000 | 80112 | |
| 6 | | 140 | 20500 | 21023 | |



图 12-24　在单元格 E4 中看到计算结果

✧　如果输入的公式包含函数，用户可单击编辑栏中的插入函数按钮“fx”将出现“插入函数”对话框。它有助于用户输入工作表函数以及编辑公式。

4. 单元格引用

单元格引用代表工作表的单元格或单元格区域，并指明公式中所使用的数据的位置。通过单元格引用，可以在公式中使用工作表不同部分的数据，或者在多个公式中使用同一单元格或区域的数值。还可以引用同一个工作簿不同工作表的单元格或区域、不同工作簿的单元格或区域、甚至其他应用程序中的数据。根据处理的需要可以采用相对引用、绝对引用和混合引用三种方法来标识。

●相对引用

单元格相对引用是指用单元格所在的列标和行号作为其引用。例如，D5 引用了第 D 列与第 5 行交叉处的单元格。

相对引用的特点：将相应的计算公式复制或填充到其他单元格时，其中的单元格引用会自动随着移动的位置相对变化。例如，将 A5 单元格的公式“=SUM（A1：A4）”（等价于“=A1+A2+A3+A4”）复制到单元格 B5、C6 中，其公式内容会相应地变为“=SUM（B1：B4）”、“=SUM（C2：C5）”。当用户需要大量使用类似的公式时，可以使用相对引用，先输入一个公式，然后将公式复制到其他的相应单元格即可。

例如，计算“年度支出预算表”工作表中的“合计”项目的数据。单击单元格 C10，然后输入公式“=SUM（C4：C9）”，最后单击编辑栏中的输入按钮“✓”，结果如图 12-25 所示。

C10　=SUM(C4:C9)

|  | A | B | C | D | E |
|---|---|---|---|---|---|
| 1 | 年度支出预算表 |  |  |  |  |
| 2 |  |  |  |  |  |
| 3 | 账目类别 | 帐目 | 预计支出 | 调配拨款 | 差额 |
| 4 |  | 110 | 99000 | 101000 | 2000 |
| 5 | 1 | 120 | 73000 | 80112 |  |
| 6 |  | 140 | 20500 | 21023 |  |
| 7 |  | 201 | 89355 | 88394 |  |
| 8 | 2 | 211 | 45302 | 45600 |  |
| 9 |  | 224 | 62783 | 63500 |  |
| 10 | 合计 |  | 389940 |  |  |
| 11 |  |  |  |  |  |

图 12-25　在公式中使用了相对引用

如果先单击图 12-25 中单元格 C10，然后单击常用工具栏中的“复制”按钮，可将公式复制下来，此时单元格 C10 四周出现虚边框。再单击单元格 D10，单击“常用”工具栏中的“粘贴”按钮，即可将公式粘贴过来，如图 12-26 所示。

D10　=SUM(D4:D9)

|  | A | B | C | D | E |
|---|---|---|---|---|---|
| 1 | 年度支出预算表 |  |  |  |  |
| 2 |  |  |  |  |  |
| 3 | 账目类别 | 帐目 | 预计支出 | 调配拨款 | 差额 |
| 4 |  | 110 | 99000 | 101000 | 2000 |
| 5 | 1 | 120 | 73000 | 80112 |  |
| 6 |  | 140 | 20500 | 21023 |  |
| 7 |  | 201 | 89355 | 88394 |  |
| 8 | 2 | 211 | 45302 | 45600 |  |
| 9 |  | 224 | 62783 | 63500 |  |
| 10 | 合计 |  | 389940 | 399629 |  |
| 11 |  |  |  |  |  |
| 12 |  |  |  |  |  |

图 12-26　粘贴了含有相对引用的公式

从图 12-26 中可以看出，由于公式从 C10 复制到 D10，即位置向右移动了一列，因此公式中的相对引用也相应地从“C4：C9”改变为“D4：D9”。

✧　按 Esc 键可清除单元格 A5 四周的虚边框。

使用单元格区域相对引用时，由单元格区域的左上角单元格相对引用和右下角单元格相对引用组成，中间用冒号分隔。例如，B3：F5 表示以单元格 B3 为左上角，以单元格 F5 为右下角的矩形区域。

●绝对引用

所谓绝对引用，就是在列标和行号前分别加上符号“$”。例如，$B$2 表示单元格 B2 绝对引用，而$B$2：$E$5 表示单元格区域 B2：E5 绝对引用。

绝对引用与相对引用的区别如下：

复制公式时，若公式中使用相对引用，则单元格引用会自动随着移动的位置相对变化；若公式中使用绝对引用，则单元格引用不会发生变化。

例如，我们把图 12-25 中单元格 C10 的公式改为“=SUM($C$4: $C$9)”，然后将该公式复制到单元格 D10 中，结果如图 12-27 所示。

D10 =SUM($C$4:$C$9)

| | A | B | C | D | E |
|---|---|---|---|---|---|
| 1 | 年度支出预算表 | | | | |
| 2 | | | | | |
| 3 | 账目类别 | 帐目 | 预计支出 | 调配拨款 | 差额 |
| 4 | | 110 | 99000 | 101000 | 2000 |
| 5 | 1 | 120 | 73000 | 80112 | |
| 6 | | 140 | 20500 | 21023 | |
| 7 | | 201 | 89355 | 88394 | |
| 8 | 2 | 211 | 45302 | 45600 | |
| 9 | | 224 | 62783 | 63500 | |
| 10 | 合计 | | 389940 | 389940 | |
| 11 | | | | | |
| 12 | | | | | |

图 12-27 粘贴了含有绝对引用的公式

●混合引用

单元格混合引用是指“行”采用相对引用而“列”采用绝对引用；或行采用绝对引用而列采用相对引用。例如，$A2、A$2 均为混合引用。

例如，我们把图 12-26 中的单元格 C10 的公式改为“=SUM($C4+$C5+C6+C7+C8+C9)”，然后将公式复制到单元格 D11 中，结果如图 12-28 所示。

D11 =SUM($C5+$C6+D7+D8+D9+D10)

| | A | B | C | D | E |
|---|---|---|---|---|---|
| 1 | 年度支出预算表 | | | | |
| 2 | | | | | |
| 3 | 账目类别 | 帐目 | 预计支出 | 调配拨款 | 差额 |
| 4 | | 110 | 99000 | 101000 | 2000 |
| 5 | 1 | 120 | 73000 | 80112 | |
| 6 | | 140 | 20500 | 21023 | |
| 7 | | 201 | 89355 | 88394 | |
| 8 | 2 | 211 | 45302 | 45600 | |
| 9 | | 224 | 62783 | 63500 | |
| 10 | 合计 | | 389940 | 399629 | |
| 11 | | | | 690623 | |
| 12 | | | | | |
| 13 | | | | | |

图 12-28 粘贴了含有混合引用的公式

从图 12-28 中可以看出，由于单元格 C4 和 C5 使用了混合引用，当复制到单元格 D11 时，公式相应改变为“=SUM($C5+$C6+D7+D8+D9+D10)”。此时由于$C4、$B5 中的列号为绝对引用，故列号不变，而行号为相对引用，故行号被改变。

实际上，在使用 Excel 的过程中，由于相关的公式都是位于同一行或是同一列，一个公式的复制或填充都是按行或按列进行，因此混合引用是非常方便的。

✧ 有时为了引用更加方便，可以给单元格或单元格区域命名或创建行（或列）标志。方法是：先选定要命名或创建行（或列）标志的单元格或单元格区域，单击“插入”菜单，选择“名称”命令，然后选择“定义”或“标志”子命令即可完成相应的工作。名称和标志都表示绝对引用。

5. 设置数据输入限制条件

在建立工作表的过程中，有些单元格中输入的数据没有限制，而有些单元格中输入的数据具有有效范围。为了保证输入的数据都在其有效范围内，用户可以使用 Excel 提供的“有效数据”命令为单元格设置条件。

●给单元格或区域设置数据有效范围

在 Excel 中，单元格的默认有效数据为任何数值。在实际工作中，我们常需要给一些单元格或区域定义有效数据范围。具体操作步骤如下：

（1）选定需要设置数据有效范围的单元格或区域。

（2）单击“数据”菜单，选择“有效性”命令，打开如图 12-29 所示的“数据有效性”对话框。

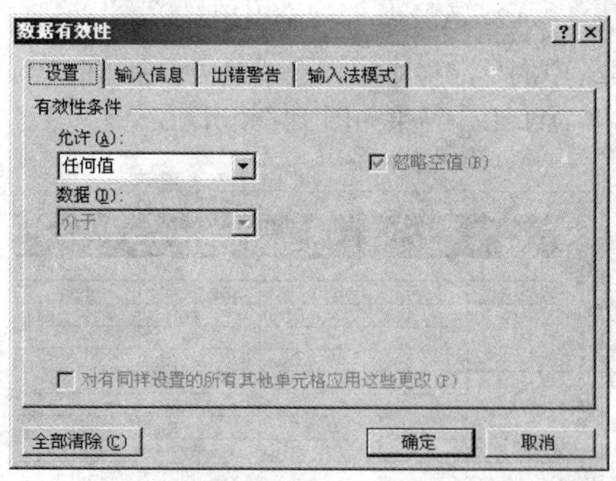


图 12-29 “数据有效性”对话框

（3）单击“设置”选项卡，在“允许”下拉列表框中，选择需要设置的有效数据类型。选择的类型不同，其有效检验的数据类型就不同。

（4）根据需要设置对话框中的其他项目。

（5）单击“确定”按钮。

例如，如果用户选定了工作表中的 B5：B14 单元格区域，且在如图 12-30 所示的“数据有效性”对话框中的“允许”下拉列表框中选择了“序列”类，并在“来源”编辑框中输入“年,月,日”自定义序列。

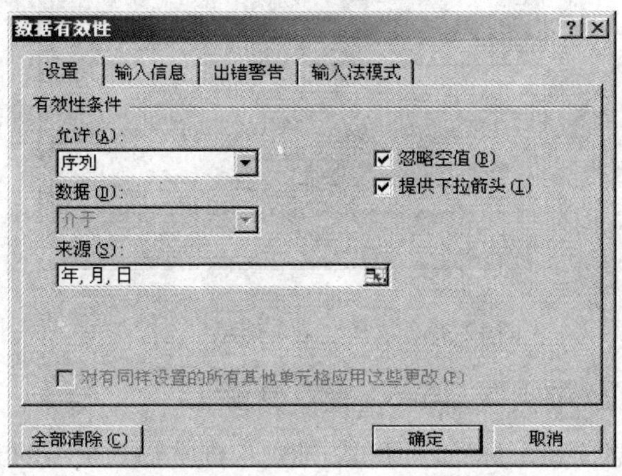


图 12-30 设置数据输入条件

在完成上述设置之后，只要用户选中被设置有效数据范围的单元格或区域，则在它的右侧就会出现一个下拉箭头。单击下拉箭头，然后从给出的有效数据序列中选择一个即可，如图 12-31 所示。如果用户在该单元格中输入了其他数据（有效数据以外），Excel 将发出警告。

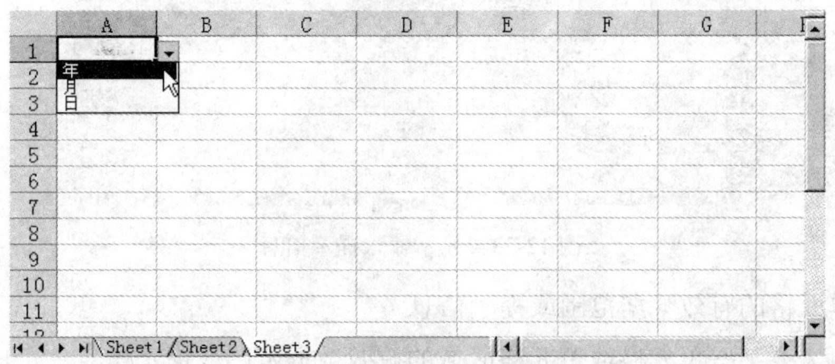


图 12-31 设置数据输入条件的单元格

●给单元格或区域设置输入信息

在给单元格或单元格区域设置了有效数据范围后，我们便不能在其中输入超出数据范围的数据。而有时会忘记所设置的数据范围，对于这种情况，如果给单元格或单元格区域设置了输入信息，就可以根据输入信息的提示来向其中输入数据。操作步骤如下：

（1）选定需要显示信息的单元格或区域。

（2）单击“数据”菜单，选择“有效数据”命令，打开“数据有效性”对话框。

（3）选择“输入信息”选项卡，如图 12-32 所示。

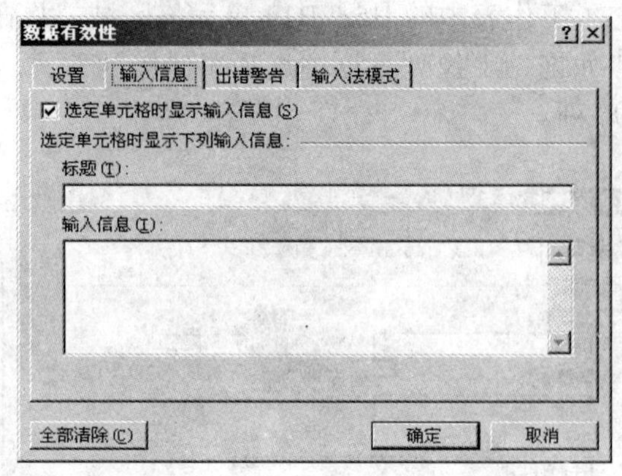


图 12-32 选择“输入信息”选项卡

（4）选中“选定单元格时显示输入信息”复选框。

（5）如果要在信息中显示标题，请在“标题”框中输入所需的文本。例如，输入“数量”。

（6）在“输入信息”框中输入要显示的内容，例如，输入“您好，请输入整数”。

（7）单击“确定”按钮，结果如图 12-33 所示。

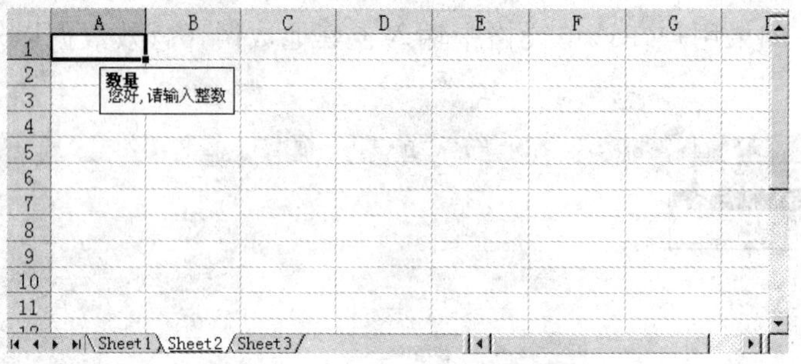


图 12-33 显示输入提示信息

●删除单元格的有效数据范围或提示信息

如果不再需要某些单元格或单元格区域的有效数据范围或提示信息，可以将其删除。具体操作步骤如下：

（1）选定要删除有效数据范围或提示信息的单元格。

（2）单击“数据”菜单，选择“有效数据”命令打开“数据有效性”对话框，单击“设置”选项卡。

（3）单击“全部清除”按钮。

（4）单击“确定”按钮。

### 12.2.2 自动填充数据

在输入数据和公式的过程中，如果输入的数据具有某种规律，用户可以通过拖动当前单元格填充柄，或使用“编辑”菜单中的“填充”命令以各种方式来自动填充数据。

1. 以相同的数据填充相邻的单元格

如果使用“编辑”菜单中的“填充”命令来填充相同的数据，则可按如下步骤操作：

（1）在某个单元格或单元格区域中输入数据。

（2）选定从该单元格开始的行方向单元格区域或列方向单元格区域。

（3）单击“编辑”菜单，选择“填充”命令。

（4）选择相应方向的填充命令。命令执行后，Excel 在相邻的单元格中自动填充与第一个（列或行）单元格相同的数据。

例如，在单元格 A1 中输入“部门”，在单元格 A2 中输入“测试部”，在单元格 A3 中输入“开发部”。依次按上述步骤操作，结果如图 12-34 所示。这种方法适用于各种类型的数据。

A1　fx 部门

| | A | B | C | D | E | F | G |
|---|---|---|---|---|---|---|---|
| 1 | 部门 | 部门 | 部门 | 部门 | 部门 | 部门 | |
| 2 | 测试部 | 测试部 | 测试部 | 测试部 | 测试部 | 测试部 | |
| 3 | 开发部 | 开发部 | 开发部 | 开发部 | 开发部 | 开发部 | |
| 4 | | | | | | | |
| 5 | | | | | | | |
| 6 | | | | | | | |
| 7 | | | | | | | |
| 8 | | | | | | | |

图 12-34　向右填充相同的数据

如果使用单元格填充柄来填充相同的数据，其操作步骤如下：

（1）在某个单元格中输入数据。

（2）单击该单元格，将鼠标指针指向该单元格右下角的填充柄，使其形状由空心的十字型变为黑色的十字型。

（3）按住鼠标左键，拖动单元格填充柄到要填充的单元格区域，如图 12-35 所示。

A1　fx 部门

| | A | B | C | D | E | F | G |
|---|---|---|---|---|---|---|---|
| 1 | 部门 | | | | | | |
| 2 | 测试部 | | | | | | |
| 3 | 开发部 | | | | | | |
| 4 | | | | | | 部门 + | |
| 5 | | | | | | | |
| 6 | | | | | | | |
| 7 | | | | | | | |
| 8 | | | | | | | |

图 12-35　通过拖动填充柄在相邻单元格填充相同数据

✧ 使用单元格填充柄来填充相同的数据时，如果数据是日期、时间、星期等，则必须在拖动单元格填充柄的同时按住 Ctrl 键。

2. 数据序列的自动填充

在 Excel 中，用户除了可以在相邻单元格中填充相同数据外，还可使用自动填充功能快速输入具有某种规律的数据序列。

●时间和日期等可扩展序列的自动填充

如果在起始单元格中包含 Excel 可扩展序列中的数字、日期或时间段，那么在使用单元格填充柄进行填充操作时，相邻单元格的数据将按序列递增或递减方式填充。例如，若在起始单元格中输入“一月”， 那么使用填充功能可快速在相邻单元格中填入“二月，三月，四月，…”等。

Excel 可扩展序列是 Microsoft Excel 提供的默认自动填充序列，包括数字、日期、时间以及文本数字混合序列等。表 12-3 列出了部分 Excel 可扩展序列。

**表 12-3 部分 Excel 可扩展序列**

| 初始值 | 扩展序列 |
|---|---|
| 8:00 | 9:00，10:00，11:00，… |
| Mon | Tue，Wed，Thu，… |
| Jan | Feb，Mar，Apr ，… |
| 1996 | 1997，1998，1999，… |
| 星期一 | 星期二，星期三，星期四，… |
| 一月 | 二月，三月，四月，… |
| 产品 1 | 产品 2，产品 3、产品 4，… |
| 产品 1、延期交货 | 产品 2、延期交货，产品 3、延期交货，产品 4、延期交货，… |

对于时间和日期等可扩展序列的填充，其操作步骤如下：

（1）在需要输入序列的第一组单元格中输入序列的初始值。

（2）单击该单元格，使其成为当前单元格。或者选中单元格区域。

（3）向指定方向拖动该单元格或单元格区域右下角的填充柄，这时 Excel 将会自动填充序列的其他值。

例如，在 A1 中输入“星期一”，在 B1 中输入日期“2001-5-1”，并分别拖动填充柄向下移动，Excel 就会依次填入“星期二”、“星期三”等，以及“2001-5-2、“2001-5-3”等，如图 12-36 所示。

B1 ▾ fx 2001.5.1

| | A | B | C | D | E | F |
|---|---|---|---|---|---|---|
| 1 | 星期一 | 2001.5.1 | | | | |
| 2 | 星期二 | 2001.5.2 | | | | |
| 3 | 星期三 | 2001.5.3 | | | | |
| 4 | 星期四 | 2001.5.4 | | | | |
| 5 | 星期五 | 2001.5.5 | | | | |
| 6 | 星期六 | 2001.5.6 | | | | |
| 7 | 星期日 | 2001.5.7 | | | | |
| 8 | 星期一 | 2001.5.8 | | | | |

图 12-36 自动完成序列的输入

✧ 用户也可首先在 A1 单元格中输入“星期一”，在 B2 单元格中输入 2001.5.1，然后选中 A1：B1 单元格区域，并拖动该区域右下角的填充柄同时填充两列。

●等差序列

对于等差序列的自动填充，可以采用输入前两个数据的方法来实现。具体操作步骤如下：

（1）在前两个（组）单元格中分别输入前两个（组）数据。

（2）选定这两个（组）单元格为当前单元格区域。

（3）拖动右下角的填充柄，这时 Excel 就会按这两个（组）单元格的差自动填入等差序列。

例如，在单元格 A1、A2、B1、B2 中分别输入 1、3、4 和 7，选定 A1：B2 为当前单元格区域，拖动填充柄向右进行填充，即可得到等差序列 1、4、7、10、13、16、19、和 3、7、11、15、19、23、27，如图 12-37 所示。

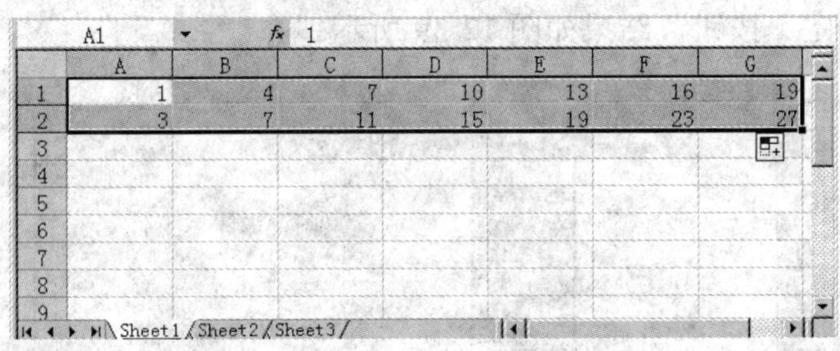

A1 ▾ fx 1

| | A | B | C | D | E | F | G |
|---|---|---|---|---|---|---|---|
| 1 | 1 | 4 | 7 | 10 | 13 | 16 | 19 |
| 2 | 3 | 7 | 11 | 15 | 19 | 23 | 27 |
| 3 | | | | | | | |
| 4 | | | | | | | |
| 5 | | | | | | | |
| 6 | | | | | | | |
| 7 | | | | | | | |
| 8 | | | | | | | |
| 9 | | | | | | | |

Sheet1 / Sheet2 / Sheet3 /

图 12-37 等差序列的自动填充

●等比序列

对于等比序列的自动填充，可以利用 Excel 提供的填充序列命令来实现。具体操作步骤如下：

（1）在某个（组）单元格中输入第一个（组）数据，然后选定从该单元格开始的行方向单元格区域或列方向单元格区域。

（2）选择“编辑”菜单中的“填充”命令，在弹出的子菜单中选择“序列”子命令，弹出如图 12-38 所示的“序列”对话框。

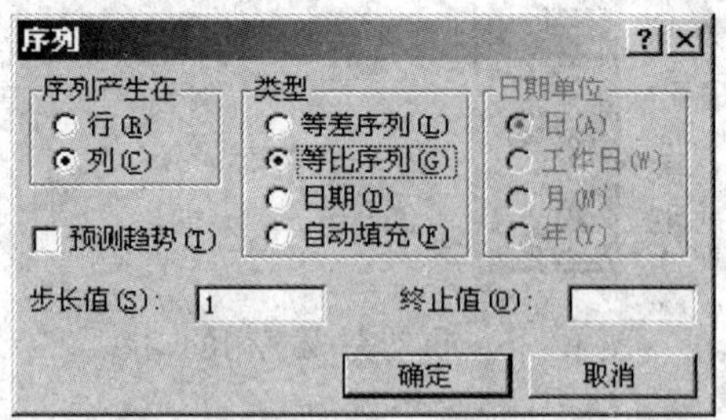


图 12-38　“序列”对话框

（3）在“序列”对话框中，根据需要指定序列的各项参数。

（4）单击“确定”按钮。

✧　等差序列、日期也同样可以采用填充序列命令来实现。

例如，要在单元格区域 C1：C7 中输入等比序列 6、18、54、162、…，可通过下面的操作来实现：

（1）在 C1 中输入“6”，然后选定单元格区域 C1：C7。

（2）在如图 12-38 所示的“序列”对话框中选择“列”和“等比序列”，并在“步长值”框中输入“3”。

（3）单击“确定”按钮，结果如图 12-39 所示。

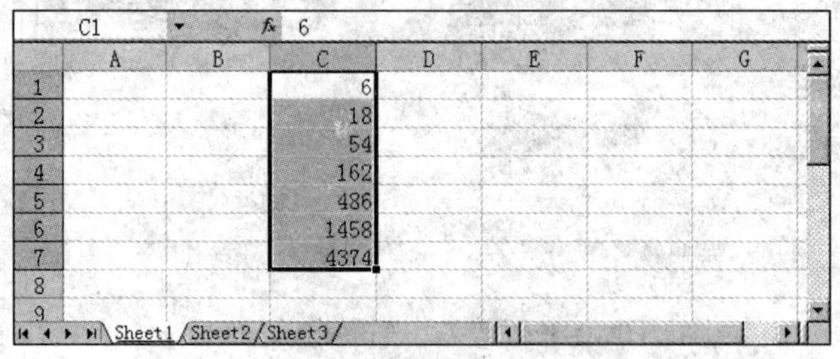


图 12-39　等比序列的自动填充

●自定义自动填充序列

另外，在 Excel 中还允许用户自定义自动填充序列，该序列也可以像 Excel 可扩展序列一样进行自动填充。自定义自动填充序列可采用两种方式。

如果用户已在工作表的某单元格区域中输入了某个序列，可按如下步骤将该序列添加到系统的自定义序列中：

（1）选中希望定义为序列的单元格区域。

（2）单击“工具”菜单，选择“选项”命令，弹出“选项”对话框。

（3）单击对话框中的“自定义序列”选项卡。

（4）单击“导入”按钮，如图 12-40 所示。

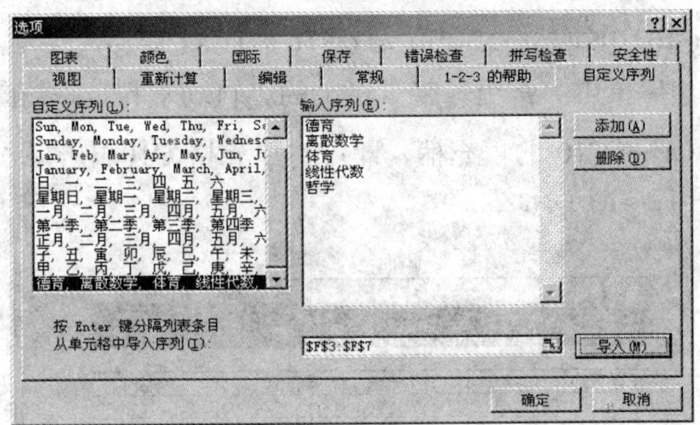


图 12-40　自定义序列选项卡

（5）单击“确定”按钮。

✧　在自定义序列中，序列中的每一个数据的第一个字符不能是数字。

✧　如果想删除自定义序列，选择“自定义序列”列表框中想删除的序列，单击“删除”按钮即可。但是，不能删除系统内置序列。

如果用户希望利用“选项”对话框输入自定义序列，可按如下步骤操作：

（1）选择“自定义序列”列表框中的“新序列”。

（2）在“输入序列”编辑框中输入想定义的序列项，每输入完一个，按回车键。

（3）单击“添加”按钮。

（4）全部输入完毕后单击“确定”按钮。

自定义序列的使用方法与默认序列的使用方法完全相同。例如，当用户在如图 12-39 所示“自定义序列”列表框中添加了考试科目序列“德育”、“离散数学”、“体育”、“线性代数”、“哲学”后。当用户想在工作表中输入该序列时，只要在第一个单元格中输入“德育”，然后拖动右下角的填充柄即可自动填充“离散数学”、“体育”、“线性代数”、“哲学”。

3. 公式自动填充

与常量数据填充一样，使用填充柄也可以完成公式的自动填充。利用相对引用和绝对引用的不同特点，配合自动填充操作，可以快速地建立成批公式。

例如，如图 12-41 所示列出了自动填充公式的示例。其中，C10 到 D10 单元格中的计算公式分别为：C4+C5+C6+C7+C8+C9 和 D4+D5+D6+D7+D8+D9。因为这些公式非常类似，因此，可使用自动填充功能快速完成公式的输入。其操作步骤如下：

（1）输入数据，制作年度支出预算表工作表。

（2）在单元格 C10 中输入公式“=C4+C5+C6+C7+C8+C9”。或者先选定单元格区域 C4：C9，然后单击“常用”工具栏中的“自动求和”按钮Σ。

（3）向右拖动单元格 C10 的填充柄，即可将单元格 C10 中的公式自动填充到单元格 D10，如图 12-41 所示。

C10 =SUM(C4:C9)

| | A | B | C | D | E |
|---|---|---|---|---|---|
| 1 | 年度支出预算表 | | | | |
| 2 | | | | | |
| 3 | 账目类别 | 帐目 | 预计支出 | 调配拨款 | 差额 |
| 4 | | 110 | 99000 | 101000 | 2000 |
| 5 | 1 | 120 | 73000 | 80112 | |
| 6 | | 140 | 20500 | 21023 | |
| 7 | | 201 | 89355 | 88394 | |
| 8 | 2 | 211 | 45302 | 45600 | |
| 9 | | 224 | 62783 | 63500 | |
| 10 | 合计 | | 389940 | 399629 | |
| 11 | | | | | |

Sheet1 / Sheet2 / Sheet3

图 12-41 自动填充公式

### 12.2.3 使用函数

用户在做数据分析工作时，常常要进行大量而又繁杂的运算，Excel 提供的几百个内部函数将成为您的帮手。

每个函数由一个函数名和相应的参数组成。参数位于函数名的右侧并用括号括起来，它是一个函数用以生成新值或完成运算的信息。大多数参数的数据类型都是确定的，可以是数字、文本、逻辑值、数组、单元格引用或表达式等等。参数的具体值由用户提供。

有些函数非常简单，不需要参数。例如，用户在一个单元格中输入“=TODAY（）”，Excel 就会在单元格里显示当天的日期。当用户每次打开包含该函数的工作表时，单元格中的日期就会更新。

如果函数以公式形式出现，则必须在函数名前键入等号“=”。此外，有些函数在使用时，必须按要求输入有效数据。例如，要计算一笔贷款的每月还款数目，用户在使用函数“PMT（rate，nper，pv，fv，type）”时，必须按顺序正确输入利率、贷款期数、现值、未来值和借贷类型等有效数据。

1. 函数的分类

Excel 提供了丰富的函数，按照其功能可以分为以下几类：

- 数据库函数：分析和处理数据清单中的数据。

- 日期与时间函数：在公式中分析和处理日期值和时间值。
- 统计函数：对数据区域进行统计分析。
- 逻辑函数：用于进行真假值判断或者进行复合检验。
- 信息函数：用于确定保存在单元格中的数据类型。
- 查找和引用函数：对指定的单元格、单元格区域返回各项信息或运算。
- 数学和三角函数：处理各种数学计算。
- 文本函数：用于在公式中处理文字串。
- 财务函数：对数值进行各种财务运算。
- 工程函数：对数值进行各种工程上的运算和分析。

表 12-4 列出了 Excel 提供的常用函数。

**表 12-4　Excel 提供的常用函数**

| 函　数 | 格　式 | 功　能 |
|---|---|---|
| SUM | =SUM(number1,number2,...) | 返回单元格区域中所有数字的和 |
| AVERAGE | =AVERAGE(number1 ,number2 ,...) | 计算所有参数的算术平均值 |
| IF | =IF(logical_test,value_if_true,value_if_false) | 执行真假值判断，根据对指定条件进行逻辑评价的真假，而返回不同的结果 |
| HYPERLINK | =HYPERLINK(link_location,friendly_name) | 创建快捷方式，以便打开文档或网络驱动器，或连接 Internet |
| COUNT | =COUNT (value1,value2, …) | 计算参数表中的数字参数和包含数字的单元格的个数 |
| MAX | =MAX(number1,number2, …) | 返回一组参数的最大值，忽略逻辑值及文本字符 |
| SIN | =SIN(number) | 返回给定角度的正弦值 |
| SUMIF | =SUMIF(range,criteria,sum_range) | 根据指定条件对若干单元格求和 |
| PMT | =PMT(rate,nper,pv,fv,type) | 返回在固定利率下，投资或贷款的等额分期偿还额 |
| STDEV | =STDEV(number1,number2, …) | 估算基于给定样本的标准方差 |

2. 输入函数

Excel 提供了两种输入函数的方法，一种是直接输入法，另一种是使用“插入函数”命令输入函数。

●直接输入法

如果用户对某些函数非常熟悉，可采用直接输入法，具体操作步骤如下：

（1）单击要输入函数的单元格。

（2）依次输入等号、函数名、左括号、具体参数、右括号。

（3）单击编辑栏中的输入按钮 ✓ 或按回车键，此时在输入函数的单元格中将显示公式运算结果。

●使用“插入函数”命令

Excel 中的函数众多，而且其中的许多函数又不经常使用，故用户在使用时，很可能遇到既不知道函数的拼写又不清楚其所属类别等诸如此类的问题。而在新发布的 Excel 2002 的新增功能中就提供了解决方法。只要用户在插入函数时对将要做的工作做一简短的描述，Excel 2002 的智能功能就会搜索到用户所需要的函数。使用“插入函数”命令可按如下步骤进行：

（1）选定要输入函数的单元格。

（2）单击“插入”菜单，选择“函数”命令，或单击常用工具栏上的“插入函数”按钮，就会弹出如图 12-42 所示的“插入函数”对话框。

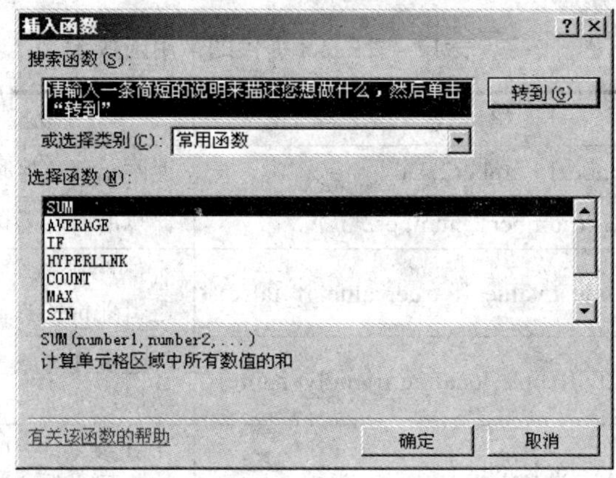


图 12-42 “插入函数”对话框

（3）若用户对将要使用的函数不熟悉，可先在“插入函数”对话框顶部的“搜索函数”编辑框中输入一条简短的说明来描述想做什么，然后单击此编辑框右侧的“转到”按钮，所需要的函数就会显示在其下方的“选择函数”列表框中。而若用户对使用的函数比较熟悉，就可直接单击“或选择类别”右侧的箭头，从弹出菜单中首先确定函数类别，然后再在其下的“选择函数”列表框中选择需要的函数。

（4）单击“确定”按钮，就会弹出函数参数对话框，如图 12-43 所示。

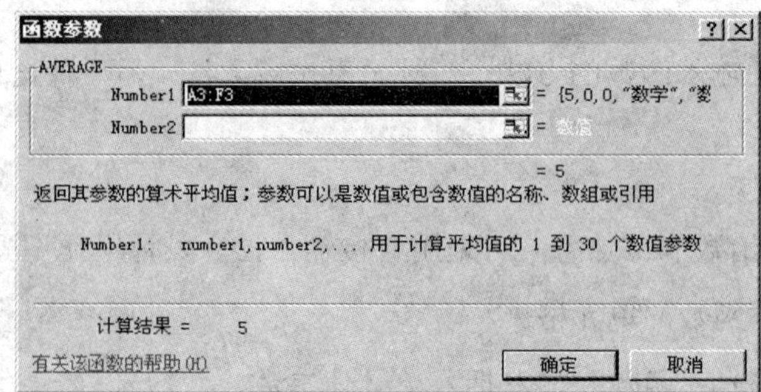


图 12-43 函数参数对话框

（5）单击“确定”按钮，计算结果将显示在选择的单元格中。

●利用函数下拉列表输入函数

当用户在公式编辑栏中输入“=”，位于编辑栏左侧原来用于显示单元格地址的编辑框中将显示函数名称。单击其右侧的▼按钮可打开函数列表，从中单击某个函数即可将其输入，如图 12-44 所示。若希望选择其他函数，可从中选择“其他函数”。

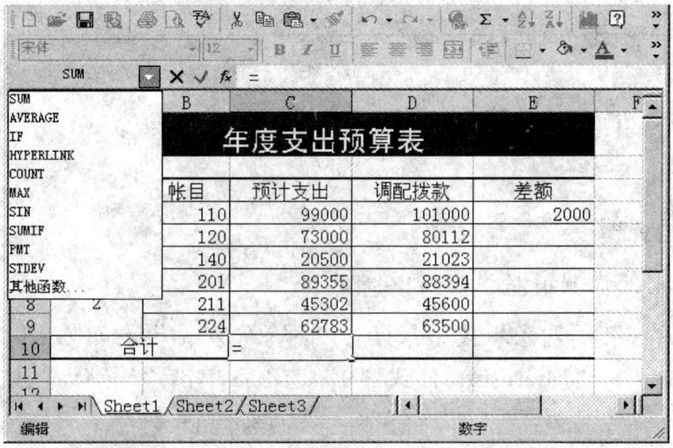

图 12-44　选择函数

### 3. 获得函数帮助

Excel 提供了大量的有关函数的联机帮助，如果用户在使用时忘记了某个函数的用法或者想查看该函数的使用例子，可使用 Office 助手及时获得函数帮助。这里以函数“PMT”为例，具体操作步骤如下：

（1）在公式编辑栏中输入“=”，从左侧的函数下拉列表中选择 PMT 函数，系统将弹出 PMT 的函数参数对话框，如图 12-45 所示。

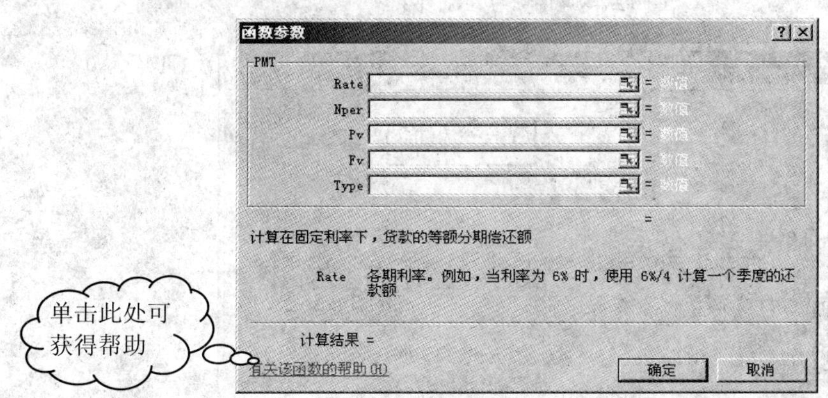


图 12-45　使用函数参数对话框中的函数帮助

（2）在函数参数对话框的左下角有一行用蓝字显示的提示信息“有关该函数的帮助”。单击此信息，就会弹出有关该函数的帮助信息，其中给出了该函数详细用法和示例。

（3）查看完毕后，单击窗口右上角的“关闭”按钮。

也可单击“帮助”菜单中的“Microsoft Office 帮助”命令，从弹出的对话框中输入需要查看的内容，然后单击“搜索”按钮即可。

### 12.2.4 在 Excel 中使用公式编辑器

在日常工作和学习中，有时需要输入一些数字公式，例如：

$\frac{|A-a|}{|a|}$、$\sum_{n}^{m} a$、$a^{-p}=\frac{1}{a^{p}}$等。

#### 1. 使用公式编辑器的通用步骤

在 Excel 中使用公式编辑器的通用步骤如下：

（1）选择“插入”|“对象”菜单，打开“对象”对话框，如图 12-46 所示。在“对象类型”中选择“Microsoft 公式 3.0”选项，单击“确定”按钮，结果如图 12-47 所示。

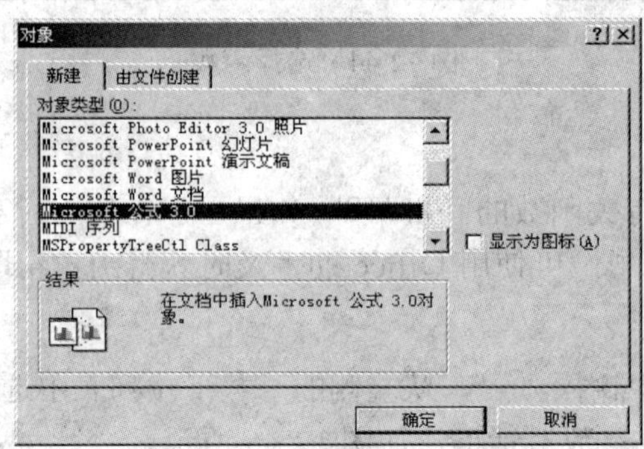


图 12-46 “对象”对话框

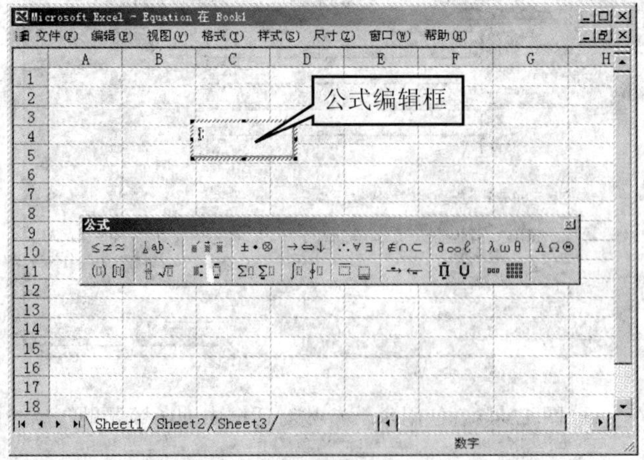


图 12-47 公式编辑窗口

（2）在公式编辑框中进行公式编辑，编辑完成后，在框外的任意处单击即可返回到文档编辑状态。

2. 公式工具栏

Microsoft 公式编辑器 3.0 的“公式”工具栏分为 2 行，上行为“符号与希腊字母行”，下行为“模板行”，如图 12-48 所示。

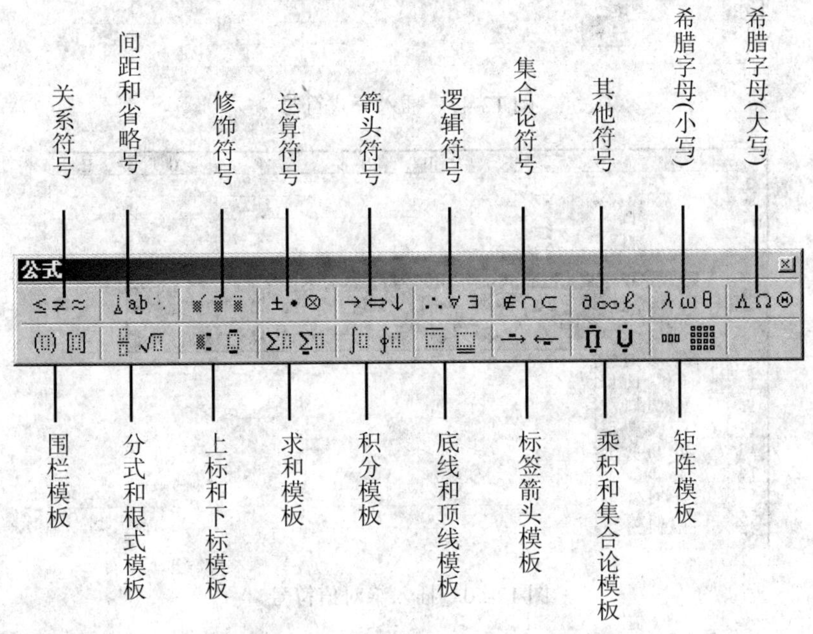


图 12-48　“公式”工具栏

3. 建立公式

下面我们将通过创建几个具体的公式，来说明如何使用 Excel 所提供的公式编辑器来建立一些含有数学符号的公式。

公式：$\frac{|A-a|}{|a|}$，创建步骤如下：

（1）首先进入公式编辑窗口，单击“公式”工具栏上的“分式和根式模板”按钮，选择“标准尺寸的竖分式”模板，如图 12-49 所示。

（2）单击“围栏模板”按钮，选择“单竖线”模板，分别在分子与分母上插入“绝对值”符号，如图 12-50 所示。

（3）在分子与分母上分别输入“A-a”、“a”，完成输入后在公式编辑框以外单击鼠标，建立后的公式如图 12-51 所示。

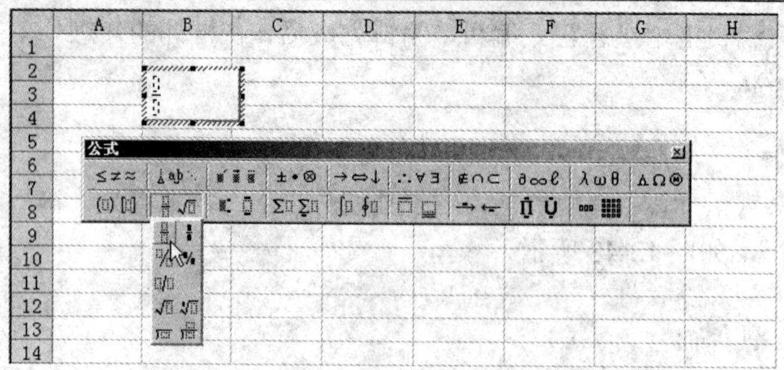

图 12-49 插入分式符号

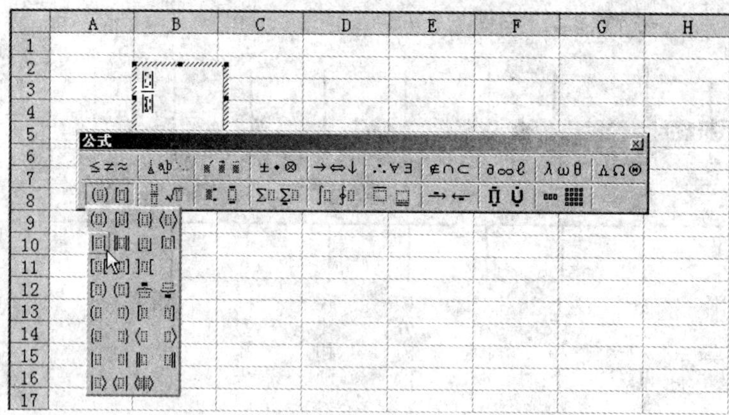

图 12-50 插入绝对值符号

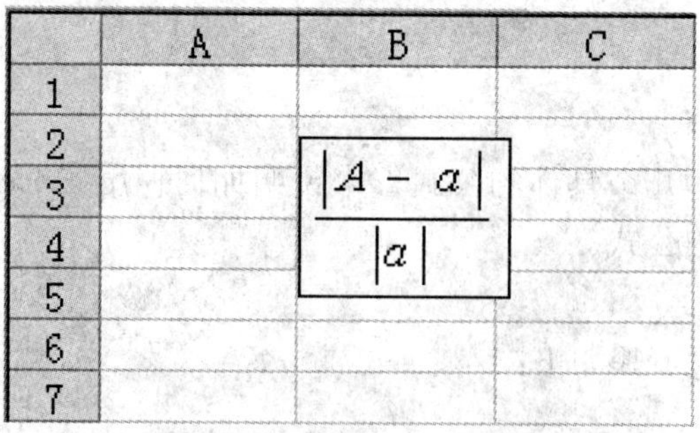

| | A | B | C |
|---|---|---|---|
| 1 | | | |
| 2 | | | |
| 3 | | $\frac{\lvert A-a \rvert}{\lvert a \rvert}$ | |
| 4 | | | |
| 5 | | | |
| 6 | | | |
| 7 | | | |

图 12-51 完成后的公式

公式：$\sum_{n}^{m} a$，创建步骤如下：

（1）进入公式编辑窗口，单击“求和模板”按钮，选择“带中上标和中下标极限的求和符”模板，如图 12-52 所示。

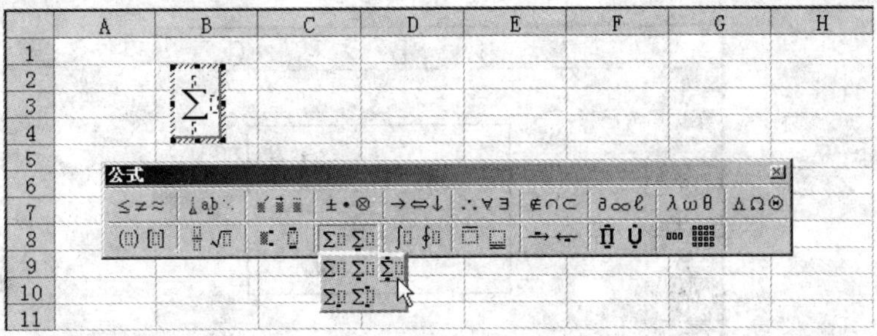

图 12-52　插入求和符号

（2）输入相应位置的“m”、“n”、“a”，完成输入后在公式编辑框以外单击鼠标，建立后的公式如图 12-53 所示。

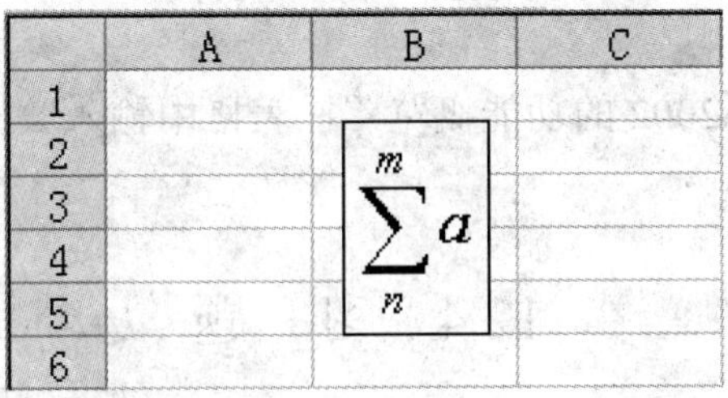

$$\sum_{n}^{m} a$$

图 12-53　求和公式

公式：$a^{-p}=\dfrac{1}{a^{p}}$，创建步骤如下：

（1）进入公式编辑窗口，在编辑框中输入“a”，然后单击“上标和下标模板”按钮，选择“上标”模板，如图 12-54 所示。

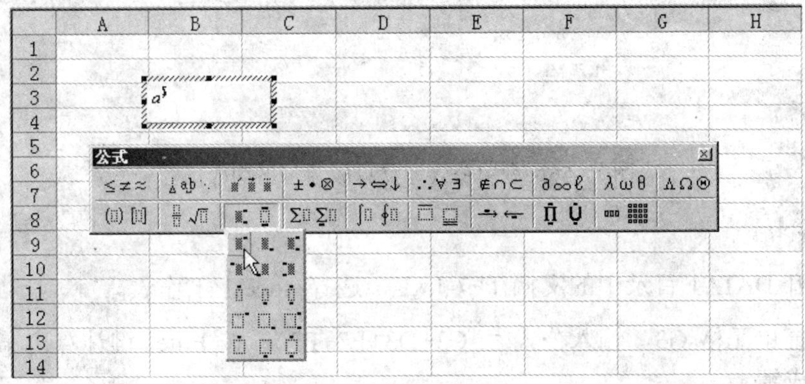


图 12-54　插入上标

（2）输入上标“-p”，按“Tab”键重新定位光标，并输入等号“=”。

（3）在等号后插入分式符号，在分子上输入“1”，在分母上输入“a”，并插入上标输入“p”，完成输入后在公式编辑框以外单击鼠标，建立后的公式如图 12-55 所示。

| | A | B | C |
|---|---|---|---|
| 1 | | | |
| 2 | | | |
| 3 | | | |
| 4 | | | |
| 5 | | | |
| 6 | | | |
| 7 | | | |

$$a^{-p} = \frac{1}{a^{p}}$$

图 12-55　完成后的公式

## 12.3　小　结

本章主要介绍了 Excel 2002 的功能概览，在表格中输入数据和公式的方法等，并给出了一个工作表制作实例。

## 12.4　习　题

1．利用公式计算总成绩与平均成绩，如图 12-56 所示。

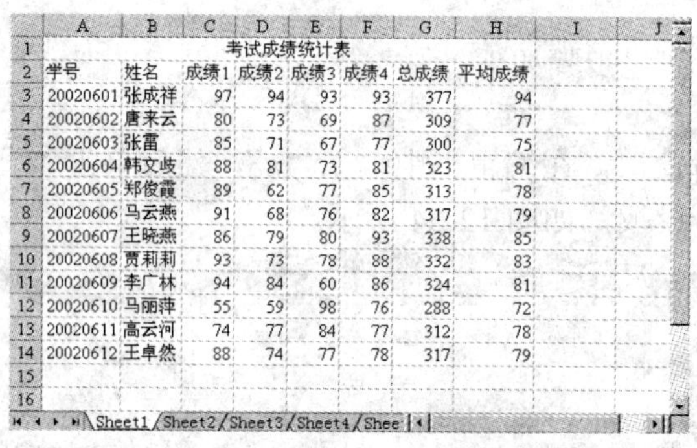

| | A | B | C | D | E | F | G | H | I | J |
|---|---|---|---|---|---|---|---|---|---|---|
| 1 | 考试成绩统计表 | | | | | | | | | |
| 2 | 学号 | 姓名 | 成绩1 | 成绩2 | 成绩3 | 成绩4 | 总成绩 | 平均成绩 | | |
| 3 | 20020601 | 张成祥 | 97 | 94 | 93 | 93 | 377 | 94 | | |
| 4 | 20020602 | 唐来云 | 80 | 73 | 69 | 87 | 309 | 77 | | |
| 5 | 20020603 | 张雷 | 85 | 71 | 67 | 77 | 300 | 75 | | |
| 6 | 20020604 | 韩文岐 | 88 | 81 | 73 | 81 | 323 | 81 | | |
| 7 | 20020605 | 郑俊霞 | 89 | 62 | 77 | 85 | 313 | 78 | | |
| 8 | 20020606 | 马云燕 | 91 | 68 | 76 | 82 | 317 | 79 | | |
| 9 | 20020607 | 王晓燕 | 86 | 79 | 80 | 93 | 338 | 85 | | |
| 10 | 20020608 | 贾莉莉 | 93 | 73 | 78 | 88 | 332 | 83 | | |
| 11 | 20020609 | 李广林 | 94 | 84 | 60 | 86 | 324 | 81 | | |
| 12 | 20020610 | 马丽萍 | 55 | 59 | 98 | 76 | 288 | 72 | | |
| 13 | 20020611 | 高云河 | 74 | 77 | 84 | 77 | 312 | 78 | | |
| 14 | 20020612 | 王卓然 | 88 | 74 | 77 | 78 | 317 | 79 | | |
| 15 | | | | | | | | | | |
| 16 | | | | | | | | | | |

Sheet1 / Sheet2 / Sheet3 / Sheet4 / Shee

图 12-56　利用公式计算总成绩与平均成绩

【操作要求】

（1）打开 DATA1 目录中的文档 TF7-1.xls，选择 Sheet1 工作表。

（2）选择单元格 G3，输入公式“=C3+D3+E3+F3”，按 Enter 键计算出第一个学生的总成绩。

（3）选择单元格 H3，输入公式“=G3/4”或“=（C3+D3+E3+F3）/4”，按 Enter 键计算出第一个学生的平均成绩。

（4）利用公式的自动填充算出所有的总成绩和平均成绩。

2．插入函数计算总计与平均销售额，如图 12-57 所示。

| | A | B | C | D | E | F | G | H |
|---|---|---|---|---|---|---|---|---|
| 1 | 建筑材料销售统计（万元） | | | | | | | |
| 2 | 产品名称 | 销售地区 | 销售额 | | | | | |
| 3 | 塑料 | 西北 | 2,324.00 | | | | | |
| 4 | 钢材 | 华南 | 1,540.50 | | | | | |
| 5 | 木材 | 华南 | 678.00 | | | | | |
| 6 | 木材 | 西南 | 222.20 | | 总 计 | 13,299.15 | | |
| 7 | 木材 | 华北 | 1,200.00 | | 平均销售额 | 1,209.01 | | |
| 8 | 钢材 | 西南 | 902.00 | | | | | |
| 9 | 塑料 | 东北 | 2,183.20 | | | | | |
| 10 | 木材 | 华北 | 1,355.40 | | | | | |
| 11 | 钢材 | 东北 | 1,324.00 | | | | | |
| 12 | 塑料 | 东北 | 1,434.85 | | | | | |
| 13 | 钢材 | 西北 | 135.00 | | | | | |
| 14 | | | | | | | | |
| 15 | | | | | | | | |

Sheet1 / Sheet2 / Sheet3 / Sheet4 / Shee

图 12-57　利用函数计算总计与平均销售额

【操作要求】

（1）打开 DATA1 目录中的文档 TF7-2.xls，选择 Sheet1 工作表。

（2）选择单元格 F6，单击“插入函数”按钮，或选择“插入”|“函数”菜单。

（3）选择“常用函数”中的“SUM”函数，选择单元格区域 C3：C13，计算单元格区域中所有数值的和。

（4）选择单元格 F7，单击“插入函数”按钮。

（5）选择“统计函数”中的“AVERAGE”函数，选择单元格区域 C3：C13，计算所选区域的算术平均值。

3．建立数学公式，如图 12-58 所示。

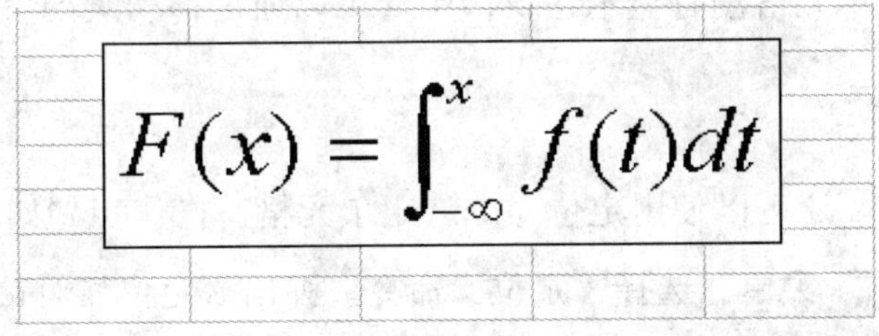


图 12-58　创建公式

【操作要求】

（1）进入公式编辑窗口，在编辑框中输入“$F(x)=$”。

（2）单击“积分模板”按钮，选择“带上标和下标极限的定积分”模板。

（3）输入“$\int_{-\infty}^{x} f(t)dt$”，输入时请按 Tab 键定位光标。

# 第 13 章　编辑工作表

创建工作表之后，用户可以利用 Excel 的编辑功能，对工作表及其数据进行各种操作和处理，以保证工作表数据的准确。本章将详细介绍编辑、复制或移动单元格或区域数据的方法，以及对工作表中数据进行审核的方法。至于对工作表数据的查找和替换，只需简单地选择“编辑”菜单中的“查找”或“替换”即可。

**本章重点：**

- 选定单元格或单元格区域的方法
- 单元格内容的修改
- 行、列和单元格编辑
- 移动和复制单元格或区域数据的方法

## 13.1　选定当前单元格或单元格区域

Excel 2002 是以工作表的方式进行数据运算和数据分析的，而工作表的基本单元是单元格。因此，在往工作表中输入数据之前，应该先选定当前单元格或单元格区域。

### 13.1.1　选定单元格

打开工作簿后，用鼠标单击要编辑的工作表标签即为当前工作表。要在当前工作表中选定当前单元格，可使用鼠标、键盘或“编辑”菜单中的“定位”命令来实现。

●使用鼠标

移动鼠标，将鼠标指针指到要选定的单元格上，单击鼠标左键，该单元格即为当前单元格。如果要选定的单元格没有显示在窗口中，可以通过移动滚动条使其显示在窗口中，然后再选取。

●使用定位命令

除了使用鼠标外，还可以使用定位命令选定单元格。操作步骤如下：

（1）单击“编辑”菜单，选择“定位”命令，弹出“定位”对话框，如图 13-1 所示。

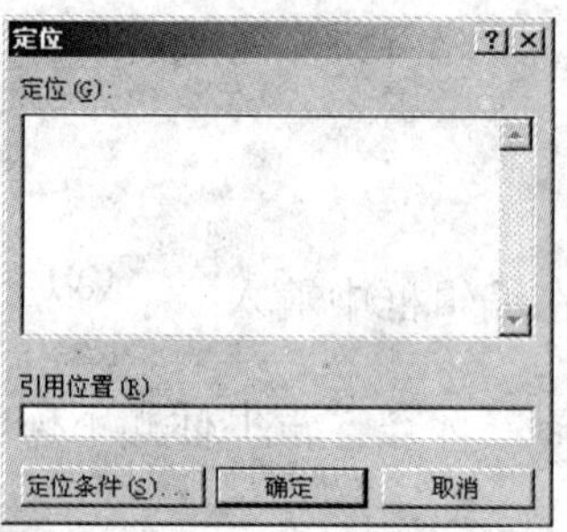


图 13-1　“定位”对话框

（2）在“引用位置”编辑框中输入要选定的单元格引用。例如，输入“D3”。

（3）单击“确定”按钮，这时相应的单元格（D3）就成为当前单元格。

### 13.1.2　选定单元格区域

可以使用鼠标或键盘来选定一个单元格区域或多个不相邻的单元格区域。

●选定一个单元格区域

如果用鼠标选定一个单元格区域，可按如下步骤操作：

（1）单击区域左上角的单元格。

（2）按住鼠标左键并拖动鼠标到区域的右下角。

（3）松开鼠标左键，选择的区域呈淡蓝色，如图 13-2 所示。

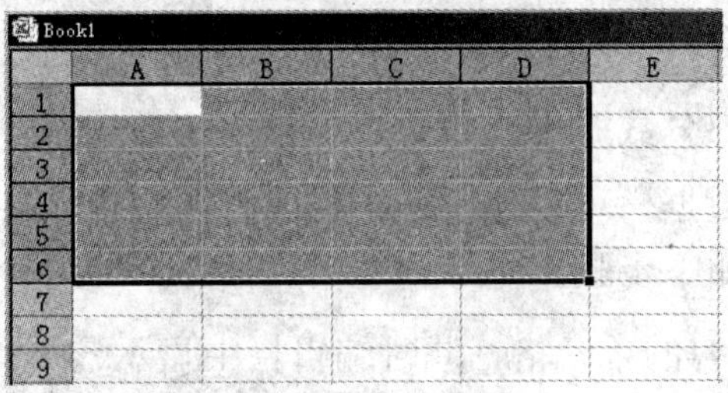

图 13-2　选定一个单元格区域

若想取消选择，可单击工作表中任一单元格。如果指定的单元格区域范围较大，可以使用鼠标和键盘相结合的方法。方法是：

（1）用鼠标单击区域的左上角单元格。

（2）按住 Shift 键，再单击区域的右下角单元格。

例如，要选择 B2：E50。首先单击单元格 B2，然后滚动工作表的垂直滚动条，当出现 E50 后，先按住 Shift 键，然后单击单元格 E50 即可。

●选定不相邻的单元格区域

如果要选定的单元格区域有多个且不相邻，可按如下步骤操作：

（1）单击并拖动鼠标选定第一个单元格区域。

（2）按住 Ctrl 键选定其他单元格区域，如图 13-3 所示。

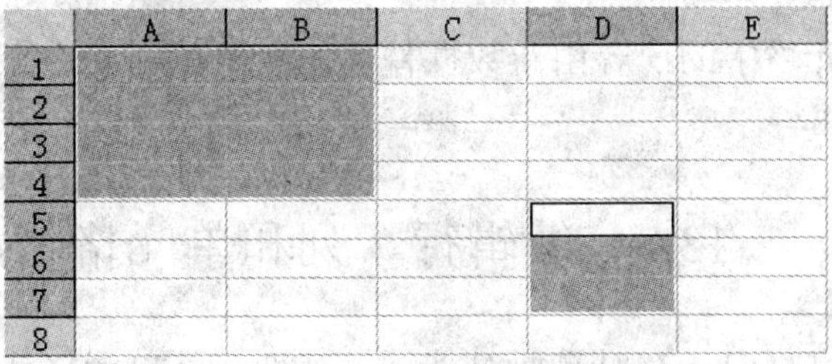

图 13-3　选定不相邻的单元格区域

另外，在一个工作表中经常选定一些特殊的单元格区域，归纳起来如表 13-1 所示。

表 13-1　特殊的单元格区域及选择方法

| 单元格区域 | 选择方法 |
| --- | --- |
| 整行 | 单击工作表的行号 |
| 整列 | 单击工作表的列标 |
| 整个工作表 | 单击工作表行号和列标的交叉处，即全选按钮 |
| 相邻的行或列 | 单击工作表行号和列标，并拖动行号或列标 |
| 不相邻的行或列 | 单击第一个行号或列标，按住 Ctrl 键，再单击别的行号或列标 |

## 13.2　单元格内容的修改

当单元格中输入的内容有误或不完整时，就需要对其进行修改。

### 13.2.1　修改单元格中的部分数据

修改单元格中的部分数据，可以使用编辑栏或直接在单元格中进行修改。如果使用编辑栏修改部分数据，可按如下步骤操作：

（1）单击想要修改内容的单元格，此时编辑栏中显示该单元格的内容。

（2）单击编辑栏，此时编辑栏中出现垂直光标。用鼠标将光标移至想要修改的地方。

（3）按 Back Space 键可删除光标左侧字符，按 Delete 键可删除光标右侧字符，或在光标处输入正确数据。

（4）修改完成后，按回车键。

如果双击想要修改内容的单元格，单元格中则出现垂直光标。这时用户可直接在单元格中修改部分数据。

### 13.2.2　清除单元格的内容

如果想清除某个单元格中的内容，只要单击想要清除内容的单元格，然后按 Delete 键即可。同样，选定某个单元格区域之后，按 Delete 键可清除该单元格区域中的内容。另外，先选定想清除内容的单元格或单元格区域，然后单击鼠标右键，弹出快捷菜单，从中选择“清除内容”命令也可完成相应的操作。

### 13.2.3　以新数据覆盖旧数据

如果希望某个单元格中的内容由新数据替代，只要单击要由新数据替代的单元格，然后直接输入新数据即可。

## 13.3　编辑行、列和单元格

在编辑工作表的过程中，有时需要对某行、某列、某单元格或区域进行操作。例如，插入或删除若干行、列等，这时需要采用区域的编辑操作。

### 13.3.1 插入行、列、单元格或区域

Excel 允许用户在已经建立的工作表中插入行、列、单元格或区域，以在工作表的适当位置填入新的内容。

●插入行和列

如果需要在已输入数据的工作表中插入一行，可按如下步骤操作：

（1）选定需插入行的任一单元格，或单击行号选择一整行，如图 13-4 所示。

| | A | B | C | D | E | F | G |
|---|---|---|---|---|---|---|---|
| 1 | 单位 | 部门 | 省份 | 性质 | | | |
| 2 | 山东交通技术大学 | 交通部 | 山东 | 脱产 | | | |
| 3 | 山西走读大学 | 劳动部 | 山西 | 脱产 | | | |
| 4 | 铁道夜大学 | 铁道部 | 河北 | 脱产 | | | |
| 5 | 河南机械函授大学 | 机械部 | 河南 | 脱产 | | | |
| 6 | 广西职业学院 | 电子部 | 广西 | 脱产 | | | |
| 7 | 卫生管理学院 | 卫生部 | 北京 | 脱产 | | | |
| 8 | 天津冶金培训学院 | 冶金部 | 天津 | 脱产 | | | |
| 9 | 上海教育学院 | 人事部 | 上海 | 脱产 | | | |
| 10 | 煤炭职工大学 | 煤炭部 | 甘肃 | 脱产 | | | |
| 11 | 浙江技术大学 | 邮电部 | 浙江 | 脱产 | | | |
| 12 | 交通走读大学 | 交通部 | 宁夏 | 脱产 | | | |
| 13 | 北京劳动夜大学 | 劳动部 | 北京 | 脱产 | | | |
| 14 | 新疆函授大学 | 铁道部 | 新疆 | 脱产 | | | |

Sheet2 / Sheet3 / Sheet4 / Sheet5 / Shee

图 13-4 单击单元格 B5

（2）单击“插入”菜单，选择“行”命令。Excel 在当前位置插入一空行，原有的行自动下移，如图 13-5 所示。

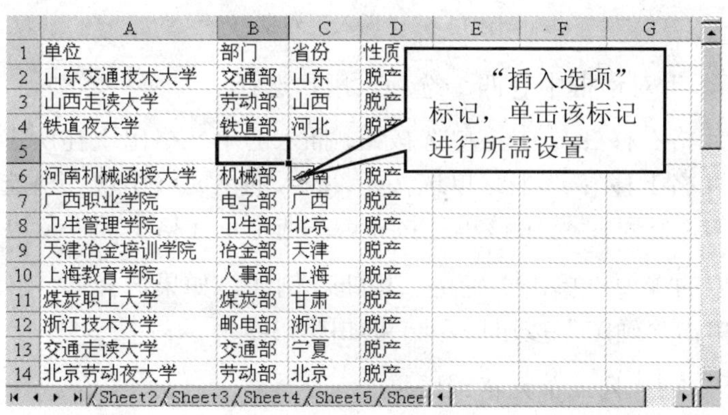

| | A | B | C | D | E | F | G |
|---|---|---|---|---|---|---|---|
| 1 | 单位 | 部门 | 省份 | 性质 | | | |
| 2 | 山东交通技术大学 | 交通部 | 山东 | 脱产 | | | |
| 3 | 山西走读大学 | 劳动部 | 山西 | 脱产 | | | |
| 4 | 铁道夜大学 | 铁道部 | 河北 | 脱产 | | | |
| 5 | | | | | | | |
| 6 | 河南机械函授大学 | 机械部 | 河南 | 脱产 | | | |
| 7 | 广西职业学院 | 电子部 | 广西 | 脱产 | | | |
| 8 | 卫生管理学院 | 卫生部 | 北京 | 脱产 | | | |
| 9 | 天津冶金培训学院 | 冶金部 | 天津 | 脱产 | | | |
| 10 | 上海教育学院 | 人事部 | 上海 | 脱产 | | | |
| 11 | 煤炭职工大学 | 煤炭部 | 甘肃 | 脱产 | | | |
| 12 | 浙江技术大学 | 邮电部 | 浙江 | 脱产 | | | |
| 13 | 交通走读大学 | 交通部 | 宁夏 | 脱产 | | | |
| 14 | 北京劳动夜大学 | 劳动部 | 北京 | 脱产 | | | |



图 13-5 在已存在的工作表中插入一空行

选择“插入”菜单中的“列”命令，可在已输入数据的工作表中插入一列。Excel 在当前位置插入一整列，原有的列自动右移。

实际上，用户可以在已输入数据的工作表中一下插入若干行或列。方法是：首先选定需插入若干行或列的单元格区域，或选定区域所在的所有行或列。然后单击“插入”菜单，选择“行”或“列”命令，则 Excel 在当前区域位置插入若干空行或空列，原来区域所在的所有行或列自动下移或右移。

✧ 插入行或列的操作也可以使用鼠标右键，只要在弹出的快捷菜单中选择“插入”命令，并在“插入”对话框中选择“整行”或“整列”选项，然后单击“确定”按钮即可。

●插入单元格或区域

如果想在工作表中插入单元格或单元格区域，可按如下步骤操作：

（1）在要插入单元格的位置选定单元格或区域。例如，在如图 13-4 所示工作表中选定单元格区域 A5：A7。

（2）单击“插入”菜单，选择“单元格”命令，打开如图 13-6 所示的“插入”对话框。

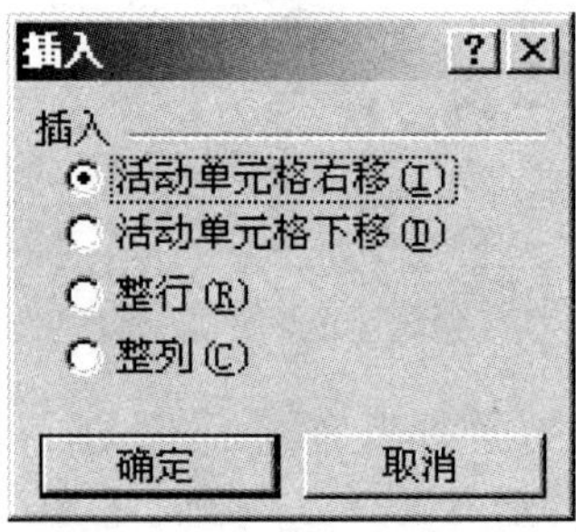


图 13-6 “插入”对话框

其中，在“插入”对话框中有四个选项供用户选择：

- “活动单元格右移”：选中该单选按钮，插入的单元格出现在所选择单元格的左边。
- “活动单元格下移”：选中该单选按钮，插入的单元格出现在所选择单元格的上方。
- “整行”与“整列”：选中该单选按钮，在选定单元格上面（左边）插入一行（列）。

（3）选择需要的选项，单击“确定”按钮。例如，如果选择 “活动单元格下移”选项，则单击“确定”按钮后，结果如图 13-7 所示。

●使用鼠标插入行、列、单元格或区域

除上述使用“插入”菜单中的相应命令来插入行、列、单元格或区域之外，还可以使用鼠标来完成相应的插入操作。操作步骤如下：

（1）选定行、列、单元格或区域。例如，在图 13-4 中选定单元格区域 C6：C8。

（2）将鼠标指针指向填充柄，按住 Shift 键单击左键并向下或向右拖动，即可扩充单元格区域，结果如图 13-8 所示。

| | A | B | C | D | E | F | G |
|---|---|---|---|---|---|---|---|
| 1 | 单位 | 部门 | 省份 | 性质 | | | |
| 2 | 山东交通技术大学 | 交通部 | 山东 | 脱产 | | | |
| 3 | 山西走读大学 | 劳动部 | 山西 | 脱产 | | | |
| 4 | 铁道夜大学 | 铁道部 | 河北 | 脱产 | | | |
| 5 | | 机械部 | 河南 | 脱产 | | | |
| 6 | | 电子部 | 广西 | 脱产 | | | |
| 7 | | 卫生部 | 北京 | 脱产 | | | |
| 8 | 河南机械函授大学 | 金部 | 天津 | 脱产 | | | |
| 9 | 广西职业学院 | 人事部 | 上海 | 脱产 | | | |
| 10 | 卫生管理学院 | 煤炭部 | 甘肃 | 脱产 | | | |
| 11 | 天津冶金培训学院 | 邮电部 | 浙江 | 脱产 | | | |
| 12 | 上海教育学院 | 交通部 | 宁夏 | 脱产 | | | |
| 13 | 煤炭职工大学 | 劳动部 | 北京 | 脱产 | | | |
| 14 | 浙江技术大学 | 铁道部 | 新疆 | 脱产 | | | |

Sheet2 / Sheet3 / Sheet4 / Sheet5 / Shee

图 13-7　在工作表中插入单元格区域

| | A | B | C | D | E | F | G |
|---|---|---|---|---|---|---|---|
| 1 | 单位 | 部门 | 省份 | 性质 | | | |
| 2 | 山东交通技术大学 | 交通部 | 山东 | 脱产 | | | |
| 3 | 山西走读大学 | 劳动部 | 山西 | 脱产 | | | |
| 4 | 铁道夜大学 | 铁道部 | 河北 | 脱产 | | | |
| 5 | 河南机械函授大学 | 机械部 | 河南 | 脱产 | | | |
| 6 | 广西职业学院 | 电子部 | 广西 | | | 脱产 | |
| 7 | 卫生管理学院 | 卫生部 | 北京 | | | 脱产 | |
| 8 | 天津冶金培训学院 | 冶金部 | 天津 | | | 脱产 | |
| 9 | 上海教育学院 | 人事部 | 上海 | 脱产 | | | |
| 10 | 煤炭职工大学 | 煤炭部 | 甘肃 | 脱产 | | | |
| 11 | 浙江技术大学 | 邮电部 | 浙江 | 脱产 | | | |
| 12 | 交通走读大学 | 交通部 | 宁夏 | 脱产 | | | |
| 13 | 北京劳动夜大学 | 劳动部 | 北京 | 脱产 | | | |
| 14 | 新疆函授大学 | 铁道部 | 新疆 | 脱产 | | | |

Sheet2 / Sheet3 / Sheet4 / Sheet5 / Shee

图 13-8　拖拽填充柄插入单元格区域

### 13.3.2　删除或清除行、列、单元格及区域

当工作表某些数据及其位置不再需要时，可以将它们删除。这里的删除与按 Delete 键删除单元格或区域的内容不一样，按 Delete 键仅清除单元格内容，其空白单元格仍保留在工作表中；而删除行、列、单元格或区域，其内容连同位置将一起从工作表中消失，空出的位置由周围的单元格补充。

●删除行和列

如果需要在当前工作表中删除某行，可按如下步骤操作：

（1）单击想删除的行号（列标），选择一整行（列）。

（2）单击“编辑”菜单，选择“删除”命令。被选择的行（列）将从工作表中消失，以下各行（列）自动上（左）移。

●删除单元格或区域

如果想在当前工作表中删除一个单元格或区域，可按如下步骤操作：

（1）选择想删除的单元格或区域。

（2）单击“编辑”菜单，选择“删除”命令，弹出如图 13-9 所示的“删除”对话框。

其中，在“删除”对话框中有四个选项供用户选择：

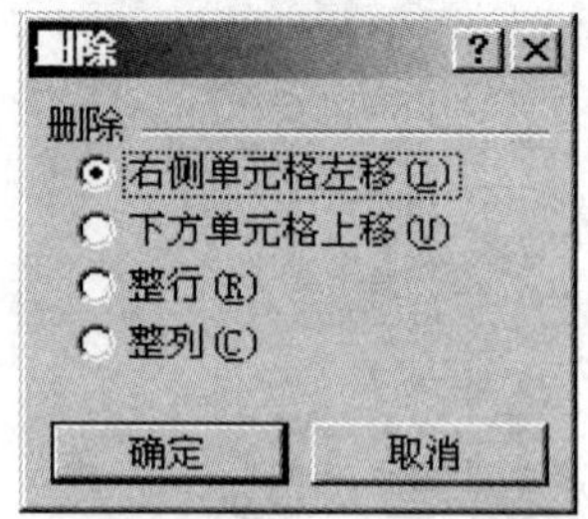


图 13-9 “删除”对话框

- “右侧单元格左移”：选中该单选按钮，选定的单元格或区域右侧已存在的数据将补充到该位置。
- “下方单元格上移”：选中该单选按钮，选定的单元格或区域下方已存在的数据将补充到该位置。
- “整行”：选中该单选按钮，选定的单元格或区域所在的行被删除。
- “整列”：选中该单选按钮，选定的单元格或区域所在的列被删除。

（3）选择需要的选项，单击“确定”按钮。

例如，在图 13-4 所示工作表中选定单元格区域 C6：C10。单击“编辑”菜单，选择“删除”命令打开“删除”对话框，并从中选择“右侧单元格左移” 选项，单击“确定”按钮，结果如图 13-10 所示。

| | A | B | C | D | E | F | G |
|---|---|---|---|---|---|---|---|
| 1 | 单位 | 部门 | 省份 | 性质 | | | |
| 2 | 山东交通技术大学 | 交通部 | 山东 | 脱产 | | | |
| 3 | 山西走读大学 | 劳动部 | 山西 | 脱产 | | | |
| 4 | 铁道夜大学 | 铁道部 | 河北 | 脱产 | | | |
| 5 | 河南机械函授大学 | 机械部 | 河南 | 脱产 | | | |
| 6 | 广西职业学院 | 电子部 | 脱产 | | | | |
| 7 | 卫生管理学院 | 卫生部 | 脱产 | | | | |
| 8 | 天津冶金培训学院 | 冶金部 | 脱产 | | | | |
| 9 | 上海教育学院 | 人事部 | 脱产 | | | | |
| 10 | 煤炭职工大学 | 煤炭部 | 脱产 | | | | |
| 11 | 浙江技术大学 | 邮电部 | 浙江 | 脱产 | | | |
| 12 | 交通走读大学 | 交通部 | 宁夏 | 脱产 | | | |
| 13 | 北京劳动夜大学 | 劳动部 | 北京 | 脱产 | | | |
| 14 | 新疆函授大学 | 铁道部 | 新疆 | 脱产 | | | |

Sheet2 / Sheet3 / Sheet4 / Sheet5 / Shee

图 13-10 在工作表中删除单元格区域

●使用鼠标删除行、列、单元格或区域

除上述使用“编辑”菜单中的“删除”命令来删除行、列、单元格或区域之外，还可以使用鼠标来完成相应的删除操作。方法是：首先选定要删除行、列、单元格或区域，然后将鼠标指针指向填充柄，按住 Shift 键同时向内拖动，选择区域变成灰色的阴影。松开鼠标左键后，选定区域即被删除。

●清除单元格

在编辑工作表的过程中，有时可能只需要删除某个单元格中存储的信息（如内容、格式或批注等），而保留该单元格的位置，这时应执行清除单元格操作。其操作步骤如下：

（1）选定要清除内容的单元格或区域。

（2）单击“编辑”菜单，选择“清除”命令，出现其子菜单，如图 13-11 所示。其中，在“清除”命令子菜单中有四个子命令供用户选择：

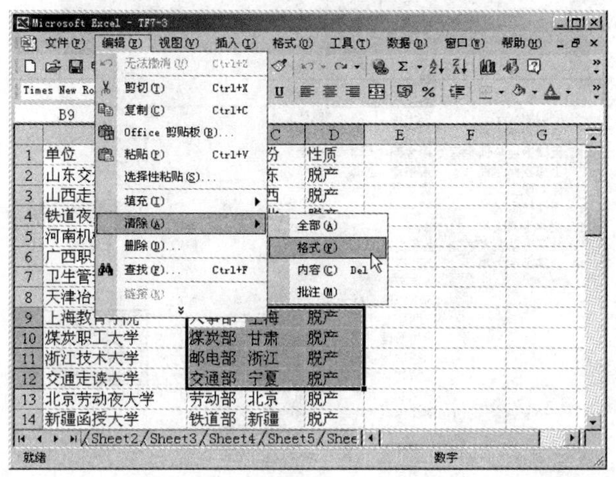

图 13-11　“清除”命令子菜单

- “全部”：选择该子命令，清除单元格的内容和批注，并将格式置回常规。
- “格式”：选择该子命令，仅清除单元格的格式设置，将格式置回常规。
- “内容”：选择该子命令，仅清除单元格的内容，不改变其格式或批注。
- “批注”：选择该子命令，仅清除单元格的批注，不改变单元格的内容和格式。

（3）单击需要的子命令。

此外，如果只想清除单元格或区域中的内容，还可采取如下快速方法：先选择相应的单元格或区域，然后按 Delete 键；或单击鼠标右键，选择快捷菜单中的“清除内容”。

## 13.4　移动和复制单元格或区域数据

移动单元格数据是指将输入在某些单元格中的数据移至其他单元格中，复制单元格或区域数据是指将某个单元格或区域的数据复制到指定的位置，原位置的数据仍然存在。如果原先单元格中含有计算公式，移动或复制到新位置时，公式会因单元格或区域引用变化，生成新的计算结果。

移动或复制单元格或区域数据的方法基本相同，例如，要利用剪贴板复制单元格数据，应在选中单元格数据后单击常用工具栏中的“复制”按钮，然后单击指定位置并单击常用工具栏中的“粘贴”按钮。

### 13.4.1　通过拖动方法移动和复制单元格数据

当用户在选定单元格中输入内容后，很可能会有数据位置输错的情况。例如，原来应输入到 A2 单元格中的数据，却输入到了 B2 单元格中。此时就必须移动单元格内容了。

要移动单元格内容，应首先单击要移动的单元格或选定单元格区域，然后将光标移至单元格区域边缘，待光标变为“✥”形状后，拖动光标到指定位置并释放鼠标即可，如图 13-12 所示。

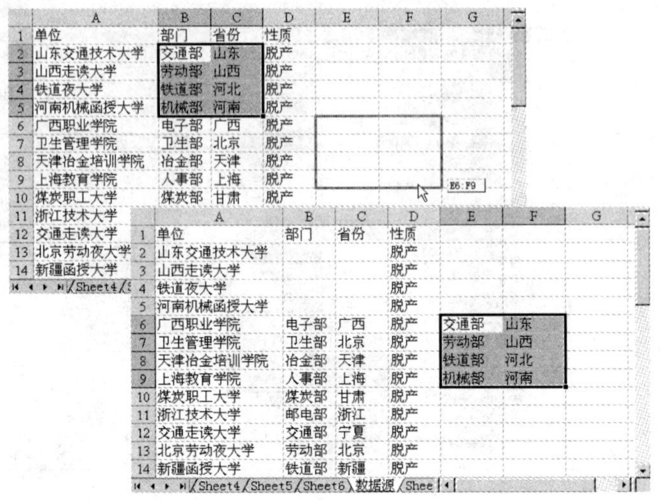

| | A | B | C | D | E | F | G |
|---|---|---|---|---|---|---|---|
| 1 | 单位 | 部门 | 省份 | 性质 | | | |
| 2 | 山东交通技术大学 | 交通部 | 山东 | 脱产 | | | |
| 3 | 山西走读大学 | 劳动部 | 山西 | 脱产 | | | |
| 4 | 铁道夜大学 | 铁道部 | 河北 | 脱产 | | | |
| 5 | 河南机械函授大学 | 机械部 | 河南 | 脱产 | | | |
| 6 | 广西职业学院 | 电子部 | 广西 | 脱产 | | | |
| 7 | 卫生管理学院 | 卫生部 | 北京 | 脱产 | | | |
| 8 | 天津冶金培训学院 | 冶金部 | 天津 | 脱产 | | | |
| 9 | 上海教育学院 | 人事部 | 上海 | 脱产 | | | |
| 10 | 煤炭职工大学 | 煤炭部 | 甘肃 | 脱产 | | | |
| 11 | 浙江技术大学 | | | | | | |
| 12 | 交通走读大学 | | | | | | |
| 13 | 北京劳动夜大学 | | | | | | |
| 14 | 新疆函授大学 | | | | | | |

E6:F9

| | A | B | C | D | E | F | G |
|---|---|---|---|---|---|---|---|
| 1 | 单位 | 部门 | 省份 | 性质 | | | |
| 2 | 山东交通技术大学 | | | 脱产 | | | |
| 3 | 山西走读大学 | | | 脱产 | | | |
| 4 | 铁道夜大学 | | | 脱产 | | | |
| 5 | 河南机械函授大学 | | | 脱产 | | | |
| 6 | 广西职业学院 | 电子部 | 广西 | 脱产 | 交通部 | 山东 | |
| 7 | 卫生管理学院 | 卫生部 | 北京 | 脱产 | 劳动部 | 山西 | |
| 8 | 天津冶金培训学院 | 冶金部 | 天津 | 脱产 | 铁道部 | 河北 | |
| 9 | 上海教育学院 | 人事部 | 上海 | 脱产 | 机械部 | 河南 | |
| 10 | 煤炭职工大学 | 煤炭部 | 甘肃 | 脱产 | | | |
| 11 | 浙江技术大学 | 邮电部 | 浙江 | 脱产 | | | |
| 12 | 交通走读大学 | 交通部 | 宁夏 | 脱产 | | | |
| 13 | 北京劳动夜大学 | 劳动部 | 北京 | 脱产 | | | |
| 14 | 新疆函授大学 | 铁道部 | 新疆 | 脱产 | | | |

Sheet4 / Sheet5 / Sheet6 / 数据源 / Shee

图 13-12　移动单元格内容

要复制选定单元格或单元格区域的内容，同样应首先选定要复制数据的单元格或单元格区域，然后将光标移至单元格区域边缘，待光标变为“✥”形状后，按下 Ctrl 拖动光标到指定位置并释放鼠标即可，如图 13-13 所示。

| | A | B | C | D | E | F | G |
|---|---|---|---|---|---|---|---|
| 1 | 单位 | 部门 | 省份 | 性质 | | | |
| 2 | 山东交通技术大学 | 交通部 | 山东 | 脱产 | | | |
| 3 | 山西走读大学 | 劳动部 | 山西 | 脱产 | | | |
| 4 | 铁道夜大学 | 铁道部 | 河北 | 脱产 | | | |
| 5 | 河南机械函授大学 | 机械部 | 河南 | 脱产 | | | |
| 6 | 广西职业学院 | 电子部 | 广西 | 脱产 | 交通部 | 山东 | |
| 7 | 卫生管理学院 | 卫生部 | 北京 | 脱产 | 劳动部 | 山西 | |
| 8 | 天津冶金培训学院 | 冶金部 | 天津 | 脱产 | 铁道部 | 河北 | |
| 9 | 上海教育学院 | 人事部 | 上海 | 脱产 | 机械部 | 河南 | |
| 10 | 煤炭职工大学 | 煤炭部 | 甘肃 | 脱产 | | | |
| 11 | 浙江技术大学 | 邮电部 | 浙江 | 脱产 | | | |
| 12 | 交通走读大学 | 交通部 | 宁夏 | 脱产 | | | |
| 13 | 北京劳动夜大学 | 劳动部 | 北京 | 脱产 | | | |
| 14 | 新疆函授大学 | 铁道部 | 新疆 | 脱产 | | | |

Sheet4 / Sheet5 / Sheet6 / 数据源 / Shee

图 13-13 复制单元格内容

✧　用户也可通过选择“编辑”菜单中的“剪切”、“复制”和“粘贴”选项移动和复制单元格内容。此外，如果被移动或复制的单元格中包含公式，这些公式

会自动调整，以适应新位置。

### 13.4.2　使用插入方式复制单元格数据

如果某些单元格的数据需要复制到其他单元格上，并且在复制时又不想覆盖以前已有的数据，可以使用插入方式来复制数据。具体操作步骤如下：

（1）选定需要复制数据的单元格或区域。

（2）单击“常用”工具栏中的“复制”按钮，将数据复制到剪贴板上。

（3）选择待复制的目标区域中的左上角单元格。

（4）选择“插入”菜单中的“复制单元格”命令打开如图 13-14 所示“插入粘贴”对话框。

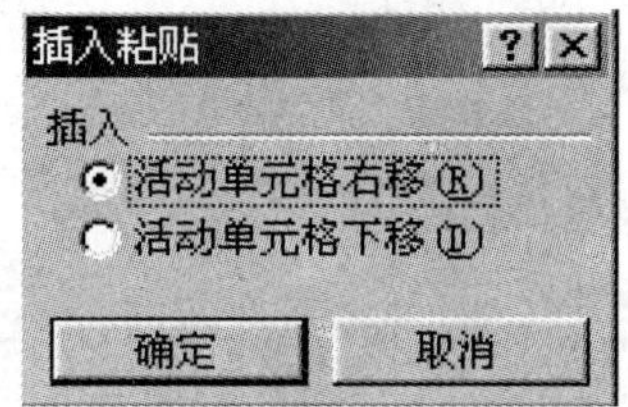


图 13-14　“插入粘贴”对话框

根据需要选择“活动单元格右移”或“活动单元格下移”选项，单击“确定”按钮。此时，即可将目标区域的旧数据移开，以容纳复制进来的数据。

例如，在如图 13-15 中所示工作表中，若将星期日作为每周的第一天，需将单元格 G2 中的数据插入到单元格 A2 中。操作步骤如下：

| | A | B | C | D | E | F | G |
|---|---|---|---|---|---|---|---|
| 1 | | | | | | | |
| 2 | 星期一 | 星期二 | 星期三 | 星期四 | 星期五 | 星期六 | 星期日 |
| 3 | | | | | | | |
| 4 | | | | | | | |
| 5 | | | | | | | |

图 13-15　插入粘贴前的形式

（1）选定单元格 G2。

（2）单击“常用”工具栏中的“复制”按钮。

（3）选定单元格 A2。

（4）选择“插入”菜单中的“复制单元格”命令，在弹出的“插入粘贴”对话框中选择“活动单元格右移”选项。

（5）单击“确定”按钮。

（6）按回车键，插入的结果如图 13-16 所示。

| | A | B | C | D | E | F | G | H |
|---|---|---|---|---|---|---|---|---|
| 1 | | | | | | | | |
| 2 | 星期天 | 星期一 | 星期二 | 星期三 | 星期四 | 星期五 | 星期六 | 星期天 |
| 3 | | | | | | | | |
| 4 | | | | | | | | |

图 13-16　插入粘贴后的形式

### 13.4.3　利用选择性粘贴方法复制单元格特定内容

在进行单元格或单元格区域复制操作时，有时只需要复制其中的特定内容而不是所有内容时，可以使用 Excel 提供的“选择性粘贴”命令来完成。具体操作步骤如下：

（1）选定需要复制的数据单元格或区域。

（2）单击“常用”工具栏中的“复制”按钮，将该区域的数据复制到剪贴板上。

（3）选择要粘贴区域的左上角单元格。

（4）单击“编辑”菜单，选择“选择性粘贴”命令，打开如图 13-17 所示“选择性粘贴”对话框。

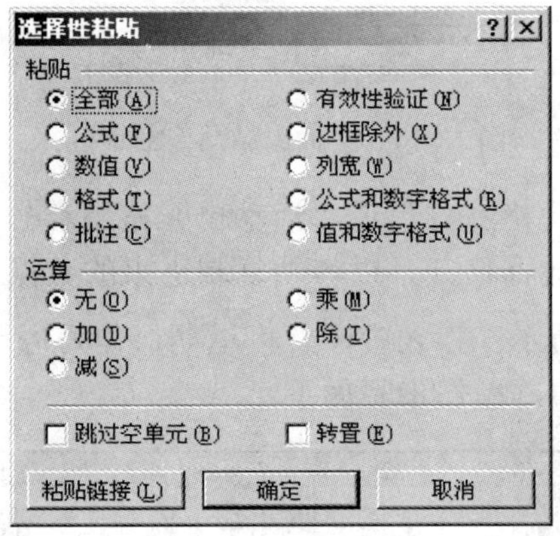


图 13-17　“选择性粘贴”对话框

（5）选择需要的选项后，单击“确定”按钮。

由图 13-17 可以看到，使用选择性粘贴进行复制可以实现加、减、乘、除运算，或只复制公式、数值、格式等，或进行转置复制等操作。例如，要将如图 13-18 所示的所选区进行行与列互换位置，可以使用转置复制操作来完成。其操作步骤如下：

（1）选择要转置的单元格区域 B1：D8。

（2）单击“常用”工具栏中的“复制”按钮，将该区域的数据复制到剪贴板中。

（3）选定目标单元格区域的左上角单元格 E4。

（4）选择“编辑”菜单中的“选择性粘贴”命令，弹出“选择性粘贴”对话框。

（5）在该对话框中选中“转置”复选框。

（6）单击“确定”按钮。此时选定单元格区域的内容被转置复制到指定的单元格区域中，结果如图 13-18 所示。

| | B | C | D | E | F | G | H | I | |
|---|---|---|---|---|---|---|---|---|---|
| 1 | 部门 | 省份 | 性质 | | | | | | |
| 2 | 交通部 | 山东 | 脱产 | | | | | | |
| 3 | 劳动部 | 山西 | 脱产 | | | | | | |
| 4 | 铁道部 | 河北 | 脱产 | 部门 | 交通部 | 劳动部 | 铁道部 | 机械部 | 电 |
| 5 | 机械部 | 河南 | 脱产 | 省份 | 山东 | 山西 | 河北 | 河南 | 广 |
| 6 | 电子部 | 广西 | 脱产 | 性质 | 脱产 | 脱产 | 脱产 | 脱产 | 脱 |
| 7 | 卫生部 | 北京 | 脱产 | | | | | | |
| 8 | 冶金部 | 天津 | 脱产 | | | | | | |
| 9 | 人事部 | 上海 | 脱产 | | | | | | |
| 10 | 煤炭部 | 甘肃 | 脱产 | | | | | | |
| 11 | 邮电部 | 浙江 | 脱产 | | | | | | |
| 12 | 交通部 | 宁夏 | 脱产 | | | | | | |
| 13 | 劳动部 | 北京 | 脱产 | | | | | | |
| 14 | 铁道部 | 新疆 | 脱产 | | | | | | |

Sheet4 / Sheet5 / Sheet6 / 数据源 / Shee

图 13-18 选择性粘贴示例

## 13.5 小 结

本章主要介绍了工作表编辑方面的知识，如选定单元格和单元格区域的方法，单元格内容的修改，工作表编辑，移动和复制单元格或单元格区域数据的方法等。

## 13.6 习 题

1．复制单元格区域数据，并进行行列转置，如图 13-19 所示。

【操作要求】

（1）打开 DATA1 目录下的文档 TF6-3.xls，选择 Sheet1 工作表。

（2）选定单元格区域 B3：G8，单击“常用”工具栏上的“复制”按钮，或选择“编辑”|“复制”菜单。

（3）选择单元格 B10，单击“常用”工具栏上的粘贴按钮右边的箭头，选择“转置”选项，所选单元格区域被复制并转置。

| | A | B | C | D | E | F | G | H |
|---|---|---|---|---|---|---|---|---|
| 1 | | | | | | | | |
| 2 | | 公司年度销售额 | | | | | | |
| 3 | | 商品编码 | 第一季 | 第二季 | 第三季 | 第四季 | 总计 | |
| 4 | | WD3257C | 515500 | 82500 | 340000 | 479500 | 1417500 | |
| 5 | | WD3306E | 68000 | 100000 | 68000 | 140000 | 376000 | |
| 6 | | WH5496A | 75000 | 144000 | 85500 | 37500 | 342000 | |
| 7 | | WG1917K | 151500 | 126600 | 144900 | 91500 | 514500 | |
| 8 | | 合计 | 810000 | 453100 | 638400 | 748500 | 2650000 | |
| 9 | | | | | | | | |
| 10 | | 商品编码 | WD3257C | WD3306E | WH5496A | WG1917K | 合计 | |
| 11 | | 第一季 | 515500 | 68000 | 75000 | 151500 | 810000 | |
| 12 | | 第二季 | 82500 | 100000 | 144000 | 126600 | 453100 | |
| 13 | | 第三季 | 340000 | 68000 | 85500 | 144900 | 638400 | |
| 14 | | 第四季 | 479500 | 140000 | 37500 | 91500 | 748500 | |
| 15 | | 总计 | 1417500 | 376000 | 342000 | 514500 | 2650000 | |
| 16 | | | | | | | | |

Sheet1 / Sheet2 / Sheet3 / Sheet4 / Shee

图 13-19 复制单元格区域数据并进行行、列转置

# 第 14 章　美化工作表

建立好工作表之后，在确保内容准确无误的前提下，通常还需要对工作表进行格式化，这样可以使工作表中各项数据更便于阅读并使工作表更加美观。Excel 提供了丰富的格式化命令：设置单元格格式、设置数字格式、改变列宽和行高、添加边框和底纹、自动套用格式和样式等。本节将详细地介绍格式化工作表的操作方法与设置技巧。

**本章重点：**

- 设置文本和单元格格式的方法
- 调整行高与列宽的方法
- 为满足设定条件的单元格设置特殊格式的方法
- 行与列的隐藏与显示控制
- 使用格式刷复制单元格格式的方法
- 在工作表中添加图形、图片、剪贴画和艺术字的方法

## 14.1　设置文本和单元格格式

对工作表中的不同单元格数据可以根据需要设置不同的格式，例如，设置单元格数据类型、文本的对齐方式、字体、单元格的边框和图案等。

### 14.1.1　设置文本和单元格格式的方法

设置文本和单元格格式通常是通过使用“格式”工具栏、快捷菜单或使用“格式”菜单来完成的。

●使用“格式”工具栏

对于简单的格式化工作可直接通过“格式”工具栏上的按钮来进行，例如设置常规字体（宋体、黑体等）、设置对齐方式（居中、两端对齐、合并及居中）等。这种格式化操作的特点是简便、迅速。具体操作步骤如下：

（1）选定要设置格式的单元格或单元格区域（或文本）。

（2）单击“格式”工具栏上的相应按钮。

例如，要改变某个单元格或区域数字的百分比样式，只要选定相应单元格或区域后，简单地单击“百分比样式”按钮即可。

◇　格式工具栏提供了字体、字体大小、对齐方式、货币样式、百分比样式、颜色等 19 种工具按钮。各工具按钮的含义，用户可以通过 Excel 提供的屏幕提示

获得。其中字体、字号、边框、填充色和字体颜色等按钮含有下拉列表框。

●使用“格式”菜单

一般情况下，对于较复杂的格式化工作可以通过执行“格式”菜单中的命令来完成，例如，用户可设置自定义数字格式，设置多种样式的边框等。不过，这种方法操作起来略显麻烦。具体操作步骤如下：

（1）选定要设置格式的单元格或单元格区域（或文本）。

（2）单击“格式”菜单，选择“单元格”打开如图 14-1 所示“单元格格式”对话框。

该对话框包含数字、对齐、字体、边框、图案及保护等六个选项卡，用户可以根据需要选择相应选项卡下的选项对单元格的格式进行设置。

（3）单击“确定”按钮或按回车键，结果如图 14-2 所示。

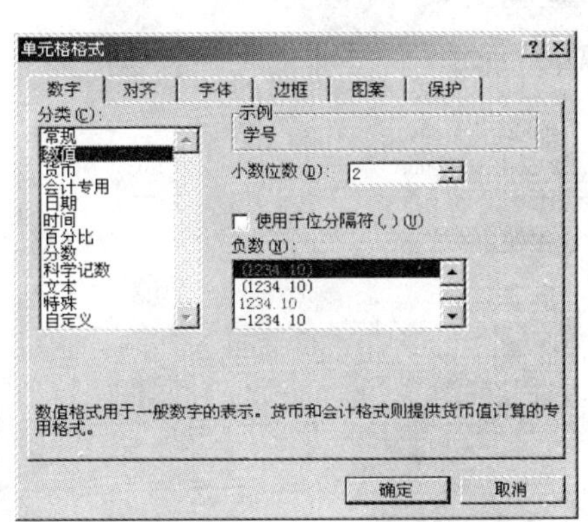


图 14-1 “单元格格式”对话框

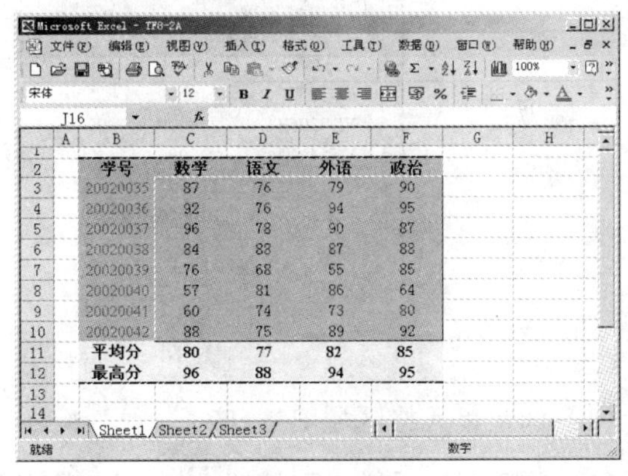


图 14-2 单元格美化效果

此外，也可以使用快捷菜单进行格式化工作。方法是先选定要设置的单元格或单元格区域（或文本），然后将鼠标指向要设置的单元格或单元格区域（或文本），单击鼠标右键打开相应的快捷菜单，选择其中的“设置单元格格式”命令，这时也将出现如图 14-1 所示的“单元格格式”对话框。

### 14.1.2　设置数字格式

默认情况下，数字格式是常规格式。当用户在工作表的单元格中输入数字时，数字以整数、小数或科学记号方式显示，且常规格式最多可以显示 11 位数字。此外，Excel 还提供了多种数字显示格式，如数值、货币、会计专用、日期格式和自定义等等。如果用户在“单元格格式”对话框中选择了“数字”选项卡，就可以看到这些数字格式，如图 14-1 所示。其中对话框左侧列出了数字格式的种类，右侧则列出左侧指定的某种类型的具体数字格式选项。

●使用工具按钮设置数字格式

如果格式化的工作比较简单，可以通过“格式”工具栏上的工具按钮来完成。用于数字格式化的工具按钮有五个，它们的功能如表 14-1 所示。

表 14-1　用于数字化格式的按钮名称及功能

| 图　标 | 名　称 | 功　能 |
| --- | --- | --- |
|  | 货币样式 | 显示数据前使用货币符号 |
| % | 百分比样式 | 显示数据前使用百分比形式 |
| , | 千位分隔样式 | 显示数据的每千位上有一个逗号 |
|  | 增加小数位 | 每按一次，数据增加一个小数位 |
|  | 减少小数位 | 每按一次，数据减少一个小数位 |

例如，图 14-3 是某公司一季度在各地的销售情况。如果想把销售数字设为货币样式，可按如下步骤操作：

|  | A | B | C | D | E | F | G |
| --- | --- | --- | --- | --- | --- | --- | --- |
| 1 | 公司年度销售额 |  |  |  |  |  |  |
| 2 | 商品编码 | 第一季 | 第二季 | 第三季 | 第四季 | 总计 |  |
| 3 | WD3257C | 515500 | 82500 | 340000 | 479500 | 1417500 |  |
| 4 | WD3306E | 68000 | 100000 | 68000 | 140000 | 376000 |  |
| 5 | WH5496A | 75000 | 144000 | 85500 | 37500 | 342000 |  |
| 6 | WG1917K | 151500 | 126600 | 144900 | 91500 | 514500 |  |
| 7 | 合计 | 810000 | 453100 | 638400 | 748500 | 2650000 |  |
| 8 |  |  |  |  |  |  |  |
| 9 |  |  |  |  |  |  |  |

图 14-3　公司年度销售情况

（1）选定单元格区域 B3：F7。

（2）单击“货币样式”按钮，则在数字前面插入货币符号“￥”，如图 14-4 所示。

|  | A | B | C | D | E | F | G |
| --- | --- | --- | --- | --- | --- | --- | --- |
| 1 | 公司年度销售额 |  |  |  |  |  |  |
| 2 | 商品编码 | 第一季 | 第二季 | 第三季 | 第四季 | 总计 |  |
| 3 | WD3257C | ￥515,500.00 | ￥82,500.00 | ￥340,000.00 | ￥479,500.00 | ￥1,417,500.00 |  |
| 4 | WD3306E | ￥68,000.00 | ￥100,000.00 | ￥68,000.00 | ￥140,000.00 | ￥376,000.00 |  |
| 5 | WH5496A | ￥75,000.00 | ￥144,000.00 | ￥85,500.00 | ￥37,500.00 | ￥342,000.00 |  |
| 6 | WG1917K | ￥151,500.00 | ￥126,600.00 | ￥144,900.00 | ￥91,500.00 | ￥514,500.00 |  |
| 7 | 合计 | ￥810,000.00 | ￥453,100.00 | ￥638,400.00 | ￥748,500.00 | ￥2,650,000.00 |  |
| 8 |  |  |  |  |  |  |  |
| 9 |  |  |  |  |  |  |  |

图 14-4　设置数字为货币样式

其他用于数字格式化的工具按钮用法与示例相仿。

✧　在改变数字格式时，有时可能有些单元格里会显示一串“#”符号，这是因为相应的单元格的列宽度不够，使得单元格数据无法显示，但数据并没有丢失，用户只需将所在单元格相应的列加宽即可。后面我们将给出列加宽的方法。

●使用“数字”选项卡

如果格式化的工作比较复杂，可以通过使用“单元格格式”对话框的“数字”选项卡来完成。具体操作步骤如下：

（1）选定要设置格式的单元格或单元格区域（或文本）。

（2）使用前面介绍的设置文本和单元格格式的方法中的任何一种，打开“单元格格式”对话框。

（3）选择“单元格格式”对话框中的“数字”选项卡。

（4）从“分类”列表框中选择所需的类型，此时对话框右侧便显示本类型中可用的格式及示例，用户可以根据需要选择所需格式。表 14-2 列出了数字格式的分类。

（5）单击“确定”按钮。

**表 14-2　数字格式的分类**

| 分　类 | 说　明 |
|---|---|
| 常规 | 不包含特定的数字格式 |
| 数值 | 可用于一般数字的表示，包括千位分隔符、小数位数，不可以指定负数的显示方式 |
| 货币 | 可用于一般货币值的表示，包括货币符号、小数位数，不可以指定负数的显示方式 |
| 会计专用 | 与货币一样，只是小数或货币符号是对齐的 |
| 日期 | 把日期和时间序列数值显示为日期值 |
| 时间 | 把日期和时间序列数值显示为日期值 |
| 百分比 | 将单元格值乘以 100 并添加百分号，还可以设置小数点位置 |
| 分数 | 以分数显示数值中的小数，还可以设置分母的位数 |
| 科学记数 | 以科学记数法显示数字，还可以设置小数点位置 |
| 文本 | 在文本单元格格式中，数字作为文本处理 |
| 特殊 | 用来在列表或数据中显示邮政编码、电话号码、中文大写数字、中文小写数字 |
| 自定义 | 用于创建自定义的数字格式 |

例如，如果想把图 14-4 中货币符号改成“$”，可按如下步骤操作：

（1）选定单元格区域 B5：F9。

（2）单击“格式”菜单，选择“单元格”命令，出现“单元格格式”对话框。

（3）选择“单元格格式”对话框中的“数字”选项卡。

（4）从“分类”列表框中选择“货币”，并在右侧“货币符号”的下拉列表框中选择货币符号“$”。

（5）单击“确定”按钮，则数字前面货币符号改为“$”，如图 14-5 所示。

| | A | B | C | D | E | F | G |
|---|---|---|---|---|---|---|---|
| 1 | 公司年度销售额 | | | | | | |
| 2 | 商品编码 | 第一季 | 第二季 | 第三季 | 第四季 | 总计 | |
| 3 | WD3257C | $515,500.00 | $82,500.00 | $340,000.00 | $479,500.00 | $1,417,500.00 | |
| 4 | WD3306E | $68,000.00 | $100,000.00 | $68,000.00 | $140,000.00 | $376,000.00 | |
| 5 | WH5496A | $75,000.00 | $144,000.00 | $85,500.00 | $37,500.00 | $342,000.00 | |
| 6 | WG1917K | $151,500.00 | $126,600.00 | $144,900.00 | $91,500.00 | $514,500.00 | |
| 7 | 合计 | $810,000.00 | $453,100.00 | $638,400.00 | $748,500.00 | $2,650,000.00 | |
| 8 | | | | | | | |
| 9 | | | | | | | |

图 14-5　数字货币样式设置为“$”

✧　一般来说，用户直接套用“分类”列表框中各类型（除“自定义”选项外）提供的数字格式便可满足设置要求。如果不能达到设置的要求，可以尝试使用“自定义”选项，创建用户自己所需的特殊格式。

### 14.1.3　设置对齐格式

所谓对齐是指单元格中的内容在显示时，相对单元格上下左右的位置。默认情况下，单元格中的文本靠左对齐，数字靠右对齐，逻辑值和错误值居中对齐。此外，Excel 还允许用户为单元格中的内容设置其他对齐格式，如合并及居中、旋转单元格中的内容等。

●使用工具按钮设置对齐格式

对于简单的对齐工作，可直接通过单击格式工具栏上用于对齐格式的工具按钮实现。用于对齐格式的工具按钮有四个，它们的功能如表 14-3 所示。

表 14-3　用于对齐格式的工具按钮及功能

| 图　标 | 名　称 | 功　能 |
|---|---|---|
| | 左对齐 | 可使所选单元格或单元格区域中的数据左对齐 |
| | 右对齐 | 可使所选单元格或单元格区域中的数据右对齐 |
| | 居中 | 可使所选单元格或单元格区域中的数据居中 |
| | 合并及居中 | 先合并所选单元格区域，然后再居中对齐数据 |

例如，想要使图 14-5 所示报表的标题“公司年度销售额”位于单元格区域 A1：F1 正中间。可按如下步骤操作：

（1）选定单元格区域 A1：F1。

（2）单击“合并及居中”按钮，则单元格区域 A1：F1 合并为一个单元格，且标题居中，如图 14-6 所示。

|   | A | B | C | D | E | F | G |
|---|---|---|---|---|---|---|---|
| 1 | 公司年度销售额 | | | | | | |
| 2 | 商品编码 | 第一季 | 第二季 | 第三季 | 第四季 | 总计 | |
| 3 | WD3257C | $515,500.00 | $82,500.00 | $340,000.00 | $479,500.00 | $1,417,500.00 | |
| 4 | WD3306E | $68,000.00 | $100,000.00 | $68,000.00 | $140,000.00 | $376,000.00 | |
| 5 | WH5496A | $75,000.00 | $144,000.00 | $85,500.00 | $37,500.00 | $342,000.00 | |
| 6 | WG1917K | $151,500.00 | $126,600.00 | $144,900.00 | $91,500.00 | $514,500.00 | |
| 7 | 合计 | $810,000.00 | $453,100.00 | $638,400.00 | $748,500.00 | $2,650,000.00 | |
| 8 | | | | | | | |
| 9 | | | | | | | |

图 14-6　标题采用跨列居中对齐方式

●使用“对齐”选项卡

如果对齐工作比较复杂，可以通过使用“对齐”选项卡来完成。具体操作步骤如下：

（1）选定要设置格式的单元格或单元格区域（或文本）。

（2）使用前面介绍的设置文本和单元格格式的方法中的任何一种，打开“单元格格式”对话框。

（3）选择“单元格格式”对话框中的“对齐”选项卡，结果如图 14-7 所示。

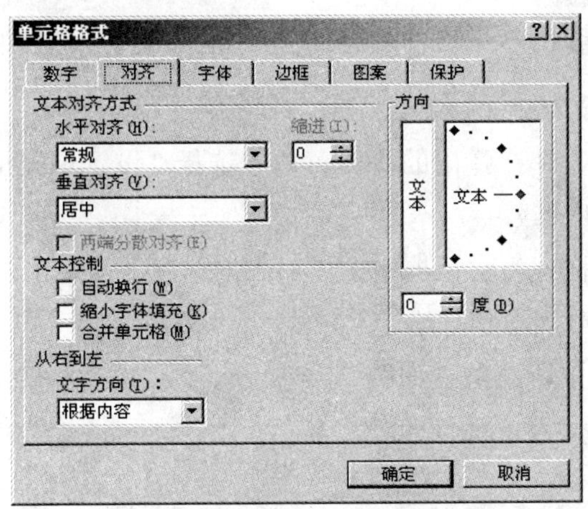


图 14-7　选择“对齐”选项卡

（4）从中选择想使用的对齐选项。

（5）单击“确定”按钮。

从图 14-7 中可以看出，对单元格中的数据可以从水平对齐和垂直对齐两个方向进行调整，还可以进行文本控制和文本方向的选择。

在“水平对齐”列表框中包含选项有：常规、靠左、靠右、居中、填充、跨列居中、两端对齐和分散对齐；在“垂直对齐”列表框中包含选项有：靠上、居中、靠下、两端对齐和分散对齐；在“文本控制”区包含如下选项：

- “自动换行”：选中该复选框，Excel 根据单元格列宽把文本折行，并自动调整单元格的高度，使全部内容都能显示在该单元格上。
- “缩小字体填充”：选中该复选框，自动缩减单元格中字符的大小，以使数据的宽度与列宽一致，若调整列宽，字符大小将自动调整，但设置字体大小仍保持不变。

- “合并单元格”：选中该复选框，将多个相邻单元格合并为一个单元格，合并后单元格引用为合并前左上角单元格的引用。
- 在“方向”框中，用户使用鼠标拖动文本指针或单击数值调节钮的上下箭头，可以任意旋转单元格中字符的角度。

✧ 两端对齐只有当单元格的内容是多行时才起作用，其多行文本两端对齐。

✧ 分散对齐是将单元格中的内容以两端撑满方式与两边对齐。

✧ 填充对齐通常用于修饰报表，当选择填充对齐时，即使在单元格只键入一个“*”，Excel 也会自动用多个“*”将单元格填满，而且其“*”的个数会随着列宽自行调整。

例如，想要使图 14-6 所示报表中的行标题倾斜 15 度，可按如下步骤操作：

（1）选定单元格区域 A2：F2。

（2）单击鼠标右键，并在弹出的快捷菜单中选择“设置单元格格式”命令，出现“单元格格式”对话框。

（3）选择“单元格格式”对话框中的“对齐”选项卡，单击文本指针刻度或单击数值调节钮的上下箭头使指针置于 15 度。

（4）单击“确定”按钮，结果如图 14-8 所示。

| | A | B | C | D | E | F |
|---|---|---|---|---|---|---|
| 1 | 公司年度销售额 | | | | | |
| 2 | 商品编码 | 第一季 | 第二季 | 第三季 | 第四季 | 总计 |
| 3 | WD3257C | $515,500.00 | $82,500.00 | $340,000.00 | $479,500.00 | $1,417,500.00 |
| 4 | WD3306E | $68,000.00 | $100,000.00 | $68,000.00 | $140,000.00 | $376,000.00 |
| 5 | WH5496A | $75,000.00 | $144,000.00 | $85,500.00 | $37,500.00 | $342,000.00 |
| 6 | WG1917K | $151,500.00 | $126,600.00 | $144,900.00 | $91,500.00 | $514,500.00 |
| 7 | 合计 | $810,000.00 | $453,100.00 | $638,400.00 | $748,500.00 | $2,650,000.00 |
| 8 | | | | | | |

图 14-8 行标题倾斜 15 度

### 14.1.4 设置字体

为了使工作表中的某些数据醒目和突出，也为了使整个版面更为丰富，通常需要对不同的单元格设置不同的字体。

●使用工具按钮设置字体

简单的设置工作，可以通过“格式”工具栏上的用于字体设置的工具按钮来完成。当需要设置单元格字体时，只要选定要设置的单元格或单元格区域，直接按“格式”工具栏上相应的按钮即可。用于字体设置的工具按钮有五个，它们的功能如表 14-4 所示。

**表 14-4　用于字体设置的工具按钮名称及其功能**

| 图　示 | 名　称 | 功　能 |
| --- | --- | --- |
| 宋体 | 字体 | 提供 33 种中英文字体，中文默认字体为宋体，英文默认字体为 Time New Roman |
| 12 | 字号 | 提供 17 种字号，字体大小范围从 6~72 点（72 点等于 1 英寸）。默认字号为 12 点（5 号字） |
| B | 加粗 | 使显示数据加粗 |
| I | 倾斜 | 以斜体形式显示数据 |
| U | 下划线 | 为显示数据添加下划线 |

●使用“字体”选项卡

如果对字体格式设置有更高要求，可以使用“字体”选项卡。操作方法是：在选定了要设置的单元格或单元格区域后，使用前面介绍的设置文本和单元格格式方法中的任何一种，打开“单元格格式”对话框，选择“字体”选项卡。

◇　如果要设置单元格中的某个数据为特殊字体，例如要设置上标或下标以及设置删除线。则除了要选定相应单元格外，还应在编辑栏中选定相应的数据，用鼠标拖过相应数据，使其成高亮显示，然后再选择要设置的格式。

### 14.1.5　设置单元格的边框和底纹

在设置单元格格式时，为了使单元格中的数据显示得更清晰明了，增加工作表的视觉效果，还可以对单元格进行边框和底纹的设置。

●设置单元格边框

通常，用户在工作表中所看到的单元格都有带有浅灰色的边框线，其实它是 Excel 内部设置的便于用户操作的网格线，打印时是不出现的。而在制作财务、统计等报表中常常需要把报表设计成各种各样的表格形式，使数据及其说明文字层次更加分明，这就需要通过设置单元格的边框线来实现。要设置单元格的边框，可使用“格式”工具栏上的“边框”按钮，或使用“单元格格式”对话框中的“边框”选项卡。

对于简单的单元格边框设置，在选定了要设置的单元格或单元格区域后，直接单击“格式”工具栏上的“边框”按钮右侧的下拉箭头，打开下拉列表框，然后单击所需要的边框线即可，如图 14-9 所示。

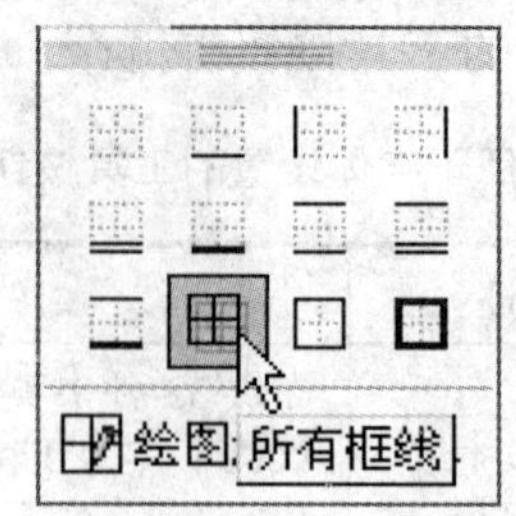


图 14-9 “边框”工具按钮

但是，使用“格式”工具栏进行边框设置有很大的局限性，这种局限性主要表现在边框线条的样式上。操作时，每次只能给单元格增加一种线条样式的边框。如果想改变线条的样式、颜色等，此方法则无法实现。而使用“单元格格式”对话框中的“边框”选项卡可以解决这一问题。操作方法是：在选定了要设置的单元格或单元格区域后，使用前面介绍的设置文本和单元格格式方法中的任何一种，打开“单元格格式”对话框，选择“边框”选项卡，结果如图 14-10 所示。用户根据对话框中提示的内容进行必要地选择，然后单击“确定”按钮即可。

从图 14-10 可以看出，“边框”选项卡中的“预置”项有 3 个按钮，“边框”项有 8 个按钮。单击预置选项、预览草图及下面边框选项中的按钮可以添加边框样式。此外，还可以在此选择线型样式及颜色。

●设置单元格图案

有时为了使工作表中的数据便于区分、重点突出、外观更好看，需要为单元格设置图案。设置单元格图案同样可以使用前面介绍的几种方法来完成。

如果只设置单元格背景的颜色，可以在选定要设置图案的单元格后，单击“格式”工具栏上的“填充色”按钮右侧的三角箭头，打开下拉列表框，然后单击所需的颜色即可，如图 14-11 所示。

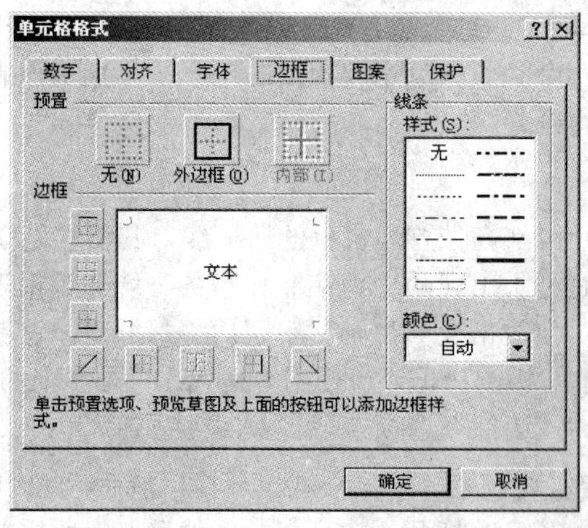


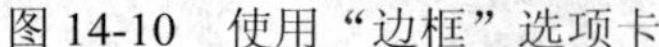
图 14-10 使用“边框”选项卡

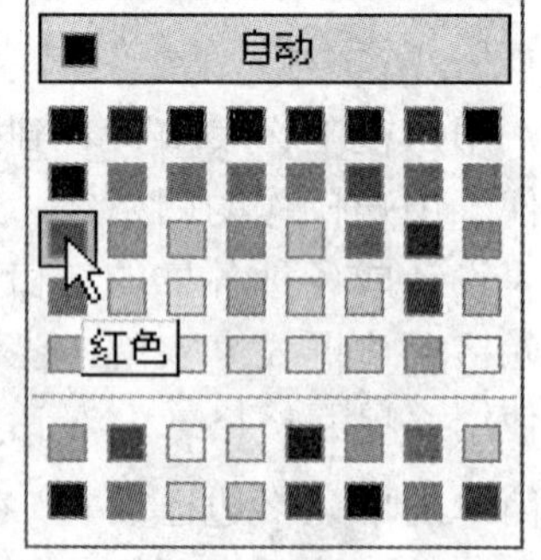


图 14-11 “填充色”工具按钮

此方法虽然操作比较方便，但也受到了一定的限制，例如无法为单元格式设置背景图案。而利用“图案”选项卡除了可以为单元格设置底色外，还可以为单元格设置底纹，且可在示例显示框中预览设置效果，如图 14-12 所示。

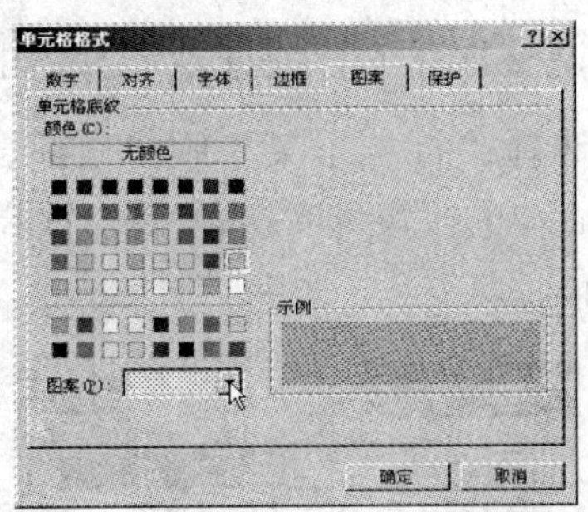


图 14-12 设置单元格图案示例

# 14.2 调整行高与列宽

在往单元格输入文字和数据时，常常会出现这样的现象：有的单元格中的文字只显示了一半；有的单元格中显示的是一串“#”号，而编辑栏中却能看见对应单元格的数据。其原因在于单元格的宽度或高度不够。因此，需要经常对工作表中的单元格高度和宽度进行调整。

## 14.2.1 调整行高

Excel 默认工作表中任意一行的所有单元格的高度总是相等的，所以要调整某一个单元格的高度，实际上是调整了这个单元格所在行的行高，并且单元格的高度会随用户改变单元格的字体而自动变化。

●使用鼠标拖动框线

在对高度要求不十分精确时，可按照如下步骤快速调整行高：

（1）将鼠标指向某行行号下框线，这时鼠标指针变为双向箭头，表明该行高度可用鼠标拖动方式自由调整。

（2）拖动鼠标指针上下移动，直到合适的高度为止。拖动时在工作表中有一根横向虚线，释放鼠标时，这根虚线就成为该行调整后的下框线，如图 14-13 所示。

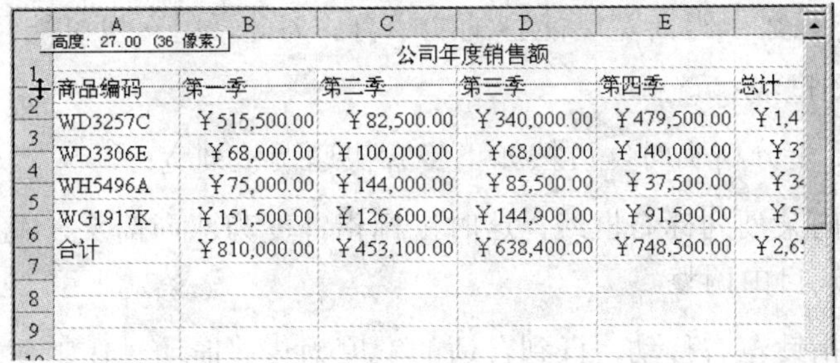

高度: 27.00 (36 像素)

| | A | B | C | D | E | |
|---|---|---|---|---|---|---|
| 1 | | | 公司年度销售额 | | | |
| 2 | 商品编码 | 第一季 | 第二季 | 第三季 | 第四季 | 总计 |
| 3 | WD3257C | ￥515,500.00 | ￥82,500.00 | ￥340,000.00 | ￥479,500.00 | ￥1,4 |
| 4 | WD3306E | ￥68,000.00 | ￥100,000.00 | ￥68,000.00 | ￥140,000.00 | ￥3 |
| 5 | WH5496A | ￥75,000.00 | ￥144,000.00 | ￥85,500.00 | ￥37,500.00 | ￥3 |
| 6 | WG1917K | ￥151,500.00 | ￥126,600.00 | ￥144,900.00 | ￥91,500.00 | ￥5 |
| 7 | 合计 | ￥810,000.00 | ￥453,100.00 | ￥638,400.00 | ￥748,500.00 | ￥2,6 |
| 8 | | | | | | |
| 9 | | | | | | |

图 14-13 利用拖动方法调整行高

●使用格式“菜单”中的“行”命令

使用格式“菜单”中的“行”命令可精确调整行高，其操作步骤如下：

（1）在工作表中选定需要调整行高的行或选定该行中的任意一个单元格。

（2）单击“格式”菜单，选择“行”子菜单中“最适合的行高”子命令，Excel 自动将该行高度调整为最适合的高度。如果选择“行高”子命令，则出现“行高”对话框，如图 14-14 所示。

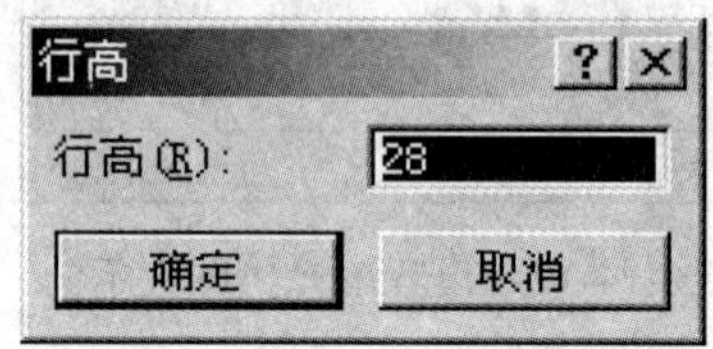


图 14-14 “行高”对话框

（3）在“行高”对话框中的“行高”框中输入需要高度的数值。

（4）单击“确定”按钮。

> ✧ 若要改变多个行的行高，可以先选定要改变行高的多个行，然后按上述步骤调整即可。不过，此时所选定的多个行行高将调整为同一高度。
>
> ✧ 在工作表中选定需要调整行高的行或选定该行中的任意一个单元格之后，选择“对齐”选项卡中的“自动换行”复选框，Excel 将自动调整该行高度并使单元格中的内容完全显示。

### 14.2.2 调整列宽

工作表中列和行有所不同，Excel 默认单元格的列宽为固定值，并不会根据数据的长度而自动调整列宽。当输入单元格中的数据因列宽不够而显示不下时，如果输入的是数值型数据，则显示一串“#”号；如果输入的是字符型数据，当右侧相邻单元格为空时，则利用其空间显示。否则，只显示当前宽度能容纳的字符。为此，用户也可能经常需要调整列宽。

●使用鼠标拖动框线

在对列宽要求不十分精确时，可按如下步骤快速调整列宽：

（1）将鼠标指向某列列标右框线，这时鼠标指针变为双向箭头，表明该列宽度可用鼠标拖动方式自由调整。

（2）拖动鼠标指针左右移动，直到合适的宽度为止。拖动时在工作表中有一根纵向虚线，释放鼠标时，这根虚线就成为该列调整后的右框线，如图 14-15 所示。

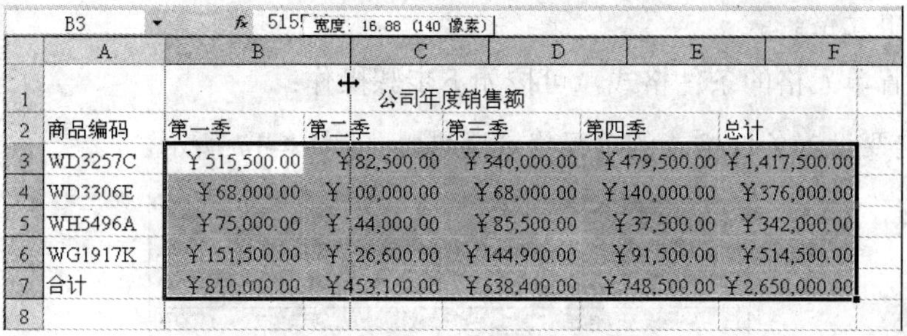

B3　　515　宽度：16.88 (140 像素)

| | A | B | C | D | E | F |
|---|---|---|---|---|---|---|
| 1 | | | 公司年度销售额 | | | |
| 2 | 商品编码 | 第一季 | 第二季 | 第三季 | 第四季 | 总计 |
| 3 | WD3257C | ¥515,500.00 | ¥82,500.00 | ¥340,000.00 | ¥479,500.00 | ¥1,417,500.00 |
| 4 | WD3306E | ¥68,000.00 | ¥ 00,000.00 | ¥68,000.00 | ¥140,000.00 | ¥376,000.00 |
| 5 | WH5496A | ¥75,000.00 | ¥ 44,000.00 | ¥85,500.00 | ¥37,500.00 | ¥342,000.00 |
| 6 | WG1917K | ¥151,500.00 | ¥ 26,600.00 | ¥144,900.00 | ¥91,500.00 | ¥514,500.00 |
| 7 | 合计 | ¥810,000.00 | ¥453,100.00 | ¥638,400.00 | ¥748,500.00 | ¥2,650,000.00 |
| 8 | | | | | | |

图 14-15　利用拖动方式调整列宽

●使用格式“菜单”中的“列”命令

使用格式“菜单”中的“列”命令可精确调整列宽，其操作步骤如下：

（1）在工作表中选定需要调整列宽的列或选定该列中的任意一个单元格。

（2）单击“格式”菜单，选择“列”|“最适合的列宽”子命令，Excel 自动将该列宽度调整为最适合的宽度。如果选择“列宽”子命令，则出现“列宽”对话框，如图 14-16 所示。

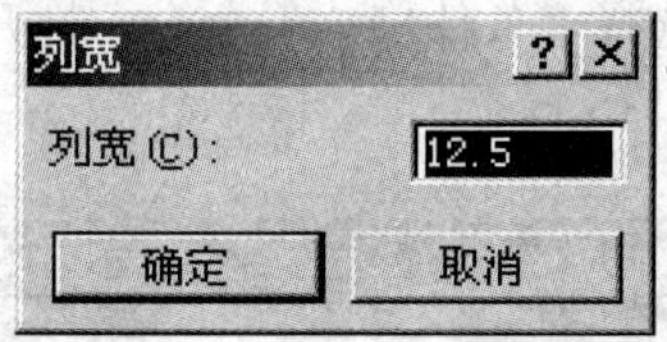


图 14-16　“列宽”对话框

（3）在“列宽”对话框中的“列宽”框中输入需要宽度的数值。

（4）单击“确定”按钮。

✧　若要改变多个列的宽度，可以先选定要改变列宽的多个列，然后按上述步骤调整即可。不过，此时所选定的多个列列宽将调整为同一宽度。

## 14.3　为满足设定条件的单元格设置特殊格式

在日常应用中，用户可能需要将某些满足条件的单元格以指定样式显示。例如，在学生考试成绩表中，以特殊格式显示分数高于 90 和低于 60 的单元格。

Excel 为用户提供了条件格式功能。条件格式功能可以根据指定的公式或数值来确定搜索条件，然后将格式应用到符合搜索条件的选定单元格中，并突出显示要检查的动态数据。也就是说，如果单元格格式（如单元格中的数字）满足指定的条件，Excel 就会自动将条件格式应用于该单元格。

如果想设置单元格的条件格式，可按如下步骤操作：

（1）选定要设置条件格式的单元格或区域，如图 14-17 所示。

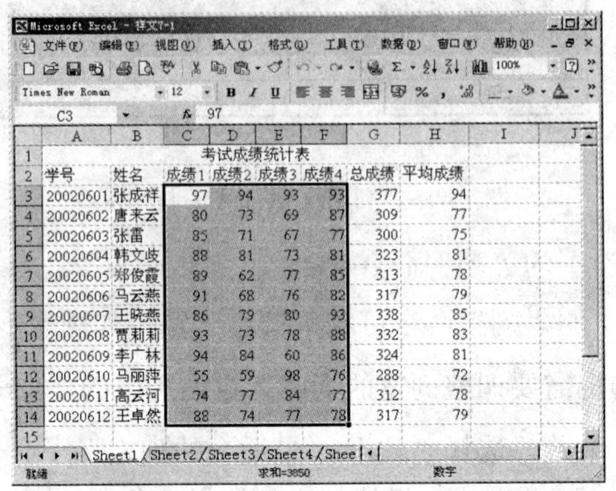

图 14-17　选定单元格区域

（2）单击“格式”菜单，选择“条件格式”命令，打开如图 14-18 所示的“条件格式”对话框。

图 14-18　“条件格式”对话框

（3）“条件格式”对话框中用于条件设置的选项包括“条件”框、“运算符”框和“输入”框。其中：

- “条件”框：单击该框右侧的下拉箭头，从中选择“单元格数值”选项可对含有数值或其他内容的单元格应用条件格式（默认）；选择“公式”选项可对含有公式的单元格应用条件格式，但指定的公式最后的求值结果必须能够判定真假。本例请选用“单元格数值”。
- “运算符”选择框和数值输入框：单击该框右侧的下拉箭头可选择格式设置时所需的运算符。当选择“介于”或“未介于”时，输入框变成两个，用于指明范围的上限和下限。输入公式时，公式前必须加等号“=”。本例请选用“未介于”运算符，并在后面两个编辑框中输入“60”和“90”，表示对单元格数值介于 60 以下和 90 以上的单元格进行设置。
- 格式预览框：格式预览框用于显示单元格格式设置效果。开始时，由于未设置任何格式，故其中显示“未设置格式”字样。

（4）单击“格式”按钮，打开“单元格格式”对话框，用户根据需要可对字体、颜色、边框等进行设置。

（5）单击“确定”按钮，返回到“条件格式”对话框中。

（6）若要增加条件，可单击“添加”按钮，然后重复（3）~（5）步骤，最多可设置三个条件；若要删除条件，可单击“删除”按钮，然后在打开的“删除条件格式”对话框中选择要删除的条件。

（7）设置完毕后，单击“确定”按钮，其效果如图 14-19 所示。

| | A | B | C | D | E | F | G | H |
|---|---|---|---|---|---|---|---|---|
| 1 | 考试成绩统计表 | | | | | | | |
| 2 | 学号 | 姓名 | 成绩1 | 成绩2 | 成绩3 | 成绩4 | 总成绩 | 平均成绩 |
| 3 | 20020601 | 张成祥 | 97 | 94 | 93 | 93 | 377 | 94 |
| 4 | 20020602 | 唐来云 | 80 | 73 | 69 | 87 | 309 | 77 |
| 5 | 20020603 | 张雷 | 85 | 71 | 67 | 77 | 300 | 75 |
| 6 | 20020604 | 韩文岐 | 88 | 81 | 73 | 81 | 323 | 81 |
| 7 | 20020605 | 郑俊霞 | 89 | 62 | 77 | 85 | 313 | 78 |
| 8 | 20020606 | 马云燕 | 91 | 68 | 76 | 82 | 317 | 79 |
| 9 | 20020607 | 王晓燕 | 86 | 79 | 80 | 93 | 338 | 85 |
| 10 | 20020608 | 贾莉莉 | 93 | 73 | 78 | 88 | 332 | 83 |
| 11 | 20020609 | 李广林 | 94 | 84 | 60 | 86 | 324 | 81 |
| 12 | 20020610 | 马丽萍 | 55 | 59 | 98 | 76 | 288 | 72 |
| 13 | 20020611 | 高云河 | 74 | 77 | 84 | 77 | 312 | 78 |
| 14 | 20020612 | 王卓然 | 88 | 74 | 77 | 78 | 317 | 79 |

图 14-19　条件格式设置示例

在设置条件格式后，如果希望更改条件格式，仍可采用上述步骤。其中，此时所选定的单元格区域可以只包括原来设置条件格式的部分区域即可。

## 14.4　自动套用系统默认格式

为了提高用户的工作效率，Excel 提供了 16 种专业报表格式供用户选择，用户可以通过套用这 16 种报表对整个工作表的多重格式同时设置。

使用“自动套用格式”设置单元格区域格式的操作步骤如下：

（1）选定报表所在的单元格区域。

（2）单击“格式”菜单，选择“自动套用格式”命令，出现“自动套用格式”对话框，如图 14-20 所示。

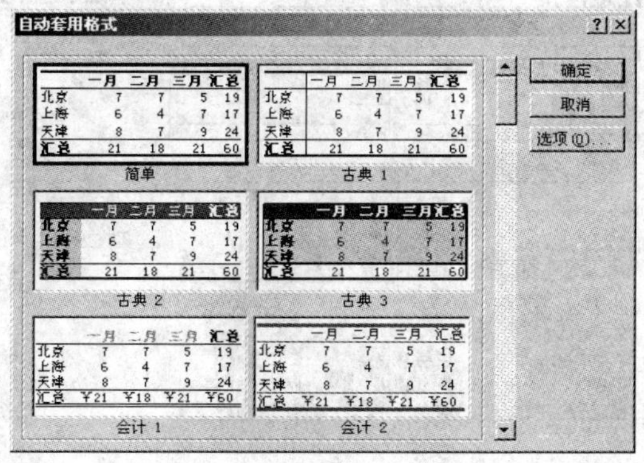


图 14-20 “自动套用格式”对话框

（3）从左侧的“示例”框中选择需要的格式。

（4）单击“确定”按钮。

例如，把如图 14-15 中所示“公司年度销售额”报表套用“古典 2”格式，结果如图 14-21 所示。

|  | A | B | C | D | E | F |
|---|---|---|---|---|---|---|
| 1 | 公司年度销售额 |  |  |  |  |  |
| 2 | 商品编码 | 第一季 | 第二季 | 第三季 | 第四季 | 总计 |
| 3 | WD3257C | ￥515,500.00 | ￥82,500.00 | ￥340,000.00 | ￥479,500.00 | ￥1,417,500.00 |
| 4 | WD3306E | ￥68,000.00 | ￥100,000.00 | ￥68,000.00 | ￥140,000.00 | ￥376,000.00 |
| 5 | WH5496A | ￥75,000.00 | ￥144,000.00 | ￥85,500.00 | ￥37,500.00 | ￥342,000.00 |
| 6 | WG1917K | ￥151,500.00 | ￥126,600.00 | ￥144,900.00 | ￥91,500.00 | ￥514,500.00 |
| 7 | 合计 | ￥810,000.00 | ￥453,100.00 | ￥638,400.00 | ￥748,500.00 | ￥2,650,000.00 |
| 8 |  |  |  |  |  |  |

图 14-21　套用格式后的表格

✧　在完成自动套用格式的全部操作后，屏幕上会显示套用的效果。如果不喜欢选定的格式，可使用“常用”工具栏中的“撤消”按钮或选择“编辑”菜单中的“撤消”命令将其撤消。

✧　为了继续下面的练习，此处请撤消前面所做设置。

若单击“自动套用格式”对话框中的“选项”按钮，可在该对话框的底部打开“应用格式种类”设置区，该设置区中包括了“数字”、“字体”、“对齐”、“边框”、“图案”和“列宽/行高”复选框，如图 14-22 所示。

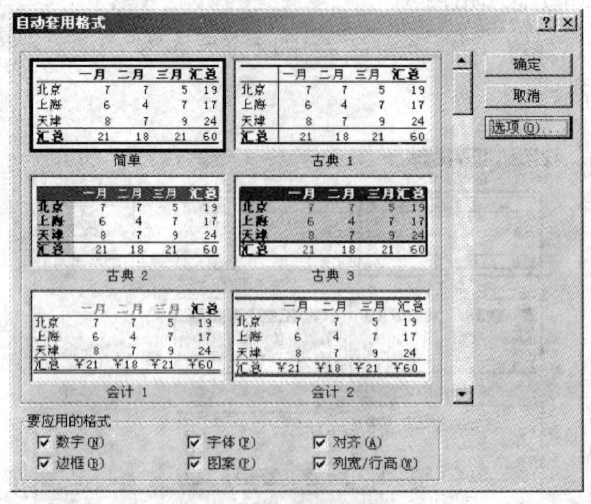


图 14-22　单击“选项”按钮展开“要应用的格式”设置区

通过选中和取消各复选框，可确定在套用格式时套用哪些格式设置。例如，如果本例中取消了“边框”和“列宽/行高”复选框，则套用格式效果将如图 14-23 所示（请对比与图 14-21 的异同）。

| | A | B | C | D | E | F |
|---|---|---|---|---|---|---|
| 1 | | | 公司年度销售额 | | | |
| 2 | 商品编码 | 第一季 | 第二季 | 第三季 | 第四季 | 总计 |
| 3 | WD3257C | ￥515,500.00 | ￥82,500.00 | ￥340,000.00 | ￥479,500.00 | ￥1,417,500.00 |
| 4 | WD3306E | ￥68,000.00 | ￥100,000.00 | ￥68,000.00 | ￥140,000.00 | ￥376,000.00 |
| 5 | WH5496A | ￥75,000.00 | ￥144,000.00 | ￥85,500.00 | ￥37,500.00 | ￥342,000.00 |
| 6 | WG1917K | ￥151,500.00 | ￥126,600.00 | ￥144,900.00 | ￥91,500.00 | ￥514,500.00 |
| 7 | 合计 | ￥810,000.00 | ￥453,100.00 | ￥638,400.00 | ￥748,500.00 | ￥2,650,000.00 |
| 8 | | | | | | |

图 14-23　仅套用部分格式

## 14.5　隐藏与取消隐藏行与列

在用户建立的工作表中，可能有些数据涉及到个人隐私，有些数据是机密的。为了不使其他人看见或对其操作，可以使用 Excel 提供的隐藏方法将其隐藏起来，需要时还可以取消隐藏。

在“格式”菜单的“行”、“列”子菜单中，它们都包含了“隐藏”与“取消隐藏”这两个子命令。如果用户想隐藏某行或某列中的数据，应首先选定该行或列，然后单击“格式”菜单，选择“行”或“列”命令，打开其子菜单并选择“隐藏”命令即可。

如果用户想恢复被隐藏的行或列，首先选定整个工作表，单击“格式”菜单，选择“行”或“列”命令，打开其子菜单，然后选择“取消隐藏”命令即可。

✧　隐藏行或列后，剩下行的行号或列标保持不变，但隐藏的行和列的内容在打印时不显示。此外，用户还可以通过改变行高或列宽来实现行或列的隐藏与取消隐藏。

## 14.6　使用格式刷复制单元格格式

如果多个单元格使用相同的格式（如字体、字号、数字格式、对齐以及颜色等），用户不必对多个单元格一一设置，只要设置好其中一个单元格格式即可，其他的可通过使用格式刷来完成。利用格式刷可将选定的单元格或单元格区域中的格式信息复制到另一个单元格或单元格区域中。使用格式刷进行格式复制的操作步骤如下：

（1）选定所需格式的单元格，以其作为样板单元格。

（2）单击“常用”工具栏中的“格式刷”按钮，这时鼠标指针上加一个小刷子。

（3）要复制到某一个单元格，只要将鼠标指针移到该单元格上，单击鼠标左键即可；要复制到某一单元格区域，只要按住鼠标左键将鼠标指针拖过该单元格区域即可，如图 14-24 所示。

| | A | B | C | D | E | F |
|---|---|---|---|---|---|---|
| 1 | 公司年度销售额 | | | | | |
| 2 | 商品编码 | 第一季 | 第二季 | 第三季 | 第四季 | 总计 |
| 3 | WD3257C | ￥515,500.00 | ￥82,500.00 | ￥340,000.00 | ￥479,500.00 | ￥1,417,500.00 |
| 4 | WD3306E | ￥68,000.00 | ￥100,000.00 | ￥68,000.00 | ￥140,000.00 | ￥376,000.00 |
| 5 | WH5496A | ￥75,000.00 | ￥144,000.00 | ￥85,500.00 | ￥37,500.00 | ￥342,000.00 |
| 6 | WG1917K | ￥151,500.00 | ￥126,600.00 | ￥144,900.00 | ￥91,500.00 | ￥514,500.00 |
| 7 | 合计 | ￥810,000.00 | ￥453,100.00 | ￥638,400.00 | ￥748,500.00 | ￥2,650,[illegible]00 |
| 8 | | | | | | |

图 14-24 利用格式刷复制单元格格式

此时该单元格或单元格区域即具有与样板单元格相同的格式了。此外，如果双击“格式刷”按钮，可连续复制格式。格式化工作完成后，再次单击“格式刷”按钮，可使其还原。

## 14.7 在工作表中添加图形、图片、剪贴画和艺术字

用户在创建的工作表或图表中，除了正常的文本、数据或标准图之外，还可以添加图形、图片、剪贴画和艺术字等，加强显示效果，如图 14-25 所示。

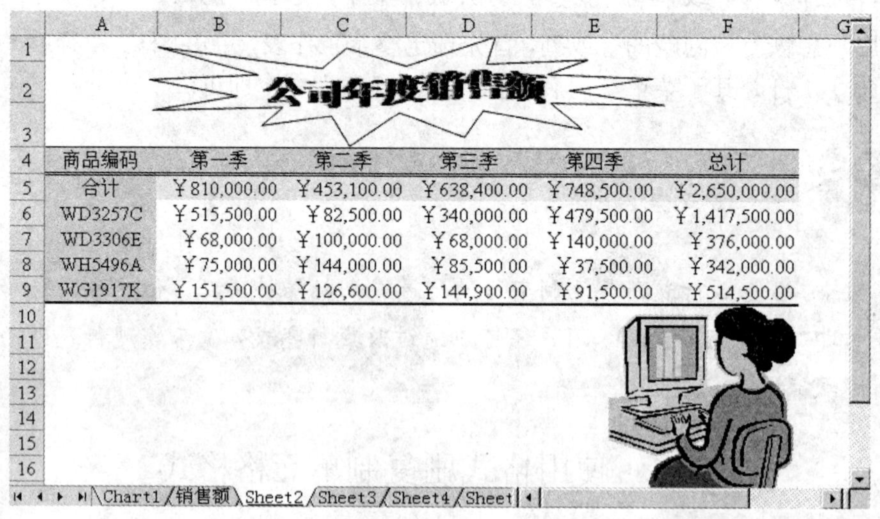

| | A | B | C | D | E | F |
|---|---|---|---|---|---|---|
| 1-3 | 公司年度销售额 | | | | | |
| 4 | 商品编码 | 第一季 | 第二季 | 第三季 | 第四季 | 总计 |
| 5 | 合计 | ￥810,000.00 | ￥453,100.00 | ￥638,400.00 | ￥748,500.00 | ￥2,650,000.00 |
| 6 | WD3257C | ￥515,500.00 | ￥82,500.00 | ￥340,000.00 | ￥479,500.00 | ￥1,417,500.00 |
| 7 | WD3306E | ￥68,000.00 | ￥100,000.00 | ￥68,000.00 | ￥140,000.00 | ￥376,000.00 |
| 8 | WH5496A | ￥75,000.00 | ￥144,000.00 | ￥85,500.00 | ￥37,500.00 | ￥342,000.00 |
| 9 | WG1917K | ￥151,500.00 | ￥126,600.00 | ￥144,900.00 | ￥91,500.00 | ￥514,500.00 |



图 14-25 在表格中添加图形、艺术字和剪贴画

要在工作表中插入图形、剪贴画或图片，可选择“图片”|“插入”菜单中的适当选项。由于该操作与在 Word 文档中执行类似操作基本相同，故此处不再赘述。如果读者有兴趣的话，不妨自己试一试。

## 14.8 小 结

本章主要介绍了工作表美化方面的知识，如单元格格式设置，行高和列宽的调整，标识满足设定条件的单元格，隐藏和显示工作表的行与列，在工作表中插入图形、图像的方法等。

## 14.9 习 题

1．美化考试成绩统计表，如图 14-26 所示。

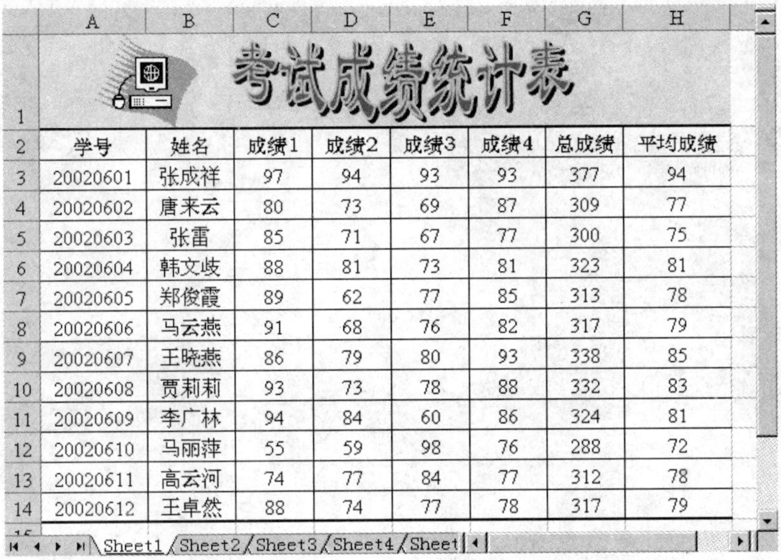

| | A | B | C | D | E | F | G | H |
|---|---|---|---|---|---|---|---|---|
| 1 | 考试成绩统计表 | | | | | | | |
| 2 | 学号 | 姓名 | 成绩1 | 成绩2 | 成绩3 | 成绩4 | 总成绩 | 平均成绩 |
| 3 | 20020601 | 张成祥 | 97 | 94 | 93 | 93 | 377 | 94 |
| 4 | 20020602 | 唐来云 | 80 | 73 | 69 | 87 | 309 | 77 |
| 5 | 20020603 | 张雷 | 85 | 71 | 67 | 77 | 300 | 75 |
| 6 | 20020604 | 韩文歧 | 88 | 81 | 73 | 81 | 323 | 81 |
| 7 | 20020605 | 郑俊霞 | 89 | 62 | 77 | 85 | 313 | 78 |
| 8 | 20020606 | 马云燕 | 91 | 68 | 76 | 82 | 317 | 79 |
| 9 | 20020607 | 王晓燕 | 86 | 79 | 80 | 93 | 338 | 85 |
| 10 | 20020608 | 贾莉莉 | 93 | 73 | 78 | 88 | 332 | 83 |
| 11 | 20020609 | 李广林 | 94 | 84 | 60 | 86 | 324 | 81 |
| 12 | 20020610 | 马丽萍 | 55 | 59 | 98 | 76 | 288 | 72 |
| 13 | 20020611 | 高云河 | 74 | 77 | 84 | 77 | 312 | 78 |
| 14 | 20020612 | 王卓然 | 88 | 74 | 77 | 78 | 317 | 79 |

Sheet1 / Sheet2 / Sheet3 / Sheet4 / Sheet

图 14-26 美化考试成绩表

【操作要求】

（1）打开 DATA1 目录中的文档 TF7-1.xls，选择 Sheet1 工作表。

（2）删除表格的标题，单击“绘图”工具栏上的“插入艺术字”按钮，打开“‘艺术字’库”对话框，选择一种艺术字样式。

（3）输入表格标题“考试成绩统计表”，设置字体为“隶书”，字号“28”。

（4）单击“艺术字”工具栏上的“艺术字开形状”按钮，设置艺术字形状为“陀螺形”，并移动艺术字到表格标题位置。

（5）调整表格的行高与列宽。选择行 1，设置行高为“57”；选择行 2 至行 14，设置行高为“18”。按下 Ctrl 键，同时选择列 A 与列 H，设置列宽为“10”；选择列 B，设置列宽宽为“8”；选择列 C 至列 G，设置列宽为“7”。

（6）选择单元格区域 A2：H14，单击“格式”工具栏上的“居中”按钮，设置单元格居中对齐。

（7）选择单元格区域 A2：H2，设置字体为“华文中宋”，字号为“12”；选择单元格区域 A3：H14，设置字体为“宋体”，字号为“12”。

（8）将标题单元格填充为“浅绿”色。

（9）单击“绘图”工具栏上的“插入剪贴画”按钮，在“插入剪贴画”任务窗格中输入搜索文字“计算机”，搜索后单击所要插入的剪贴画。

（10）适当调整剪贴画的大小与位置。

# 第 15 章　工作表操作及不同工作表间数据引用

在前面几章里，所有的操作都是在某个工作簿内一个工作表上进行的，操作对象是单元格或单元格区域。在 Excel 中，同一工作簿的不同工作表之间以及不同的工作簿之间都可以进行数据相互传递。本节将以工作表或工作簿为操作对象，着重介绍如何在同一个工作簿内同时建立、删除、重命名工作表，以及在多个工作表之间进行数据复制、引用等操作。

**本章重点：**

- 工作簿中所含工作表数量的改变
- 插入或删除工作表的方法
- 移动、复制和重命名工作表的方法
- 隐藏与显示工作表的方法
- 不同工作表间的单元格复制与引用方法
- 使用工作表组的方法

## 15.1　在工作簿中增加默认工作表个数

新建一个新工作簿时，Excel 的默认工作表只有 3 个：Sheet1、Sheet2、Sheet3。有时，三个工作表不能满足需要，Excel 允许用户在工作簿内增加默认工作表个数。其步骤如下：

（1）单击“工具”菜单，选择“选项”命令，出现“选项”对话框，选择“常规”选项卡，如图 15-1 所示。

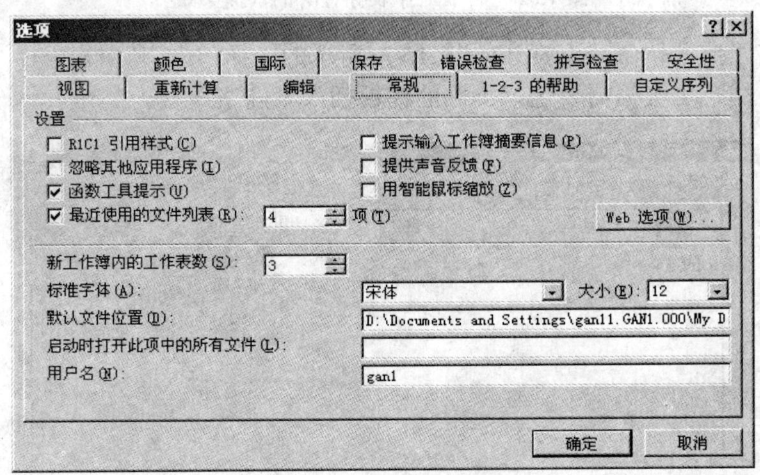


图 15-1　选择“常规”选项卡的“选项”对话框

（2）在“新工作簿内工作表数”框中输入欲设定的工作表数，或通过单击输入框右边的数字调节按钮进行设置，例如输入“5”。

（3）单击“确定”按钮，这时工作簿中工作表标签增至 5 个：Sheet1、Sheet2、Sheet3、Sheet4、Sheet5，并且以后所有建立的新工作簿都包含调整后的工作表数目。Excel 默认工作表数范围为 1~255。

## 15.2 插入或删除工作表

如果想插入一个新的工作表，可按如下步骤操作：

（1）选定当前活动工作表，新的工作表将插入在该工作表的前面。

（2）单击“插入”菜单，选择“工作表”命令。

（3）这时即可插入一个新的工作表。插入的新工作表的名称由 Excel 自动命名，默认情况下第一个插入的工作表为 Sheet4 ，以后依次是 Sheet5 、Sheet6，…。

用户还可以利用快捷菜单来插入工作表，具体步骤如下：

（1）选定当前活动工作表。

（2）将鼠标指针指向该工作表标签，单击鼠标右键，弹出如图 15-2 所示的快捷菜单。

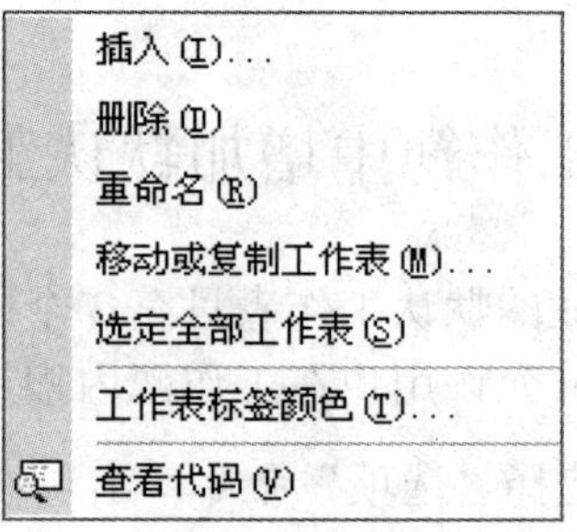


图 15-2 右击工作表标签时的快捷菜单

（3）单击“插入”命令，打开如图 15-3 所示的“插入”对话框。在“插入”对话框中，用户可根据需要选择不同的模板插入不同格式的新工作表。

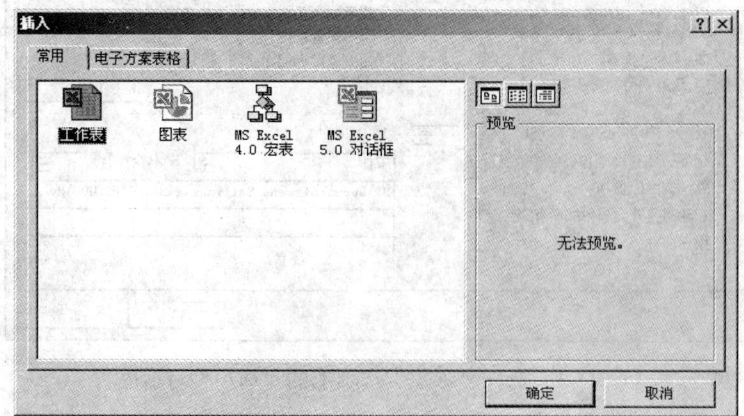


图 15-3 使用快捷菜单插入不同模板的工作表

如果想删除某一工作表，可按如下步骤操作：

（1）选定要删除的工作表为当前工作表。

（2）单击“编辑”菜单，选择“删除工作表”命令；或从如图 15-2 所示的快捷菜单中选择“删除”命令。此时系统将弹出一警告提示框，提示被删除的工作表将永久删除。

（3）单击“确定”按钮，即可将选定的工作表从当前工作簿中删除。

✧　对于不需要的工作表可以将其删除掉，但执行时一定要慎重，因为删除的工作表将被永久删除，且不能恢复。

## 15.3　移动或复制工作表

移动或复制工作表有两种方法：一是使用鼠标拖动操作；一是使用“编辑”菜单中“移动或复制工作表”命令。

### 15.3.1　使用鼠标拖动操作

复制工作表的操作非常简单。具体操作方法如下：

（1）选定要复制的工作表标签。

（2）按下鼠标左键，同时按住 Ctrl 键，这时该工作表标签左上角出现一个小黑三角形，鼠标指针上方显示一个内含小黑十字的白色信笺图标，指示了工作表的位置，如图 15-4 所示。

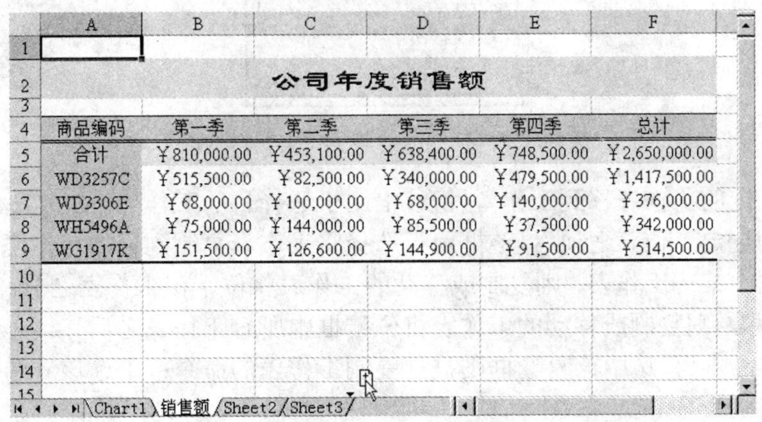

| | A | B | C | D | E | F |
|---|---|---|---|---|---|---|
| 1 | | | | | | |
| 2 | 公司年度销售额 | | | | | |
| 3 | | | | | | |
| 4 | 商品编码 | 第一季 | 第二季 | 第三季 | 第四季 | 总计 |
| 5 | 合计 | ￥810,000.00 | ￥453,100.00 | ￥638,400.00 | ￥748,500.00 | ￥2,650,000.00 |
| 6 | WD3257C | ￥515,500.00 | ￥82,500.00 | ￥340,000.00 | ￥479,500.00 | ￥1,417,500.00 |
| 7 | WD3306E | ￥68,000.00 | ￥100,000.00 | ￥68,000.00 | ￥140,000.00 | ￥376,000.00 |
| 8 | WH5496A | ￥75,000.00 | ￥144,000.00 | ￥85,500.00 | ￥37,500.00 | ￥342,000.00 |
| 9 | WG1917K | ￥151,500.00 | ￥126,600.00 | ￥144,900.00 | ￥91,500.00 | ￥514,500.00 |



图 15-4　复制工作表

（3）沿着标签栏拖动鼠标，当小黑三角形移到目标位置时，松开鼠标左键，再放开

Ctrl 键，此时便在指定位置出现一个选定工作表的副本。

所复制的工作表由 Excel 自动命名，其规则是在源工作表名后加上一个带括号的编号。即，如果源工作表名为“Sheet1”，则第一次复制的工作表名为 Sheet1（2），第二次复制的工作表名为 Sheet1（3），…，依次类推。

通过移动工作表可以改变工作表的原有顺序。移动工作表的操作方法与复制工作表类似，所不同的是按下鼠标左键时不用按 Ctrl 键。具体操作步骤如下：

（1）选定要移动的工作表标签。

（2）按下鼠标左键，这时该工作表标签左上角出现一个小黑三角形，鼠标指针上方显示一个白色信笺图标，指示了工作表的位置。

（3）沿着标签栏拖动鼠标，当小黑三角形移到目标位置时，松开鼠标左键即可完成工作表的移动操作。

### 15.3.2 使用“移动或复制工作表”命令

使用“编辑”菜单中的“移动或复制工作表”命令，也可在同一工作簿内或不同工作簿之间移动或复制工作表。具体操作步骤如下：

（1）选定要复制或移动的工作表标签。

（2）单击“编辑”菜单，选择“移动或复制工作表”命令，出现如图 15-5 所示的“移动或复制工作表”对话框。其中：

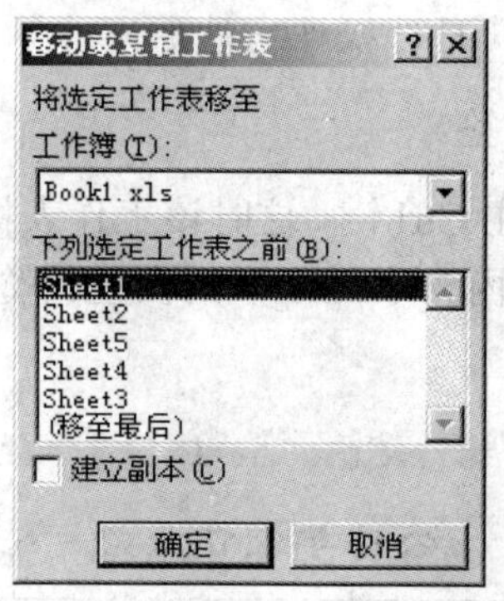


图 15-5 “移动或复制工作表”对话框

- “将选定的工作表移到工作簿”：该框用于选择目的工作簿。
- “下列选定工作表之前”：该框用于选择将工作表复制到目的工作簿的位置。即若选定框中某一工作表，则复制或移动的工作表将位于该工作表之前；如果选定“移到最后”，则复制或移动的工作表将位于框中所有工作表之后。
- “建立副本”：选中该复选框则执行复制工作表的命令；不选该复选框则执行移动工作表的命令。

（3）根据需要选择相应的选项，然后单击“确定”按钮以完成复制或移动工作表的工作。例如，图 15-6 显示了把“销售额”工作表移到新工作簿中的结果。

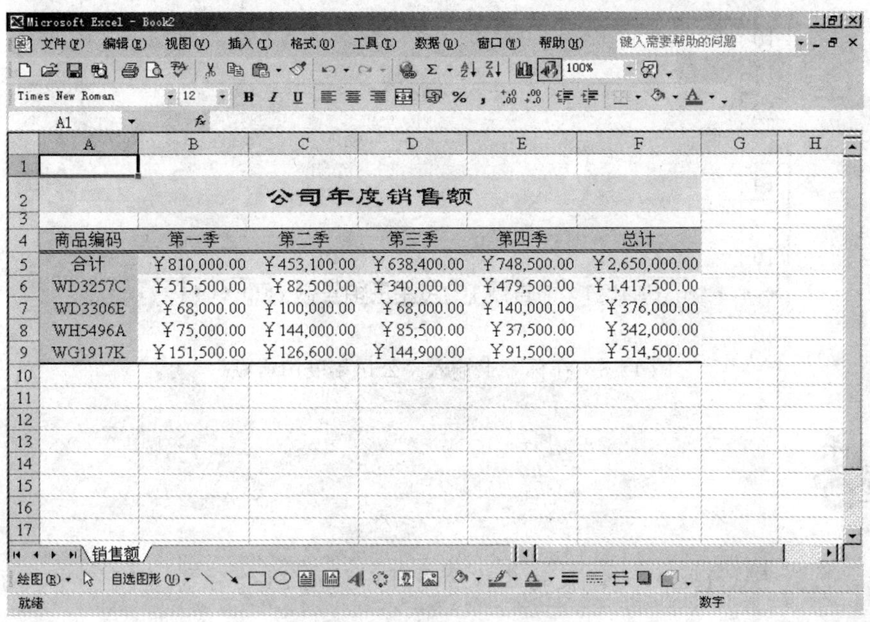

| 商品编码 | 第一季 | 第二季 | 第三季 | 第四季 | 总计 |
|---|---|---|---|---|---|
| 合计 | ￥810,000.00 | ￥453,100.00 | ￥638,400.00 | ￥748,500.00 | ￥2,650,000.00 |
| WD3257C | ￥515,500.00 | ￥82,500.00 | ￥340,000.00 | ￥479,500.00 | ￥1,417,500.00 |
| WD3306E | ￥68,000.00 | ￥100,000.00 | ￥68,000.00 | ￥140,000.00 | ￥376,000.00 |
| WH5496A | ￥75,000.00 | ￥144,000.00 | ￥85,500.00 | ￥37,500.00 | ￥342,000.00 |
| WG1917K | ￥151,500.00 | ￥126,600.00 | ￥144,900.00 | ￥91,500.00 | ￥514,500.00 |



图 15-6　将“销售额”复制到新工作簿

## 15.4　重命名工作表

Excel 默认工作表的名称都是 Sheet 加序号。如果用户在工作簿的操作中，要涉及多个工作表。默认工作表的名称对于查找、复制或移动等都不方便。为此，Excel 允许用户给工作表重新命名。其操作步骤如下：

（1）双击要重新命名的工作表标签，这时该标签呈高亮显示，此时工作表标签处于编辑状态。如图 15-7 所示的 Sheet2 工作表。

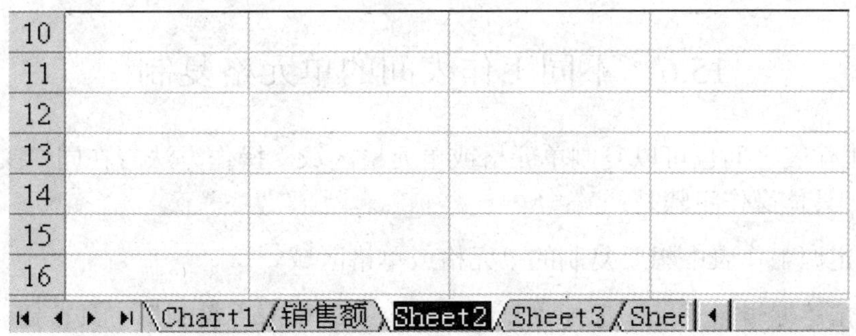



图 15-7　“Sheet2”工作表标签呈高亮显示

（2）在标签上输入新的名称。例如，在“Sheet2”工作表标签上输入“公司年度销售额”，结果如图 15-8 所示。

（3）单击除该标签以外工作表的任一处或按回车键结束编辑。

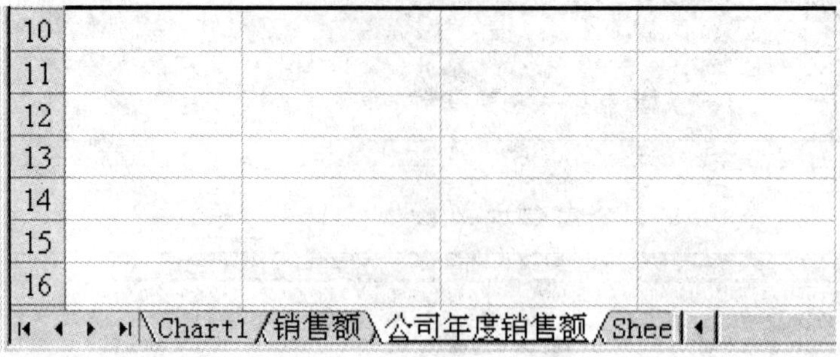

图 15-8　在标签上输入“公司年度销售额”

✧　Excel 规定工作表的名称最多可以使用 31 个字符（15 个中文字）。

✧　单击要重新命名的工作表标签，然后选择“格式”菜单中的“工作表”命令的“重命名”子命令，或在如图 15-2 所示的快捷菜单中选择“重命名”命令也可以重命名工作表。

## 15.5　隐藏与取消隐藏工作表

有时，若不想让他人随意查看自己的工作表，可以将其隐藏。方法是：先选定要隐藏的工作表为当前工作表，再选择“格式”菜单中的“工作表”命令的“隐藏”子命令，这时当前工作表便从当前工作簿中消失。当需要再次出现时，单击“格式”菜单中的“工作表”命令的“取消隐藏”子命令即可。

## 15.6　不同工作表间的单元格复制

在不同工作表之间也可以复制单元格或单元格区域，操作方法与在同一工作表中复制单元格类似。具体操作步骤是：

（1）选定源工作表中想要复制的单元格或单格区域。

（2）单击“编辑”菜单，选择“复制”命令；或单击“复制”工具按钮。

（3）在目的工作表中选定目的单元格位置。

（4）单击“编辑”菜单，选择“粘贴”命令；或单击“粘贴”工具按钮。

# 15.7　不同工作表间的单元格引用

前面介绍的同一工作表中的单元格引用，为用户创建和使用公式提供了极大的方便。实际上，Excel 还允许用户在公式中引用不同工作表中的单元格或单元格区域。

## 15.7.1　同一工作簿中的工作表间的引用

在相同工作簿中，引用其他工作表的单元格或区域的方法是：在单元格或区域引用前加上相应工作表引用（即源工作表名称），并用感叹号“！”将工作表引用和单元格或区域引用分开，格式如下：

源工作表名称！单元格或区域引用

例如，如果要引用“客户信息”工作表的 B5 单元格，则在公式中应输入“客户信息!$B$5”。

✧　引用另一个工作表单元格或区域的数据时大多数都采用绝对引用。如果工作表名称中包含空格，则必须用单引号将工作表引用括起来。

## 15.7.2　不同工作簿中的工作表间的引用

当需要引用其他工作簿中的单元格或区域时，其格式是：

[源工作簿名称] 源工作表名称！单元格或区域引用

例如，如果要引用 Book1 中的“客户信息”工作表的 B5 单元格，则在公式中应输入“[Book1] 客户信息!$B$5”。

## 15.7.3　三维引用

如果需要分析某一工作簿中多张工作表的相同位置处的单元格或单元格区域的数据时，可以使用 Excel 提供的三维引用。三维引用包含一系列工作表名称和单元格或单元格区域引用。其格式是：

第一个工作表名称：最后一个工作表名称! 单元格或单元格区域引用

例如，假设在一个工作簿中存放了某公司上半年的六张月销售情况表“一月”~“六月”。每张表的格式都是相同的，而且每张表的 E8 单元格均存放月销售利润。如果要计算上半年销售总利润，可以使用 Excel 提供的三维引用。方法是：在某一单元格输入“=SUM（一月：六月!$E$8)”即可。可以使用三维引用的函数包括：求和、计算、均值、总体方差等 11 种函数。

## 15.8 工作表组的操作

利用 Excel 提供的工作表组功能，用户可以快捷地在同一工作簿中创建或编辑一批相同或格式类似的工作表。

### 15.8.1 设置或取消工作表组

要采用工作表组操作，首先必须将要处理的多个工作表设置为工作表组。设置工作表组的方式有：

- 选择一组相邻的工作表：先单击要成组的第一个工作表标签，然后按住 Shift 键，再单击要成组的最后一个工作表标签。
- 选择不相邻的一组工作表：按住 Ctrl 键，依次单击要成组的每个工作表标签。
- 选择工作簿中的全部工作表：用鼠标右键单击任一工作表标签弹出快捷菜单，从中选择“选定全部工作表”命令。

当设置完工作表组后，成组的工作表标签均呈高亮显示，同时在工作簿的标题栏上会出现[工作组]字样，提示已设定了工作表组。例如，图 15-9 中的 Sheet1 工作表、Sheet3 工作表与 Sheet5 工作表。

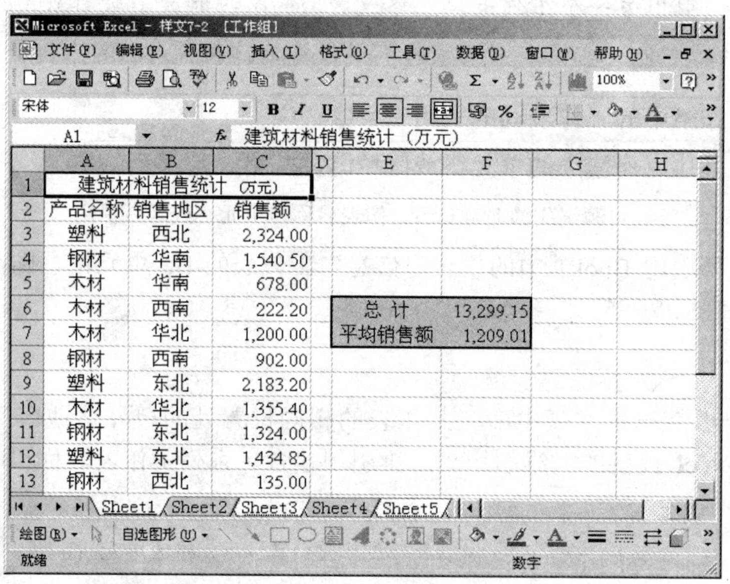


图 15-9 设置工作表组

如果用户想取消工作表组，只要单击除当前工作表以外的任意工作表的标签即可；另外，用鼠标右键单击任一工作表标签，从弹出的快捷菜单中选择“取消成组工作表”命令，也可取消工作表组。

### 15.8.2 工作表组的编辑

对工作组中的工作表的编辑方法与单个工作表的编辑方法相同，当编辑某一个工作表时，工作表组中的其他工作表同时也得到相应的编辑。即用户操作的结果不仅作用于当前工作表，而且还作用于工作表组中的所有工作表。

例如，某公司建筑材料销售地区有五个，现在想建立这五个组的销售额统计表。因这五个组销售额统计表的格式完全相同，故可使用 Excel 提供的工作表组功能同时建立五个组的统计表。操作步骤如下：

（1）打开一个新工作簿，把工作表 Sheet1、Sheet2、Sheet3、Sheet4、Sheet5 分别重新命名为东北地区、华北地区、华南地区、西北地区和西南地区五组，如图 15-10 所示。

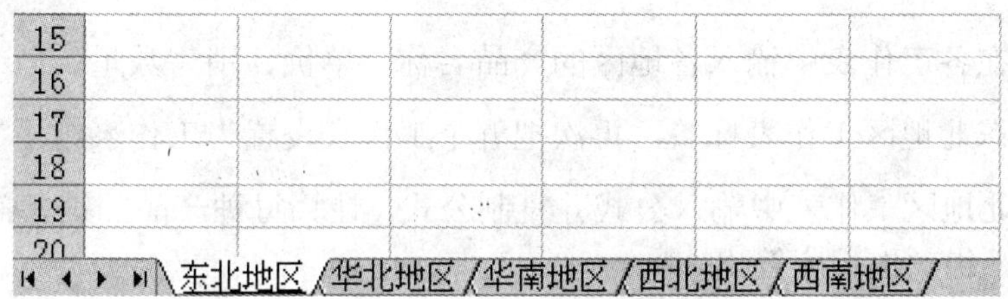


图 15-10　给工作表重新命名

（2）按住 Shift 键，单击所有工作表标签。把五个工作表设置为工作表组，并且在东北地区工作表中设计一个销售表格，如图 15-11 所示。

| | A | B | C | D | E | F |
|---|---|---|---|---|---|---|
| 1 | 东北地区建筑材料销售统计（万元） | | | | | |
| 2 | 产口名称 | 单价 | 销售数量 | 销售额 | | |
| 3 | | | | | | |
| 4 | | | | | | |
| 5 | | | | | | |
| 6 | | | | | | |
| 7 | | | | | | |
| 8 | | | | | | |
| 9 | | | | | | |
| 10 | | | | | | |
| 11 | | | | | | |
| 12 | | | | | | |

东北地区 / 华北地区 / 华南地区 / 西北地区 / 西南地区

图 15-11　把五个工作表设置为工作表组

（3）在工作表标签上单击鼠标右键，然后从弹出的快捷菜单中选择“取消成组工作表”选项，取消工作表组。单击华北地区工作表标签，该工作表内容与东北地区工作表完全相同，如图 15-12 所示。

（4）将标题中的“东北地区”改为“华北地区”。

（5）将其他三个工作表中的标题分别改为“华南地区”、“西北地区”、“西南地区”。

| | A | B | C | D | E | F |
|---|---|---|---|---|---|---|
| 1 | 东北地区建筑材料销售统计(万元) | | | | | |
| 2 | 产口名称 | 单价 | 销售数量 | 销售额 | | |
| 3 | | | | | | |
| 4 | | | | | | |
| 5 | | | | | | |
| 6 | | | | | | |
| 7 | | | | | | |
| 8 | | | | | | |
| 9 | | | | | | |
| 10 | | | | | | |
| 11 | | | | | | |
| 12 | | | | | | |

东北地区 / 华北地区 / 华南地区 / 西北地区 / 西南地区

图 15-12　使用工作表组

（6）分别在各工作表中输入各地区的产品名称、单价、销售数量。

（7）单击东北地区工作表标签，再次把五个工作表设置为工作表组。

（8）在东北地区工作表中输入公式并复制公式，计算每种产品的销售额，于是其他地区的销售额也相应算出。

✧　大多数编辑命令都可以同时作用到同组的所有工作表上，但查找和替换命令仅对当前工作表起作用。

### 15.8.3　工作表组的填充

如果要建立的多个工作表与现有的某个工作表相同或类似，可以采用工作表组填充的方法快速完成。其操作步骤是：

（1）选定某个工作表为当前工作表，并把要建立的多个工作表与当前工作表设置为工作表组。

（2）在当前工作表中选定要填充到其他几个工作表的单元格或区域。

（3）单击“编辑”菜单，选择“填充”命令，从弹出的子菜单中选择“至同组工作表”的子命令。此时将出现如图 15-13 所示的“填充成组工作表”对话框，询问填充的方式，用户可根据需要选择。

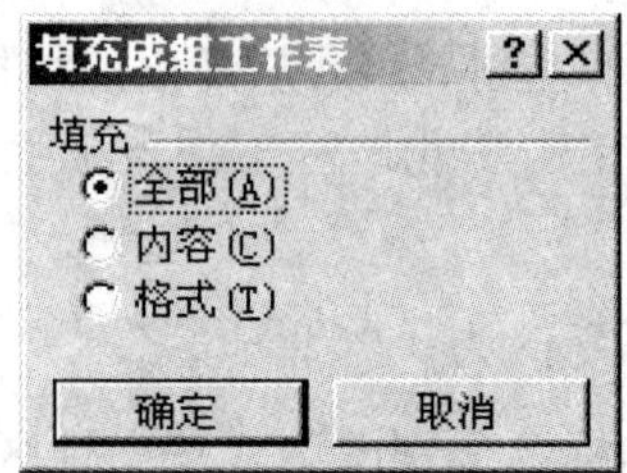


图 15-13　“填充成组工作表”对话框

例如，上例中要计算各地区的销售额，也可以先把一个地区的销售额计算出来，然后采用工作表组填充的方法快速完成其他地区销售额的计算。

## 15.9　小　结

本章首先介绍了工作表管理方法，如在工作簿中插入、删除、移动工作表的方法，然后介绍了不同工作表之间的数据引用方法。

## 15.10　习　题

将工作簿中的默认工作表数设为 6，并将新建的 6 个默认工作表分别命名为交通部、劳动部、铁道部、人事部、邮电部、机械部，如图 15-14 所示。

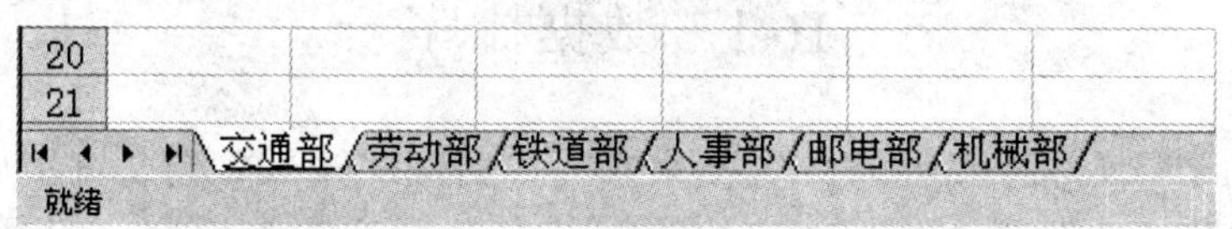


图 15-14　在工作簿中创建多个工作表

# 第 16 章　数据排序、筛选与汇总

Excel 2002 为用户提供了极强的数据查询、排序、筛选以及分类汇总等功能。使用这些功能，用户可以很方便地管理、分析数据，从而为企事业单位的决策管理提供可靠依据。

**本章重点：**

- 数据排序与筛选方法
- 用分类汇总法进行数据统计的方法
- 合并计算
- 创建透视表和图表的方法

## 16.1　数据排序

在实际应用中，人们一般是按照数据来到的先后顺序输入。当要直接从工作表中查找所需的信息时，很不方便。为了提高查找效率，需要重新整理数据，对此最有效的方法就是对数据进行排序。

### 16.1.1　排序工具按钮

在“常用”工具栏中提供了两个与排序相关的工具按钮，它们分别为“升序”按钮和“降序”按钮。

- “升序”按钮：按字母表顺序、数据由小到大、日期由前到后排序。
- “降序”按钮：按反向字母表顺序、数据由大到小、日期由后向前排序。

如果所排序的数据是中文，则排序是依据中文字的内码（拼音或笔画）来确定。

### 16.1.2　根据一列的数据对数据排序

如果想快速根据一列的数据对数据排序，可以利用排序工具按钮对数据进行排序，其操作步骤如下：

（1）在需要排序的数据列中，单击任一单元格，如图 16-1 所示，选中“课时”列中的任一单元格，将对该列进行排序。

| | A | B | C | D | E | F | G | H | I |
|---|---|---|---|---|---|---|---|---|---|
| 1 | 编号 | 学期 | 班数 | 课程名称 | 人数 | 课时 | | | |
| 2 | 1 | 3 | 3 | 英语 | 88 | 34 | | | |
| 3 | 2 | 3 | 3 | 哲学 | 88 | 25 | | | |
| 4 | 3 | 3 | 3 | 线性代数 | 57 | 30 | | | |
| 5 | 4 | 3 | 4 | 微积分 | 57 | 21 | | | |
| 6 | 5 | 3 | 4 | 德育 | 50 | 26 | | | |
| 7 | 6 | 3 | 9 | 体育 | 58 | 71 | | | |
| 8 | 7 | 3 | 6 | 政经 | 43 | 71 | | | |
| 9 | 8 | 3 | 6 | 离散数学 | 51 | 53 | | | |
| 10 | 9 | 3 | 3 | 大学语文 | 44 | 63 | | | |
| 11 | 10 | 3 | 6 | 英语 | 44 | 45 | | | |
| 12 | 11 | 3 | 3 | 哲学 | 58 | 54 | | | |
| 13 | 12 | 3 | 3 | 线性代数 | 58 | 36 | | | |
| 14 | 13 | 3 | 7 | 微积分 | 50 | 46 | | | |
| 15 | 14 | 3 | 7 | 德育 | 59 | 28 | | | |
| 16 | 15 | 3 | 6 | 体育 | 42 | 38 | | | |

Sheet1 / Sheet2 / Sheet3 /

图 16-1　选中作为排序依据的列

（2）单击“常用”工具栏中的“降序”按钮，结果如图 16-2 所示。

| | A | B | C | D | E | F |
|---|---|---|---|---|---|---|
| 1 | 编号 | 学期 | 班数 | 课程名称 | 人数 | 课时 |
| 2 | 6 | 3 | 9 | 体育 | 58 | 71 |
| 3 | 7 | 3 | 6 | 政经 | 43 | 71 |
| 4 | 19 | 3 | 8 | 英语 | 66 | 70 |
| 5 | 9 | 3 | 3 | 大学语文 | 44 | 63 |
| 6 | 35 | 3 | 1 | 离散数学 | 44 | 62 |
| 7 | 32 | 3 | 1 | 德育 | 50 | 61 |
| 8 | 33 | 3 | 1 | 体育 | 44 | 61 |
| 9 | 43 | 3 | 2 | 政经 | 67 | 61 |
| 10 | 44 | 3 | 1 | 离散数学 | 48 | 61 |
| 11 | 59 | 3 | 9 | 德育 | 56 | 60 |
| 12 | 11 | 3 | 3 | 哲学 | 58 | 54 |
| 13 | 8 | 3 | 6 | 离散数学 | 51 | 53 |
| 14 | 37 | 3 | 3 | 英语 | 48 | 53 |
| 15 | 20 | 3 | 8 | 哲学 | 66 | 52 |
| 16 | 34 | 3 | 1 | 政经 | 44 | 52 |

“课时”列从大到小降序排列

Sheet1 Sheet2 Sheet3

图 16-2 排序结果

### 16.1.3 根据多列（行）的数据对数据排序

使用“常用”工具栏中的“升序”或“降序”按钮排序非常方便，但是只能按单个字段名的内容进行排序，且常常会遇到该列中有多个数据相同的情况。

用户可以使用“数据”菜单中的“排序”命令，根据多列的数据对数据排序，其操作步骤如下：

（1）选定图 16-2 中要排序的数据区域。

（2）单击“数据”菜单中的“排序”命令，弹出“排序”对话框，如图 16-3 所示。

（3）指定排序的主要关键字，此处请选择“人数”，表示按人数进行排序。

（4）单击选中“升序”单选钮，表示按“人数”递增排序。

（5）在“次要关键字”下拉列表中选择“课时”，并选中其后的“降序”单选钮，表示按课时降序排列，如图 16-4 所示。

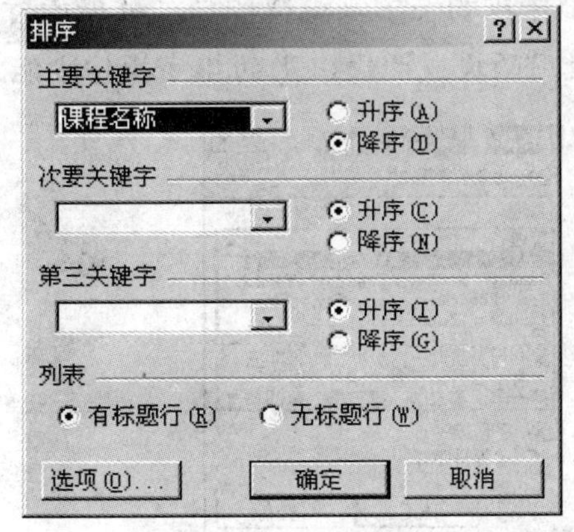


图 16-3 “排序”对话框

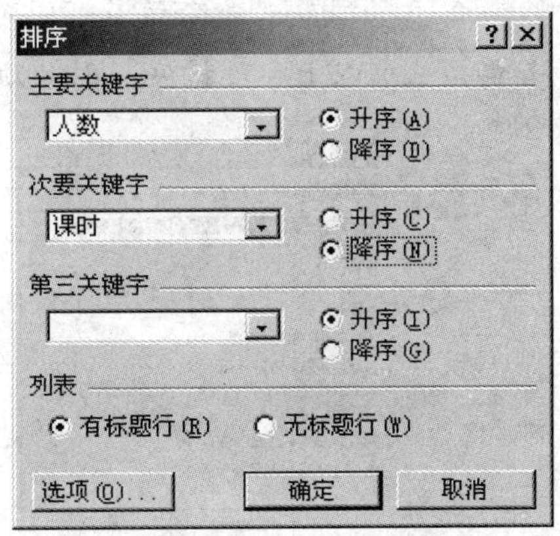


图 16-4 设置排序主要和次要关键字

（6）单击“确定”按钮，其结果如图 16-5 所示。

| | A | B | C | D | E | F |
|---|---|---|---|---|---|---|
| 1 | 编号 | 学期 | 班数 | 课程名称 | 人数 | 课时 |
| 2 | 24 | 3 | 2 | 体育 | 41 | 41 |
| 3 | 25 | 3 | 9 | 政经 | 41 | 31 |
| 4 | 15 | 3 | 6 | 体育 | 42 | 38 |
| 5 | 7 | 3 | 6 | 政经 | 43 | 71 |
| 6 | 9 | 3 | 3 | 大学语文 | 44 | 63 |
| 7 | 35 | 3 | 1 | 离散数学 | 44 | 62 |
| 8 | 33 | 3 | 1 | 体育 | 44 | 61 |
| 9 | 34 | 3 | 1 | 政经 | 44 | 52 |
| 10 | 10 | 3 | 6 | 英语 | 44 | 45 |
| 11 | 17 | 3 | 7 | 离散数学 | 44 | 21 |
| 12 | 18 | 3 | 7 | 大学语文 | 44 | 21 |
| 13 | 52 | 3 | 6 | 政经 | 46 | 37 |
| 14 | 50 | 3 | 4 | 德育 | 46 | 36 |
| 15 | 53 | 3 | 6 | 离散数学 | 46 | 25 |
| 16 | 44 | 3 | 1 | 离散数学 | 48 | 61 |

图 16-5　排序结果

✧　此时选定数据区域将首先按主要关键字值的大小排序，主要关键字值相同的行相邻排列。若指定了次要关键字，则主要关键字值相同的记录再按次要关键字值的大小排序。若指定了第三关键字，则依此类推。

✧　在排序对话框的底部有两个单选钮：“有标题行”和“没有标题行”。前者表示选定区域的第 1 行作为标题行，不参与排序；后者表示第 1 行作为普通数据看待，同样参与排序。

✧　如果对排序还有一些特别的要求，可以在“排序”对话框中单击“选项”按钮，弹出“排序选项”对话框，如图 16-6 左图所示，用户可根据需要进行设置。例如，可通过“自定义排序次序”下拉列表选择按“季度”、“星期”、“月份”等排序，如图 16-6 右图所示。

✧　“排序”命令最多可同时按三个字段的递增或递减顺序对数据进行排序。若要按三个以上字段排序，则必须重复使用两次或两次以上的排序操作方能完成。

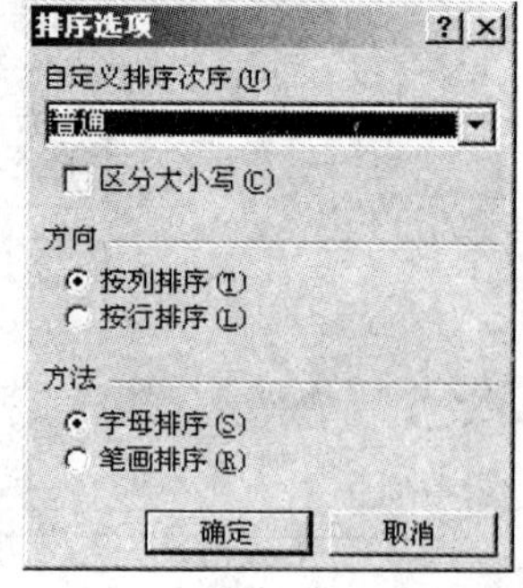


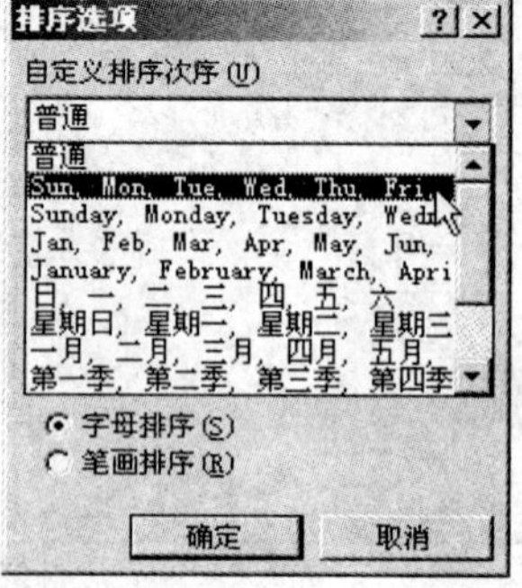


图 16-6　“排序选项”对话框

## 16.2　数据筛选

管理数据时经常需要对数据进行筛选，即从众多的数据中挑选出符合某种条件的数据。因此，筛选是一种用于查找数据的快速方法。

### 16.2.1　自动筛选

自动筛选是一种快速的筛选方法，用户可以通过它快速地访问大量数据，并从中选出满足条件的记录显示出来。其操作步骤如下：

（1）单击选中要进行筛选的单元格区域中的任一单元格。

（2）选择“数据”菜单中的“筛选”命令，在其子菜单中选择“自动筛选”子命令。此时，选定区域的第 1 行字段名的右侧都将出现一个向下的箭头，如图 16-7 所示。

| | A | B | C | D | E | F | G | H | I |
|---|---|---|---|---|---|---|---|---|---|
| 1 | 编号 | 学期 | 班数 | 课程名称 | 人数 | 课时 | | | |
| 2 | 24 | 3 | 2 | 体育 | 41 | 41 | | | |
| 3 | 25 | 3 | 9 | 政经 | 41 | 31 | | | |
| 4 | 15 | 3 | 6 | 体育 | 42 | 38 | | | |
| 5 | 7 | 3 | 6 | 政经 | 43 | 71 | | | |
| 6 | 9 | 3 | 3 | 大学语文 | 44 | 63 | | | |
| 7 | 35 | 3 | 1 | 离散数学 | 44 | 62 | | | |
| 8 | 33 | 3 | 1 | 体育 | 44 | 61 | | | |
| 9 | 34 | 3 | 1 | 政经 | 44 | 52 | | | |
| 10 | 10 | 3 | 6 | 英语 | 44 | 45 | | | |
| 11 | 17 | 3 | 7 | 离散数学 | 44 | 21 | | | |
| 12 | 18 | 3 | 7 | 大学语文 | 44 | 21 | | | |
| 13 | 52 | 3 | 6 | 政经 | 46 | 37 | | | |
| 14 | 50 | 3 | 4 | 德育 | 46 | 36 | | | |
| 15 | 53 | 3 | 6 | 离散数学 | 46 | 25 | | | |
| 16 | 44 | 3 | 1 | 离散数学 | 48 | 61 | | | |

Sheet1 / Sheet2 / Sheet3

图 16-7　选定区域的第 1 行字段名的右侧出现向下箭头

（3）单击想查找的字段名（此处选择“课程名称”）右侧的向下箭头，打开用于设定筛选条件的下拉列表框，如图 16-8 所示。

| | A | B | C | D | E | F | G | H | I |
|---|---|---|---|---|---|---|---|---|---|
| 1 | 编号 | 学期 | 班数 | 课程名称 | 人数 | 课时 | | | |
| 2 | 24 | 3 | 2 | | 41 | 41 | | | |
| 3 | 25 | 3 | 9 | | 41 | 31 | | | |
| 4 | 15 | 3 | 6 | | 42 | 38 | | | |
| 5 | 7 | 3 | 6 | | 43 | 71 | | | |
| 6 | 9 | 3 | 3 | | 44 | 63 | | | |
| 7 | 35 | 3 | 1 | | 44 | 62 | | | |
| 8 | 33 | 3 | 1 | | 44 | 61 | | | |
| 9 | 34 | 3 | 1 | | 44 | 52 | | | |
| 10 | 10 | 3 | 6 | 英语 | 44 | 45 | | | |
| 11 | 17 | 3 | 7 | 离散数学 | 44 | 21 | | | |
| 12 | 18 | 3 | 7 | 大学语文 | 44 | 21 | | | |
| 13 | 52 | 3 | 6 | 政经 | 46 | 37 | | | |
| 14 | 50 | 3 | 4 | 德育 | 46 | 36 | | | |
| 15 | 53 | 3 | 6 | 离散数学 | 46 | 25 | | | |
| 16 | 44 | 3 | 1 | 离散数学 | 48 | 61 | | | |

(全部)
(前 10 个...)
(自定义...)
大学语文
德育
离散数学
体育
微积分
线性代数
英语
哲学
政经

Sheet1 / Sheet2 / Sheet3

图 16-8　打开“地区”字段名的下拉列表框

（4）在下拉列表框中包含该列所有数据项以及进行筛选的一些条件选项：全部、前 10 个…、自定义…等。例如，如果此处选定“微积分”，则显示结果如图 16-9 所示。

| | A | B | C | D | E | F | G | H | I |
|---|---|---|---|---|---|---|---|---|---|
| 1 | 编号 | 学期 | 班数 | 课程名称 | 人数 | 课时 | | | |
| 22 | 13 | 3 | 7 | 微积分 | 50 | 46 | | | |
| 26 | 49 | 3 | 8 | 微积分 | 51 | 49 | | | |
| 33 | 4 | 3 | 4 | 微积分 | 57 | 21 | | | |
| 38 | 22 | 3 | 1 | 微积分 | 58 | 41 | | | |
| 42 | 58 | 3 | 8 | 微积分 | 65 | 48 | | | |
| 46 | 40 | 3 | 3 | 微积分 | 66 | 25 | | | |
| 48 | 31 | 3 | 3 | 微积分 | 67 | 21 | | | |
| 61 | | | | | | | | | |
| 62 | | | | | | | | | |
| 63 | | | | | | | | | |
| 64 | | | | | | | | | |
| 65 | | | | | | | | | |
| 66 | | | | | | | | | |
| 67 | | | | | | | | | |
| 68 | | | | | | | | | |

Sheet1 / Sheet2 / Sheet3 /

图 16-9　自动筛选后的结果

筛选后所显示的记录的行号呈蓝色，且设置了筛选条件的字段名右侧的向下箭头也变成蓝色。

✧　在筛选条件下拉列表框中，“前 10 个”选项只对数值型字段有效。

✧　要重新显示所有记录，可在筛选字段下拉列表中选择“全部”。

✧　要撤消自动筛选，可再次选择“数据”|“筛选”|“自动筛选”菜单，此时所有记录将重新全部显示出来。

### 16.2.2　自定义自动筛选

如果要进行更复杂的筛选，可以通过选择字段名下拉列表框中的“自定义…”选项来缩减自动筛选数据的范围。例如，如果希望筛选出课程名称为“大学语文”和“英语”的所有记录。可按照如下步骤操作：

（1）在图 16-8 所示的“课程名称”下拉列表中选择“(自定义)”，打开如图 16-10 所示的“自定义自动筛选方式”对话框。

（2）在右上角编辑框中输入“*语*”。

（3）单击“确定”按钮，则结果将如图 16-11 所示。

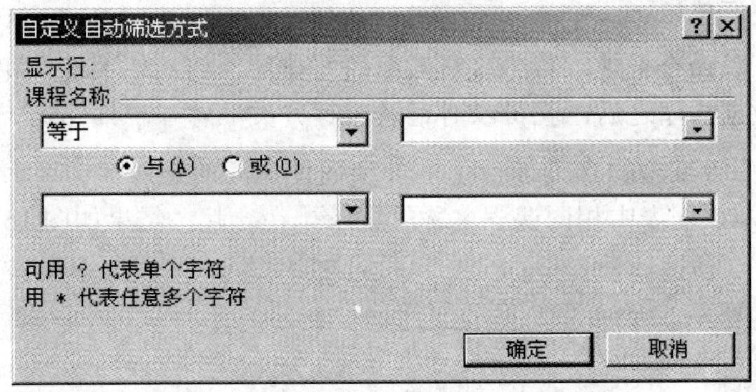


图 16-10　“自定义自动筛选方式”对话框

| | A | B | C | D | E | F | G | H | I |
|---|---|---|---|---|---|---|---|---|---|
| 1 | 编号 | 学期 | 班数 | 课程名称 | 人数 | 课时 | | | |
| 6 | 9 | 3 | 3 | 大学语文 | 44 | 63 | | | |
| 10 | 10 | 3 | 6 | 英语 | 44 | 45 | | | |
| 12 | 18 | 3 | 7 | 大学语文 | 44 | 21 | | | |
| 17 | 37 | 3 | 3 | 英语 | 48 | 53 | | | |
| 18 | 36 | 3 | 1 | 大学语文 | 48 | 43 | | | |
| 20 | 46 | 3 | 8 | 英语 | 48 | 33 | | | |
| 36 | 45 | 3 | 1 | 大学语文 | 58 | 52 | | | |
| 43 | 19 | 3 | 8 | 英语 | 66 | 70 | | | |
| 45 | 28 | 3 | 2 | 英语 | 66 | 31 | | | |
| 52 | 27 | 3 | 5 | 大学语文 | 75 | 26 | | | |
| 53 | 55 | 3 | 1 | 英语 | 75 | 26 | | | |
| 57 | 54 | 3 | 6 | 大学语文 | 85 | 32 | | | |
| 59 | 1 | 3 | 3 | 英语 | 88 | 34 | | | |
| 61 | | | | | | | | | |
| 62 | | | | | | | | | |

Sheet1 / Sheet2 / Sheet3

图 16-11　筛选出产品名称含“语”字的所有记录

✧　如果想保存或打印筛选后的数据，请利用前面介绍的复制方法，将其复制到其他工作表或同一工作表的其他区域。

✧　如果想取消对数据区中所有列进行的筛选，请选择“数据”菜单中的“筛选”命令，再单击“全部显示”子命令。

## 16.3　用分类汇总法进行数据统计

对于一个工作表而言，如果能够在适当的位置加上统计数据，将使其内容更加清晰易懂，Excel 提供的分类汇总功能将帮助用户解决这个问题。使用“分类汇总”命令，不需要创建公式，Excel 将自动创建公式，并对某个字段提供诸如“求和”和“均值”之类的汇总函数，实现对分类汇总值的计算，而且将计算结果分级显示出来。

### 16.3.1 创建分类汇总

在执行分类汇总命令之前，首先应对数据进行排序，将其中关键字相同的一些记录集中在一起。当对数据排序之后，就可以对记录进行分类汇总了。具体操作步骤如下：

（1）对需要分类汇总的字段进行排序，从而使相同的记录集中在一起。例如，将图 16-1 所示工作表中相同课程名称的记录排在一起，结果如图 16-12 所示。

| | A | B | C | D | E | F | G | H | I |
|---|---|---|---|---|---|---|---|---|---|
| 1 | 编号 | 学期 | 班数 | 课程名称 | 人数 | 课时 | | | |
| 2 | 9 | 3 | 3 | 大学语文 | 44 | 63 | | | |
| 3 | 18 | 3 | 7 | 大学语文 | 44 | 21 | | | |
| 4 | 36 | 3 | 1 | 大学语文 | 48 | 43 | | | |
| 5 | 45 | 3 | 1 | 大学语文 | 58 | 52 | | | |
| 6 | 27 | 3 | 5 | 大学语文 | 75 | 26 | | | |
| 7 | 54 | 3 | 6 | 大学语文 | 85 | 32 | | | |
| 8 | 50 | 3 | 4 | 德育 | 46 | 36 | | | |
| 9 | 32 | 3 | 1 | 德育 | 50 | 61 | | | |
| 10 | 23 | 3 | 2 | 德育 | 50 | 36 | | | |
| 11 | 5 | 3 | 4 | 德育 | 50 | 26 | | | |
| 12 | 59 | 3 | 9 | 德育 | 56 | 60 | | | |
| 13 | 14 | 3 | 7 | 德育 | 59 | 28 | | | |
| 14 | 41 | 3 | 2 | 德育 | 76 | 35 | | | |
| 15 | 35 | 3 | 1 | 离散数学 | 44 | 62 | | | |
| 16 | 17 | 3 | 7 | 离散数学 | 44 | 21 | | | |

Sheet1 / Sheet2 / Sheet3

图 16-12　按课程名称排序

（2）选定要进行数据汇总的单元格区域中的任一单元格。

（3）选择“数据”|“分类汇总”菜单，打开如图 16-13 所示“分类汇总”对话框。

（4）单击“分类字段”的向下箭头，在弹出的下拉列表中选择所需字段作为分类汇总的依据。例如，选择“课程名称”字段。

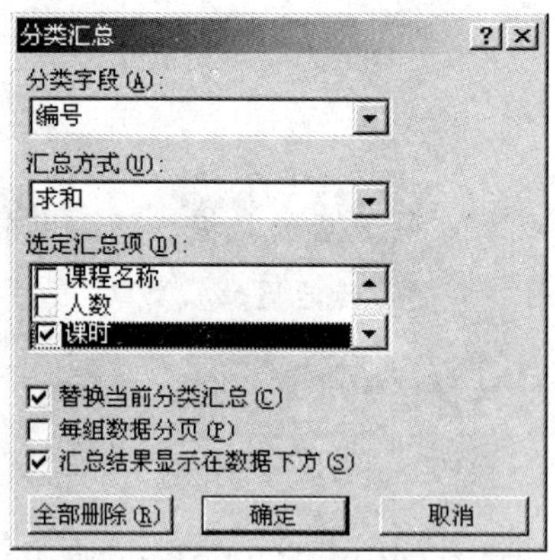


图 16-13　“分类汇总”对话框

（5）在“汇总方式”列表框中，选择所需的统计函数。分类汇总命令可以支持如求和、均值、最大值、计数等多种函数。例如，选择“求和”函数。

（6）在“选定汇总项”列表框中，选中需要对其汇总计算的字段前面的复选框。例如，选择“人数”、“课时”。

（7）可以根据需要选择相应的复选框，指定汇总结果的显示位置。其中：

- “替换当前分类汇总”：选中该复选框，表示按本次分类要求进行汇总。
- “每组数据分页”：选中该复选框，表示将每一类分页显示。
- “汇总结果显示在数据下方”：选中该复选框，表示将分类汇总数放在本类的最后一行，系统默认的方式是将分类汇总数放在本类的第一行。

（8）单击“确定”按钮，即可得到分类汇总结果，如图 16-14 所示。

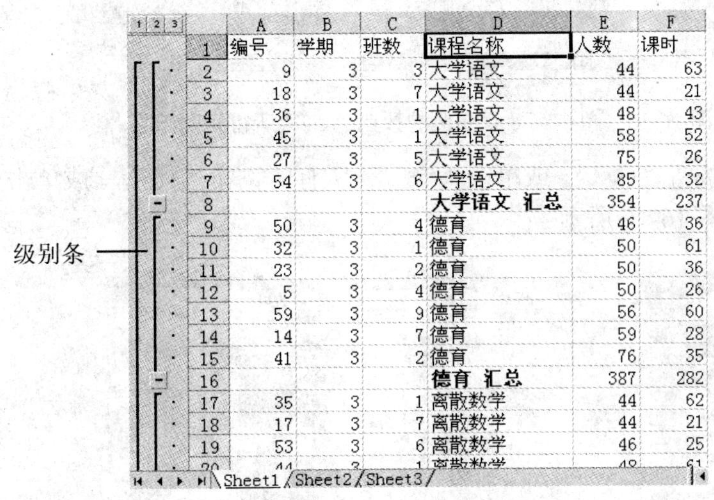


| | A | B | C | D | E | F |
|---|---|---|---|---|---|---|
| 1 | 编号 | 学期 | 班数 | 课程名称 | 人数 | 课时 |
| 2 | 9 | 3 | 3 | 大学语文 | 44 | 63 |
| 3 | 18 | 3 | 7 | 大学语文 | 44 | 21 |
| 4 | 36 | 3 | 1 | 大学语文 | 48 | 43 |
| 5 | 45 | 3 | 1 | 大学语文 | 58 | 52 |
| 6 | 27 | 3 | 5 | 大学语文 | 75 | 26 |
| 7 | 54 | 3 | 6 | 大学语文 | 85 | 32 |
| 8 | | | | **大学语文 汇总** | 354 | 237 |
| 9 | 50 | 3 | 4 | 德育 | 46 | 36 |
| 10 | 32 | 3 | 1 | 德育 | 50 | 61 |
| 11 | 23 | 3 | 2 | 德育 | 50 | 36 |
| 12 | 5 | 3 | 4 | 德育 | 50 | 26 |
| 13 | 59 | 3 | 9 | 德育 | 56 | 60 |
| 14 | 14 | 3 | 7 | 德育 | 59 | 28 |
| 15 | 41 | 3 | 2 | 德育 | 76 | 35 |
| 16 | | | | **德育 汇总** | 387 | 282 |
| 17 | 35 | 3 | 1 | 离散数学 | 44 | 62 |
| 18 | 17 | 3 | 7 | 离散数学 | 44 | 21 |
| 19 | 53 | 3 | 6 | 离散数学 | 46 | 25 |

图 16-14　分类汇总结果

### 16.3.2　显示或隐藏清单的细节数据

从图 16-14 可以看出，在显示分类汇总结果的同时，分类汇总表的左侧自动显示一些分级显示按钮。表 16-1 给出了这些按钮的功能。

表 16-1　分级显示按钮的功能

| 图　示 | 名　称 | 功　能 |
|---|---|---|
| + | 显示细节按钮 | 单击此按钮可以显示分级显示信息 |
| − | 隐藏细节按钮 | 单击此按钮可以隐藏分级显示信息 |
| 1 | 级别按钮 | 单击此按钮只显示总的汇总结果，即总计数据 |
| 2 | 级别按钮 | 单击此按钮则显示部分数据及其汇总结果 |
| 3 | 级别按钮 | 单击此按钮显示全部数据 |
| 参见图 16-14 | 级别条 | 指示属于某一级别的细节行或列的范围 |

利用这些分级显示按钮可以控制数据的显示。例如，在图 16-14 中单击第 8、16、23、30 行左侧的按钮“−”，或单击该按钮上的级别条，结果如图 16-15 所示。

| | A | B | C | D | E | F |
|---|---|---|---|---|---|---|
| 1 | 编号 | 学期 | 班数 | 课程名称 | 人数 | 课时 |
| 8 | | | | **大学语文 汇总** | 354 | 237 |
| 16 | | | | **德育 汇总** | 387 | 282 |
| 23 | | | | **离散数学 汇总** | 308 | 258 |
| 30 | | | | **体育 汇总** | 294 | 280 |
| 31 | 13 | 3 | 7 | 微积分 | 50 | 46 |
| 32 | 49 | 3 | 8 | 微积分 | 51 | 49 |
| 33 | 4 | 3 | 4 | 微积分 | 57 | 21 |
| 34 | 22 | 3 | 1 | 微积分 | 58 | 41 |
| 35 | 58 | 3 | 8 | 微积分 | 65 | 48 |
| 36 | 40 | 3 | 3 | 微积分 | 66 | 25 |
| 37 | 31 | 3 | 3 | 微积分 | 67 | 21 |
| 38 | | | | **微积分 汇总** | 414 | 251 |
| 39 | 48 | 3 | 3 | 线性代数 | 51 | 42 |
| 40 | 3 | 3 | 3 | 线性代数 | 57 | 30 |
| 41 | 21 | 3 | 1 | 线性代数 | 58 | 41 |

图 16-15　单击第 8 行左侧的按钮“-”所得到的结果

又如，单击级别按钮“2”，或单击“2”列所有的按钮“-”，或单击“2”列所有的级别条，结果如图 16-16 所示。

| | A | B | C | D | E | F |
|---|---|---|---|---|---|---|
| 1 | 编号 | 学期 | 班数 | 课程名称 | 人数 | 课时 |
| 8 | | | | **大学语文 汇总** | 354 | 237 |
| 16 | | | | **德育 汇总** | 387 | 282 |
| 23 | | | | **离散数学 汇总** | 308 | 258 |
| 30 | | | | **体育 汇总** | 294 | 280 |
| 38 | | | | **微积分 汇总** | 414 | 251 |
| 46 | | | | **线性代数 汇总** | 443 | 267 |
| 54 | | | | **英语 汇总** | 435 | 292 |
| 62 | | | | **哲学 汇总** | 486 | 254 |
| 69 | | | | **政经 汇总** | 292 | 282 |
| 70 | | | | **总计** | 3413 | 2403 |
| 71 | | | | | | |
| 72 | | | | | | |
| 73 | | | | | | |
| 74 | | | | | | |
| 75 | | | | | | |

图 16-16　单击级别按钮“2”所得到的结果

又如，单击级别按钮“1”，或者单击“1”列按钮“-”或级别条，结果如图 16-17 所示。

| | A | B | C | D | E | F |
|---|---|---|---|---|---|---|
| 1 | 编号 | 学期 | 班数 | 课程名称 | 人数 | 课时 |
| 70 | | | | **总计** | 3413 | 2403 |
| 71 | | | | | | |
| 72 | | | | | | |

图 16-17　单击级别按钮“1”所得到的结果

### 16.3.3　清除分类汇总

如果想取消分类汇总的显示结果，恢复到工作表的初始状态，其操作步骤如下：

（1）选择分类汇总数据区。

（2）单击“数据”菜单中的“分类汇总”命令。

（3）在“分类汇总”对话框中单击“全部删除”按钮，即可清除分类汇总。

# 16.4　合并计算

利用 Excel 提供的合并计算功能，可以帮助用户汇总一个或多个源区域中的数据。例如，某总公司做年终报表时，常常要把各分公司或各部门先期分别建立的数据报表汇总，这时，就可以利用合并计算功能来完成这项工作。

在合并计算中，存放合并计算结果的工作表称为“目标工作表”，其中接收合并数据的区域称为“目标区域”，而被合并计算的各个工作表称为“源工作表”，其中被合并计算的数据区域称为“源区域”。Excel 提供了两种合并计算数据的方法：按位置合并计算和按类合并计算。

## 16.4.1　按位置合并计算数据

按位置合并计算数据时，要求在所有源区域中的数据被相同地排列。也就是说，希望从每一个源区域中合并计算的数值必须在源区域的相同的相对位置上。

例如，某公司下属有甲、乙两个门市部，表 16-2 所示的是甲和乙门市部一季度的销售利润情况。

表 16-2　甲和乙门市部一季度销售利润情况

| 产品名称 | 一月（万元） | 二月（万元） | 三月（万元） | 合　计 |
|---|---|---|---|---|
| 水泥（甲门市部） | 12 | 23 | 28 | 63 |
| 钢材（甲门市部） | 50 | 45 | 61 | 156 |
| 沥青（甲门市部） | 5 | 8 | 6 | 19 |
| 木材（甲门市部） | 10 | 13 | 14 | 37 |
| 玻璃（甲门市部） | 6 | 9 | 8 | 23 |
| 水泥（乙门市部） | 11 | 20 | 25 | 56 |
| 钢材（乙门市部） | 50 | 40 | 61 | 151 |
| 沥青（乙门市部） | 5 | 5 | 6 | 16 |
| 木材（乙门市部） | 10 | 10 | 12 | 32 |
| 玻璃（乙门市部） | 6 | 7 | 8 | 21 |

因此，汇总两个门市部的销售利润便得到公司一季度的销售利润。这时，就可以利用 Excel 提供的合并计算功能。具体操作步骤如下：

（1）使用工作表组功能建立如图 16-18 所示的工作簿文件。

（2）分别单击甲和乙门市部工作表标签，并在其中输入有关数据，结果如图 16-19 和图 16-20 所示。

（3）单击总公司工作表标签，如图 16-21 所示。

（4）选定总公司工作表为目标工作表，并在其中选定 B4：E9 为目标区域。

（5）单击“数据”菜单，选择“合并计算”命令，打开如图 16-22 所示“合并计算”对话框。

| | A | B | C | D | E | F |
|---|---|---|---|---|---|---|
| 1 | 甲部门一季度产品销售利润 | | | | | |
| 2 | | | | | 单位：万元 | |
| 3 | 产品名称 | 一月 | 二月 | 三月 | 合计 | |
| 4 | 水泥 | 11.00 | 20.00 | 56.00 | 87.00 | |
| 5 | 钢材 | 50.00 | 40.00 | 61.00 | 151.00 | |
| 6 | 沥青 | 5.00 | 5.00 | 6.00 | 16.00 | |
| 7 | 木材 | 10.00 | 10.00 | 12.00 | 32.00 | |
| 8 | 玻璃 | 6.00 | 7.00 | 8.00 | 21.00 | |
| 9 | 合计 | 82.00 | 82.00 | 143.00 | 307.00 | |
| 10 | | | | | | |
| 11 | | | | | | |
| 12 | | | | | | |

甲门市部 / 乙门市部 / 总公司

图 16-18　建立合并计算数据

| | A | B | C | D | E | F |
|---|---|---|---|---|---|---|
| 1 | 甲部门一季度产品销售利润 | | | | | |
| 2 | | | | | 单位：万元 | |
| 3 | 产品名称 | 一月 | 二月 | 三月 | 合计 | |
| 4 | 水泥 | 12.00 | 23.00 | 28.00 | 63.00 | |
| 5 | 钢材 | 50.00 | 45.00 | 61.00 | 156.00 | |
| 6 | 沥青 | 5.00 | 8.00 | 6.00 | 19.00 | |
| 7 | 木材 | 10.00 | 13.00 | 14.00 | 37.00 | |
| 8 | 玻璃 | 6.00 | 9.00 | 8.00 | 23.00 | |
| 9 | 合计 | 83.00 | 98.00 | 117.00 | 298.00 | |
| 10 | | | | | | |
| 11 | | | | | | |
| 12 | | | | | | |

甲门市部 / 乙门市部 / 总公司

图 16-19　甲门市部一季度的销售利润

| | A | B | C | D | E | F |
|---|---|---|---|---|---|---|
| 1 | 乙部门一季度产品销售利润 | | | | | |
| 2 | | | | | 单位：万元 | |
| 3 | 产品名称 | 一月 | 二月 | 三月 | 合计 | |
| 4 | 水泥 | 11.00 | 20.00 | 25.00 | 56.00 | |
| 5 | 钢材 | 50.00 | 40.00 | 61.00 | 151.00 | |
| 6 | 沥青 | 5.00 | 5.00 | 6.00 | 16.00 | |
| 7 | 木材 | 10.00 | 10.00 | 12.00 | 32.00 | |
| 8 | 玻璃 | 6.00 | 7.00 | 8.00 | 21.00 | |
| 9 | 合计 | 82.00 | 82.00 | 112.00 | 276.00 | |
| 10 | | | | | | |
| 11 | | | | | | |
| 12 | | | | | | |

甲门市部 / 乙门市部 / 总公司

图 16-20　乙门市部一季度的销售利润

图 16-21　总公司工作表

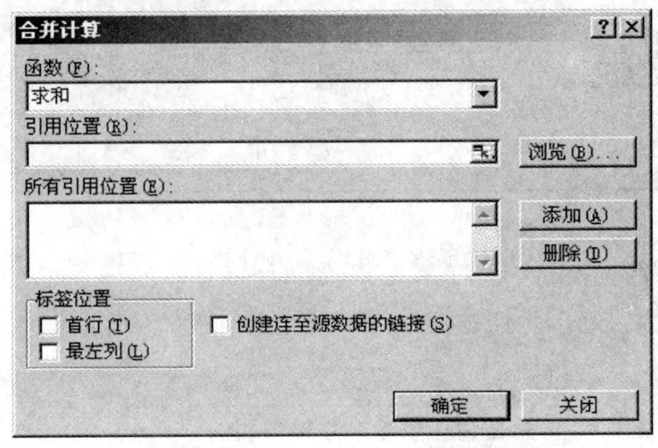


图 16-22　“合并计算”对话框

（6）在“函数”框中选择“求和”函数为合并计算数据的汇总函数。用于合并计算的函数包括：求和、计算、均值、总体方差等 11 种函数。

（7）在“引用位置”框中，输入源区域引用；或单击源工作表，选定源区域，于是该区域的引用也将出现在“引用位置”框中。这里，单击甲门市部工作表标签，选定单元格区域 B4：E8 为源区域，如图 16-23 所示。

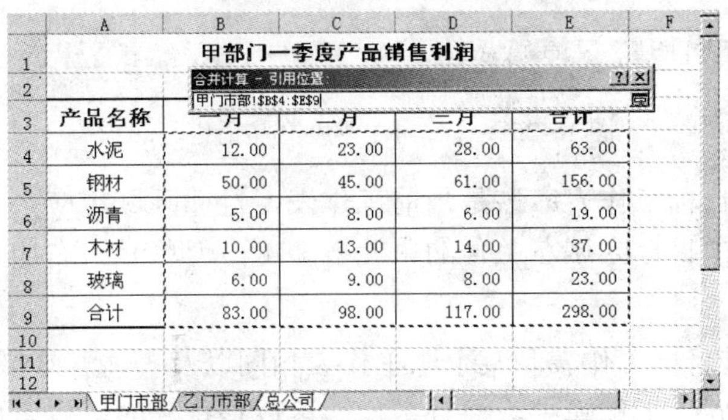


图 16-23　选定源区域

（8）单击“合并计算”对话框中的折叠按钮使对话框还原，然后单击“添加”按钮。

（9）对要进行合并计算的所有源区域重复（7）~（8）步骤。图 16-24 显示的是选定乙门市部工作表中单元格区域 B4：E9 为源区域之后的结果。

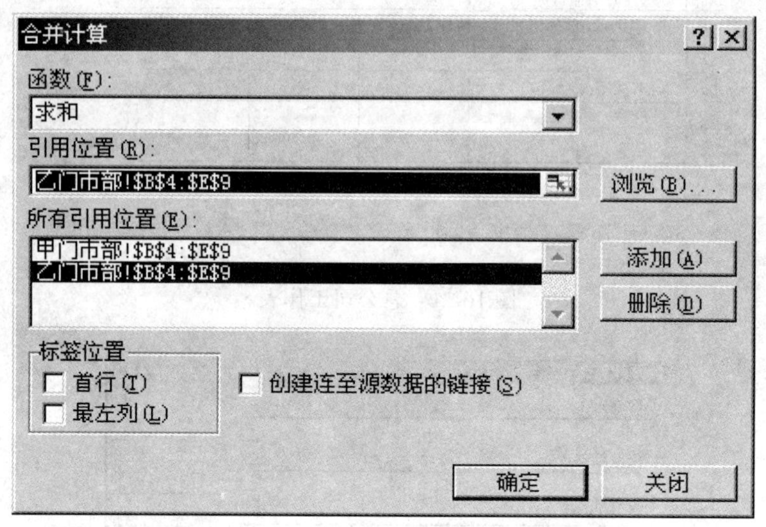


图 16-24 完成后的“合并计算”对话框

（10）单击“确定”按钮，于是在目标工作表中显示合并计算结果，如图 16-25 所示。

| | A | B | C | D | E | F |
|---|---|---|---|---|---|---|
| 1 | 总公司一季度产品销售利润 | | | | | |
| 2 | | | | | 单位：万元 | |
| 3 | 产品名称 | 一月 | 二月 | 三月 | 合计 | |
| 4 | 水泥 | 23.00 | 43.00 | 53.00 | 119.00 | |
| 5 | 钢材 | 100.00 | 85.00 | 122.00 | 307.00 | |
| 6 | 沥青 | 10.00 | 13.00 | 12.00 | 35.00 | |
| 7 | 木材 | 20.00 | 23.00 | 26.00 | 69.00 | |
| 8 | 玻璃 | 12.00 | 16.00 | 16.00 | 44.00 | |
| 9 | 合计 | 165.00 | 180.00 | 229.00 | 574.00 | |
| 10 | | | | | | |
| 11 | | | | | | |
| 12 | | | | | | |

甲门市部 / 乙门市部 / 总公司

图 16-25 总公司一季度产品销售利润

在合并计算中，目标工作表应该是当前工作表，目标区域也应是当前单元格区域。选定目标区域时，只单击目标区域左上角的单元格即可，但单元格右边及下边必须有足够的空单元格。

另外，Excel 允许目标工作表和某个源工作表相同以及一些源区域在相同的工作表上；源工作表可以位于不同的工作簿中，并且工作簿可以是打开的，也可以是关闭的。如果需要的工作表没有打开，单击“合并计算”对话框中的“浏览”按钮，将出现如图 16-26 所示的“浏览”对话框。

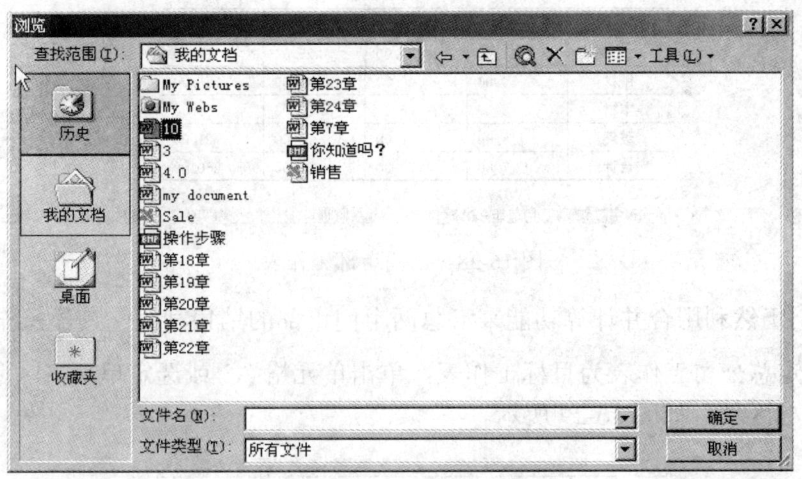


图 16-26　“浏览”对话框。

用户可以从中选定包含源区域的工作簿，单击“确定”按钮。于是将在“引用位置”框中插入该文件名（源工作簿名称）和一个感叹号，然后在“引用位置”框中输入包括源工作表名称的单元格区域引用，最后单击“添加”按钮即可为合并计算选定一个源区域。当然，也可以直接在“引用位置”框中输入一个不同工作簿的单元格区域引用。

### 16.4.2　按类合并计算数据

如果各门市部销售的产品种类不尽相同，工作表格式也不一定相同，同样可以使用合并计算功能来完成汇总工作。但此时不能使用上述按位置合并计算的方法，而应按类合并计算数据。其操作方法与按位置合并的操作方法类似。

例如，如图 16-27 和图 16-28 所示的分别是公司下属的甲、乙两个门市部一季度的销售利润情况，并且各门市部销售的产品种类不尽相同。

| | A | B | C | D | E | F |
|---|---|---|---|---|---|---|
| 1 | 甲部门一季度产品销售利润 | | | | | |
| 2 | | | | | 单位：万元 | |
| 3 | 产品名称 | 一月 | 二月 | 三月 | 合计 | |
| 4 | 钢材 | 50.00 | 45.00 | 61.00 | 156.00 | |
| 5 | 沥青 | 5.00 | 8.00 | 6.00 | 19.00 | |
| 6 | 木材 | 10.00 | 13.00 | 14.00 | 37.00 | |
| 7 | 合计 | 65.00 | 66.00 | 81.00 | 212.00 | |
| 8 | | | | | | |
| 9 | | | | | | |
| 10 | | | | | | |

甲门市部 / 乙门市部 / 总公司

图 16-27　甲门市部工作表

乙部门一季度产品销售利润

单位：万元

| 产品名称 | 一月 | 二月 | 三月 | 合计 |
|---|---|---|---|---|
| 水泥 | 11.00 | 20.00 | 25.00 | 56.00 |
| 钢材 | 50.00 | 40.00 | 61.00 | 151.00 |
| 木材 | 10.00 | 10.00 | 12.00 | 32.00 |
| 玻璃 | 6.00 | 7.00 | 8.00 | 21.00 |
| 合计 | 77.00 | 77.00 | 106.00 | 260.00 |

甲门市部 乙门市部 总公司

图 16-28　乙门市部工作表

以下我们仍然利用合并计算功能来汇总两个门市部的销售利润。具体操作步骤如下：

（1）选定总公司工作表为目标工作表，单击单元格 A3 或选定单元格区域 A3：E9 为目标区域，如图 16-29 所示。

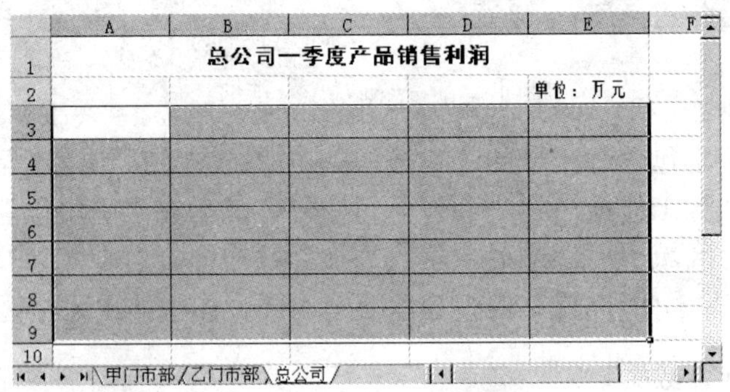


图 16-29　选定目标区域

（2）单击“数据”菜单，选择“合并计算”命令，弹出“合并计算”对话框。

（3）在“函数”框中，选择“求和”函数为合并计算数据的汇总函数。

（4）用前面介绍的方法为合并计算选定源区域，其中在甲门市部工作表中选定单元格区域 A3：E7，在乙门市部工作表中选定单元格区域 A3：E8。并选择“首行”和“最左列”复选框。结果如图 16-30 所示。

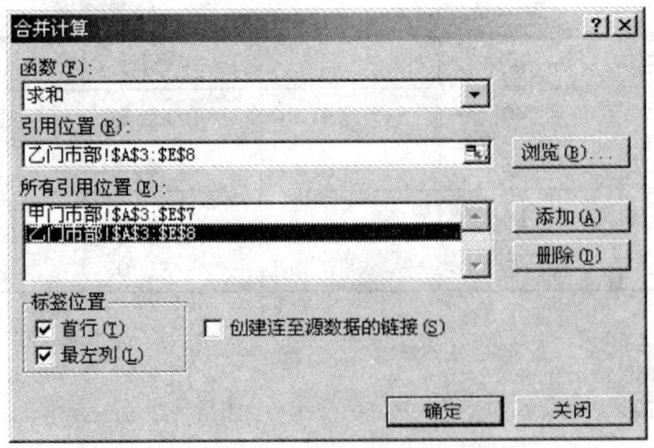


图 16-30　选定源区域和设置标志

（6）单击“确定”按钮。于是在目标工作表中显示合并计算结果，如图 16-31 所示。

| | A | B | C | D | E | F |
|---|---|---|---|---|---|---|
| 1 | 总公司一季度产品销售利润 | | | | | |
| 2 | | | | | 单位：万元 | |
| 3 | | 一月 | 二月 | 三月 | 合计 | |
| 4 | 水泥 | 11.00 | 20.00 | 25.00 | 56.00 | |
| 5 | 钢材 | 100.00 | 85.00 | 122.00 | 307.00 | |
| 6 | 沥青 | 5.00 | 8.00 | 6.00 | 19.00 | |
| 7 | 木材 | 20.00 | 23.00 | 26.00 | 69.00 | |
| 8 | 玻璃 | 6.00 | 7.00 | 8.00 | 21.00 | |
| 9 | 合计 | 142.00 | 143.00 | 187.00 | 472.00 | |
| 10 | | | | | | |

甲门市部 / 乙门市部 / 总公司

图 16-31　按类合并计算结果

✧　按类合并计算数据时，必须包含行或列标志，如果分类标志在顶端行，应选择“首行”复选框，如果分类标志在最左列，则应选择“最左列”复选框，也可以同时选择两个复选框。这样 Excel 将会自动按指定的标志汇总。不想合并计算的分类具有只出现在一个源区域的独一无二的标志。此外，标志区分大小写，即以大小写输入同样的拼写将视为不同的标志。

### 16.4.3　合并计算的自动更新

在合并计算中，利用链接功能可以实现合并数据的自动更新。也就是说，如果我们希望当源数据改变时合并结果也会自动更新，则应选中“创建连至源数据的链接”复选框。这样一来，当每次更新源数据时，就不必都要再执行一次“合并计算”命令。

✧　当源区域和目标区域在同一张工作表时，是不能够建立链接的。此外，如果包含目标区域的工作表同时也包含一个分级显示或被用于一个链接的合并计算，如果我们没有移去分级显示和链接公式，那么目标工作表会被破坏。因此，在建立链接之前要检查合并计算，先进行一个无链接的合并计算，再进行链接的合并计算。

### 16.4.4 为合并计算添加源区域

对于一个建立合并计算的工作表文件，用户还可以进一步编辑，即可以调整源区域并在目标区域中重新合并计算。不过，所执行的操作必须是以目标区域与源区域没有建立链接关系为前提。如果用户已经建立了目标区域与源区域的链接，同时又要调整合并计算，那么在进行调整之前，应先删除合并计算的结果并取消分级显示。

如果要在某个已存在合并计算中增加一个源区域，可按如下步骤操作：

（1）单击合并计算数据表的左上角单元格。

（2）单击“数据”菜单，选择“合并计算”命令，弹出“合并计算”对话框。

（3）在“引用位置”框中输入想要添加的源区域引用；如果包含该源区域的工作表处于打开状态，可以用鼠标选定该源区域。

（4）单击“添加”按钮。

（5）如果要使用新的源区域进行合并计算，请单击“确定”按钮；否则单击“关闭”按钮。

### 16.4.5 更改合并计算源区域的引用

更改源区域引用的操作步骤如下：

（1）单击合并计算数据表的左上角单元格。

（2）单击“数据”菜单，选择“合并计算”命令，弹出“合并计算”对话框。

（3）在“所有引用位置”框中，选定想修改的源区域。

（4）将光标插入“引用位置”框中，然后编辑所选定的引用。

（5）单击“添加”按钮。如果不想保留原有引用，先在“所有引用位置”框中选定它，然后单击“删除”按钮。

（6）如果要使用修改后的源区域进行合并计算，请单击“确定”按钮；否则单击“关闭”按钮。

### 16.4.6 删除一个源区域的引用

删除一个源区域引用的操作步骤如下：

（1）单击合并计算数据表的左上角单元格。

（2）单击“数据”菜单，选择“合并计算”命令，弹出“合并计算”对话框。

（3）在“所有引用位置”框中，选定想要删除的源区域。

（4）单击“删除”按钮。

（5）如果要使用删除后的新的源区域进行合并计算，请单击“确定”按钮；否则单击“关闭”按钮。

# 16.5　使用透视表

Excel 2002 为了帮助用户探究数据内部的奥秘，提供了一种简单、形象、实用的数据分析工具——数据透视表。数据透视表是一种交互式工作表，可以从不同的角度观察和分析数据，并可对其汇总。

## 16.5.1　建立数据透视表

数据透视表也是一种表格，是一种对大量数据快速汇总和建立交叉列表的动态工作表。它不仅具有转换行和列来查看源数据的不同汇总结果、显示不同页面以筛选数据、根据需要显示区域中的细节数据、设置报告格式等功能，还具有链接图表的功能。

创建数据透视表的基本操作步骤如下：

（1）打开要创建数据透视表的工作簿。

（2）如果要从工作表数据清单或数据库创建透视表，请单击数据清单或数据库中的任一单元格，如图 16-32 所示。

| | A | B | C | D | E | F | G | H | I | J | K |
|---|---|---|---|---|---|---|---|---|---|---|---|
| 1 | 编号 | 学期 | 班数 | 课程名称 | 人数 | 课时 | | | | | |
| 2 | 1 | 3 | 3 | 英语 | 88 | 34 | | | | | |
| 3 | 2 | 3 | 3 | 哲学 | 88 | 25 | | | | | |
| 4 | 3 | 3 | 3 | 线性代数 | 57 | 30 | | | | | |
| 5 | 4 | 3 | 4 | 微积分 | 57 | 21 | | | | | |
| 6 | 5 | 3 | 4 | 德育 | 50 | 26 | | | | | |
| 7 | 6 | 3 | 9 | 体育 | 58 | 71 | | | | | |
| 8 | 7 | 3 | 6 | 政经 | 43 | 71 | | | | | |
| 9 | 8 | 3 | 6 | 离散数学 | 51 | 53 | | | | | |
| 10 | 9 | 3 | 3 | 大学语文 | 44 | 63 | | | | | |
| 11 | 10 | 3 | 6 | 英语 | 44 | 45 | | | | | |
| 12 | 11 | 3 | 3 | 哲学 | 58 | 54 | | | | | |
| 13 | 12 | 3 | 3 | 线性代数 | 58 | 36 | | | | | |
| 14 | 13 | 3 | 7 | 微积分 | 50 | 46 | | | | | |
| 15 | 14 | 3 | 7 | 德育 | 59 | 28 | | | | | |

数据源 / Sheet2 / Sheet3

图 16-32　选择要创建透视表的工作表

（3）在“数据”|“数据透视表和数据透视图”菜单，打开数据透视表向导，如图 16-33 所示。

（4）设置数据源类型。

- 如果数据源是工作表的数据清单，选择“Microsoft Excel 数据列表或数据库”单选按钮，在此用户可以选择此项。
- 如果数据源是 Excel 2002 之外的文件或数据库，如 Access 等，则选择“外部数据源”单选按钮。
- 如果数据源是工作表中的多个区域，选择“多重合并计算数据区域”单选按钮。
- 如果数据源是其他已创建的数据透视表，选择“另一个数据透视表或数据透视图”单选按钮。

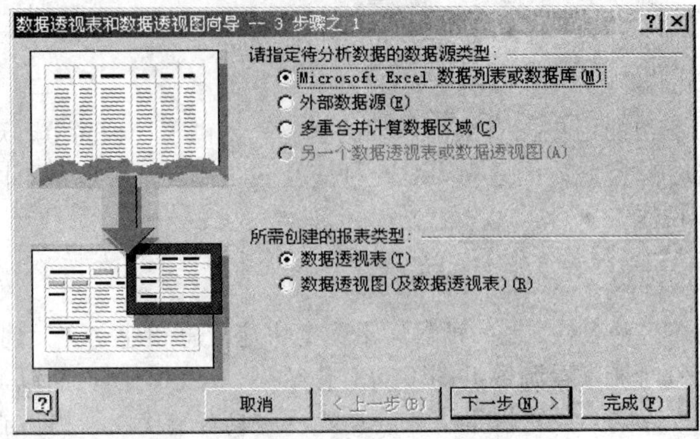


图 16-33　向导步骤之 1 对话框

（5）在“所需创建的报表类型”选项中选择系统默认的“数据透视表”单选按钮，然后单击“下一步”按钮，出现如图 16-34 所示的对话框。

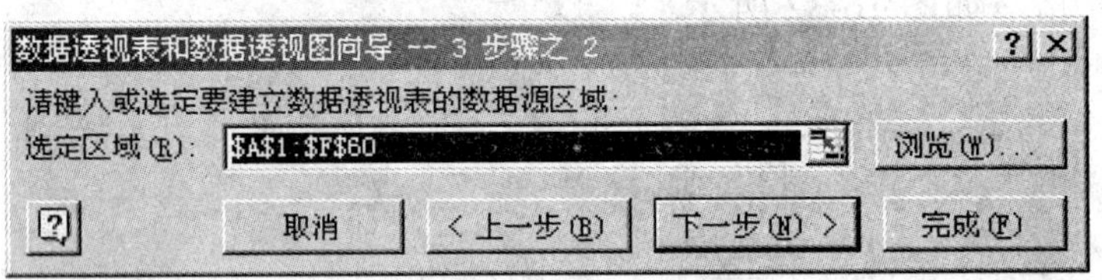


图 16-34　向导步骤之 2 对话框

（6）在“选定区域”文本框中输入数据源区域，或者单击右边的折叠按钮在工作表中选定。选定数据后单击“下一步”按钮，出现如图 16-35 所示的对话框。

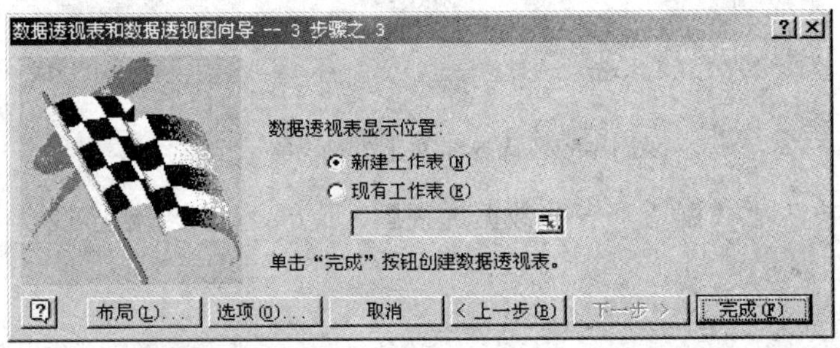


图 16-35　向导步骤之 3 对话框

（7）选择数据透视表的显示位置。如想要显示在新的工作表中，则选择“新建工作表”单选按钮；如想要在现有工作表中显示，则选择“现有工作表”单选按钮，然后在文本框中指定数据透视表的显示区域。本例选择系统默认的“新建工作表”单选按钮，最后单击“完成”按钮，结果如图 16-36 所示。

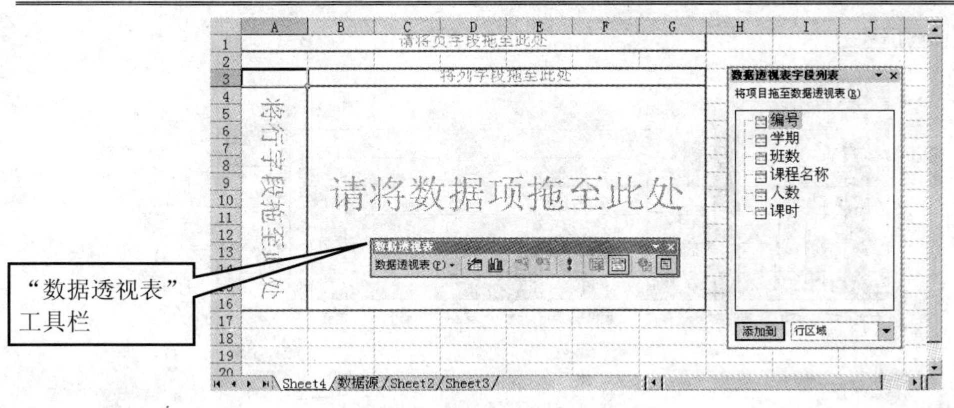


图 16-36　未拖放字段的透视表

（8）将“编号”字段拖动到页字段位置，“课程名称”拖至行字段位置，“班数”与“人数”拖至列字段位置，“课时”拖至数据项位置，结果如图 16-37 所示。

| | A | B | C | D | E | F | G | H | I | J | K | L |
|---|---|---|---|---|---|---|---|---|---|---|---|---|
| 1 | 编号 | (全部) | | | | | | | | | | |
| 2 | | | | | | | | | | | | |
| 3 | 求和项:课时 | 班数 | 人数 | | | | | | | | | |
| 4 | | 1 | | | | | | 1 汇总 | 2 | | | |
| 5 | 课程名称 | 44 | 48 | 50 | 57 | 58 | 75 | | 41 | 50 | 66 | 67 |
| 6 | 大学语文 | | 43 | | | 52 | | 95 | | | | |
| 7 | 德育 | | | 61 | | | | 61 | | 36 | | |
| 8 | 离散数学 | 62 | 61 | | | | | 123 | | | | |
| 9 | 体育 | 61 | | | 26 | | | 87 | 41 | | | |
| 10 | 微积分 | | | | | 41 | | 41 | | | | |
| 11 | 线性代数 | | | | | 41 | | 41 | | | | |
| 12 | 英语 | | | | | | 26 | 26 | | | 31 | |
| 13 | 哲学 | | | | | | 26 | 26 | | | | |
| 14 | 政经 | 52 | | | | | | 52 | | | | 61 |
| 15 | 总计 | 175 | 104 | 61 | 26 | 134 | 52 | 552 | 41 | 36 | 31 | 61 |

图 16-37　创建的数据透视表

✧　创建数据透视图与创建数据透视表的方法相同，只需在以上第 4 步中选择“数据透视图（及数据透视表）”单选钮即可，创建的数据透视图如图 13-38 所示。

✧　当创建数据透视表后，单击“数据透视表”工具栏上的“图表向导”按钮，也可快速地创建数据透视图。

### 16.5.2　变换角度透视

在设置透视表的布局时，可随意将数据清单的字段拖到“行”、“列”或“数据”的位置上，因此，要想改变行列的顺序，可重新布局数据透视表，改变一下字段显示位置就可以了。

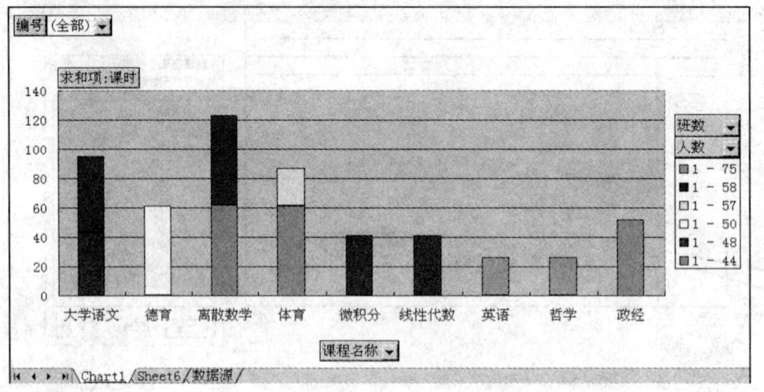


图 16-38　数据透视图

更改数据透视表布局的操作步骤如下：

（1）单击“数据透视表”工具栏上的“数据透视表”按钮，选择“向导”选项，如图 16-39 所示。

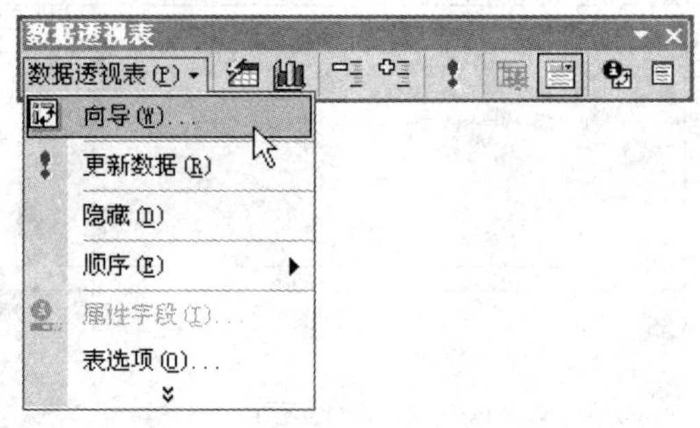


图 16-39　“数据透视表”工具栏

（2）打开图 16-35 所示的对话框，单击“布局”按钮，打开图 16-40 所示的向导布局对话框。

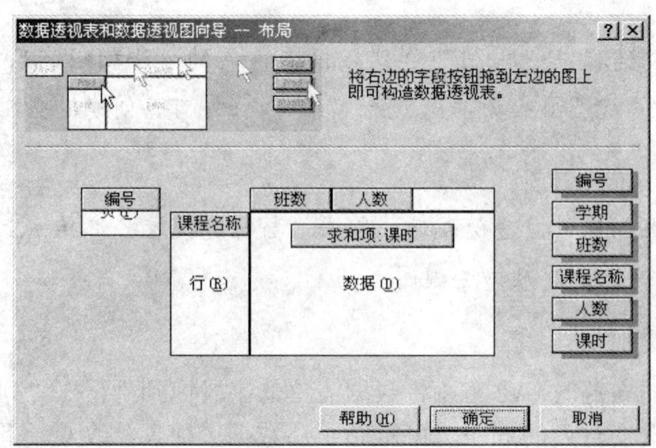


图 16-40　向导布局对话框

（3）在布局对话框上改变数据透视表或数据透视图的布局，单击“确定”按钮。

### 16.5.3 添加或删除字段

用户可以在数据透视表中添加新的字段或删除不需要的字段，以改变数据透视表中使用的数据。在工作表中添加字段可将字段从“数据透视表字段列表”框中拖动到工作表中要创建的字段类型所在的区域；删除字段，只要将字段拖出工作表即可。使用向导添加或删除字段和使用向导重新布局图表的方法类似，在打开“数据透视表和数据透视图向导——布局”对话框后，若要添加字段，可将需要添加的字段从右侧的字段列表拖动到图形区；若要删除字段，可将其拖到图形区之外。完成布局后单击“确定”按钮，再单击“完成”按钮。

- ✧ 有些字段只能在某些区域中使用。如果将字段放置到无法使用字的区域中，则该字段不会在该区域中出现。
- ✧ 更改数据透视表的布局也会影响基于该工作表的任何数据透视图，而且会丢失某些图表格式。

### 16.5.4 利用页面字段简化透视表

为了简化数据透视表，Excel 可以按照某一指定字段（页字段）分页显示数据透视表，每指定页字段中的一个值，数据透视表就给出一种显示（页面），从而筛选掉一些对应于其他数据项的数据。

若要利用页面字段简化透视表，请单击页字段右边箭头按钮，选择所需选项，单击“确定”按钮，如图 16-41 所示。

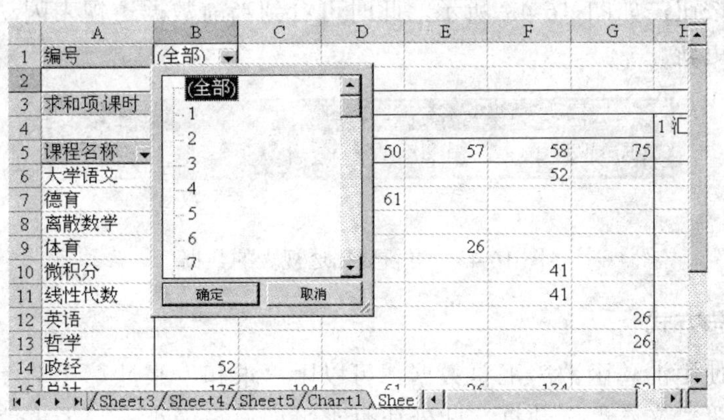


图 16-41 选择页面字段

当数据透视表中显示页字段中某一数据项时，其他数据都被隐藏起来。如果要显示所有页字段中数据项的全部数据，请单击页字段右边的箭头按钮，在下拉列表框中选择“全部”选项，单击“确定”按钮。

建立页字段后的数据透视表可以将每页放在不同的工作表中，以进行单独的打印或绘图操作。在不同工作表中显示页字段的各项数据，操作步骤如下：

（1）单击“数据透视表”工具栏的“数据透视表”按钮，选择“分页显示”选项，打开图 16-42 所示的对话框。

图 16-42 “分页显示”对话框

（2）在“分页显示”对话框中选定页字段，单击“确定”按钮，即可在不同工作表中显示页字段的各项数据。

### 16.5.5 改变透视表中的数据

数据透视表建立以后并不是一成不变的，其中的数据是可以改变或增减的，但是不能直接在数据透视表中进行。数据透视表是基于数据清单的，它和数据清单是链接关系。如果要改变数据还要回到数据清单中进行。

要改变数据透视表中的数据，首先切换到存放数据清单的工作表，在数据清单中修改所需数据，完成修改后切换到需要更新的数据透视表，单击数据“数据透视表”工具栏上的“更新数据”按钮，如图 16-43 所示，此时可看到当前数据透视表闪动一下，数据透视表中的数据自动更新。

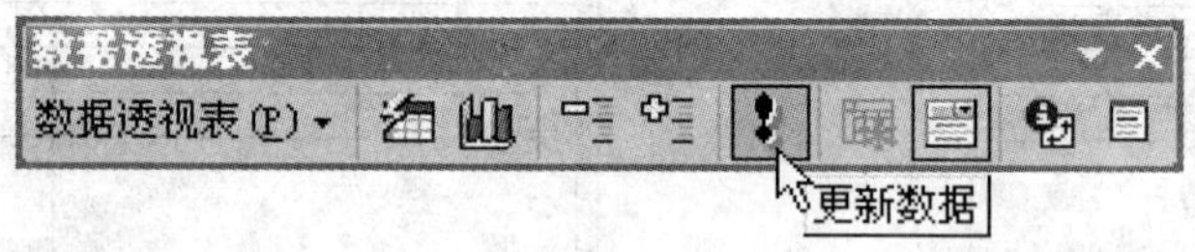


图 16-43 更新数据透视表的数据

### 16.5.6 变换汇总方式

数据透视表使用汇总函数来汇总数据。可以用“求和”来计算“数字型”数据，可以用“计数”来计算“文本型”数据。此外还有求平均值、最小值、最大值等汇总函数。字段的汇总函数可以随意更改。

改变汇总方式可按以下步骤进行：

（1）选择要改变数据汇总方式的数据透视表中的任一单元格。

（2）单击“数据透视表”工具栏上的“字段设置”按钮，打开如图 16-44 所示的“数据透视表字段”对话框。

（3）在“汇总方式”列表中选择所需的汇总方式，单击“选项”按钮，在“数据显示方式”列表中选择所需的显示方式，如图 16-45 所示。

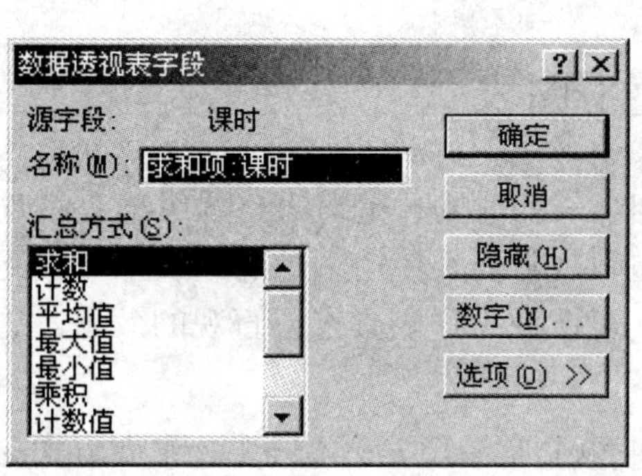


图 16-44　“数据透视表字段”对话框

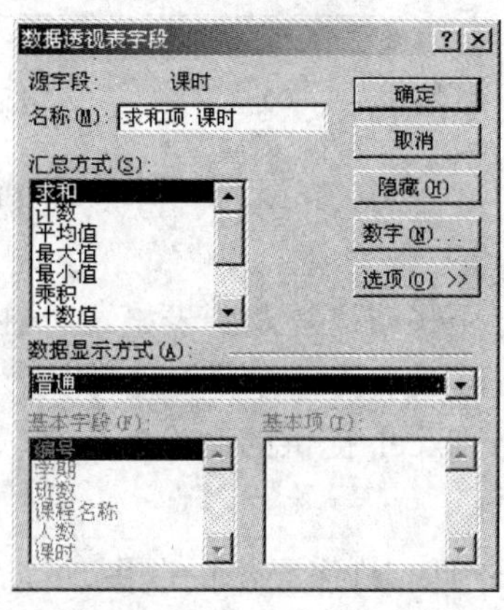


图 16-45　选择数据显示方式

（4）完成设置后，单击“确定”按钮。

### 16.5.7　删除数据透视表

如果要删除工作表中的数据透视表，可按如下步骤操作。

（1）单击要删除的数据透视表中的任一单元格。

（2）单击“数据透视表”工具栏上的“数据透视表”按钮，选择“选定”选项中的“整张表格”，如图 16-46 所示。

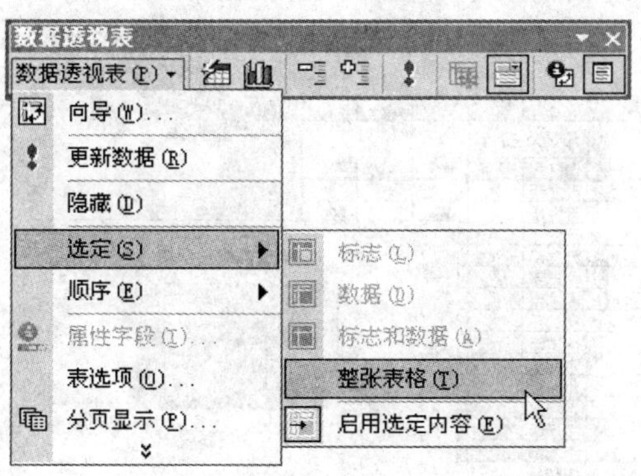


图 16-46　选定整张表格

（3）选择“编辑”|“清除”|“全部”菜单，工作表中的“数据透视表”被删除。

要删除数据透视表所在的工作表，和删除工作表的方法相同。将鼠标指向数据透视表所在的工作表标签单击右键，在弹出快捷菜单中选择“删除”命令，屏幕显示如图 16-47 所示的，单击“确定”按钮，即可将数据透视表和整个工作表都删除。

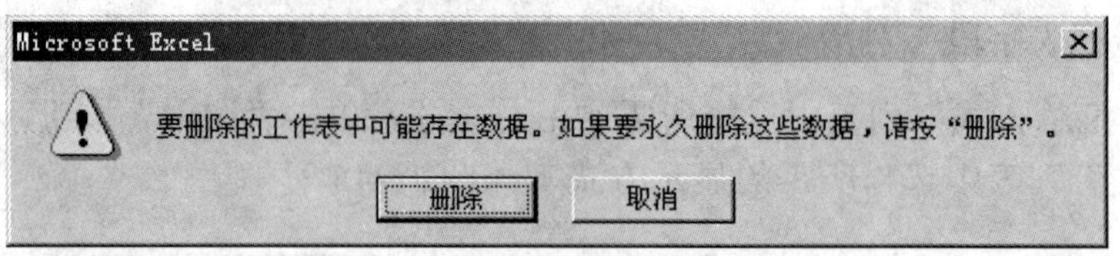


图 16-47 删除工作表

# 16.6 使用图表

对于一些结构复杂的表格，往往要花费相当长的时间才能对表格的纵横关系理出个头绪，既费时又费力。基于这个原因，所以工作中常常需要使用大量的图表来取代乏味的数字。利用 Excel 提供的制作各类图表的功能，可以使工作表具有很直观的效果，更易于理解和交流。

Excel 具有许多高级的制图功能，使用起来也非常简便。在本节中，我们将学习建立一张简单的图表，并对它进行修饰，以使它更加精致。

## 16.6.1 建立图表

根据工作表中的数据可以创建所需要的图表，Excel 2002 提供了图表向导，可以很方便地绘制图表。

### 1. 图表的建立方式

根据图表显示位置的不同，建立图表的方式有两种，由此可产生两种图表，即嵌入式图表和图表工作表。

嵌入式图表是置于工作表中用于补充工作数据的图表，如图 16-48 所示。当要在一个工作表中查看或打印图表及其源数据或其他信息时，可使用嵌入式图表。

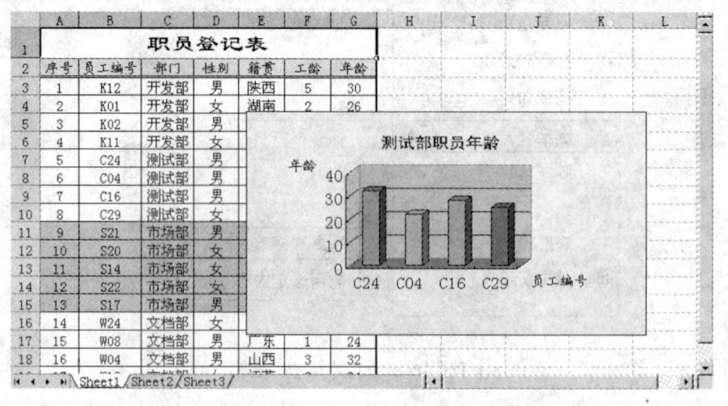


图 16-48 嵌入式图表

图表工作表是工作簿中具有特定工作表名称的独立工作表，如图 16-49 所示。当要独立于工作表数据查看或编辑大而复杂的图表，或希望节省工作表上的屏幕空间时，可以使用图表工作表。

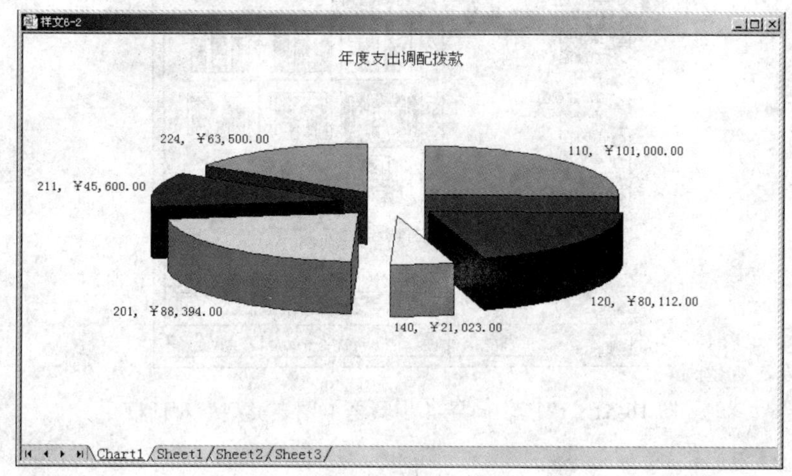


图 16-49　图表工作表

无论是以何种方式建立的图表，都与生成它们的工作表上的源数据建立了链接，这就意味着当更新工作表数据时，同时也会更新图表。

2. 创建图表

各种类型的图表创建步骤是相同的，下面以创建柱形图表为例，介绍如何使用图表向导创建图表。

使用图表向导创建图表的操作步骤如下：

（1）在工作表中选定创建图表所需要的包含数据的单元格区域，如图 16-50 所示。

| | A | B | C | D | E | F |
|---|---|---|---|---|---|---|
| 1 | 公司年度销售额 | | | | | |
| 2 | | | | | | |
| 3 | 商品编码 | 第一季 | 第二季 | 第三季 | 第四季 | 总计 |
| 4 | 合计 | ￥810,000.00 | ￥453,100.00 | ￥638,400.00 | ￥748,500.00 | ￥2,650,000.00 |
| 5 | WD3257C | ￥515,500.00 | ￥82,500.00 | ￥340,000.00 | ￥479,500.00 | ￥1,417,500.00 |
| 6 | WD3306E | ￥68,000.00 | ￥100,000.00 | ￥68,000.00 | ￥140,000.00 | ￥376,000.00 |
| 7 | WH5496A | ￥75,000.00 | ￥144,000.00 | ￥85,500.00 | ￥37,500.00 | ￥342,000.00 |
| 8 | WG1917K | ￥151,500.00 | ￥126,600.00 | ￥144,900.00 | ￥91,500.00 | ￥514,500.00 |
| 9 | | | | | | |
| 10 | | | | | | |

图 16-50　选定数据区域

（2）单击“常用”工具栏上的“图表向导”按钮，或选择“插入”|“全部”菜单，打开“图表向导-4 步骤之 1-图表类型”对话框，如图 16-51 所示。

（3）在“图表类型”列表框中选择需要的图表类型，如选择“柱形图”。

（4）在“子图表类型”中选择子图表类型，如选择“三维簇状柱形图”。

图 16-51　“图表向导-4 步骤之 1-图表类型”对话框

◇　选择图表类型后可以单击“按下不放可察看示例”按钮察看当前所选择区域的对应图表类型的图表绘制结果。

◇　除了在内置的标准类型图表中选择图表格式，还可以使用用户自定义的图表类型。选择“图表向导-4 步骤之 1-图表类型”对话框中的“自定义类型”选项卡，如图 16-52 所示，则自定义图表类型都在此列出，使用方法和标准类型相同。

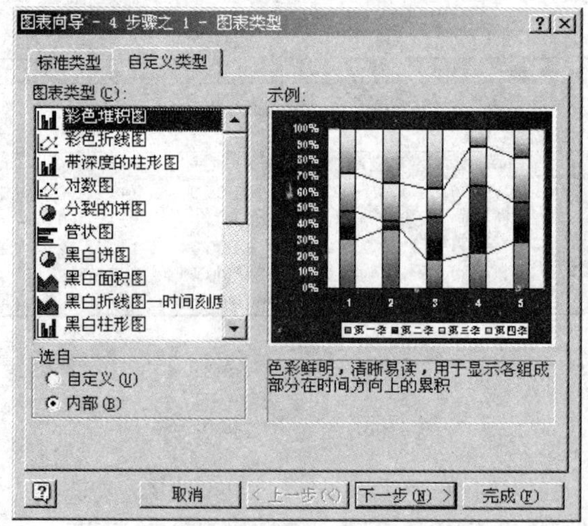


图 16-52　图表的自定义类型

（5）单击“下一步”按钮，打开“图表向导-4 步骤之 2-图表源数据”对话框，如图 16-53 所示。

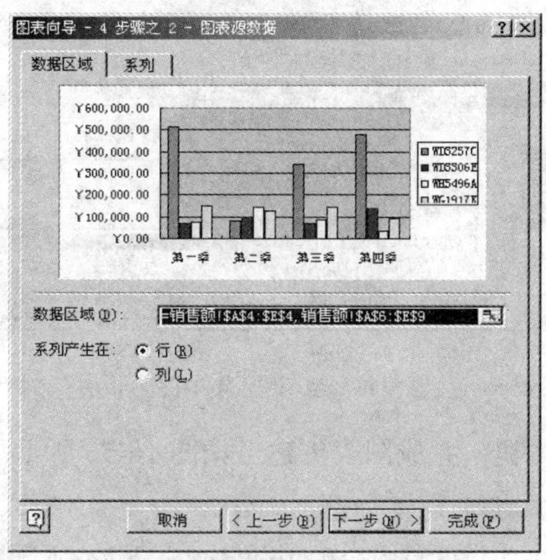


图 16-53　“图表向导-4 步骤之 2-图表源数据”对话框

（6）因为在第一步已经选定了单元格的范围，故此处不必再指定数据区域。如果没有执行该操作或者需要重新指定，可以在“数据区域”下拉列表中输入产生图表的工作表中的数据范围，也可以单击“数据区域”下拉列表框右侧的折叠按钮，然后直接在当前工作表中选择单元格区域，选择完毕单击折叠按钮。

（7）选择系列产生的方式，按“行”产生，或按“列”产生，如此处选择“行”，单击“下一步”按钮，打开“图表向导-4 步骤之 3-图表选项”对话框，如图 16-54 所示。

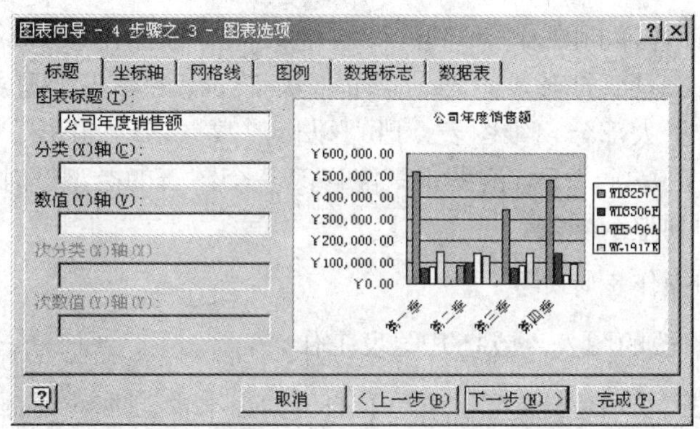


图 16-54　“图表向导-4 步骤之 3-图表选项”对话框

（8）在“标题”选项卡中设置图表标题、分类轴、数值轴的标题。然后可以根据需要设置其他选项卡。

（9）单击“下一步”按钮，打开“图表向导-4 步骤之 4-图表位置”对话框，如图 16-55 所示。

（10）选择图表位置。选择“作为新工作表插入”单选按钮，则可创建一个独立图表；选择“作为其中的对象插入”单选按钮，则可创建一个嵌入式图表。如本例选择

“作为其中的对象插入”单选按钮。

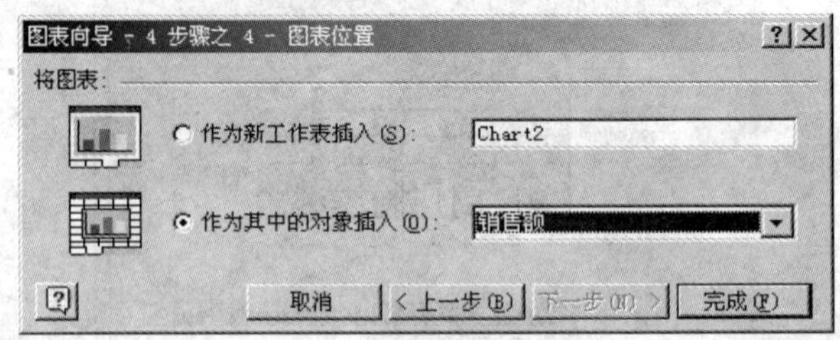


图 16-55　“图表向导-4 步骤之 4-图表位置”对话框

（11）单击“完成”按钮，完成图表创建，如图 16-56 所示。

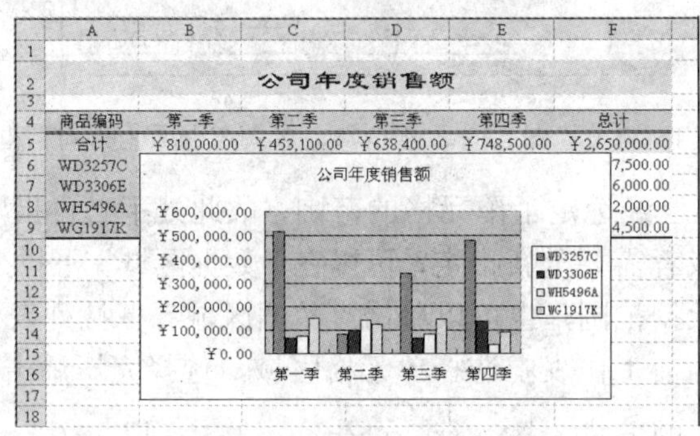


图 16-56　创建的图表

### 16.6.2　改变图表的类型

Excel 提供了各种各样的图表，不同的图表都具有不同的用途。在 Excel 中变换图表类型是非常简单的事情，只要打开“图表”菜单，从 Excel 的图表类型组中选取所需的图表就可以了。不过，对于大部分二维图表，既可以修改数据系列的图表类型，也可以修改整个图表的图表类型，但是，对于气泡图，只能修改整个图表的类型。对于大部分三维图表，修改图表类型将影响到整个图表。

改变图表类型的操作步骤如下：

（1）选定需要修改的图表，或打开图表工作表。

（2）选择“图表”|“图表类型”菜单，打开“图表类型”对话框。

（3）选择所需的图表类型及其子类型，单击“确定”按钮。

✧　如果要对三维条形图或柱形数据系列应用圆锥、圆柱或棱锥等图表类型，可以在“标准类型”选项卡“图表类型”选项框中，单击“圆柱图”、“圆锥图”或“棱锥图”，接着选定“应用到选定区域”复选框。

### 16.6.3　调整嵌入式图表的尺寸及位置

建立的嵌入式图表插入到工作表中之后，图表可能会挡住表格中的数据，影响用户阅读，此时，可以将图表的位置和大小进行重新调整，以便看起来更整洁美观，方便用户查阅数据。同样，在图表工作表中也可以对其位置和大小进行适当的调整。

#### 1. 移动图表

移动图表的操作非常简单，可将鼠标指向图表区的空白处，按下左键轻轻一动，鼠标变成十字箭头✣。此时，按住左键可以将图表拖到工作表适合的位置，如图 16-57 所示，最后松开鼠标，图表被移到新的位置。

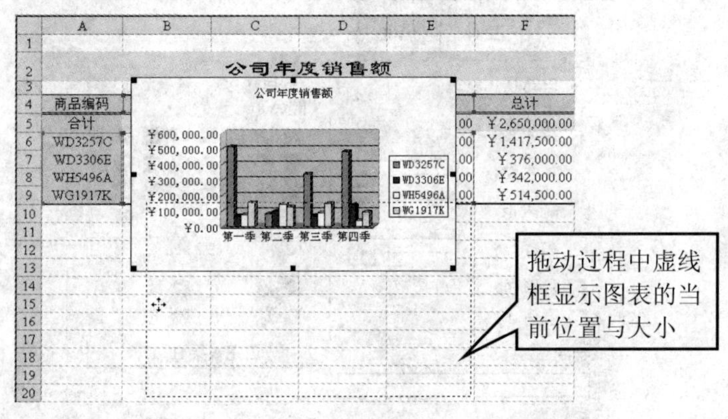


图 16-57　移动图表

#### 2. 调整图表大小

调整图表大小和移动图表一样简单，用户可以根据需要随意调整。调整图表大小的操作步骤如下：

（1）选定要调整的大小的图表，此时，图表四周的边框上出现 8 个方形尺寸控制柄，如图 16-57 所示。

（2）选定相应方向上的尺寸控制柄，此时，鼠标指针变成双箭头形状，按住左键并拖动，如图 16-58 所示，大小适当后，松开鼠标左键，图表被调整为虚线框所指的大小。

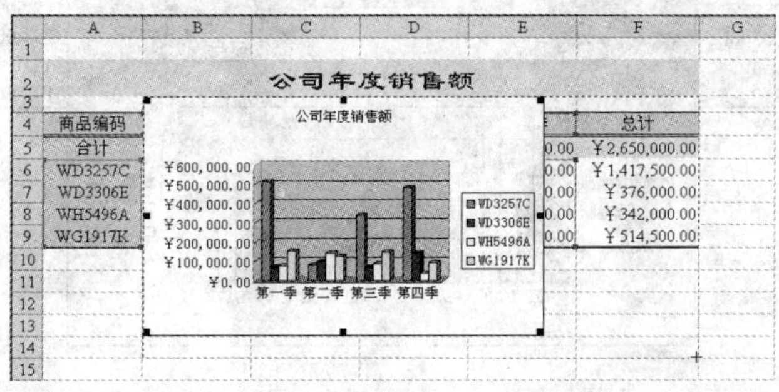


图 16-58　调整图表大小

### 16.6.4 格式化图表

建立图表和加入图表项之后，可以对图表中的文字、颜色、图案等做进一步的设置。只要双击要修改的图表项，然后在随后弹出的对话框中进行修改即可。激活图表后，还可以选择“格式”菜单中的“图表区”命令，打开“图表区格式”对话框，在此对话框中格式化图表。也可以使用快捷菜单，打开“图表区格式”对话框。

设置图表区格式，如添加边框、设置字体、填充图案等一些修饰，操作步骤如下：

（1）双击图表区，打开“图表区格式”对话框，如图 16-59 所示。

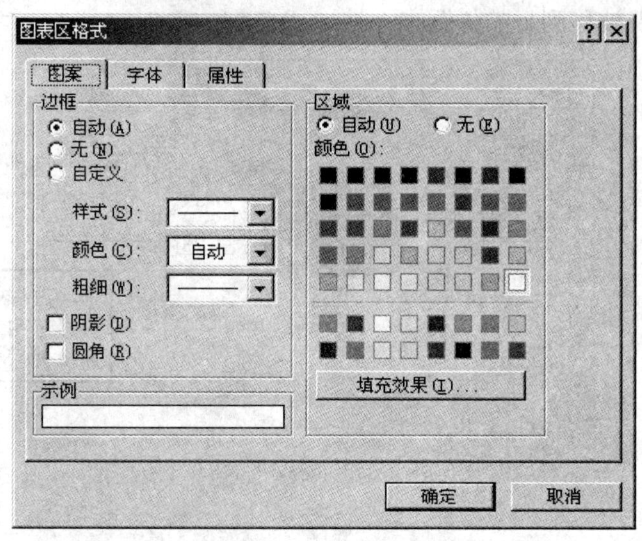


图 16-59 “图表区格式”对话框

（2）在图案选项卡中设置图表区的图案，在字体选项卡中设置图表区的字体，在属性选项卡中设置属性，设置完毕，单击“确定”按钮。

同样的方法，我们可以设置其他图表项的格式，格式化后的图表如图 16-60 所示。

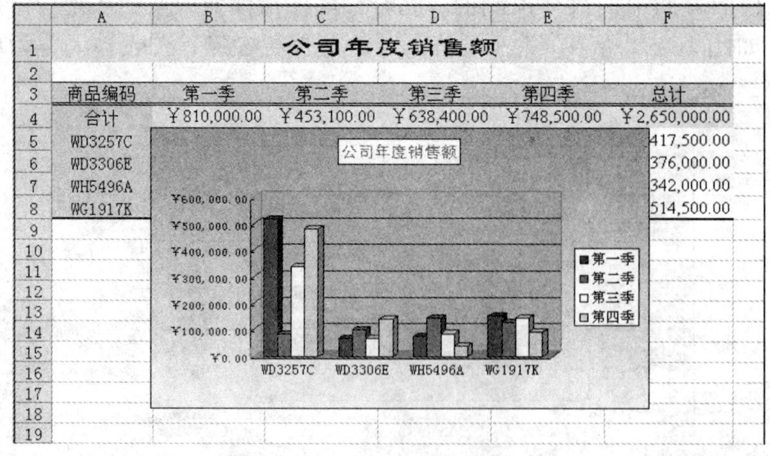


图 16-60 格式化后的图表

# 16.7　小　结

在很多情况下，用户在创建好工作表并输入相关数据后，经常需要对这些数据进行处理，本章即介绍了这方面的知识。其内容主要包括：工作表数据的排序方法，数据的筛选、分类汇总与合并计算，创建透视表和图表的方法等。

# 16.8　习　题

1．创建并简化数据透视表，如图 16-61 所示。

| | A | B | C | D | E | F |
|---|---|---|---|---|---|---|
| 1 | 单位 | (全部) | | | | |
| 2 | | | | | | |
| 3 | 计数项:性质 | 省份 | | | | |
| 4 | 部门 | 北京 | 甘肃 | 海南 | 总计 | |
| 5 | 劳动部 | 2 | | | 2 | |
| 6 | 煤炭部 | | 2 | | 2 | |
| 7 | 卫生部 | 2 | | | 2 | |
| 8 | 邮电部 | | | 2 | 2 | |
| 9 | 总计 | 4 | 2 | 2 | 8 | |
| 10 | | | | | | |
| 11 | | | | | | |
| 12 | | | | | | |

图 16-61　透视表

【操作要求】

（1）打开 DATA1 目录中的文档 TF7-3.xls，选择“数据源”工作表。

（2）选择创建数据透视表的单元格区域 A1：D42，选择“数据”|“数据透视表和数据透视图”菜单。

（3）指定待分析数据的数据源类型，选择“Microsoft Excel 数据列表或数据库”单选按钮；选择创建的报表类型，选择系统默认的“数据透视表”单选按钮。

（4）选择建立透视表的源区域，前面已选择，此处无需再选。设置数据透视表显示位置，选择“新建工作表”单选按钮。

（5）将“数据透视表字段列表”中项目拖至数据透视表的相应位置。将“单位”拖至页字段，“部门”拖至行字段，“省份”拖至列字段，“性质”拖至数据区域，完成数据透视表的创建。

（6）单击列字段右边的箭头按钮，选择要显示的省份“北京”、“甘肃”、“海南”，简化透视表，方便查阅。

2．打开图 16-62 所示工作表，筛选出“成绩 1”大于 80 且“成绩 4”大小 85 的记录。

| | A | B | C | D | E | F | |
|---|---|---|---|---|---|---|---|
| 1 | 考试成绩筛选表 | | | | | | |
| 2 | 学号 | 姓名 | 成绩1 | 成绩2 | 成绩3 | 成绩4 | |
| 3 | 90220002 | 张成祥 | 97 | 94 | 93 | 93 | |
| 9 | 90213024 | 王晓燕 | 86 | 79 | 80 | 93 | |
| 10 | 90213037 | 贾莉莉 | 93 | 73 | 78 | 88 | |
| 11 | 90220023 | 李广林 | 94 | 84 | 60 | 86 | |
| 15 | | | | | | | |
| 16 | | | | | | | |

图 16-62　数据筛选

【操作要求】

（1）打开 DATA1 目录中的文档 TF7-1.xls，选择 Sheet3 工作表。

（2）选择要进行筛选的单元格区域中的任一单元格，选择“数据”|“筛选”|“自动筛选”菜单。

（3）单击“成绩 1”字段名右侧的向下箭头，打开用于设定筛选条件的下拉列表框，选择“自定义”选项。

（4）在“自定义自动筛选方式”对话框中，设置“成绩 1”大于 80。

（5）单击“成绩 4”字段名右侧的向下箭头，选择“自定义”选项。在“自定义自动筛选方式”对话框中，设置“成绩 4”大于 85。

3．在“课程安排统计表”中进行“求和”合并计算，如图 16-63 所示。

| | A | B | C | D | E | F | G | H | I | J |
|---|---|---|---|---|---|---|---|---|---|---|
| 1 | 课程安排表 | | | | | 课程安排统计表 | | | | |
| 2 | 班级 | 课程名称 | 人数 | 课时 | | 课程名称 | 人数 | 课时 | | |
| 3 | 2 | 德育 | 50 | 26 | | 德育 | 285 | 186 | | |
| 4 | 6 | 德育 | 59 | 28 | | 离散数学 | 262 | 233 | | |
| 5 | 9 | 德育 | 50 | 36 | | 体育 | 242 | 237 | | |
| 6 | 5 | 德育 | 50 | 61 | | 线性代数 | 306 | 177 | | |
| 7 | 4 | 德育 | 76 | 35 | | 哲学 | 363 | 186 | | |
| 8 | 2 | 离散数学 | 51 | 53 | | | | | | |
| 9 | 6 | 离散数学 | 44 | 21 | | | | | | |
| 10 | 9 | 离散数学 | 75 | 36 | | | | | | |
| 11 | 5 | 离散数学 | 44 | 62 | | | | | | |
| 12 | 4 | 离散数学 | 48 | 61 | | | | | | |
| 13 | 2 | 体育 | 58 | 71 | | | | | | |
| 14 | 6 | 体育 | 42 | 38 | | | | | | |
| 15 | 9 | 体育 | 41 | 41 | | | | | | |

Sheet2 / Sheet3 / Sheet4 / Sheet5 / Shee

图 16-63　求和计算

【操作要求】

（1）打开 DATA1 目录中的文档 TF7-1.xls，选择 Sheet4 工作表。

（2）选定单元格区域 F2：H7 为目标区域，选择“数据”|“合并计算”菜单。

（3）在“合并计算”对话框中，选择“求和”函数，选定单元格区域 B2：D27 为源区域，并添加至“所有引用位置”框中。

（4）设置标签位置，选择“首行”、“最左列”复选框，完成合并计算。

4. 创建三维簇状柱形独立图表——测试部职员年龄，如图 16-64 所示。

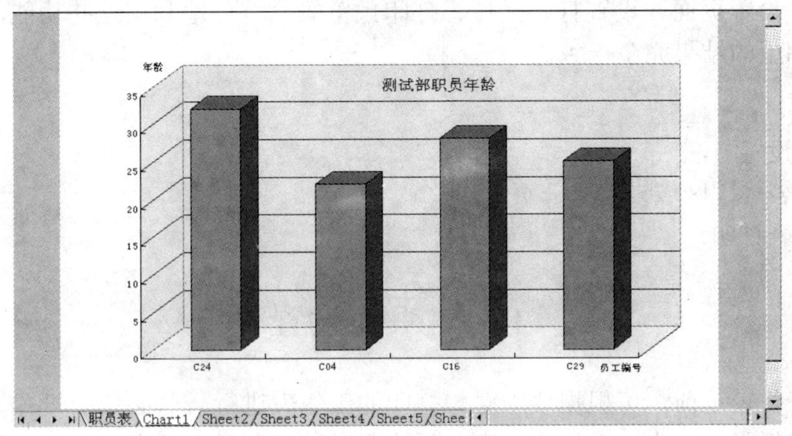


图 16-64　创建图表

【操作要求】

（1）打开 DATA1 目录中的文档 TF6-1.xls，选择 Sheet1 工作表。

（2）按下 Ctrl 键，同时选择数据区域 A3：A6，单击“常用”工具栏上的“图表向导”按钮，或选择“插入”|“图表”菜单。

（3）选择图表类型“柱形图”，选择图表子类型“三维簇状柱形图”。

（4）选择系列产生方式，按“列”产生。

（5）输入图表标题“测试部职员年龄”、分类（X）轴标题“员工编号”、数值（Z）轴标题 “年龄”。

（6）设置图表位置，选择“作为新工作表插入”单选按钮。

（7）美化创建的图表，将背景墙设为“淡绿色”，基底设为“淡黄色”，数据系列设为“蓝紫色”。将图表标题设为“宋体”、“18”，分类轴、分类轴标题、数值轴与数值轴标题设为“宋体”、“12”。

（8）分别移动图表标题、分类轴标题、数值轴标题到适当位置，最后删除图例项，完成图表创建。

# 第 17 章　打印工作表

当您设计好工作表之后，通常还想把工作表的内容打印出来。Excel 为用户提供了丰富的打印功能：设置页面、设置打印区域、打印预览等。充分地利用这些功能，可使打印的结果与您所期望的结果完全一致。

**本章重点：**

- 页面设置方法
- 工作表打印区域设置与分页
- 工作表打印

## 17.1　页面设置

在打印工作表之前，可根据要求对想打印的工作表进行一些必要的设置。例如：设置打印的方向、纸张的大小、页眉或页脚、页边距以及控制是否打印网格线、行号列标或批注等，这些操作都可通过“文件”菜单中的“页面设置”命令来完成。单击“文件”菜单，选择“页面设置”命令，将弹出如图 17-1 所示的“页面设置”对话框。

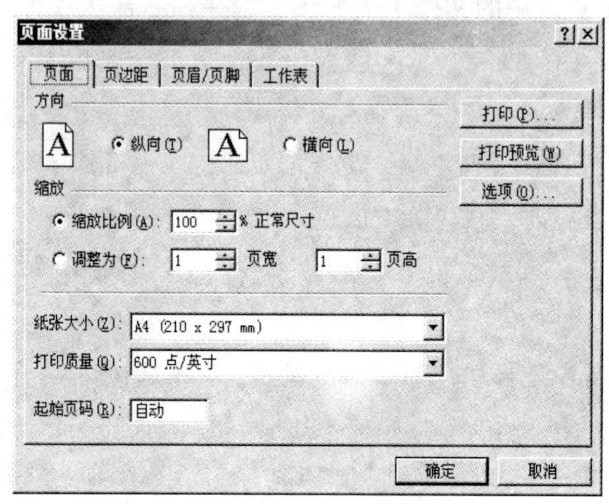


图 17-1　“页面设置”对话框

该对话框中含有“页面”、“页边距”、“页眉/页脚”以及“工作表”等四个选项卡。用户可根据需要选择相应选项进行设置。

### 17.1.1　设置页面

图 17-1 所示的是选择“页面”选项卡时的“页面设置”对话框，其中包含方向、缩放、纸张大小、打印质量以及起始页号等选项。通过对这些选项的选择，可以完成纸张大小、打印方向及起始页号等设置工作。

### 17.1.2　设置页边距

利用"页边距"选项卡可设置页边距，所谓页边距是指在纸张上开始打印内容的边界与纸张边沿的距离。页边距通常用厘米来表示。

### 17.1.3　设置页眉或页脚

页眉和页脚分别位于打印页的顶端和底端，用来打印页号、表格名称、作者名称或时间等。在"页面设置"对话框中，选择"页眉和页脚"选项卡，将出现如图 17-2 所示的对话框。

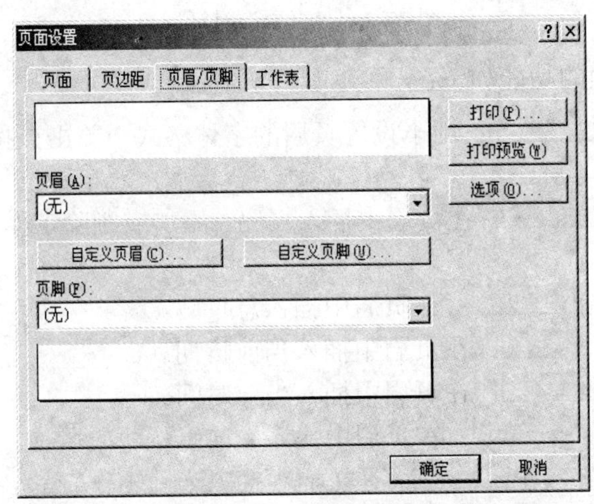


图 17-2　"页眉和页脚"选项卡

该对话框中包括"页眉"框、"页脚"框、"自定义页眉"按钮以及"自定义页脚"按钮等选项。选择其中的选项，用户既可以直接使用 Excel 内置的页眉或页脚，又可以自定义页眉或页脚。

●使用 Excel 内置的页眉或页脚

如果想使用 Excel 提供的页眉或页脚格式，单击对话框中的"页眉"或"页脚"框右侧的下拉三角按钮，并从弹出的下拉列表中选择一个合适的页眉或页脚，选中的页眉或页脚注释将显示在"页眉"或"页脚"框中，然后单击"确定"按钮即可。

●自定义页眉或页脚

如果 Excel 提供的页眉或页脚格式不能满足需要，用户可以自定义页眉或页脚。自定义页眉的操作步骤如下：

（1）单击"自定义页眉"按钮，出现"页眉"对话框，如图 17-3 所示。

（2）若要设置文本格式，请先在适当的编辑框中输入选定的文本，再单击"字体"按钮，选择字体格式；若要插入页码、日期、时间、文件名或工作表标签，请先将光标移至适当的编辑框，再单击相应的按钮。

（3）单击"确定"按钮。

自定义页脚的操作方法与自定义页眉的操作方法完全相同，在此不再重复。

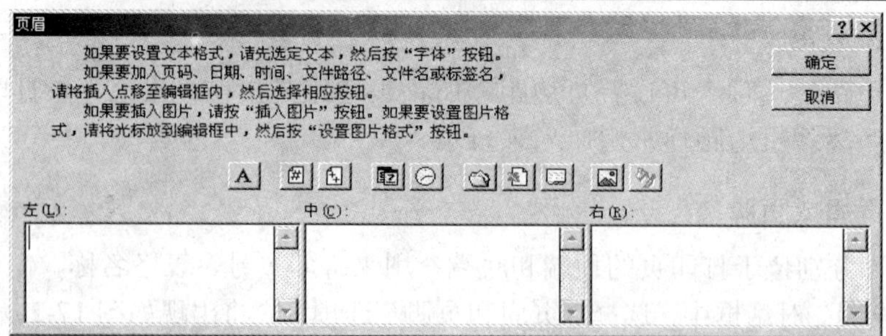


图 17-3 “页眉”对话框

该对话框中各选项的功能如下：

- “字体”按钮：用于设置页眉的字体格式。单击该按钮将出现“字体”对话框。
- “页码”按钮：在页眉中插入页码。添加或删除工作表时，Excel 会自动更新页码。
- “总页数”按钮：在页眉中插入总页码。
- “日期”按钮：在页眉中插入当前日期。
- “时间”按钮：在页眉中插入当前时间。
- “文件名”按钮：在页眉中插入当前工作簿的名称。
- “工作表名称”按钮：在页眉中插入当前工作表的名称。
- “左”编辑框：在该框中输入或插入的数据将出现在页眉的左边。
- “中”编辑框：在该框中输入或插入的数据将出现在页眉的中间。
- “右”编辑框：在该框中输入或插入的数据将出现在页眉的右边。

✧ 在实际应用中，用户可以先使用已有的页眉或页脚的样式，然后再利用自定义页眉或页脚方式对其进行修改。方法是：先从“页眉”或“页脚”框的下拉列表中选择已有的页眉或页脚的样式，再单击“自定义页眉”按钮或“自定义页脚”按钮，然后在相应的编辑框中对其进行修改即可。同理可以删除自定义页眉或页脚。

### 17.1.4 设置工作表

在“页面设置”对话框中选择“工作表”选项卡，此时画面将如图 17-4 所示。利用该对话框可设置打印区域、打印标题、打印选项及打印顺序等。

●设置打印区域

在默认状态下，Excel 会自动选择有文字的最大行和列的区域作为打印区域。如果用户在打印工作表时只想打印其某一区域内的数据，只要将这一区域设置为打印区域即可。方法是：

（1）直接在“打印区域”框中输入要打印区域的引用或用鼠标选定要打印的单元格

区域。

（2）如果对话框挡住了该区域，请单击“打印区域”框右侧的折叠按钮，将对话框暂时移开以便在工作表中选定要打印的单元格区域，完成以后，再单击折叠按钮使对话框还原。

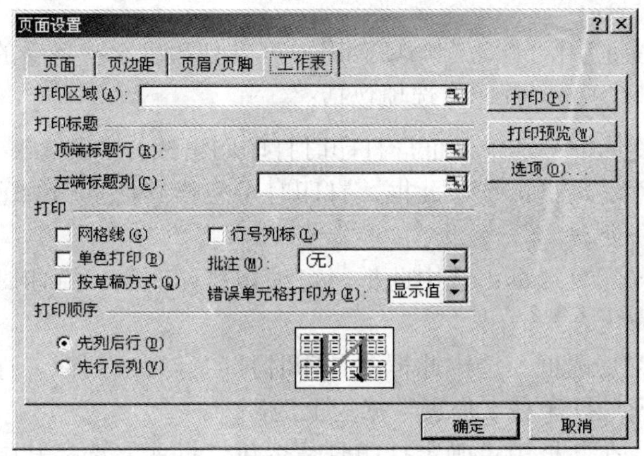


图 17-4　选择“工作表”选项卡

✧　使用“文件”菜单中的“打印区域”命令也可设置打印区域。方法是：先选定要打印的单元格区域，然后单击“文件”菜单中的“打印区域”命令，弹出其子菜单，从中选择“设置打印区域”子命令即可。

当然，用户也可同时设置多个打印区域。如果使用“打印区域”框，只要在该框中输入多个打印区域的引用，区域引用之间用逗号隔开即可；使用“文件”菜单中的“打印区域”命令时，同样是先选定要打印的多个区域，然后单击“设置打印区域”子命令即可。不过，多个打印区域的内容在打印时，将被打印在不同的页面上。

打印完毕，如果用户不再使用该区域，应将其取消。取消的方法与设置方法类似：先选定该区域，然后单击“文件”菜单中“打印区域”命令，在其下拉子菜单中，选择“取消打印区域”子命令；如果又重新设置打印区域，则在此之前设置的打印区域将自动取消。

●设置打印标题

当在一页上无法打印完工作表时，如果直接打印第二页内容，可能因没有标题而看不懂第二页上的数据所代表的意义，使用“打印标题”选项可以解决这一问题。“打印标题”选项包括：

- “顶端标题行”框：设置某行区域为顶端标题行。当某个行区域设置为标题行后，在打印时，各页顶端都会打印标题行内容。

- “左端标题列”框：设置某列区域为左端标题列。当某个列区域设置为标题列后，在打印时，各页左端都会打印标题列内容。

设置打印标题的方法是：在“顶端标题行”或“左端标题列”框中输入作为行标题的行号，或作为列标题的列号。

●设置打印效果

在打印工作表时，使用“打印”选项，用户可以打印出一些特殊的效果（如打印网格线、批注、按草稿打印等）。“打印”选项包括：

- “网格线”复选框：选中此框，打印时打印网格线。
- “单色打印”复选框：选中此框，打印时可忽略其他打印颜色，即对打印的工作表只进行黑白处理。
- “按草稿方式”复选框：选中此框，可缩短打印时间。打印时将不打印网格线，同时图形以简化方式输出。
- “行号列标”复选框：选中此框，打印时打印行号或列标。行号打印在工作表数据的左端，列号打印在工作表数据的上边。
- “批注”框：在此框中可确定打印时是否包含批注。选择其中的“工作表末尾”或“如同工作表中的显示”项时，都将打印批注。前者把批注单独打印在一页纸上，后者批注将随工作表在批注显示的位置处打印。默认方式为“无”。

●设置打印顺序

如果一张工作表的内容不能在一页中打印完，可以考虑设置打印顺序。“打印顺序”选项可控制页码的编排和打印次序，它包括：

- “先列后行”单选按钮：为 Excel 的默认方式，从第一页向下进行页码编排和打印，然后移到右边并继续向下打印工作表。
- “先行后列”单选按钮：选择此按钮，从第一行向右进行页码编排和打印，然后下移并继续向右打印工作表。

### 17.1.5 设置图表

如果用户要打印的是图表工作表或工作表中的图表，当选择“文件”菜单中的“页面设置”命令进行页面设置时，则“页面设置”对话框中的“工作表”选项卡变为“图表”选项卡，其他选项卡及其内容保持不变，如图 17-5 所示。

该对话框中各选项功能如下：

- “使用整个页面”单选按钮：为 Excel 的默认方式，将按整页的页边距的高和宽将图表扩展到一整页上打印。
- “调整”单选按钮：选中该按钮，则在打印前将图扩展到最近的页边距，图表的高与宽成比例的扩展，直到其中一边扩展到页边距为止。
- “自定义”单选按钮：选中该按钮，可将屏幕中的图表调整为指定的大小。
- “按草稿方式”复选框：选中该复选框，可忽略图形和网格线打印，以加快打印速度，节省内存。

- “按黑白方式打印”复选框：选中该复选框，将以黑白方式打印图表数据系列。

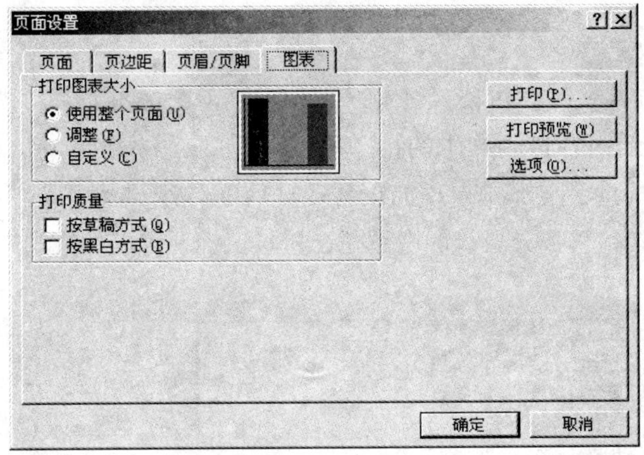


图 17-5　选择“图表”选项卡

✧　对工作表中的图表进行打印设置时，必须先把图表激活。

## 17.2　利用分页预览视图查看和调整分页设置

通过选择“视图”菜单中的“分页预览”命令，可从工作表的常规视图切换到分页预览视图，如图 17-6 所示。

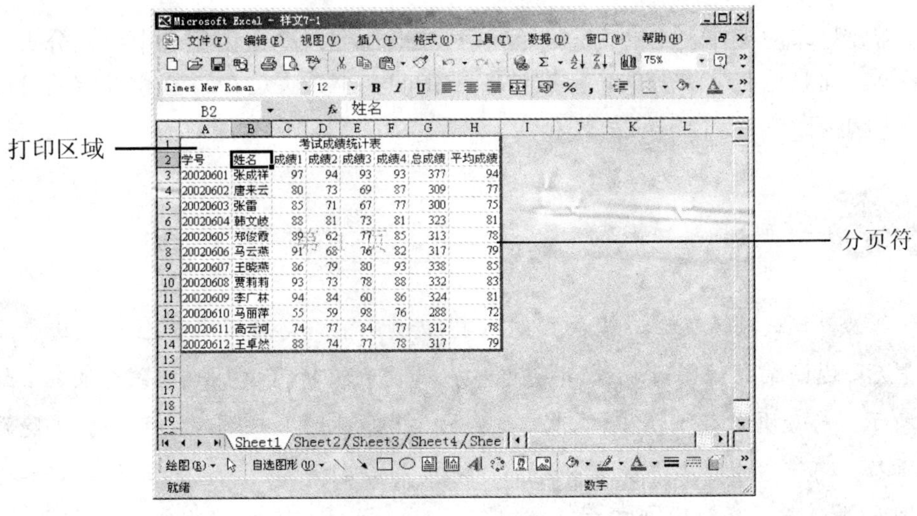


图 17-6　分页预览视图

该视图以打印方式显示工作表，可以帮助用户完成一些打印设置工作（如选定打印区

域、调整分页符、插入分页符等)，并且用户还可像在常规视图中一样编辑工作表。要从分页预览视图返回常规视图，可选择“视图” | “普通”菜单。

### 17.2.1 设定打印区域

在图 17-6 中可以看到：蓝色框线就是 Excel 自动产生的分页符，分页符包围的部分就是系统根据工作表中的内容自动产生的打印区域。

如果要改变打印区域，只要用鼠标向里或向外拖动分页符就可选定新的打印区域，如图 17-7 所示的是将鼠标指针移到分页符的右下角，按住鼠标左键向外拖动产生的新的打印区域。

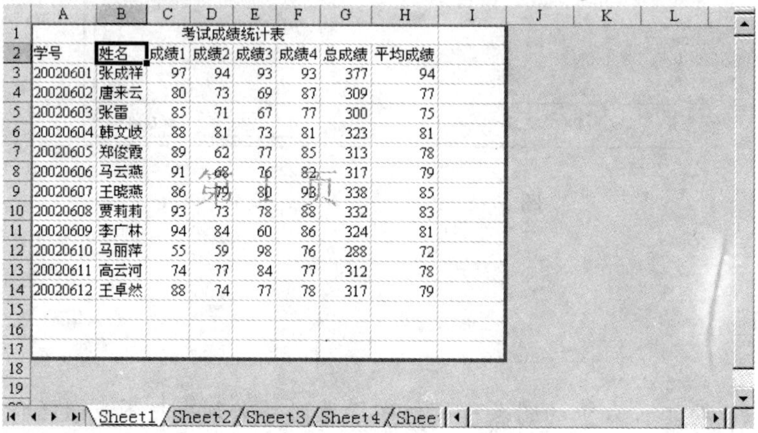

考试成绩统计表

| 学号 | 姓名 | 成绩1 | 成绩2 | 成绩3 | 成绩4 | 总成绩 | 平均成绩 |
|---|---|---|---|---|---|---|---|
| 20020601 | 张成祥 | 97 | 94 | 93 | 93 | 377 | 94 |
| 20020602 | 唐来云 | 80 | 73 | 69 | 87 | 309 | 77 |
| 20020603 | 张雷 | 85 | 71 | 67 | 77 | 300 | 75 |
| 20020604 | 韩文岐 | 88 | 81 | 73 | 81 | 323 | 81 |
| 20020605 | 郑俊霞 | 89 | 62 | 77 | 85 | 313 | 78 |
| 20020606 | 马云燕 | 91 | 68 | 76 | 82 | 317 | 79 |
| 20020607 | 王晓燕 | 86 | 79 | 80 | 93 | 338 | 85 |
| 20020608 | 贾莉莉 | 93 | 73 | 78 | 88 | 332 | 83 |
| 20020609 | 李广林 | 94 | 84 | 60 | 86 | 324 | 81 |
| 20020610 | 马丽萍 | 55 | 59 | 98 | 76 | 288 | 72 |
| 20020611 | 高云河 | 74 | 77 | 84 | 77 | 312 | 78 |
| 20020612 | 王卓然 | 88 | 74 | 77 | 78 | 317 | 79 |

第 1 页

Sheet1 / Sheet2 / Sheet3 / Sheet4 / Shee

图 17-7 拖动分页符选定新的打印区域

另外，先选定想要设为打印区域的单元格区域，然后单击鼠标右键并从弹出的快捷菜单中选择“设置打印区域”命令，所选区域变为新的打印区域。

### 17.2.2 插入或移动分页符

如果需要打印的工作表中的内容不止一页，Excel 会自动在工作表中插入分页符将工作表分成多页，而且这些分页符的位置取决于纸张的大小、页边距设置和设定的打印比例，如图 17-8 所示。

✧ 默认情况下，当用户进入打印预览窗口、分页预览窗口或进行了页面设置后，返回常规视图时，Excel 会自动在工作表编辑窗口插入虚线分页符，如图 17-9 所示。与分页预览视图中的分页符不同，用户此时无法移动分页符。要隐藏自动分页符，可选择“工具”菜单中的“选项”命令打开“选项”对话框，然后选择“视图”选项卡，并取消“窗口选项”区中的“自动分页符”复选框。

| | A | B | C | D | E | F | G | H |
|---|---|---|---|---|---|---|---|---|
| 1 | | | 考试成绩统计表 | | | | | |
| 2 | 学号 | 姓名 | 成绩1 | 成绩2 | 成绩3 | 成绩4 | 总成绩 | 平均成绩 |
| 3 | 20020601 | 张成祥 | 97 | 94 | 93 | 93 | 377 | 94 |
| 4 | 20020602 | 唐来云 | 80 | 73 | 69 | 87 | 309 | 77 |
| 5 | 20020603 | 张雷 | 85 | 71 | 67 | 77 | 300 | 75 |
| 6 | 20020604 | 韩文岐 | 88 | 81 | 73 | 81 | 323 | 81 |
| 7 | 20020605 | 郑俊霞 | 89 | 62 | 77 | 85 | 313 | 78 |
| 8 | 20020606 | 马云燕 | 91 | 68 | 76 | 82 | 317 | 79 |
| 9 | 20020607 | 王晓燕 | 86 | 79 | 80 | 93 | 338 | 85 |
| 10 | 20020608 | 贾莉莉 | 93 | 73 | 78 | 88 | 332 | 83 |
| 11 | 20020609 | 李广林 | 94 | 84 | 60 | 86 | 324 | 81 |
| 12 | 20020610 | 马丽萍 | 55 | 59 | 98 | 76 | 288 | 72 |
| 13 | 20020611 | 高云河 | 74 | 77 | 84 | 77 | 312 | 78 |
| 14 | 20020612 | 王卓然 | 88 | 74 | 77 | 78 | 317 | 79 |



图 17-8　工作表自动分页

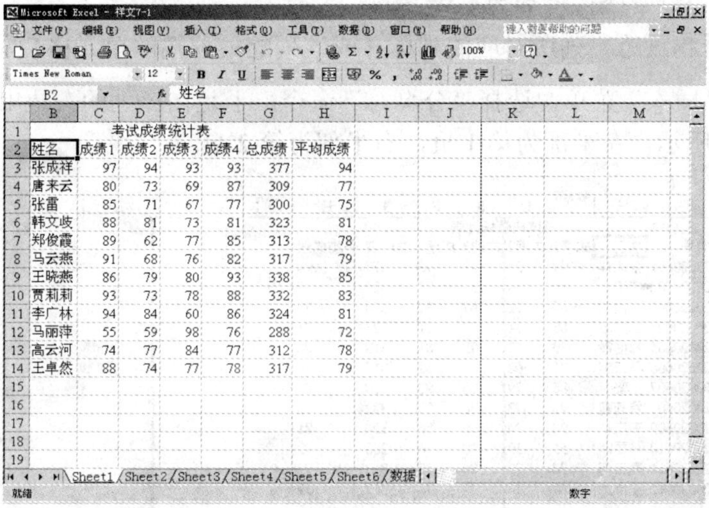

| | B | C | D | E | F | G | H |
|---|---|---|---|---|---|---|---|
| 1 | | 考试成绩统计表 | | | | | |
| 2 | 姓名 | 成绩1 | 成绩2 | 成绩3 | 成绩4 | 总成绩 | 平均成绩 |
| 3 | 张成祥 | 97 | 94 | 93 | 93 | 377 | 94 |
| 4 | 唐来云 | 80 | 73 | 69 | 87 | 309 | 77 |
| 5 | 张雷 | 85 | 71 | 67 | 77 | 300 | 75 |
| 6 | 韩文岐 | 88 | 81 | 73 | 81 | 323 | 81 |
| 7 | 郑俊霞 | 89 | 62 | 77 | 85 | 313 | 78 |
| 8 | 马云燕 | 91 | 68 | 76 | 82 | 317 | 79 |
| 9 | 王晓燕 | 86 | 79 | 80 | 93 | 338 | 85 |
| 10 | 贾莉莉 | 93 | 73 | 78 | 88 | 332 | 83 |
| 11 | 李广林 | 94 | 84 | 60 | 86 | 324 | 81 |
| 12 | 马丽萍 | 55 | 59 | 98 | 76 | 288 | 72 |
| 13 | 高云河 | 74 | 77 | 84 | 77 | 312 | 78 |
| 14 | 王卓然 | 88 | 74 | 77 | 78 | 317 | 79 |

图 17-9　常规视图中的分页符

但是，用户有时并不想按这种固定的尺寸进行分页，Excel 允许人为插入分页符，即可以通过插入水平分页符改变页面上数据行的数量，或通过插入垂直分页符改变页面上数据列的数量。此外，在分页预览视图中，用户还可以用鼠标拖动分页符改变其在工作表上的位置。

●插入水平分页符

插入水平分页符的操作步骤如下：

（1）单击新起页第一行所对应的行号（或该行最左边的单元格）。

（2）单击“插入”菜单，选择“分页符”命令，于是在该行的上方出现分页符，如图 17-10 所示。上半部为第 1 页，下半部为第 2 页。

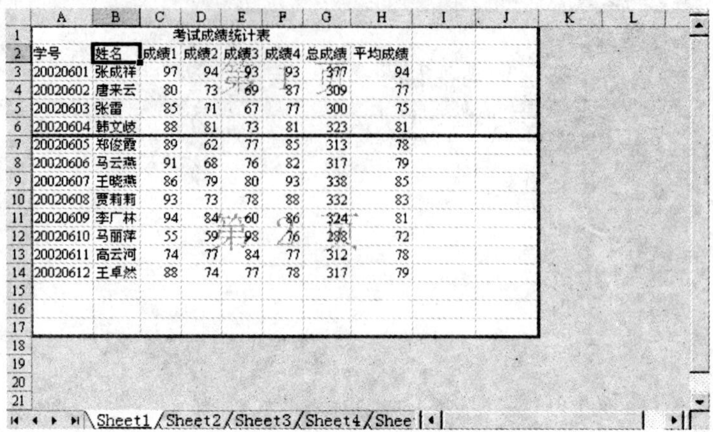

考试成绩统计表

| 学号 | 姓名 | 成绩1 | 成绩2 | 成绩3 | 成绩4 | 总成绩 | 平均成绩 |
|---|---|---|---|---|---|---|---|
| 20020601 | 张成祥 | 97 | 94 | 93 | 93 | 377 | 94 |
| 20020602 | 唐来云 | 80 | 73 | 69 | 87 | 309 | 77 |
| 20020603 | 张雷 | 85 | 71 | 67 | 77 | 300 | 75 |
| 20020604 | 韩文岐 | 88 | 81 | 73 | 81 | 323 | 81 |
| 20020605 | 郑俊霞 | 89 | 62 | 77 | 85 | 313 | 78 |
| 20020606 | 马云燕 | 91 | 68 | 76 | 82 | 317 | 79 |
| 20020607 | 王晓燕 | 86 | 79 | 80 | 93 | 338 | 85 |
| 20020608 | 贾莉莉 | 93 | 73 | 78 | 88 | 332 | 83 |
| 20020609 | 李广林 | 94 | 84 | 60 | 86 | 324 | 81 |
| 20020610 | 马丽萍 | 55 | 59 | 98 | 76 | 288 | 72 |
| 20020611 | 高云河 | 74 | 77 | 84 | 77 | 312 | 78 |
| 20020612 | 王卓然 | 88 | 74 | 77 | 78 | 317 | 79 |

Sheet1 / Sheet2 / Sheet3 / Sheet4 / Shee

图 17-10　插入水平分页符

●插入垂直分页符

插入垂直分页符的操作步骤如下：

（1）单击新起页第一列所对应的列标（或该列的最顶端的单元格）。

（2）单击“插入”菜单，选择“分页符”命令，于是在该列的左边出现分页符，如图 17-11 所示。左半部为第 1 页，右半部为第 2 页。

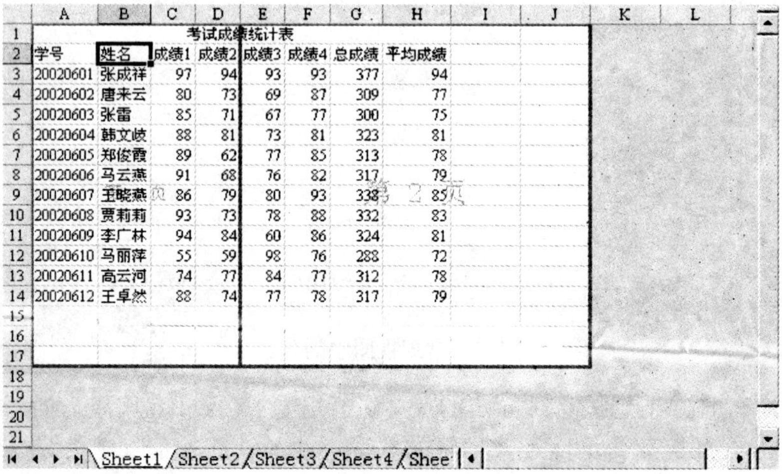

考试成绩统计表

| 学号 | 姓名 | 成绩1 | 成绩2 | 成绩3 | 成绩4 | 总成绩 | 平均成绩 |
|---|---|---|---|---|---|---|---|
| 20020601 | 张成祥 | 97 | 94 | 93 | 93 | 377 | 94 |
| 20020602 | 唐来云 | 80 | 73 | 69 | 87 | 309 | 77 |
| 20020603 | 张雷 | 85 | 71 | 67 | 77 | 300 | 75 |
| 20020604 | 韩文岐 | 88 | 81 | 73 | 81 | 323 | 81 |
| 20020605 | 郑俊霞 | 89 | 62 | 77 | 85 | 313 | 78 |
| 20020606 | 马云燕 | 91 | 68 | 76 | 82 | 317 | 79 |
| 20020607 | 王晓燕 | 86 | 79 | 80 | 93 | 338 | 85 |
| 20020608 | 贾莉莉 | 93 | 73 | 78 | 88 | 332 | 83 |
| 20020609 | 李广林 | 94 | 84 | 60 | 86 | 324 | 81 |
| 20020610 | 马丽萍 | 55 | 59 | 98 | 76 | 288 | 72 |
| 20020611 | 高云河 | 74 | 77 | 84 | 77 | 312 | 78 |
| 20020612 | 王卓然 | 88 | 74 | 77 | 78 | 317 | 79 |

Sheet1 / Sheet2 / Sheet3 / Sheet4 / Shee

图 17-11　插入垂直分页符

✧　如果单击的是工作表其他位置的单元格，将同时插入水平分页符和垂直分页符，将一页分成四页。

●移动分页符

在分页预览方式下，如果用户插入的分页符位置不当，可用鼠标移动分页符来快速地改变页面。操作步骤如下：

（1）根据需要选定分页符。

（2）将鼠标指针移到分页符上，按住鼠标左键拖动分页符移至新的位置。

### 17.2.3　删除分页符

当要删除一个水平或垂直分页符时，可以先选择分页符的下侧或右侧的任一个单元格，然后单击“插入”菜单，选择“删除分页符”命令，就可以删除该分页符。

如果需要删除全部插入的分页符，先请选定整个工作表，然后选择“插入”菜单中的“重设所有分页符”命令；或者单击鼠标右键，从弹出的快捷菜单中选择“重设所有分页符”命令，也可删除全部插入的分页符。

## 17.3　打印工作表

在用户选定了打印区域并设置好打印页面后，即可正式打印工作表了。不过，对要打印的文档设置完成以后，用户一定希望看看打印输出效果，此时就要用到 Excel 的打印预览功能了。

### 17.3.1　打印预览

过去，一个文档打印输出之前，我们无法看到实际打印的效果，因此需要通过多次的调整才能达到满意的打印效果。这样既费时又费力，令人烦恼。如今，Excel 提供的打印预览功能可以消除您的烦恼。单击“文件”菜单，选择“打印预览”命令，在窗口中显示了一个打印输出的缩小版，如图 17-12 所示。

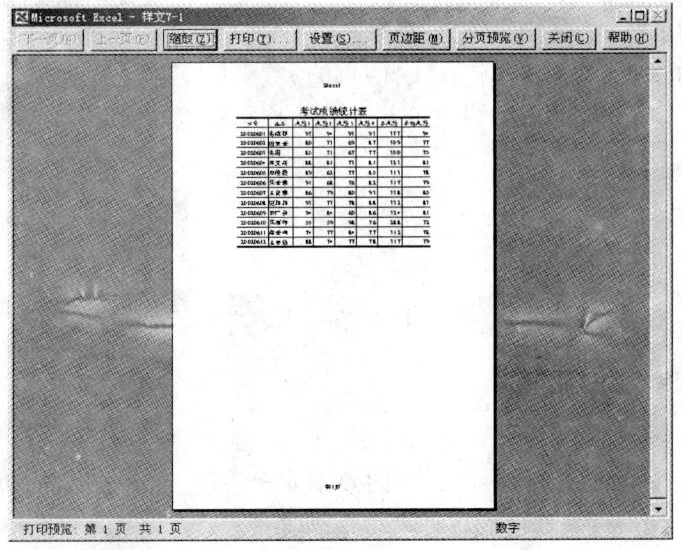


图 17-12　打印预览视图

- “上一页”、“下一页”按钮：单击这两个按钮，可显示上一页或下一页。如果前面或后面没有可显示页，按钮呈灰色。
- “缩放”按钮：单击该按钮，放大或缩小页面显示。将鼠标指针移到显示的页面上，单击鼠标左键也可取得同样的结果。当页面被放大显示时，用户可以使用滚动条或箭头滚动查看显示效果。
- “打印”按钮：单击该按钮，弹出“打印”对话框。
- “设置”按钮：单击该按钮，弹出“页面设置”对话框。
- “页边距”按钮：单击该按钮，可显示或隐藏用于改变边界和列宽的控制柄，如图 17-13 所示。工作表的边界用虚线表示，虚线两端各有一个小黑方块状的控制柄，用鼠标拖动控制柄或边界虚线，可快速地改变页边距有关的设置。

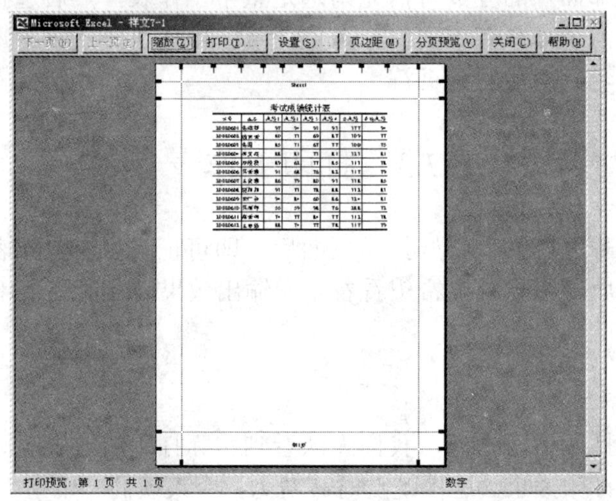


图 17-13 使用“页边距”按钮直接调整页边距

- “分页预览/普通视图”按钮：单击该按钮，它可实现打印预览窗口和分页预览/普通视图窗口之间的切换。
- “关闭”按钮：单击该按钮，关闭打印预览窗口，并且显示活动工作表。
- “帮助”按钮：单击该按钮，可获得有关打印预览的帮助信息。

◇ 出现在打印预览窗口中各页的外观有时因可用的字体、打印机的分辨率或可用的颜色不同而变化。

### 17.3.2 打印

如果用户对在打印预览窗口中所看到的效果非常满意，就可以开始进行打印输出了。打印的操作步骤如下：

（1）单击“文件”菜单，选择“打印命令”，弹出“打印”对话框，如图 17-14 所示。

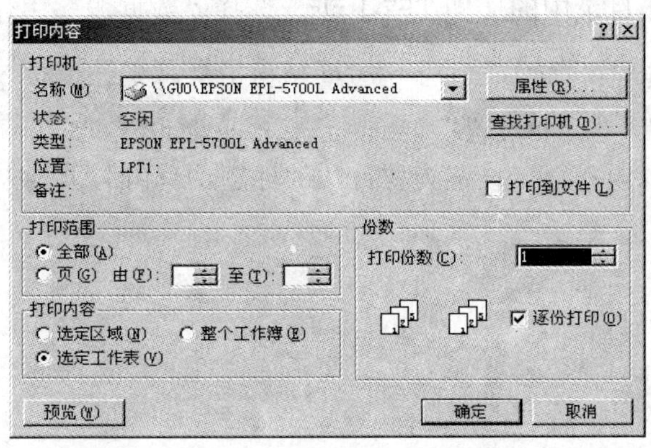


图 17-14　“打印”对话框

（2）在“打印”对话框中，根据需要完成相关的设置。

（3）单击“确定”按钮。这时，系统将按照所设置的内容控制工作表的打印。

此外，直接单击“常用”工具栏上的“打印”按钮，也可以打印文档。但是它不允许用户对打印方式进行控制，而且是一次将选定的内容全部打印一份。

## 17.4　小　结

本章主要介绍了工作表打印方面的知识，如打印工作表时的页面设置，打印区域设定，打印预览等。

## 17.5　习　题

1．冻结标题，并设置在打印时每页都打印标题，如图 17-15 所示。

| | A | B | C | D |
|---|---|---|---|---|
| 1 | 姓名 | 班级 | 课程名称 | 成绩 |
| 86 | 于 询 | 99级1-2 | 微积分 | 79 |
| 87 | 牟 岩 | 00级1-3 | 德育 | 67 |
| 88 | 王 夹 | 01级3-4 | 体育 | 70 |
| 89 | 张 田 | 02级3-1 | 政经 | 77 |
| 90 | 孟 舱 | 99级2-2 | 离散数学 | 94 |
| 91 | 付 泰 | 00级3-3 | 大学语文 | 70 |
| 92 | 皮 会 | 01级2-4 | 英语 | 93 |
| 93 | 胡 难 | 02级1-1 | 哲学 | 78 |
| 94 | 赵 搴 | 99级3-2 | 线性代数 | 67 |
| 95 | 王 举 | 00级2-3 | 微积分 | 78 |
| 96 | 崔 痉 | 01级1-4 | 德育 | 79 |
| 97 | 沈 福 | 02级2-1 | 体育 | 94 |
| 98 | 于 谡 | 99级1-2 | 政经 | 76 |
| 99 | 丁 仁 | 00级1-3 | 离散数学 | 74 |
| 100 | 崔 樯 | 01级3-4 | 大学语文 | 68 |
| 101 | | | | |
| 102 | | | | |

Sheet2 / Sheet3 / Sheet4 / Sheet5 / Sheet6 / 数据源 / Shee

图 17-15　打印工作表练习

【操作要求】

（1）打开 DATA1 目录中的文档 TF7-1.xls，选择“数据源”工作表。

（2）选择单元格 A2，选择“窗口”|“冻结窗格”菜单，冻结标题。

（3）选择“文件”|“页面设置”菜单，选择“页面设置”对话框中的“工作表”选项卡，将顶端标题行行 1 设置为要打印的标题，打印时即可在每一页上都打印标题。